# 化学驱物理化学渗流理论与应用

王 健 编著

石油工业出版社

## 内 容 提 要

化学驱包括聚合物驱、表面活性剂驱、碱水驱以及复合驱,是中国提高采收率的主导技术。本书全面系统介绍化学驱过程中的物理化学作用和物理化学渗流理论、模型、机理、规律,对于人们更好地认识化学驱过程、加强驱油过程动态监测、及时调整驱油方案、改善化学驱效果等,具有重要的指导意义。

本书适合从事石油开发行业的技术人员、科研人员及院校师生参考。

### 图书在版编目 (CIP) 数据

化学驱物理化学渗流理论与应用/王健编著.
北京:石油工业出版社,2008.7
ISBN 978-7-5021-6545-1

Ⅰ. 化…
Ⅱ. 王…
Ⅲ. 化学驱油-研究
Ⅳ. TE357.46

中国版本图书馆 CIP 数据核字 (2008) 第 040800 号

---

出版发行:石油工业出版社
    (北京安定门外安华里 2 区 1 号 100011)
    网  址:www.petropub.com.cn
    发行部:(010) 64523620
经  销:全国新华书店
印  刷:石油工业出版社印刷厂

2008 年 7 月第 1 版 2008 年 7 月第 1 次印刷
787×1092 毫米 开本:1/16 印张:15
字数:378 千字 印数:1—2000 册

定价:45.00 元
(如出现印装质量问题,我社发行部负责调换)
版权所有,翻印必究

# 前　　言

化学驱包括聚合物驱、表面活性剂驱、碱水驱以及复合驱，化学驱油是中国提高采收率的主导技术。聚合物驱经过大庆、胜利、大港等油田大规模的矿场应用，可提高采收率10%左右。复合驱先导试验结果表明，该技术可提高采收率20%左右。这充分显示了中国化学驱可大幅度增加可采储量，显著提高采收率。

化学驱过程中存在吸附滞留、化学反应、扩散弥散、相态变化等众多的物理化学作用，因而驱油过程是十分复杂的物理化学渗流过程。对化学驱过程的深入认识有助于人们对化学驱方案进行优化设计，对驱油过程进行动态监测和方案调整，从而达到改善驱油效果的目的。

目前，关于化学驱渗流方面的研究多集中于实验室岩心驱油实验的结果，通常得出不同的驱油剂和不同注入参数组合下的驱油结果，但这些结果往往带有很大的随机性，而没有从深层次上对影响驱油结果的渗流过程与机理进行系统研究，忽略了驱替过程的数学语言描述、过程的模拟、过程的优化、过程的有效性与持久性、驱油过程与结果的相关关系、驱替机理等方面的研究。因此，加强对化学驱物理化学渗流过程与机理进行研究，寻求最佳驱替效果与最优化的驱替过程的关系，并提出对驱油剂的性能要求和注入参数要求，可为化学驱工程方案设计和驱油动态监测做出贡献。

到目前为止，国内外还没有一本全面系统介绍化学驱过程中的物理化学作用和物理化学渗流理论、模型、机理、规律的专著，对物理化学渗流理论应用方面的介绍亦很少。本专著的出版将加强这方面的基础研究，填补这一空白。本专著的出版对于人们更好地认识化学驱过程、加强驱油过程动态监测、及时调整驱油方案、改善化学驱效果等，具有重要的指导意义。

本书适合高等院校的本科生或研究生作为教材或参考书，也适合于油田科研院所的研究人员参考。

本书由李允教授主审。袁迎中博士、罗建新硕士、彭小容硕士等参与了资料的收集和整理工作，在此表示衷心感谢。

由于编者水平有限，不当之处恳请批评指正。

笔　者  
2008 年 3 月

# 目 录

## 第一章 化学驱物理化学作用与物理化学渗流 （1）
- 第一节 概述 （1）
- 第二节 化学驱提高采收率机理 （3）
- 第三节 物理化学作用与物理化学渗流概述 （9）

## 第二章 化学驱吸附滞留理论 （11）
- 第一节 聚合物驱吸附滞留理论 （11）
- 第二节 表面活性剂驱吸附理论 （16）
- 第三节 复合体系中化学剂的吸附滞留 （22）
- 第四节 吸附量实验测定方法 （23）

## 第三章 化学驱化学反应理论 （31）
- 第一节 碱水驱化学反应理论 （31）
- 第二节 表面活性剂驱化学反应理论 （35）
- 第三节 复合驱化学反应理论及数学模型 （37）

## 第四章 化学驱扩散弥散理论 （41）
- 第一节 扩散弥散基本理论 （41）
- 第二节 考虑黏性指进的扩散弥散理论 （56）
- 第三节 扩散弥散数学模型与实验测定方法 （62）

## 第五章 碱水驱物理化学渗流理论 （75）
- 第一节 碱水驱数学模型 （75）
- 第二节 驱替过程的有效性标准 （77）
- 第三节 碱水驱影响因素分析 （78）
- 第四节 碱水驱实际过程模拟 （85）

## 第六章 表面活性剂驱物理化学渗流理论 （89）
- 第一节 表面活性剂驱数学模型 （89）
- 第二节 物理化学参数的描述 （92）
- 第三节 表面活性剂驱影响因素及机理分析 （97）
- 第四节 表面活性剂驱影响因素综合分析 （119）

## 第七章 聚合物驱物理化学渗流理论 （123）
- 第一节 非牛顿流体渗流理论 （123）
- 第二节 水驱前缘推进动态方程 （128）
- 第三节 增黏水驱前缘推进动态方程 （137）
- 第四节 聚合物驱吸附方式对渗流的影响 （147）
- 第五节 聚合物驱数值模拟技术实例 （154）

## 第八章 复合驱物理化学渗流理论 （174）
- 第一节 复合驱的特点及主要物理化学作用 （174）

第二节　影响复合驱过程与机理的主要因素 ……………………………………… (176)
　　第三节　复合驱数学模型 …………………………………………………………… (182)
　　第四节　复合驱数值模拟技术实例 ………………………………………………… (187)
　　第五节　化学驱多组分孔隙输运生灭过程理论与模型 …………………………… (192)
第九章　化学驱动态监测技术 …………………………………………………………… (196)
　　第一节　化学驱浓度剖面模型实验测定与分析 …………………………………… (196)
　　第二节　多相渗流的浓度监测模型 ………………………………………………… (200)
　　第三节　化学驱动态监测方法 ……………………………………………………… (204)
第十章　井间示踪剂测试技术 …………………………………………………………… (210)
　　第一节　示踪剂监测原理 …………………………………………………………… (210)
　　第二节　示踪剂室内筛选评价 ……………………………………………………… (213)
　　第三节　示踪剂监测模型 …………………………………………………………… (215)
　　第四节　示踪剂的注入及监测工艺 ………………………………………………… (223)
　　第五节　示踪剂产出曲线分析 ……………………………………………………… (224)
参考文献 …………………………………………………………………………………… (228)

# 第一章 化学驱物理化学作用与物理化学渗流

化学驱油法是在注入水中添加化学驱油剂，如聚合物、表面活性剂、碱或复合体系，以改善注入水的波及效率和洗油能力，从而提高原油采收率的方法。在化学驱油过程中，由于多种化学组分共同存在，它们与地层流体和岩石接触，发生复杂的物理化学作用，其驱油过程是一种复杂的物理化学渗流过程。物理化学渗流涉及复杂流体（非牛顿流体、传质扩散流体、多元多相多组分流体）在孔隙介质中的渗流理论。由于物理化学渗流理论和数学模型非常复杂，其求解方法超出了经典力学方法的范围，所以加强复杂流体中传质扩散流体及非牛顿流体的渗流理论研究，探讨相关理论在油气田开发领域尤其是提高采收率领域的应用，显得尤为重要。

复杂流体在油田开发的实践中经常可以见到。在注化学驱油剂、注气混相驱提高采收率技术的实施过程中，在挥发性油藏和凝析气藏等特殊油气藏的开发过程中，地层流体的流动往往伴随着物理化学现象的发生。经典渗流理论并未考虑上述过程中的传质扩散、吸附、化学反应、相态变化、传热等物理化学变化过程，而这些现象都将对地层油气渗流产生影响。物理化学渗流正是研究多孔介质渗流过程带有物理化学变化的一个力学分支，它的理论研究成果对于油气田开发，对于化学驱提高采收率技术的应用，具有非常重要的实际意义。

## 第一节 概 述

化学驱包括聚合物驱、表面活性剂驱、碱水驱以及复合驱，是对油田开发过程的剩余油和残余油挖潜的有效方法。

油田开发的历史，就是不断提高采收率的过程。随着对油田开发规律的不断深化认识和油田开发理论的发展，一、二、三次采油反映了油田开发技术的重大发展和不同的开发历史阶段，有力地体现了科学技术的发展推动了生产力的提高。

20世纪40年代以前，油田开发主要是依靠天然能量消耗方式开采，一般采收率仅5%～10%，我们称为一次采油。它反映了油田开发早期的较低技术水平，使90%左右探明石油储量留在地下被废弃。

随着渗流理论的发展，达西定律被用于分析流体在多孔介质渗流，得出油井产量与压力梯度成正比关系，人们从而认识到影响一次采油采收率的主要因素是油层能量的衰竭。从而提出了人工注水或注气，保持油层压力开发油田的二次采油方法。这是至今世界油田的主要开发方式，使油田采收率提高到30%～40%，是一次采油开发技术上的大飞跃。但二次采油仍有60%～70%剩余油留在地下采不出来。为此，多年来国内外石油工作者进行了大量研究工作，逐步意识到制约二次采油采收率提高的因素，从而提出了三次采油方法。

大量理论研究和实践证明，油层是十分复杂的，具有非均质性。油、水（气）两相流体在油层多孔介质中的渗流过程中，不仅注入水（气）不可能活塞式驱油，注入水（气）波及不到全油层，而且油、水（气）两相渗流过程，受油水（气）黏度差、毛细管力、黏滞力影响，各相流量将随驱油过程各相饱和度变化而变化。只有进一步扩大注入水（气）波及体积和提高驱油效率，才能大幅度提高采收率。从而，在非均质性的油层提出了注入相对分子质量高的聚合物，提高注入水黏度，降低油水黏度差，以提高注入水波及体积的聚合物驱油三次采油方法；采用注入表面活性剂、注碱或注气与原油混相的方法，降低界面张力，提高注入水驱油效率的表面活性剂驱、碱驱、混相驱三次采油方法；以及20世纪80年代后期发展起来的既可扩大波及体积又可提高驱油效率的复合驱三次采油方法。

三次采油技术有别于二次采油。二次采油是依靠人工补充油层能量的物理作用提高采收率，油水在油层中服从达西定律——建立在流体黏度、组分、相态不改变的条件下，而三次采油方法是建立在注水保持油层压力基础上，又依靠注入大量新的驱油剂，改变流体黏度、组分和相态的物理化学作用，不仅进一步扩大了注入水作用范围，而且使分散的束缚在毛细管中的残余油重新聚集而被采出。因此三次采油要求更精细的掌握分散原油在地下油层中的分布；新的驱油剂与十分复杂的岩石矿物、流体的物理化学作用；探索并掌握非牛顿流体多相渗流油田开发基本规律，从而做到正确合理地进行油田开发部署——井网、井距、层系划分、注采关系、注采工艺、动态监测方法等，以及相应的地面集输系统和净化处理。总之，一整套技术都将随着三次采油技术的应用而发生变化，使油田开发建立在更广泛的多学科综合应用基础上，深化了对油田的认识，从宏观和微观上更强化了地下原油渗流能力，从而，进一步发展了油田开发理论与技术，将油田开发带入一个更高技术水平的新阶段。

中国油田主要分布在陆相沉积盆地，以河流—三角洲沉积体系为主，储油层砂体纵横向分布和物性变化均比海相沉积复杂，泥质含量高，泥砂交错分布，油藏非均质性远高于主要为海相沉积的国外油田；加上陆相盆地生油母质为陆生生物，原油多高含蜡和高黏度。这种陆相沉积和生油条件，加大了中国油田开发的难度。根据中国探明气源不足，油田混相压力较高，不具备广泛气体混相驱条件，因而将化学驱作为中国三次采油主攻技术。

中国曾应用美国能源部提高采收率潜力模型，对中国13个油区174个油田近千个区块，总计$74\times10^8$t地质储量进行了三次采油潜力分析，其结果表明：适合聚合物驱$59.7\times10^8$t地质储量，平均提高采收率8.7%，可增加可采储量$5.19\times10^8$t；适合表面活性剂和复合驱地质储量$60\times10^8$t，平均提高采收率18.8%，可增加可采储量$11.3\times10^8$t。这些数字显示出三次采油具有巨大的潜力。实际上，经过这些年矿场试验和推广应用，聚合物驱可提高采收率10%左右，复合驱先导试验可提高15%～20%。显示出中国三次采油可大幅度增加可采储量，这将为中国高含水老油田稳产创造条件。

中国的聚合物驱首先在大庆油田取得了成功，从1987年开始聚合物驱的现场试验，到1997年大庆聚合物增产原油产量就占当年原油产量的1/10，成为稳产的重要技术手段。

目前在中国大庆、胜利、中原、江汉、南阳等油田都在进行提高原油采收率的室内研究和现场试验推广工作。提高原油采收率方法生产的原油约占原油总产量的10%。现场主要采用聚合物驱、三元复合驱、气驱等。大庆油田率先进入工业性应用阶段并取得了明显的开发效果，代表了中国EOR（Enhanced Oil Recovery）技术水平。

大庆油田从众多的三次采油技术中优选出了聚合物驱技术作为提高油田采收率的一个主攻方向，并提出了一系列聚合物驱技术的新认识、新观点和新思路。

大庆油田根据自身油田的地质特点，主要开展了聚合物驱、三元复合驱、泡沫驱和微生物采油等提高原油采收率配套技术的研究与开发。形成了上述几种提高原油采收率方法的室内模拟、现场运用评价技术系列。聚合物驱油技术进入工业化应用阶段，形成了驱油机理、油藏适应性评价、注入时机选择、注入方式优选等技术系列。到2005年已投产工业化区块26块，年产油量达$1000×10^4$ t，占大庆油田原油产量的四分之一。三元复合驱形成了表面活性剂性能评价、配产优化、数值模拟、矿场试验等配套技术。三元复合驱先导试验结果表明，较之水驱提高采收率20%以上，达到了国际领先水平。

总之，三次采油将使中国油田开发进入新阶段。化学驱方法是中国21世纪高含水老油田提高采收率的主要方法。化学驱在中国大庆、胜利、大港等油田大规模的工业化矿场应用，聚合物驱可提高采收率10%左右，复合驱先导试验可提高采收率20%左右。这充分表现了化学驱可大幅度增加可采储量，显著提高采收率，是中国能源安全的重要保障。

## 第二节 化学驱提高采收率机理

目前化学驱主要通过改善注入水的波及效率和洗油能力，从而提高原油采收率。

**一、聚合物驱**

聚合物驱油法主要是向水中加入高分子聚合物，提高注入水的黏度，使水驱油流度比下降，减弱黏性指进，从而提高波及系数来提高采收率。该方法又称增黏水驱或稠化水驱。

1. 驱油用聚合物

一般来说，驱油用聚合物包括两大类：一类是人工合成聚合物，如部分水解聚丙烯酰胺（HPAM）；另一类是生物聚合物，如黄原胶等。HPAM是最常用的一种聚合物，它是由聚丙烯酰胺在氢氧化钠的作用下部分水解而成，从而使其分子链上具有酰胺基和羧基（这一过程称为水解，水解度就是指酰胺基变成羧基的百分数）。这两个基团都是有很强的极性，它们对水有很强的亲和力，所以能溶于水中，对水产生增黏作用。部分水解聚丙烯酰胺聚合物对地层水中的含盐量特别是$Ca^{2+}$、$Mg^{2+}$离子含量、油层温度十分敏感，随着体系中矿化度和油层温度的增加，体系黏度急剧下降。此外，部分水解聚丙烯酰胺还存在化学降解以及剪切降解的问题，这些都是对聚合物驱不利的因素。黄原胶是通过微生物发酵生产得到的，优点是对盐不敏感，适合于矿化度较高的油层，缺点是容易发生微生物降解、热稳定性差以及价格过高，妨碍了大规模推广应用。

驱油用聚合物HAPM相对分子质量一般为一千万至两千万，有的高温高矿化度油藏使用的聚合物相对分子质量达两千万以上。当然为了增黏，也不是相对分子质量越大越好，相对分子质量过大，不利于在水中分散、溶解，而且吸附量大，机械降解严重。水解度一般为20%~25%，水解度过大，所产生的这些极性基团还会更加强烈的吸附在砂岩中的黏土矿物或碳酸盐表面上。特别是水化黏土矿物上的吸附更加强烈，其中以水化蒙皂石负电性最强，因此，吸附也最为严重，在使用聚合物时应注意。通常选用何种相对分子质量多大的聚合物？水解度多大为宜？均需要根据实际油藏岩心进行实验研究确定。

基于聚合物性能和经济因素的考虑，通常对其要求如下：

（1）聚合物必须具有一定的抗温抗盐性、老化稳定性，以至油藏温度下聚合物溶液具有稳定的设计黏度；

（2）化学稳定性要高，与油层水和注入水的离子不产生化学沉淀，不产生沉淀伤害油层；

（3）在岩石孔隙中吸附量小，不堵塞地层；

（4）用量小，来源广泛，价格低，增黏效果明显。

典型的聚丙烯酰胺水溶液的黏度与剪切速度之间的关系表现为非牛顿流体特性。从图1-1可以看出，黏度随剪切速度的增加而降低。

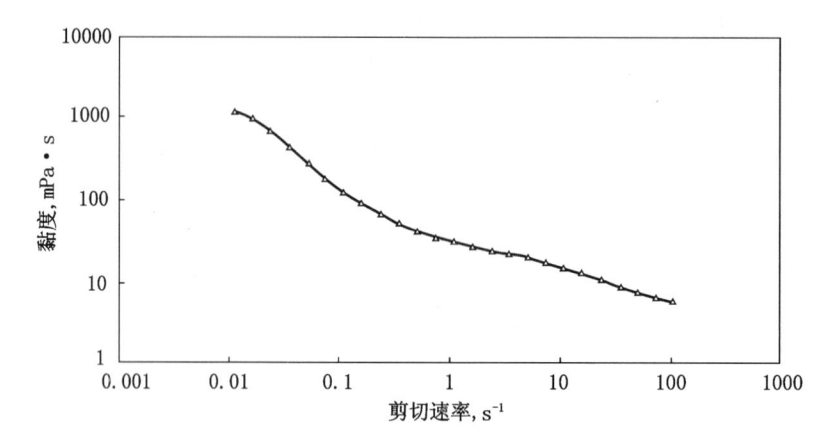

图1-1 聚丙烯酰胺溶液的流变曲线（聚合物浓度1500mg/L）

2. 驱油机理

聚合物驱的驱油机理主要是提高水相黏度和降低水相渗透率，降低水相流动性而不明显地影响油相的流动性，使水驱油流度比下降，减弱黏性指进（图1-2），从而提高波及效率来提高采收率。该项技术经多年研究已基本完善，目前已进入工业化现场应用。

聚合物驱可以减少注水过程中的黏性指进现象。由于水驱油黏性指进严重、易水窜，一旦水窜后注入水沿高渗透大孔道流动，采收率低。及早实施聚合物驱，可以大幅度降低注水量及注水成本，降低油田污水处理工作量和成本。

图1-3表示流度比（$M$）、注入孔隙体积倍数（PV）与面积扫油效率（$E_A$）间的关系曲线。可以发现，油水流度比减小，面积波及系数提高。

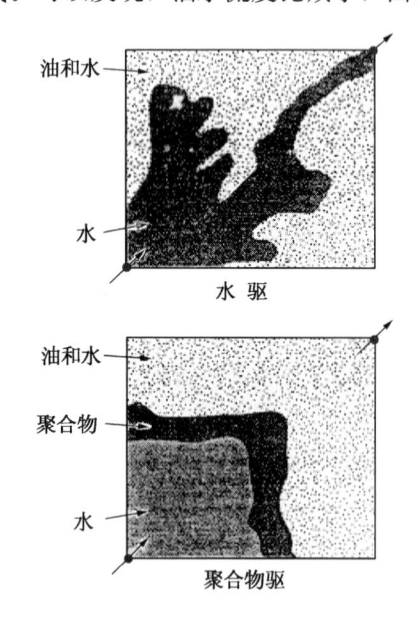

图1-2 聚合物驱控制黏性指进示意图

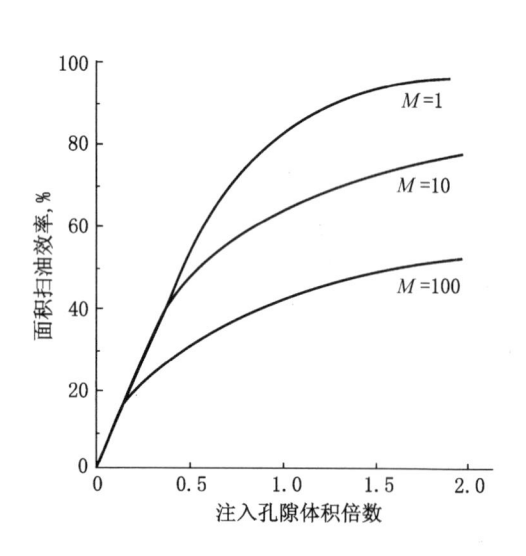

图1-3 流度比、注入孔隙体积倍数与面积扫油效率间的关系

### 3. 聚合物驱油矿场应用

聚合物驱是中国提高采收率的主导技术，在大庆、大港、胜利、南阳等油田进入了工业化矿场应用。2002年大庆油田聚合物驱产油量达到 $1000 \times 10^4$ t。大量的应用实践表明，该方法对于提高原油产量、提高采收率是有效的。矿场试验表明，聚合物驱比单一水驱提高采收率5%～12%OOIP（工业化矿场应用表明，大庆油田提高8%～12%OOIP，胜利油田提高7%～8%OOIP）。

由于聚合物提高黏度的幅度有限，因此这种方法仅对原油黏度5～125mPa·s的油藏最适宜；聚合物受油藏温度影响较大，故一般用于低于93℃左右的油藏；当储层岩石黏土含量较大时，聚合物的消耗量就会很大；此外，还需要考虑聚合物溶液的注入性，此类聚合物问题尤以生物聚合物严重，堵塞可能是生物残渣或聚合物交联造成的，上述问题在论述实施方案的可能性时，值得考虑。

## 二、表面活性剂驱

表面活性剂驱油是最复杂的提高采收率方法之一，尽管此法的化学剂费用较高，然而它能大幅度提高微观驱油效率，增油潜力十分巨大。

目前表面活性剂驱分为活性水驱和微乳液驱，活性水驱使用的表面活性剂一般在临界胶束浓度以下，微乳液驱使用的表面活性剂一般在临界胶束浓度以上。

### 1. 活性水驱

在20世纪初，人们就设想用洗涤剂水溶液来提高洗油效率。那么洗涤剂水溶液（活性水）是怎样改善水驱油效果的呢？对此，我们不妨对活性剂溶液从固体表面清除油污作一些分析。图1-4a：由于水本身的表面张力很高，润湿作用不强，水不能去除掉孔壁油污；图1-4b：水中加入活性剂后，憎水的非极性端会吸附在油滴及固体表面上，从而减少油污与岩石的附着力；图1-4c：洗涤剂分子在已经脱掉油的孔壁上和油滴周围形成吸附层，使油滴悬浮在溶液中，然后依靠流水的冲刷而离开岩石颗粒表面，被水驱走。

活性水驱的主要机理是：它能降低油水界面张力，减少残余油的毛细管阻力，从而使残余油更易于起动运移，聚集并形成油墙，从而提高采收率。此外，可增加原油在水中的分散，形成O/W乳状液，油滴被活性水夹带而被采出；可改变原油的流变性，对于高黏

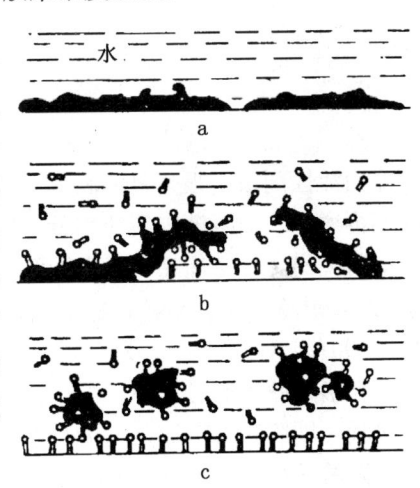

图1-4 洗涤剂和机械作用从
固体表面清除油污的过程

原油非牛顿液体，活性剂进入油中，降低极限动剪切应力；可改变地层表面的润湿性，如亲油变为亲水等。

但是，这一方法存在着它致命的弱点：一是由于巨大的岩石表面会使活性剂被大量吸附在注入井附近，如有黏土质点存在，则活性剂将全被吸附，活性水很快变为清水；另一方面，由于活性水溶液的黏度仍很低，油水流度比几乎无明显变化，波及效率仍不高。

### 2. 微乳液驱

人们从理论上和室内实验中都已证明，如果驱替液和被驱替液（原油）之间的界面张力达到 $10^{-3}$ mN/m 数量级以下时，则由于毛细管力作用被陷留在较细的或喉道窄口处的二

次残余油基本上都可以全部驱出。并且发现，一定配方的活性剂溶液（胶束溶液）可以达到这样的超低界面张力的要求。

所谓微乳液驱油法的就是向地层中注入浓度较高的活性体系，通过增溶作用形成水包油、油包水的微乳液结构，用以提高油层采收率的方法。尽管存在驱油机理了解不够、活性剂成本太高，目前尚处于先导试验（Pilot test）阶段，但仍认为该法是最具发展前途的方法。

1）束胶的形成

当活性剂在溶液中的浓度较低时（图1-5），溶液中基本上是单个活性剂分子，而且多数活性分子定向排列在表面上。活性剂在表面上的吸附量随浓度的增加而趋于饱和。

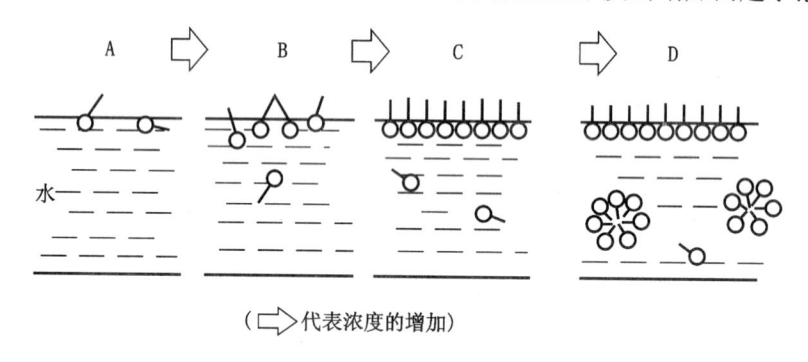

图1-5 两相界面层吸附物质浓度的变化

当活性剂浓度很高时，因单个活性剂分子在表面已排满，分布在表面的活性剂分子浓度不再增加。而溶液内活性剂分子间相互碰撞的机会增大，活性剂分子的亲油基团的吸引力变得突出，烃链便相互吸引而缔合成以烃链为内核而亲水基外露的分子聚结体，称为胶束（micelle），单个胶束可由20~100多个活性分子组成，其直径为活性剂分子的数倍，为10~100Å，对其整个溶液体系而言，称为胶束溶液。

在形成胶束的过程中，由于链烃和水接触，界面减小了，因而是一个降低界面表面能的过程，即胶束的形成是一个自发过程。

随着活性剂浓度的增减，胶束粒径的大小和数量也会改变。浓度增加时，胶束数量也增加。活性剂在溶液中也开始明显形成胶束的浓度，称为临界胶束浓度。由于胶束的形成，改变了活性剂在溶液中的状态，所以在临界胶束浓度处，溶液的表面张力、溶解度、相对密度、电导率等都会产生突变。

2）胶束—微乳液的特点——增溶作用

胶束溶液的最大特点就是增溶作用，也就是形成胶束后的溶液，就好像有机溶剂一样，具有增溶不溶于水的有机物质（如原油）的能力，胶束的数目越多，增溶有机物的能力越强。

胶束的增溶作用，是把难溶于水的油相集中分布在胶束内部，由于油不是呈现一分子状态分散，所以它不同于一般的溶液；又由于油滴不是另成一相与水接触，而是居于水外相胶束内部，所以不是一般的乳状液。

以上是烃类在活性剂溶液中的增溶，即是油在水外相胶束中的增溶（图1-6），同样也存在有水在油外相胶束中的增溶（图1-7）。

图 1-6　水外相胶束（水包油）　　　　　　图 1-7　油外相胶束（油包水）

为了增加胶束溶液的稳定性，其中还可以增加助活性剂（Co-surfactant）。助活性剂常用的是 $C_3$—$C_5$ 的醇类（如丙醇等）。助活性剂本身具有一定的活性，且渗透力强，在胶束直径增大的情况下，不致使油水直接接触而有利于胶束稳定。

加入助活性剂后，体系的增溶能力可大大提高，胶束直径变大，其粒径在 80~1600Å 范围内，而成为一种透明或半透明的水—油—活性剂—醇—NaCl 的体系。这类体系称之为微乳液。此时微乳液的界面膜由活性剂和助活性剂构成，这种混合膜是微乳液具有高度稳定性的重要原因，也是加入助活性剂的理由。而胶束的壳层通常只是由活性剂分子所构成，不一定含助活性剂。组成胶束的烃可以用各种石油产品和原油，也可用纯烃。表面活性剂以合成石油磺酸盐更好。

微乳液体系的相特性受溶液的含盐度，即电解质浓度的影响很大。随着体系含盐（如NaCl）量的增加，可以配制出下相微乳液、中相微乳液及上相微乳液（图 1-8）。电解质的作用是改变溶液中离子势场，调节活性剂亲油、亲水等。

由图 1-8 可知，通过控制水溶液中含盐量的高低，可配制不同类型微乳液。同时也说明了，微乳液对于地层水矿化度的大小是很敏感的。

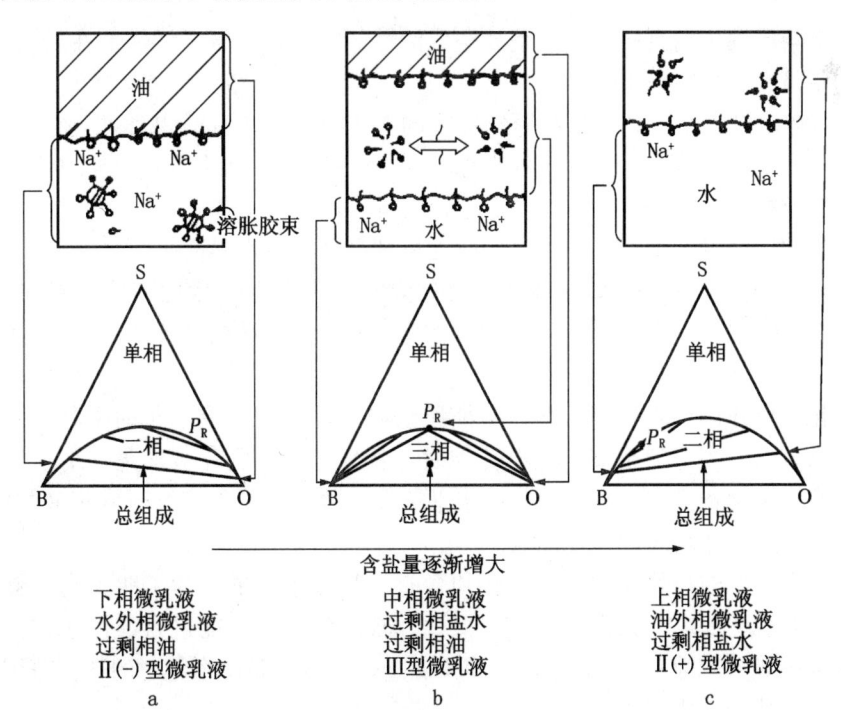

图 1-8　微乳液类型随含盐量的变化关系
B—盐水相；S—活性剂溶剂相；O—油相

3) 微乳液驱油机理

（1）微乳液与过剩油具有超低界面张力，降低毛细管力。利用微乳液增溶性质，形成水包油结构可通过水相携带原油到地面；形成油包水结构有利于形成富油带（oil bank），增加含油饱和度，大幅度提高采收率；形成单相微乳液能够消除油水界面，即具有消除驱替液和被驱替原油之间的界面，达到与地层油的混相作用，从而提高洗油效率，提高采收率。

（2）微乳液溶液，严格地说是一种非牛顿流体。这种流体在岩石孔隙中流动时所表现的黏度成为视黏度或达西黏度，其数值大小与流动速度有关。人们利用胶束溶液可望有这样的驱油效果，即在剖面上胶束液先进入高渗透层，由于流速增大，黏度亦增大，迫使这种溶液自行进入低渗透层驱油，可以提高垂向剖面的波及系数。在平面和微孔道中亦可望有类似的特性，从而可以提高波及面积和洗油效率，消除渗透率差异和孔隙结构上的非均质性的不良影响。

胶束—微乳液驱适用的油层条件，还有待于更多的现场实验结果才宜做出评价。目前的看法是：渗透率 $4\times10^{-3}\sim1000\times10^{-3}\mu m^2$，地层深度 200～2000m，地层温度 16～93℃，原油相对密度 0.80～0.94，原油黏度 0.8～25mPa·s，含油饱和度 30%～60%。

### 三、碱水驱

将碱液注入油层，利用碱液与有机酸作用，在油层中就地生成活性剂物质，从而降低油水界面张力，改变润湿性，以提高洗油效率，这就是所谓碱性水驱油法。

碱水驱提高采收率方法适用于具有一定酸值的油藏原油，中和 1g 原油所需消耗的 KOH 的毫克数称为酸值，单位是 mg/gKOH。根据国外注碱水驱油的筛选标准，原油酸值应大于 0.2。

利用碱液与原油中的有机酸作用就地生成活性剂物质，克服了活性剂在岩石中被吸附，以及活性剂用量大、价格昂贵的缺点。

该方法具体运作是：向水中加入 1%～5% 的 NaOH、$Na_2CO_3$ 等碱性物，将注入水的 pH 值控制在 12～13 注入油层。由于无机碱来源较广，价格便宜，因此具有明显的经济优势。

碱性水驱的机理是：

（1）在低浓度的碱性水驱中，主要的驱油机理是降低油水界面张力。

（2）高浓度碱性水驱时，碱与原油中的有机酸反应产生的活性剂被吸附在岩石表面，从而改变岩石的润湿性。有人认为，在这种润湿性转化的不稳定过程中，水流作用更容易将油驱走。

（3）乳化捕集作用：乳化剂的存在会使原油与水乳化而生成水包油型乳化液，将油以雾膜形式随水带出，当遇到狭窄的岩石孔隙时，就会遇阻，乳化被捕集，结果使水的流度降低，抑制水驱黏性指进，提高了垂向与水平波及系数，这种作用又叫乳化液的锁塞效应。这一驱油机理适用于非均质的稠油油藏。

上述机理产生的前提是要求原油中必须含有一带数量的酸。为了能生成足够的活性物质，保证碱与有机酸反应，只有对酸值（酸数）较高的原油方能进行碱性水驱。经研究认为，原油的最小酸数应为 0.5～1.5mgNaOH/g$_{原油}$。酸数不是一个绝对的数值范围，它与酸的类型和产生活性剂性质有关。

当地层岩石中含钙镁等盐类及黏土时，便会与碱反应而产生 $Ca(OH)_2$ 一类沉淀。例如：

| | |
|---|---|
| 石膏 | $CaSO_4 + 2NaOH \rightarrow Na_2SO_4 + Ca(OH)_2 \downarrow$ |
| 黏土 | $Ca—黏土 + NaOH \rightarrow Na—黏土 + Ca(OH)_2 \downarrow$ |
| | $H—黏土 + NaOH \rightarrow Na—黏土 + H_2O$ |

上述反应的结果，会增加一些碱的消耗，降低碱水驱的效果。因此，进行碱水驱必须尽量避开含石膏、黏土的地层，并且注入碱性水时，要先注入淡水前置液，驱除含 $Ca^{2+}$、$Mg^{2+}$ 等离子的地层水。

应当指出，碱水驱尽管存在各种局限性，驱油机理也不十分清楚，但矿场试验表明，它可将采收率提高 10% 以上，仍不失为一种很有效的提高采收率方法。

### 四、三元复合驱

如前所述，聚合物具有控制流度和提高波及效率的作用；表面活性剂具有降低油水界面张力或/和增溶油水的能力，可以降低驱油过程中的毛细管阻力，提高微观洗油效率；碱能够与地层原油中的酸性物质作用，生成就地表面活性剂，发挥表面活性剂驱的作用。聚合物驱、表面活性剂驱和碱水驱方法各有特点和局限性，如果将它们结合形成三元复合驱，由于具备界面张力低、流度控制合理的双重特点，因而既能大幅度降低残余油饱和度、提高驱油效率，又能提高波及效率，使采收率大大提高。

碱、聚合物、表面活性剂驱油技术主要是注入复合驱油体系，通过改变驱替相的黏度、相对渗透率、油水界面张力、岩石润湿性来提高石油采收率，注入流体既能进行流度控制又能降低界面张力，提高波及效率和驱油效率，从而提高原油采收率。

碱、聚合物、表面活性剂在轻质油油藏中的水驱机理为：

（1）为采出增产原油有必要加入流度控制剂。不加入适量的流度控制剂，设计最佳的碱/表面活性剂溶液也不会显著增产原油或是增产原油很少。

（2）在碱、聚合物、表面活性剂溶液中由于吸附作用损失了表面活性剂，或者表面活性剂加入量减少都会大大降低增油产量。

（3）各种类型的碱、聚合物、表面活性剂都可以混合并使界面张力降至最低值。每一组分都将改变界面张力，因此，如何混合碱、聚合物、表面活性剂溶液中的不同组分是十分关键的。

（4）注入的化学组分与岩石间的相互作用对采出增产原油起主要作用，超低界面张力值对于采出增产原油是重要的。

（5）在共注过程中碱的加入减少了表面活性剂和聚合物的吸附作用，表面活性剂和聚合物的吸附作用相互影响并存在流体与流体间相互作用。

中国大庆油田"八五"和"九五"期间所开展的三元复合驱矿场先导性试验结果得到证实，中区西部和杏二区西部三元复合驱矿场先导性试验取得了比水驱提高采收率 17%～22%（OOIP），比聚合物驱提高采收率 10%（OOIP）的良好效果，同样展示了该项技术的广阔应用前景。由此可见，以三元复合驱为主的化学复合驱技术已日趋成熟并将在中国油田开发中发挥巨大作用。

## 第三节 物理化学作用与物理化学渗流概述

### 一、物理化学作用概述

在化学驱过程中，聚合物、表面活性剂、碱等驱油剂与油藏原油、地层水、油层岩石接触，发生多种复杂的物理化学作用，它们对驱油过程和结果产生着巨大的影响。国内外学者对此所作的大量研究认为，化学驱物理化学作用主要包括3方面。

1. 吸附滞留

在聚合物驱过程中，吸附主要发生在液/固界面上，使驱油剂段塞的有效浓度降低，同时使岩石的水相渗透率降低，从而影响渗流过程和驱油效果。对于表面活性剂驱，由于其分子的两亲性质，表面活性剂分子在液/固界面上发生吸附，使驱油剂段塞的有效浓度降低，并可能使岩石润湿性发生改变；另外，表面活性剂易于自溶液内部迁移到并富集于溶液表面或油/水界面，即易于发生液/液界面（油/水界面）吸附，从而有效地降低油/水界面张力。

2. 化学反应

在化学驱过程中，驱油剂与油层岩石和地层水中的盐类接触，要发生多种化学反应。化学反应的类型和程度取决于化学剂、岩石、流体以及油藏温度等。研究人员对驱油过程中化学反应进行了大量研究，已取得初步认识。碱与地层岩石、原油和地层水中离子发生较强的化学反应；表面活性剂与地层水中的 $Ca^{2+}$，$Mg^{2+}$ 等二价阳离子发生沉淀反应；聚合物一般不发生化学反应。因此，在表面活性剂驱和碱水驱工程设计时必须考虑化学反应的影响。

3. 扩散弥散

在化学驱过程中，一定浓度的驱油剂段塞在驱替过程中与地层水或段塞后续注入水接触，是一种互溶驱替过程，发生分子扩散和机械弥散现象，引起驱油过程中化学剂浓度的变化，从而影响驱油过程与效果。

聚合物驱过程中主要存在吸附滞留和扩散弥散作用；碱水驱主要存在化学反应、扩散弥散等；表面活性剂驱过程中主要存在着吸附、化学反应、扩散弥散等。ASP三元复合驱过程则更为复杂，组成了一个复杂的多组分体系，不仅存在上述物理化学作用，而且发生多组分间十分复杂的协同效应。

**二、物理化学渗流概述**

由于存在物理化学作用，化学驱过程是一种物理化学渗流过程。物理化学渗流涉及到复杂流体（非牛顿流体、传质扩散流体、多元多相多组分流体）在孔隙介质中的渗流理论。由于物理化学渗流理论和数学模型非常复杂，其求解方法超出了经典力学方法的范围。化学驱物理化学作用的种类和程度将决定其物理化学渗流的过程和结果，其中最为关键的是化学剂浓度发生变化和损失。当浓度低于一定值时，驱替过程将失效，甚至退化为水驱，产生了驱替过程有效性、持久性的问题。

因此，研究化学驱物理化学作用的种类、程度、影响规律、作用机理、数学模型等，建立物理化学渗流理论与数学模型，模拟和分析考虑这些物化作用的驱替过程与结果，努力克服对驱油过程的不利影响，以优化的过程获取最佳驱替效果，对于化学驱数值模拟研究、驱油方案优化设计、驱油动态监测、改善驱油效果、提高开发水平等都具有十分重要的意义。

# 第二章　化学驱吸附滞留理论

在化学驱过程中，化学驱油剂的吸附损耗是影响驱油效果的关键因素之一。在设计驱油方案时，需要考虑吸附滞留量对驱油过程与效果的影响规律。

物质自一相内富集于界面上的现象称为吸附现象。吸附现象在各种界面上皆可发生。吸附可分为物理吸附和化学吸附。物理吸附是由范德华力引起的，是可逆的，在一定条件下还可以脱附。而化学吸附则是由化学键力引起的，是不可逆的，不能脱附，主要的吸附机理及作用力包括静电力吸附、氢键吸附、色散力吸附、疏水力吸附、化学键力吸附。

在聚合物驱过程中，吸附主要发生在液/固界面上，使驱油剂段塞的有效浓度降低，并且使岩石的水相渗透率降低，从而影响渗流过程和驱油效果。对于表面活性剂驱，通常使用石油磺酸盐，由于其分子的两亲性质，表面活性剂分子在液/固界面上发生吸附，使驱油剂段塞的有效浓度降低，并可能使岩石润湿性发生改变；另外，表面活性剂易于自溶液内部迁移到并富集于溶液表面或油/水界面，即易于发生液/液界面（油/水界面）吸附，从而有效地降低油/水界面张力。

## 第一节　聚合物驱吸附滞留理论

聚合物（HPAM）在油层中的吸附和滞留量，是聚合物驱工程设计的重要依据。滞留量过大的油层，应用聚合物驱是不经济的，甚至是不能成功的。因此，在设计聚合物驱技术方案时，聚合物吸附与滞留量的测试，是一项必不可少的室内研究工作。

聚合物分子在液/固界面上的吸附很复杂，原因是溶液中聚合物分子的大小是有很大差异的，而且其分子具有一定的挠曲性的基团，这些基团往往能吸附在固体表面上，而使吸附的分子具有一定形状。固体表面吸附点的数目、聚合物分子的链长、活性基团的数目、位置及聚合物在溶质中的解离度等，都是影响其吸附构型的重要因素。聚合物分子的形状较复杂，摩尔质量分布范围较广，吸附构型往往以混合形式出现。若聚合物与表面活性剂共存时，吸附机理更为复杂。

研究人员对此进行了大量的研究，Willhite 和 Dominguez 等人曾论述过聚合物在多孔介质中的吸附滞留机理。当高分子溶液流经多孔介质时，引起聚合物在多孔介质中滞留的因素包括分子在岩石表面的吸附和孔隙结构造成的力学（机械）捕集。

**一、吸附**

聚合物吸附是聚合物通过色散力、氢键等作用在岩石孔隙结构表面的浓集现象。所谓静平衡吸附，是将解集的砂岩放入聚合物溶液中浸泡，等温振荡一段时间后，通过测定溶液中聚合物浓度的损失，计算砂岩表面吸附聚合物的量。

1. 吸附模型

对于单一的吸附现象，浓度为 $C$ 的聚合物溶液在岩石表面的吸附速度可写为：

$$\left(\frac{dC_r}{dt}\right)_{吸} = K_1\left(1 - \frac{C_r}{C_r^*}\right)C$$

式中 $C_r$——岩石表面吸附的浓度；

$C_r^*$——吸附浓度的临界值；

$K_1$——常数；

$t$——时间。

同时存在与之并行而反向的一个脱附过程：

$$\left(\frac{dC_r}{dt}\right)_{脱} = -K_2\left(\frac{C_r}{C_r^*}\right)$$

式中 $K_2$——常数。

总的吸附速度公式应是：

$$\frac{dC_r}{dt} = K_1\left(1 - \frac{C_r}{C_r^*}\right)C - K_2\left(\frac{C_r}{C_r^*}\right)$$

上式在浓度恒定，并在初始条件 $t=0$，$C_r=0$ 时有下列的解：

$$C_r(t) = \frac{K_1 C_r^*\left[1 - \exp\left(-\frac{CK_1 + K_2}{C_r^*}\right)t\right]}{CK_1 + K_2}C$$

当 $t \to \infty$ 时，上式变为：

$$C_r = \frac{aC}{1+bC} \qquad (2-1)$$

其中 $a = \dfrac{K_1 C_r^*}{K_2}$，$b = \dfrac{K_1}{K_2}$

这就是吸附浓度和溶液浓度之间的平衡浓度公式，我们可以把 $C_r$ 叫做吸附过程中的平衡吸附浓度。公式（2-1）又叫做朗格谬尔（Langmuir）吸附公式。

如果将吸附看作是单分子层的，各种组分的面积大小相同，形成一个二维的理想溶液，并认为吸附分子在吸附剂表面上各占一个吸附位置，它们之间没有横向相互作用，吸附性质的差异只是吸附质与固体相互作用的差别，则可以用以上 Langmuir 等温式表示。

实验中测取的聚合物在岩石上的静态吸附实验数据（不同聚合物种类、不同浓度、恒温下、在不同砂体及不同矿物上的吸附量），满足朗格谬尔（Langmuir）吸附公式。绘出等温吸附曲线，其一般特征如图 2-1 所示，即随聚合物溶液浓度的增加，吸附量开始递增速率很快，然后变得平缓，最终对聚合物溶液浓度的变化（进一步增加）变得不那么敏感，并趋于平衡。

有些吸附过程符合 Freundlich 等温式，该式表示为

$$\Gamma = KC^{1/n} \qquad (2-2)$$

式中 $\Gamma$——溶液浓度为 $C$ 时，每克吸附剂吸附溶质的摩尔数；

$K$、$n$——常数，$K$ 表示吸附剂的吸附容量，$1/n$ 是表示吸附强度的量度，通常 $n>1$。

聚合物 HPAM 分子在某些岩矿表面上的吸附看来是不可逆的。有人发现用 2% 氯化钠配置的聚合物溶液中的聚合物分子不能从灰岩表面上吸附。聚合物在蒙皂石、伊利石和高岭土上的吸附也是不可逆的。但是 Szabo 发现一种 HPAM 在石英上的吸附有很大的可逆性。

关于 HPAM 吸附速度，一般需 12h 以上才能达到吸附平衡。Schamp 等发现 HPAM 在分散的钠蒙皂石上的吸附在 10～15min 达到平衡。而在伊利石和高岭土上则需 2h。

**2. 吸附特征与吸附形态**

高分子聚合物的吸附由于其体积大，形状可变，因而与低分子相比，有其独特的吸附

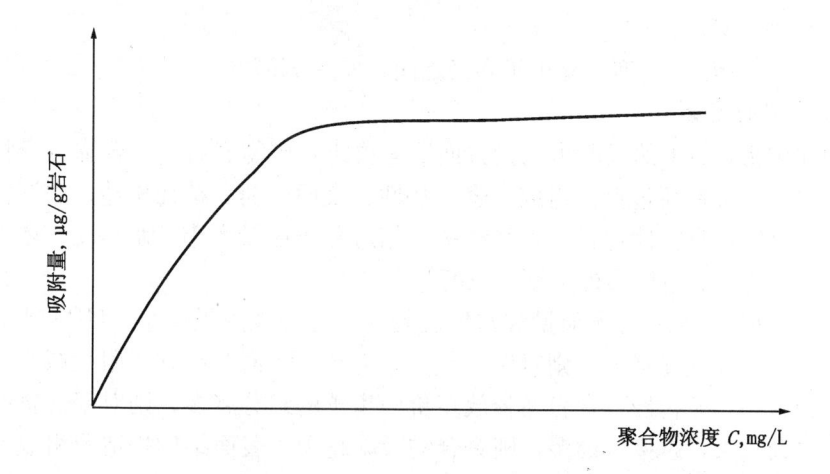

图 2-1 聚合物在岩石上的朗格缪尔（Langmuir）等温吸附曲线

特征。主要表现在：

（1）分子的形状与溶剂的性质有关。良好溶剂中高分子舒展成带状，如图 2-2 所示。不良溶剂中高分子卷曲成团状，如图 2-3 所示。

图 2-2 舒展型高分子 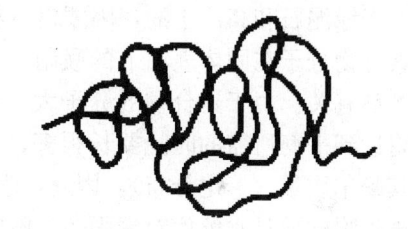　　　　　　图 2-3 卷曲型高分子

（2）高分子向吸附剂移动时变形，并形成多点吸附，且脱附困难。主要有垂直型、水平型和环路型，如图 2-4 所示。

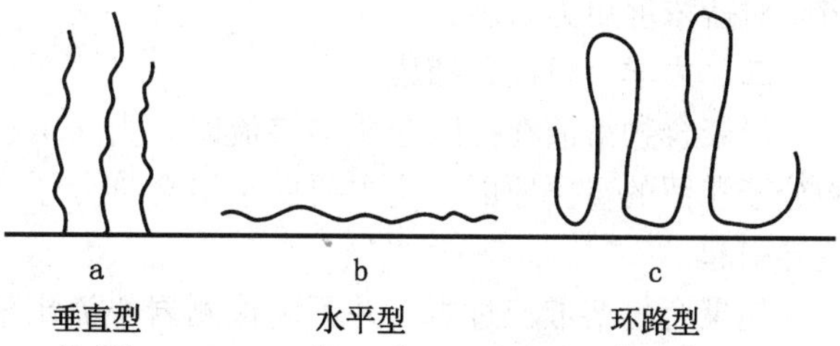

（3）由于体积大，移动慢，向固体内孔扩散将受到阻力，所以吸附平衡慢。

高分子吸附一般随分子量增大而增大。假定相对分子质量为 $M$，饱和吸附量为 $X_m$，二者间有如下吸附方程式：

$$X_m = KM^\alpha \quad (2-3)$$

图 2-4 高分子在液/固界面上的吸附形态

式中　$K$——与溶剂有关的常数；

$\alpha$——与相对分子质量有关的因子，一般为 0~0.5。

Ulman 研究指出，$\alpha$ 不同，高分子所处的吸附态不同：

① $\alpha = 0$，吸附分子平躺在固体表面上，$X_m$ 与相对分子质量无关，即 Train 型。此时 $X_m = K$。

② $\alpha = 1$，相当于分子垂直于固体界面，近似点接触，呈 Tail 型。吸附量与相对分子质

量成正比，$X_m = KM$。

③$0<a<0.5$。为 loop 型，介于①和②之间，$X_m = KM^{0.5}$。

3. 影响吸附的因素

聚合物在矿物岩石上的吸附由三大方面因素决定：矿物岩石、聚合物自身特性和介质环境。矿物岩石自身特性包括：组成、表面特性、表面电荷、结构构造、润湿性、孔隙网络特征等。聚合物自身特性包括：自身结构、相对分子质量大小、水解度、浓度等。介质环境包括温度、压力、电解质的类型、浓度等。

对 HPAM 而言，相对分子质量和水解度越大，静态吸附量越小。HPAM 对电解质很敏感，电解质浓度和强度越大，则吸附量越大。介质 pH 值升高则吸附量减小。温度升高可导致吸附量减小。矿物岩石含容易释放多价阳离子的组分越多，则对聚合物的吸附越厉害。表面负电荷越大，越接近油湿，则聚合物吸附越少。表面结构构造及组成的多孔介质结构越复杂，对聚合物的吸附量越大。

如 HPAM 在矿物上的吸附遵从 Langmuir 吸附等温式，吸附平衡时间随矿物种类和条件变化。在黏土矿物上达到平衡值所需时间较长，在石膏上较快就达到了吸附平衡。聚合物在各种矿物上吸附量大小顺序为：石膏＞蒙皂石＞高岭土＞绿泥石＞黑云母＞白云母＞白云石＞方解石＞斜长石＞微斜长石＞石英。HPAM 在 $CaCO_3$ 上吸附量大于 $SiO_2$，因 $CaCO_3$ 表面上的 $Ca^{2+}$ 对 HPAM 中的 $-COO^-$ 有显著的相互作用。HPAM 在蒙皂石上的吸附量大于绿泥石和高岭土的，因蒙皂石易于膨胀及其分散的片状结构。

聚合物分子在固体表面上的吸附行为，不仅与其相对分子质量、化学结构有关，而且还与溶剂有关。由于聚合物的分子大、移动慢，向固体表面孔隙中扩散困难，所以大分子的吸附达到平衡所需的时间要长很多；由于聚合物溶液大多是多分散的体系（同一种聚合物，其摩尔质量有一定分布），因此，吸附常常发生分级效应。吸附开始时、通常较小的分子先被吸附，而且水解度对聚丙烯酰胺的吸附，有较显著的影响，水解度大，则吸附量少；盐对聚合物的吸附也有明显影响：如聚丙烯酰胺在岩心上的吸附量随 NaCl 含量增大而升高，但聚合物对盐的敏感程度随其水解度不同而异。水解聚丙烯酰胺的吸附比未水解者的吸附对盐浓度更为敏感。

二、力学（机械）捕集

当聚合物溶液在孔隙介质中渗流时，力学（机械）捕集作用是除吸附作用外引起聚合物分子滞留的重要原因。这主要由于聚合物分子在水中无规线团的尺寸与流动孔道尺寸的差异引起。

使聚合物溶液流过岩心并不断检测岩心流出液中聚合物的浓度，根据物量衡算而得到聚合物在岩心中的滞留量。滞留量是指聚合物溶液流过岩心后，单位质量岩石上所留存的聚合物量。可通过注入岩石的聚合物总量减去流出岩心的聚合物总量来计算总滞留量。

如果对岩心的流出液样连续取样并检测浓度，根据物量衡算原理，可用如下物料平衡方程式计算滞留量：

$$\Gamma = \left(C_0 V_0 - \sum_{i=1}^{n} C_i V_i\right)/W \tag{2-4}$$

式中　$\Gamma$——HPAM 在岩心中的滞留量，$\mu g/g$；

$C_0$——注入 HPAM 溶液的浓度，mg/L；

$V_0$——累计的注入 HPAM 溶液的体积，mL；

$C_i$——岩心出口端第 $i$ 个流出样品的 HPAM 浓度，mg/L；
$V_i$——第 $i$ 个流出样品的体积，mL；
$n$——岩心出口端收集的流出样品的数目；
$W$——岩心质量，g。

Gogarty 通过用微孔膜滤过实验，发现 HPAM 分子在不含盐溶液中的有效尺寸在 $0.5\sim2.0\mu m$，在含 NaCl 600mg/L 溶液中有效尺寸为 $0.4\sim1.5\mu m$。Gogarty 在其论文中未注明所用聚合物的相对分子质量。Smith 使用 $3\times10^6$ 相对分子质量的 HPAM 做研究，得出了与 Gogarty 相似的结果。在含 NaCl 500mg/L 盐水中，大分子的有效尺寸在 $0.3\sim1.0\mu m$。

聚合物分子捕集的位置一般在孔喉（Constriction）、狭缝（Crevice Sites）和孔隙结构的凹空（Cavern Sites）等处。

由于聚合物分子在孔隙介质中滞留是吸附和机械捕集同时起作用的。为了单独研究因机械捕集的滞留量，Domingnez 和 Palmer 应用不吸附的聚四氟乙烯（Teflon）制备岩心，用相对分子质量为 $5\times10^6$ 的 HPAM 进行了流动实验。因 Teflon 对 HPAM 吸附量很小，它的滞留量看作机械捕集量，所得结果列在表 2-1 中。

**表 2-1　聚合物机械捕集量测试结果**

| 孔隙介质 | 聚合物浓度，mg/L | 经盐水冲洗后的滞留量，$\mu g/g$ |
| --- | --- | --- |
| Teflon 岩心<br>（$K=86$mD） | 99 | 10.87 |
|  | 187 | 10.85 |
|  | 489 | 21.20 |
| Teflon 颗粒充填管<br>（$K=3500$mD） | 100 | 4.50 |
|  | 145 | 7.50 |
|  | 200 | 10.60 |
|  | 500 | 16.90 |

由表 2-1 可见，HPAM 的机械捕集量随岩心渗透率增加而减小，随 HPAM 浓度增加而增加。翁蕊等人用甲基含氢硅油处理岩心以消除吸附。使用相对分子质量为 $1100\times10^6$，溶液浓度 1000mg/L，无机盐总量 4792mg/L 的 HPAM 溶液进行流动实验。通过处理过与未处理过（存在吸附）的岩心滞留量对比，得出的结论是：与孔隙结构相关的机械捕集量约占总滞留量的 34.3%。

Mungan 用相对分子质量为 $(3\sim10)\times10^6$，浓度为 500mg/L 的 HPAM 水溶液，测定在三种多孔介质中的静吸附和流动滞留量，结果示于表 2-2。

**表 2-2　聚合物吸附滞留实验结果**

| 孔隙介质 | 静态吸附量，$\mu g/g$ | 流动实验测量的滞留量，$\mu g/g$ |
| --- | --- | --- |
| 烘过的 Berea 砂岩 | 500 | 35 |
| 天然 Berea 砂岩 | 610 | 55 |
| Cttawa 砂岩 | 300 | 160 |

通过流动实验所测得的聚合物在多孔介质表面的总滞留量（包括吸附量和机械捕捉量）一般都比静态吸附量小得多。造成这种差异的原因可能是：(1) 聚合物流经岩心和地层时，

聚合物大分子不能进入所有的孔隙体积，在那些相对于聚合物分子尺寸较小之处、不连通孔隙、在给定的驱动压差下不能流动的油和水所占据的孔隙部位，聚合物都是不可进入的。（2）聚合物溶液流经可进入孔隙时，所接触的岩石表面要比静态吸附所接触的松散砂子的表面积小得多。（3）滞留量测试过程中，岩心经过了溶剂的冲洗。

孔柏岭、唐金星、谢峰等人研究认为，静态吸附量的大小，仅仅反映了聚合物分子与岩石表面的相互作用。而聚合物在油层孔隙介质中流动引起的滞留，不仅与聚合物分子和岩石表面性质有关，还与孔隙结构特征、地层水性质、残余油量以及水动力学因素有关。他们通过比较天然岩心中的滞留量得出，HPAM 的滞留主要是由水动力学滞留和机械捕集所引起的。HPAM 的相对分子质量越大，岩心的渗透率越低，水动力学滞留现象就越明显，滞留量也越高。选用相对分子质量高的 HPAM 作为驱替剂时，应考虑水动力学滞留现象所带来的有利和不利影响。

部分水解聚丙烯酰胺（HPAM）的相对分子质量越高，满足流度控制时所需 HPAM 溶液的浓度就越低，HPAM 用量就少，因此选用矿场应用的 HPAM 的相对分子质量有越来越高的趋势。但是，HPAM 相对分子质量越高，在地层中渗流时受流速或流向改变的影响而产生的水动力学滞留现象就越明显，使 HPAM 在地层中的滞留量大幅度提高，造成聚合物损失量增加和注入压力的升高。HPAM 的水动力学滞留过程是可逆的，降低注入速度（或压力），HPAM 的分子构象发生变化，HPAM 可以从滞留的位置释放出来重新进入水流中，并将产生"附加残余效应"。在后续注水中利用这一效应，可以进一步改善流度控制或调剖效果。

## 第二节　表面活性剂驱吸附理论

表面活性剂驱油过程中的吸附分为液/液界面吸附和液/固界面吸附。液/液界面（油/水界面）吸附可显著降低油/水界面张力，从而降低残余油的附加毛细管阻力，使之在较低的驱动压差下启动，运移，聚并，有效地提高微观洗油效率。液/固界面吸附使驱油过程中的化学剂段塞浓度发生损失甚至失效，并改变固体表面润湿性，影响驱油效果。

### 一、表面活性剂驱液/液界面吸附理论

1. 液/液界面吸附与降低界面张力

两不相混溶液体的界面或液体的表面并非界限分明的几何平面，而是界面不十分清楚的薄层。此薄层可以是一二个以至几个分子厚，其成分和性质与界面两边的内部不同，称为界面相（或表面相）。图 2-5 即表示出这一模型。$\alpha$ 和 $\beta$ 分别为水相和油相，$AA'BB'$ 即为与 $\alpha$ 相和 $\beta$ 相内部成分和性质不同的界面区域，即界面相（$\sigma$ 相）。若在 $\sigma$ 相中画一平面 $SS'$，$V^\alpha$ 及 $V^\beta$ 分别为体系中自体相 $\alpha$ 及 $\beta$ 内直到 $SS'$ 面时的二相体积。

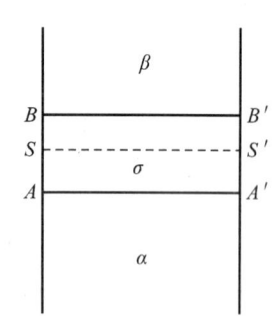

若 $V^\alpha$ 及 $V^\beta$ 中的浓度皆是均匀的，则整个体系中组分 $i$ 的摩尔分数将为：

$$n_i = C_i^\alpha V^\alpha + C_i^\beta V^\beta \tag{2-5}$$

式中　$C_i^\alpha$，$C_i^\beta$——分别为 $\alpha$ 及 $\beta$ 相中组分 $i$ 的摩尔浓度。

图 2-5　界面相

在实际体系中，$\sigma$ 相这一界面区域的成分是不均匀的，故实际的组分 $i$ 的摩尔数与上式所示的有差别。若以 $n_i^S$ 代表差别，则得：

$$n_i^S = n_i^0 - (C_i^\alpha V^\alpha + C_i^\beta V^\beta) \tag{2-6}$$

式中 $n_i^0$——实际体系中组分 $i$ 的摩尔数;

$n_i^S$——实际体系与理想体系中组分 $i$ 的摩尔数差,称为表面过剩。若以 $SS'$ 面的面积为 $A$,则单位面积上的过剩为:$\Gamma_i = n_i^S/A$。

Gibbs 指出,不论体系的组分有多少,总有一个 $SS'$ 位置可使某一组分的过剩为零。图 2-6 中的 $S_2S_2'$ 即为使组分 $i$ 的过剩为零的分界面。图中的曲线表示组分 $i$ 的浓度 $C_i$ 的变化。从图中可以看出,如果分界面不在 $S_2S_2'$ 处而在 $S_1S_1'$ 处时,则组分 $i$ 的过剩不是零。分界面划定后,其余各组分的过剩量随即确定下来。此种使某一组分过剩为零时的过剩以 $\Gamma_i^{(1)}$ 表示。上角(1)表示组分 1 之过剩为零。Gibbs 推导出界面吸附公式为:

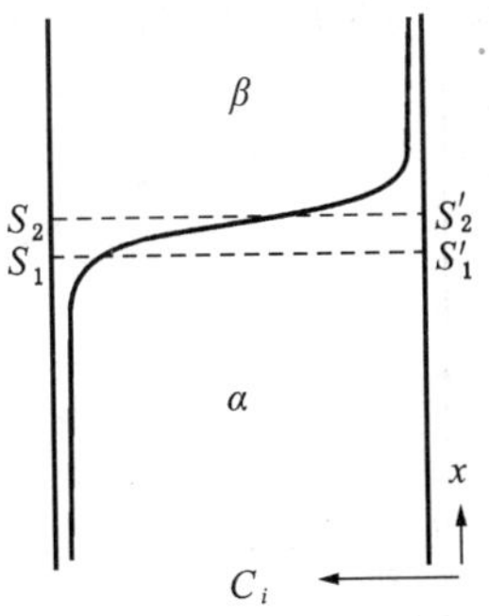

$$-d\gamma = \sum_{i=2} \Gamma_i^{(1)} du_i \tag{2-7}$$

式中 $\gamma$——界面张力;

图 2-6 Gibbs 分界面

$u_i$——组分 $i$ 的化学势。

通过进一步变换,可得:

$$-d\gamma/RT = \sum_{i=2} \Gamma_i^{(1)} d\ln a_i \tag{2-8}$$

式中 $a_i$——表面活性剂在溶液中的活度。

这就是著名的 Gibbs 吸附定理。

对于非离子表面活性剂溶液,例如化学驱常用的非离子表面活性剂 OP-10,是两组分体系,情形较为简单,上式可化为:

$$-d\gamma/RT = \Gamma_2^{(1)} d\ln a_2 \tag{2-9}$$

式中 $\Gamma_2^{(1)}$,$a_2$——分别为此种表面活性剂的表面吸附量(表面过剩)和在溶液中的活度。

在一般情况下,非离子表面活性剂的浓度很小($<10^{-2}$ mol/L),故可近似的写为:

$$-d\gamma/RT = \Gamma_2^{(1)} d\ln C_2 \tag{2-10}$$

式中 $C_2$——表面活性剂浓度。

从此式和实验中求得的 $\gamma-C$ 关系计算出表面活性剂的溶液表面吸附量。

对于离子型表面活性剂,例如驱油常用的石油磺酸盐,情况比较复杂。在水溶液中存在着正、负离子和水分子,在表面相中也同样有这些离子和分子。在体相和表面相中,皆需考虑它们的平衡关系。对于 1-1 型不水解的离子表面活性剂,如 $Na^+R^-$($R^-$ 为表面活性离子),在水溶液中基本完全电离。自 Gibbs 吸附公式,根据电中性原则及溶液中水平衡条件,当溶液很稀时,得到 1-1 型不水解电解质水溶液表面的吸附公式为:

$$-d\gamma/2RT = \Gamma_{R^-}^{(1)} d\ln C_{NaR} \tag{2-11}$$

式中 $C$——离子型表面活性剂的体积摩尔浓度。

以上二式表明,若一溶质能降低溶剂的表面张力,它就被吸附(富集于表面)。表面活性剂皆能降低水的表面张力(降低 $\gamma$ 的能力极强),所以表面活性剂在水溶液表面被强烈地吸附。溶液表面确实有吸附发生,而且吸附量的多少与溶液的表面张力随浓度的变化有一定的定量关系。因此我们可以用 Gibbs 公式计算吸附量。从而,可以比较方便地进一步研究表面活性剂的吸附引起的各种界面性质的变化,及其对有关实际化学驱过程(如润湿、起泡、乳化等)的影响。

2. 液/液界面吸附形态

表面活性剂分子（或表面活性离子）是一"两亲分子"，有自水溶液中"逃离"的趋势，故容易富集于溶液表面而发生吸附，而且可能在表面上作定向排列。利用 Gibbs 公式，可以自表面张力的测定结果，计算溶液的表面吸附量，从而对吸附分子在不同浓度的溶液表面上的形态进行分析。

利用 Gibbs 公式可计算表面张力随浓度对数的变化率。图 2-7 即为一典型的表面张力—浓度对数关系图。图中标明的 CMC 是溶液表面张力随 $C$ 变化的转折点的浓度，称为临界胶束浓度。此时，许多表面活性剂的单分子或离子开始缔合成胶团，增加溶液浓度也不能再使单分子或离子的浓度有显著增加，而是形成更多的胶团，因此，溶液的表面张力在 CMC 以上不再有显著的下降。

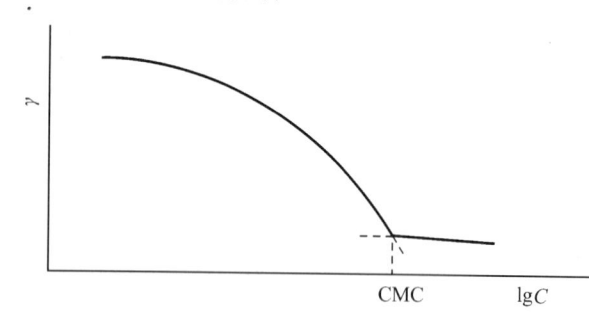

图 2-7 表面活性剂水溶液的 $\gamma$—lg$C$ 曲线

表面活性剂浓度从小变大时，表面活性剂分子在溶液表面上从基本是无一定方向的，平躺的状态逐步过渡到基本是直立的，定向排列的状态。通过大量的研究，表面活性剂在溶液表面上可能存在如图 2-8 所示的状态。

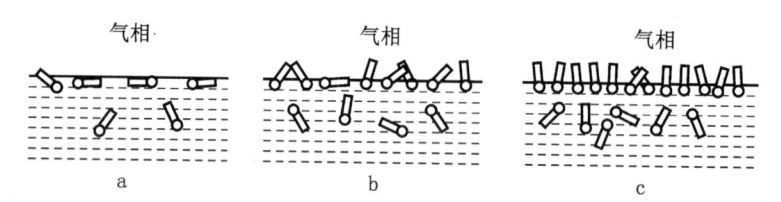

图 2-8 吸附分子在表面上的一些状态

图 2-8a 为浓度很稀时的状态，图 2-8b 为中等浓度时的状态，图 2-8c 为吸附近于饱和时的状态。此时，由于水的极性表面在很大程度上已被两亲分子所覆盖，而且非极性的亲油基朝外，等于形成了一层由碳氢链构成的表面层，表面性质被大大地改变了。这时溶液具有最低的界面张力，有较好的润湿性质以及较大的起泡能力。

此种吸附分子在表面上的状态模型，对于表面活性剂在非极性的油/水界面上的吸附态，也大同小异。由于密度较大的非极性油相的存在，在溶液浓度较稀时，表面活性剂亲油性的碳氢链比较容易进入油中，因而较易吸附，即界面黏度较大。在溶液浓度较大而接近饱和吸附时，则油的非极性碳氢链可能容易插入表面活性剂吸附层中的定向的碳氢链间，从而使吸附量变得较小。

从上述溶液表面吸附的情形可以看出，一个较好的驱油用表面活性剂，应该是在其浓度较稀时即达到吸附饱和状态，即在浓度较稀时有最低的界面张力。这就是说，可以用达到最低界面张力时的浓度大小作为衡量表面活性剂表面活性的一种量度（实际上用表面活性剂的临界胶团浓度 CMC 作为此种量度）。在实际的表面活性剂驱研究过程中，我们参照这个量度来筛选性能较好的有效降低界面张力的表面活性剂。

在表面活性剂同系物中，亲油基直链上每增加一个碳原子，则表面活性增加约一倍，即达到最低表面张力时的浓度减少一半。若亲油基有支链或其他结构,则此规律不能适用。但无论如何,一般亲油基碳原子数增加时,表面活性总是有所上升的(即使不能增加 1 倍)。此规律在非离子表面活性剂溶液中亦存在。

3. 液/液低界面张力现象

表面活性剂在油/水界面上的吸附可使体系的界面张力降低。但人们通过进一步的研究发现,有些表面活性剂,例如典型的十二烷基硫酸钠,当含有杂质时,其水溶液的表面张力与浓度曲线有最低点(图 2-9,虚线)。经多次纯化后,其溶液表面张力出现的最低值的现象可以消除,得到如图 2-9 的实线表示的曲线。若提纯样品中加入少量(0.1%左右)十二醇,则表面张力最低值又重新出现。

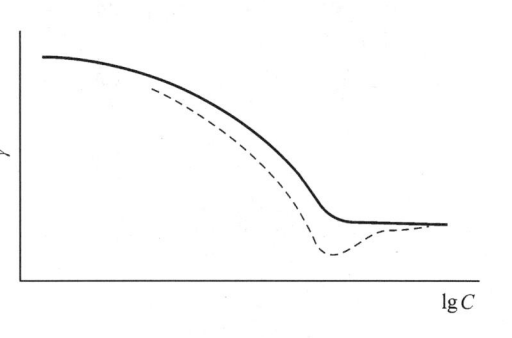

图 2-9 表面张力最低值现象

研究进一步证明,除极性有机物一类的杂质外,凡是能使表面张力降低到表面活性剂水溶液所能达到的表面张力以下的物质,都有可能出现表面张力最低值现象。例如,在阴离子表面活性剂中加入少量阳离子表面活性剂,即大大降低溶液的表面张力,出现显著的表面张力最低值现象。

从上述情况来看,表面活性剂水溶液之所以出现表面张力最低值现象,是由于有表面活性较高的"杂质"存在,或是由于"杂质"与表面活性剂形成了表面活性较高的"复合物"。纯净单一的表面活性剂溶液不会出现表面张力最低值。

在表面活性剂驱油过程中,一方面,表面活性剂能降低油/水界面张力;另一方面,通过加入醇类"杂质"的方法可使界面张力进一步降低。在 ASP 三元复合驱体系中,因加入的碱剂能够与地下原油中的有机酸反应生成表面活性物质,降低复合驱的油水界面张力,适当的体系可使界面张力降至超低值($10^{-3}$ mN/m 数量级),从而有效地提高残余油的启动能力。

## 二、表面活性剂驱液/固界面吸附理论

固体自溶液中吸附表面活性剂,即表面活性剂的分子或离子在液/固界面上的富集。这一界面现象就是表面活性剂在固体表面上的吸附。

1. 液/固界面吸附方式

因为表面活性剂的化学结构是多种多样的,吸附剂的表面结构也非常复杂,再加上溶剂的影响。所以清楚地认识表面活性剂在液/固界面上的吸附机理存在一定困难。

在浓度不大的水溶液中,一般认为表面活性剂在液/固界面的吸附是单个活性剂分子或离子吸附,可能以下述一些方式进行:

(1)离子交换吸附:吸附于固体表面的反离子被同电性的表面活性剂离子所取代(图 2-10)。

(2)离子对吸附:表面活性离子吸附于具有相反电荷的未被反离子所占据的固体表面位置上(图 2-11)。

(3)氢键形成的吸附:表面活性剂分子或离子与固体表面极性基团形成氢键吸附(图 2-12)。

(4)π电子极化吸附:吸附物分子中含有富于电子的芳香核时,与吸附剂表面的强正电性位置相互吸引而发生吸附。

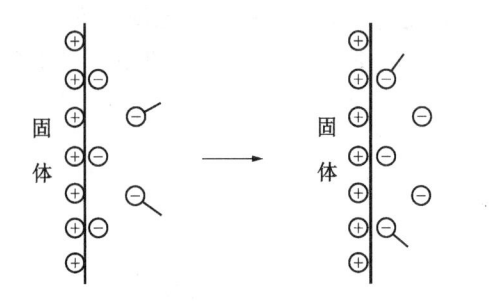

图 2-10 离子交换吸附

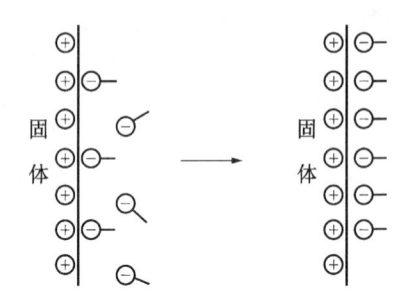

图 2-11 离子对吸附

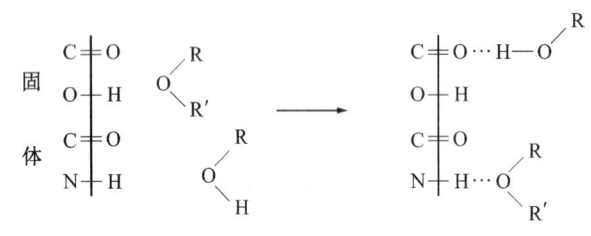

图 2-12 氢键形成的吸附

（5）London 引力（色散力）吸附：此种吸附一般总是随吸附物的分子大小而增，而且在任何场合皆发生，即在其他所有吸附类型中皆存在，可作为其他吸附的补充。

（6）憎水作用吸附：表面活性剂亲油基在水介质中易于相互连接形成"憎水链"（Hydrophobic Bonding）与逃离水的趋势。随浓度增大到一定程度时，有可能与已吸附于表面的其他表面活性剂分子聚集而吸附，或以聚集状态吸附于表面。

2. 液/固界面吸附规律与吸附模型

在一定温度下，表面活性剂吸附量与溶液浓度之间的平衡关系曲线即吸附等温线。自吸附等温线的分析，可以了解表面活性剂在固体表面上的浓度，从而可以研究表面性质如何随吸附而变化的情形。自吸附等温线亦可了解吸附量与表面活性剂溶液浓度的变化关系。进而比较不同表面活性剂的吸附效率和所能达到的最大吸附程度，提供吸附分子（或离子）在表面上所处状态的线索，使我们对表面活性剂的吸附改变固体表面性质的规律有进一步的认识。

固体自表面活性剂溶液中的吸附是非常复杂的。有的吸附符合 Langmuir 型，实际也可能是多分子层的，或者是以胶束形式被吸附的。还有的吸附过程甚至出现最大值现象。

因此，人们提出了通用型吸附等温式。它的基本假设是，表面活性剂在固—液界面上的吸附分为两个阶段。第一个阶段是个别的表面活性剂分子或离子（取决于表面活性剂的类型）通过范氏引力或静电引力与固体表面直接作用而被吸附。第二阶段中，表面活性剂分子或离子通过碳氢键间的疏水作用形成表面胶束，从而使吸附量急剧上升。此时，第一阶段的吸附单体是形成表面胶束的活性中心。

吸附等温线的通用公式

$$\Gamma = \Gamma_\infty K_1 C(1/n + K_2 C^{n-1})/[1 + K_1 C(1 + K_2 C^{n-1})] \tag{2-12}$$

式中 $\Gamma_\infty$——饱和单分子层中吸附分子的摩尔数；

$n$——表面胶束的聚集数；

$K_1$，$K_2$——平衡常数。当 $K_2 \to 0$，$n \to 1$ 时，该式还原为 Langmuir 吸附公式。

$$\Gamma = \Gamma_\infty K_1 C/(1 + K_1 C) \tag{2-13}$$

典型的表面活性剂在液/固界面上的吸附等温线如图 2-13 所示。吸附量随表面活性剂的浓度而增，最后趋于一饱和值。符合 Langmuir 吸附等温线式

$$F = \frac{K_a C}{1 + K_b C} \quad (2-14)$$

式中 $F$——饱和吸附量。

表面活性剂注入油层后，由于岩石颗粒表面的吸附使表面活性剂产生滞留。表面活性剂的损耗导致驱油体系的破坏和驱油效率的降低。

参与化学驱固/液吸附过程的有吸附剂（岩石固体颗粒）、溶剂（水）和溶质（化学剂）。因此，溶剂和溶质都有可能被吸附在固体表面上，而且被吸附的程度不同。所以固/液界面的吸附物质是一种溶液相，其溶质的浓度则与体相不同。体相溶液中溶质浓度的变化将导致界面溶液相中溶质浓度的变化。在计算吸附量时，一般采用的方法是：根据吸附前后溶质的浓度差计算出单位质量固体对溶质的吸附量。这种吸附量不是真实的吸附量，只可称为表观吸附量。真实的吸附量不可能是负值，但表观吸附量则不同，当溶剂的吸附比溶质的吸附多时，溶质的表观吸附量就成为负值了。这种现象在做蒙皂石对表面活性剂溶液的吸附时经常发生。

图 2-13 $C_9H_{19}$—⟨⟩—$O(C_2H_4O)_n H$ 在 $CaCO_3$ 上的吸附

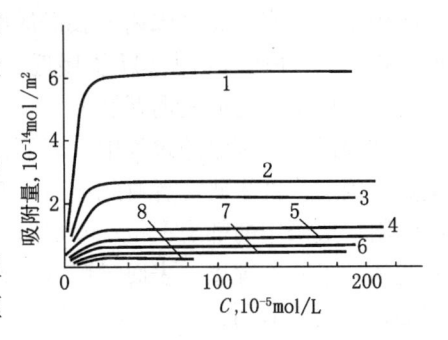

1—$n=8.5$；2—$n=9$；3—$n=10.5$；4—$n=15$；
5—$n=20$；6—$n=30$；7—$n=40$；8—$n=50$

固体自溶液中吸附，溶质吸附量的大小不仅与溶质和固体吸附剂有关，还与溶质和溶剂之间相对亲合力的大小有关。如果溶质和溶剂之间的亲和力大，则溶质的吸附量小。溶质在溶剂中的溶解度愈低，就愈容易被固体吸附剂所吸附。因此，极性吸附剂易吸附极性组分，非极性吸附剂易吸附非极性组分。自表面活性剂同系物水溶液中吸附，通常是碳氢链愈长，愈易被吸附，而非离子表面活性剂的吸附，除碳氢链的影响外，还须考虑亲水基（通常为氧乙烯链）的作用。当氧乙烯链较短时，非离子表面活性剂的吸附大于阴离子活性剂。当氧乙烯链相当长时，则吸附量较小。

在化学驱替过程中，由于岩石—原油—盐水之间的相互作用，表面活性剂不可避免地吸附到储层岩石表面，而表面活性剂的吸附是决定化学驱经济可行性的重要参数之一。Zaitoun 等研究了表面活性剂在高矿化度、高二价阳离子浓度盐水中的吸附特性。实验结果表明：采用作为抗吸附添加剂的其他表面活性剂后，对主表面活性剂的吸附量可大大降低。Trogus 等从吸附速率和数量两方面研究吸附过程。对阴离子和非离子表面活性剂在盐水初始饱和后 Berea 岩心上的吸附动力学研究发现，非离子和阴离子表面活性剂的吸附特性可以通过一个由 Langmuir 吸附等温式简化后的二阶可逆方程式来拟合。

Singh 和 Pandey 的研究表明，表面活性剂等温吸附类型很大程度上依赖于所使用表面活性剂的类型、岩石的矿物组成和形态、溶液中电解质的种类。岩石表面电荷、岩石与液体之间界面电荷影响表面活性剂的吸附，带正电荷的阳离子表面活性剂能够被带负电荷的表面吸附。同理，带负电荷的阴离子表面活性剂能够被带有正电荷的表面吸附。盐浓度、pH 值对岩石表面电荷影响很大。例如，低 pH 值下，溶液中二氧化硅和方解石表面带正电荷，但高 pH 值下带负电荷。对于二氧化硅，当 pH 值增加到 2～3.7 时，表面带负电荷。而方解石表面直到 pH 值为 8～9.5 时带负电荷。当不考虑盐的影响时，二氧化硅表面趋向

于吸附单一的有机碱（阳离子表面活性剂）。而方解石趋向于吸附单一的有机酸（阴离子表面活性剂）。原因是当水 pH 值接近中性时，二氧化硅表面通常带负电荷呈弱酸性，而此时方解石表面带正电荷呈弱碱性。

在表面活性剂驱油过程中，表面活性剂在多孔介质中的输运是影响油水两相渗流的一个重要因素。许多研究者对此进行了深入的研究，但大多数研究者对表面活性剂在油层中的吸附一般采用的都是 Langmuir 吸附模型。有研究指出利用 Langmuir 吸附模型拟合室内实验的效果并不理想，表面过剩（Surface Excess）吸附模型在研究表面活性剂在多孔介质中的吸附更为适用。

3. 影响液/固界面吸附的因素

在驱油过程中，表面活性剂在矿物岩石上的吸附同样受矿物岩石、表面活性剂自身特性和介质环境 3 大因素决定。从力的观点来看，受静电力、化学力、氢键、结构相容性、链间相互作用、亲油键等力中的一种或多种控制。具体的作用力由表面活性剂的种类、矿物岩石特性和介质环境共同决定。如大庆油田使用的阴离子型的石油磺酸盐 ORS-41 在 11 种但矿物上的吸附量具有如下的序列：石膏＞蒙皂石＞高岭土＞绿泥石＞黑云母＞白云母＞微斜长石＞斜长石＞白云石＞方解石＞石英。非离子型的的表面活性剂 OP-10 在矿物上的静态平衡吸附量序列为：蒙皂石＞伊利石＞高岭土＞石膏＞石英＞方解石。阴离子表面活性剂石油磺酸盐的损失受静电力控制，非离子型的表面活性剂 OP-10 的损失主要受矿物比表面控制。

4. 液/固界面吸附对固体表面的影响

固体自溶液中吸附表面活性剂后，表面性质会有不同程度的改变，从而对驱油过程产生很大的影响。

固体表面的润湿性质可能由于吸附了表面活性剂而大为改变。当以离子交换或离子对形成的方式吸附于固体表面时，表面活性剂的亲油基会朝向水中，因而使表面的憎水性变得越来越强。如果表面活性剂溶液浓度增大，吸附继续进行，以至于表面电荷变号（变成与表面活性离子同号）此时，吸附的表面活性离子的极性头朝向水溶液，使固体表面的亲水性增加，接触角减小。这些作用对驱油过程是有利的。

# 第三节　复合体系中化学剂的吸附滞留

聚合物和表面活性剂混合物的吸附研究表明，阴离子聚丙烯酰胺（PAM）和十二基磺酸盐在表面上发生竞争吸附：若首先加入磺酸盐，然后加入 PAM，或磺酸盐与聚合物同时加入，均使聚合物的吸附作用降低。前一种情况，是由于磺酸盐的吸附，导致供聚合物吸附的空位置数减少；而后一种情况，尽管两者同时加入，但聚合物大分子企图在固一液界面上扩散的速率较慢，仍然是磺酸盐首先被吸附，而聚合物的吸附作用实际上发生在已被磺酸盐分子覆盖的表面上。若聚合物加入后再加入磺酸盐，也导致聚合物的吸附量降低。这些结果表明，吸附于固体表面上的聚合物会因活性剂分子的快速吸附而不断脱附下来：聚丙烯酰胺（PAM）预吸附对十二烷基磺酸盐吸附有影响，当磺酸盐浓度较低时，磺酸盐的吸附不受 PAM 存在的影响；而磺酸盐浓度高于某个数值时，其吸附量由于 PAM 的存在而降低。油砂自 HPAM 和 Tween—80 混合物中的吸附作用的实验表明，Tween—80 的吸附量随 HPAM 的浓度增加呈减少趋势。

碱剂对表面活性剂吸附的影响：对表面活性剂吸附损失起主要作用的是岩石矿物中的

黏土，黏土矿物表面电荷性质受溶液中 $H^+$ 和 $OH^-$ 离子制约。当溶液中 pH 值大于零电势点时，黏土矿物表面荷负电，而表面活性剂胶束荷负电。这样，在有碱剂存在时，pH 值较高时，表面活性剂在黏土矿物表面的吸附就减少。并且，硅酸钠降低表面活性剂吸附量的效果比氢氧化钠好。

不同类型的表面活性剂复配使用，可以提高驱油体系的表面活性。但是，固体自表面活性剂混合物溶液中的吸附却复杂得多。对于非极性吸附剂自离子型与非离子型表面活性剂（如 OP-10）混合溶液中的吸附，非离子表面活性剂的吸附能力强于离子型。非离子表面活性剂的平衡吸附量与不存在离子型表面活性剂时的值几乎没有差别。而且，离子型表面活性剂只有在低浓度区域随浓度的增加而增加，随着非离子型表面活性剂浓度增加，离子型表面活性剂又逐渐地从吸附剂上被置换下来。

对于离子型和非离子表面活性剂混合溶液中的吸附：研究结果表明，阴离子型烷基硫酸钠和 Triton X—100 在硅胶—水界面上不存在竞争吸附；硅胶不吸附烷基硫酸钠；当 Triton X—100 的浓度小于其混合溶液的 CMC 时，烷基硫酸钠的存在对 Triton X—100 的吸附无影响；而当 Triton X—100 的浓度大于其在混合溶液中的 CMC 时，Triton X—100 的吸附逐渐趋向于极限值，此极限值随烷基硫酸钠浓度的增大而降低。

固体吸附剂自带相反电荷的离子型表面活性剂混合物中的吸附研究表明：在阴离子表面活性剂水溶液中加入少量阳离子表面活性剂，将使阴离子表面活性剂的吸附明显增加，同理，在阳离子表面活性剂水溶液中加入阴离子表面活性剂，也有促进吸附的作用。

## 第四节 吸附量实验测定方法

本节结合大庆油田油藏条件，介绍了 ASP 复合驱体系中各驱油剂的吸附量的实验室测定方法、结果及规律。

大庆油田 ASP 三元复合驱体系使用的驱油剂有：部分水解聚丙烯酰胺 HPAM、表面活性剂 ORS-41（阴离子型石油磺酸盐，美国进口）和碱剂 NaOH，实验中还增加了缔合聚合物 AP（西南石油大学研制）。分别测定了这些驱油剂的液/固界面吸附量大小。

### 一、实验药品、材料与仪器

部分水解聚丙烯酰胺 HPAM　　　　　　缔合聚合物 AP
表面活性剂 ORS-41　　　　　　　　　氢氧化钠
醋酸　　　　　　　　　　　　　　　　次氯酸钠
百里酚蓝　　　　　　　　　　　　　　次甲基蓝
乙醇　　　　　　　　　　　　　　　　硫酸钠
浓硫酸　　　　　　　　　　　　　　　十二烷基硫酸钠
十六烷基三甲基溴化铵　　　　　　　　二氯甲烷
盐酸　　　　　　　　　　　　　　　　甲基橙
滴定装置　　　　　　　　　　　　　　分光光度计
油层砂　　　　　　　　　　　　　　　烧杯

### 二、驱油剂浓度的检测方法

1. 聚丙烯酰胺浓度的测定方法

对于聚丙烯酰胺溶液，其浓度的测定方法较多。常见的有淀粉/碘化铬显色法、酸/漂白液沉淀浊度法、紫外分光光度法和黏度法等。对于紫外分光光度法，要求分光光度计达到紫外光的范围，通过测定吸收峰确定最佳波长（一般为205nm），然后在最佳波长下测定吸光度与浓度的关系。紫外分光光法虽然简便、快速、无毒，但抗干扰性能不好，溶液中的有机杂质很容易吸收紫外光，导致很大的实验误差，当多组分共存时就更不理想。对于黏度法，因黏度与聚合物溶液的浓度有较好的正相关性，为此通过测定聚合物的黏度可间接知道浓度，此法虽然不用任何化学试剂，但是由于聚合物的黏度受多种因素的影响，容易受到各种形式降解（机械的、生物的、热的、光的）以及其他多因素的影响，导致黏度降低，相应给黏度法带来较大误差。淀粉/碘化铬显色法经过大庆石油学院张祥运、胡靖邦等老师研究，其吸光度与 HPAM 浓度的线性关系范围较小，可检测范围只有 0.1～1.25mg/L，只能用于微量聚合物的检测。鉴于实际化学驱聚合物浓度为 1000mg/L 以上，经过弥散作用后聚合物浓度也会远远大于 1.25mg/L。因此淀粉/碘化铬显色法不太适合我们的需要。因此，我们采用酸/漂白液沉淀浊度法。

酸/漂白液沉淀浊度法的测定原理：HPAM 在酸性溶液中与次氯酸钠反应，产生不溶的氯酸铵使溶液浑浊。在一定条件下，其浊度值与 HPAM 浓度成正比，其浊度值由分光光度计测其吸光度而得。

测定方法：将一定体积的聚合物样品移入 50mL 容量瓶中，按比例加入 5N 的醋酸溶液，轻轻摇动，静置 1～2min 后，按比例加入浓度为 1.31% 的次氯酸钠溶液，摇匀，静置 15～20min 后产生浑浊，倒入比色皿，在波长为 470nm 条件下，测取溶液的吸光度，进而求得聚合物浓度。

对于这种方法，胡靖邦等研究得出 HPAM 浓度检测范围很宽，在 10～500mg/L 均有较好的线性关系，其精度可达 0.5%。当 HPAM：HAc：NaOCl = 2：5：5 时，测量结果在 HPAM 高浓度区获得较大的准确性。当比例为 4：5：5 时，在 HPAM 低浓度区获得较大的准确性。酸/漂白液沉淀浊度法的缺点是反应中要产生有毒的氯气，且较费时。但由于其精度范围较高，可满足我们大批量的测量要求，故选用该方法，在通风窗中操作。

配制专门用于测定 HPAM 浓度标准曲线的标准聚合物溶液 1000mL，其浓度为 500mg/L。分别取浓度为 500mg/L 的标准溶液 0mL、0.5mL、1.00mL、1.50mL、2.00mL、2.50mL、3.00mL、4.00mL、5.00mL 置于 50mL 容量瓶中。加入少许蒸馏水进行稀释，然后加入 10.00mL 5N 的醋酸溶液，摇匀，静置 1～2min。再加入浓度为 1.31% 的次氯酸钠溶液 10.0mL，最后加蒸馏水稀释至 50mL。摇匀，静置 20min 左右，可见有浑浊产生，在波长为 470nm 条件下，测取溶液的吸光度，为此可以得到聚合物溶液的浓度序列：0mg/L、5mg/L、10mg/L、15mg/L、20mg/L、25mg/L、30mg/L、40mg/L、50mg/L 和对应的平均吸光度序列：0、0.057、0.115、0.175、0.230、0.291、0.347、0.468、0.500。

对于 HPAM 的浓度序列和吸光度序列，做过 3 次校验，实验结果见表 2-3。其吸光度序列和此序列很接近，由此可得出反映 HPAM 浓度和吸光度的 HPAM 标准曲线，如图 2-14 所示。可以看出，当 HPAM 浓度超过 40mg/L 时，线性关系变差，求得酸/漂白液沉淀浊度法的线性范围是 0～40mg/L。而远没有达到文献中报道的 500mg/L。

2. 缔合聚合物浓度的测定方法

对于缔合聚合物，用多种方法做了实验。用酸/漂白液沉淀浊度法检测浓度，得到浓度与其对应的吸光度关系曲线很不规则，不适合采用该方法。又进一步采用紫外分光光度法。首先测吸收峰，可选得最佳波长为 240nm。在 240nm 波长下测得缔合聚合物浓度与其对应的吸光度关系曲线如图 2-15 所示。可见具有较好的线性关系，尤其是在 0~20mg/L 浓度范围内线性关系好，因而采用这种方法。

表 2-3　HPAM 浓度与其对应的吸光度

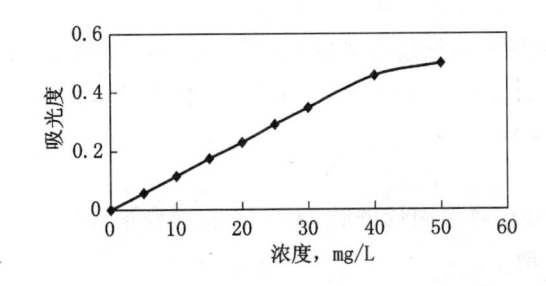

| 浓度，mg/L | 0 | 5 | 10 | 15 | 20 | 25 | 30 | 40 |
|---|---|---|---|---|---|---|---|---|
| 第一次 | 0 | 0.058 | 0.115 | 0.175 | 0.230 | 0.291 | 0.347 | 0.458 |
| 第二次 | 0 | 0.056 | 0.114 | 0.176 | 0.229 | 0.290 | 0.345 | 0.457 |
| 第三次 | 0 | 0.058 | 0.116 | 0.174 | 0.231 | 0.292 | 0.348 | 0.459 |
| 第四次 | 0 | 0.057 | 0.116 | 0.175 | 0.230 | 0.290 | 0.347 | 0.458 |
| 平均 | 0 | 0.057 | 0.115 | 0.175 | 0.230 | 0.291 | 0.347 | 0.458 |

图 2-14　HPAM 浓度与其对应的吸光度关系曲线

图 2-15　缔合聚合物浓度与其对应的吸光度关系曲线

**3. 表面活性剂浓度的测定方法**

目前，中国测定磺酸盐型阴离子表面活性剂浓度采用的是 Epton 法，该法的缺点是终点不易掌握和测定结果随样品含量不同而改变，同时用氯仿作溶剂，毒性较大。Spangler 采用特制的观察箱以改进对终点的观察，但操作并不方便。Weatherburn 提出在计算时加修正值以克服样品含量不同对分析结果的影响，但用于未知样品仍很困难。对 Epton 法最详尽的讨论可能是 Reid 等人的工作。Reid 等人采用混合指示剂，终点易于观察并有较高的精度，但仍然用氯仿作有机相，而且所用的指示剂价格昂贵，国内不易得到。因此，采用李之平等人研究的用百里酚蓝/次甲基蓝混合指示剂法测定表面活性剂的浓度。

1) 试剂配制方法

(1) 百里酚蓝（T.B.）储藏液：0.05g T.B. 溶于 50mL 20% 的乙醇中，待溶解后过滤，滤液用水稀释到 500mL。

(2) 次甲基蓝（M.B.）储藏液：每升溶液中含有 0.036g M.B.。

(3) 混合指示剂：混合 225mL T.B. 储藏液和 30mL M.B. 储藏液，并用水稀释到 500mL。

(4) 硫酸钠酸性溶液：每升溶液中含有 10.0g 无水硫酸钠和 12.6mL 浓硫酸。

(5) 十二烷基硫酸钠（SDS）标准溶液：每升溶液中含有 0.2884g SDS。

(6) 十六烷基三甲基溴化铵（CTMAB）滴定液：每升溶液中含有 0.3645g CTMAB，此溶液约为 $1 \times 10^{-3}$ mol/L，其准确浓度可由 SDS 标准溶液标定后求得。

2) 滴定方法

取 10.0mL 浓度约为 $1 \times 10^{-3}$ mol/L 的阴离子表面活性剂溶液于 100mL 具塞量筒中，

加入 5mL 混合指示剂和 5mL 硫酸钠酸性溶液。加水使水相保持 30mL，加 15mL 二氯甲烷，摇匀后用浓度为 $1\times10^{-3}$mol/L 的 CTMAB 滴定液滴定，下相由浅紫灰色变为明亮的黄绿色即为终点。在临近终点时上相的粉红色逐渐变浅，最后几乎无色，上相颜色的变化有助于初次使用者或测定未知样品时避免滴定过量。

4. 碱浓度的测定方法

根据反应式：

$$HCl + NaOH \rightarrow NaCl + H_2O$$

碱剂单独存在时，采用稀盐酸 HCl 标准液，以甲基橙为指示剂进行酸碱滴定，通过当量定律换算可知碱液浓度。实验中用标定浓度为 36.5% 的盐酸，稀释 100 倍，浓度约为 0.365%（实验中使用纯度为 99.98% 的 $Na_2CO_3$ 滴定，稀盐酸的实际浓度为 0.353%）。

### 三、化学驱吸附实验结果

1. 实验方法

将 NaOH、ORS-41 和缔合聚合物分别配制一定浓度序列的化学剂溶液各 500mL，在其中分别加入 50g 预先洗净烘干的油层砂，搅拌，放入 45℃ 的恒温箱中，作用 48h 后滤出溶液，测定浓度，确定不同浓度下的吸附量大小。

2. 实验结果

碱剂 NaOH 和表面活性剂 ORS-41、部分水解聚丙烯酰胺 HPAM 和缔合聚合物在不同浓度下的吸附等温线如图 2-16 和图 2-17 所示。

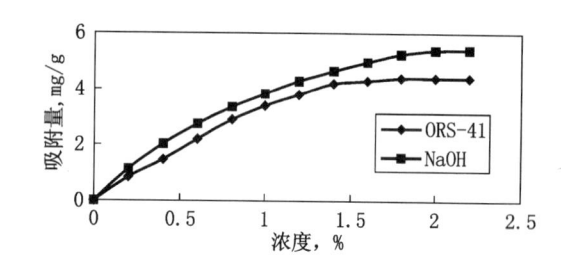

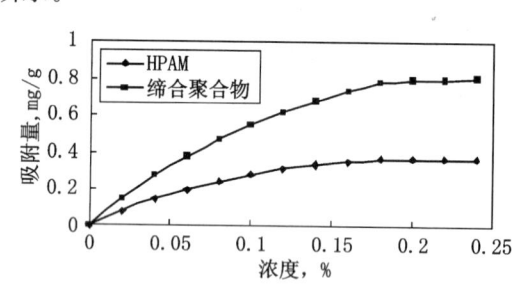

图 2-16 ORS-41 和 NaOH 吸附等温线（45℃）　　图 2-17 HPAM 和缔合聚合物吸附等温线（45℃）

从图 2-16 和图 2-17 可以看出，碱 NaOH、表面活性剂 ORS-41、部分水解聚丙烯酰胺 HPAM 和缔合聚合物的吸附等温线满足 Langmuir 吸附等温式。

NaOH 吸附关系式为

$$F = \frac{0.642C}{1 + 66.56C} \tag{2-15}$$

ORS-41 吸附关系式为

$$F = \frac{0.307C}{1 + 3.152C} \tag{2-16}$$

部分水解聚丙烯酰胺 HPAM 吸附关系式为

$$F = \frac{0.452C}{1 + 623.4C} \tag{2-17}$$

缔合聚合物吸附关系式为

$$F = \frac{0.8073C}{1 + 475.1C} \tag{2-18}$$

式中 $C$——驱油剂浓度。

从上述实验可知，在同一油层砂上，各种化学剂的吸附量大小序列为：碱＞表面活性剂＞缔合聚合物＞部分水解聚丙烯酰胺 HPAM。

### 四、复合体系中化学剂的吸附滞留实验测定

对单组分化学剂吸附规律的研究已有很多相关报道，而对三元复合体系中各组分在驱油过程中损失规律的研究尚少。侯吉瑞、张淑芬、杨锦宗和刘中春等人以物理模拟实验为基础，用大庆天然油砂制作填砂管，模拟大庆油层条件，通过改变复合体系的注入量，研究碱（$A$）、活性剂（$S$）、聚合物（$P$）在运移过程中的损失规律；通过模拟计算，分析化学剂损失量与运移距离的对应关系，并分析 ASP 复合体系在超低界面张力以及非超低界面张力状态下对提高采收率的贡献程度。

#### 1. 实验装置、材料、方法与过程

实验采用 RUSCK 驱替泵（美国）、差压变送器（美国）、活塞压力容器、恒温箱、高压中间容器、自动组分收集器、紫外—可见分光光度计、微量滴定管及常规化学仪器；HAAKE 流变仪 RS—150H（德国）、TX—500 型界面张力仪（美国）。采用的实验材料有：相对分子质量 $1500 \times 10^4$ 的聚合物；活性剂：$C^{12} \sim C^{14}$ 的烷基苯磺酸钠类混合物，商品质量分数 50%；碱剂 NaOH 及其他无机盐；实验用油 45℃下黏度 9.5mPa·s，接近大庆油田地层中原油黏度；模拟饱和用水（矿化度 6778.34mg/L）；驱替用水（矿化度 3700mg/L）；油砂为大庆采油四厂天然岩心，用混合溶剂 [$V$（甲苯）：$V$（乙醇）= 3：1] 连续抽提不少于 72h，再于 105℃下烘干 12h 后，解集处理，过 40 目筛，置于干燥塔内备用。

物理模型：用解集岩心的油砂制作填砂管模型，规格为 $\phi 2.5\text{cm} \times 50\text{cm}$，为防窜流，在管内层涂敷环氧树脂薄层，再黏上一层过 100 目筛后的石英砂，装入油砂，控制气测渗透率接近 $1\mu m^2$。实验温度：模拟大庆油田平均油层温度（45℃）；注入速度：模拟现场线性注入速度（1m/d）。

ASP 复合体系的组成为碱（NaOH）：1.2%，活性剂：0.3%（有效质量分数），聚合物（HPAM）：1200mg/L。ASP 复合体系的表观黏度为 13.8mPa·s，与所配制的模拟油在 45℃下的界面张力为 $4.03 \times 10^{-3}$ mN/m。

实验方法与过程：(1) 模型抽空、饱和水；(2) 45℃下恒温 12h 后，水测渗透率；(3) 饱和油至束缚水饱和度；(4) 水驱油至出口含水 98%，计算水驱采收率；(5) 按照模型的孔隙体积（PV），分别注入 1.5PV、1.0PV、0.6PV、0.3PV 共计 4 种孔隙体积倍数的复合体系段塞，继续水驱至无油，并检测不到化学剂为止，计算总采收率及化学剂的损失量。在开始注入三元复合体系段塞的同时，检测采出液中各组分化学剂浓度，并同步测试采出液与模拟油间的界面张力。

浓度测试方法：活性剂采用两相滴定法；聚合物采用淀粉—碘化镉比色法；碱采用酸碱滴定法。

#### 2. 实验结果与分析

驱油实验结果列于表 2-4。ASP 复合驱提高采收率的幅度与注入量成正比关系，但是，当 ASP 复合体系注入量达到 0.6PV 后，采收率增幅逐渐变小。实际上，随着注入量的增大，化学剂的损失也相对较大，二者直接相关联（采出液化学剂浓度及油—水界面张力的变化见图 2-18）。

表 2-4  驱油实验模型物性与结果

| 实验序号 | 模型编号 | $\phi$, % | $K_w$, $\mu m^2$ | $V_{ASP}$, PV | $S_{ir}$, % | $\eta_w$, % | $\eta_{ASP}$, % | $\Sigma\eta$, % |
|---|---|---|---|---|---|---|---|---|
| 1 | T-3 | 26.6 | 0.698 | 1.5 | 60.4 | 47.2 | 28.2 | 75.4 |
| 2 | T-5 | 25.7 | 0.787 | 1.0 | 61.6 | 46.9 | 26.0 | 72.9 |
| 3 | T-2 | 25.2 | 0.742 | 0.6 | 58.5 | 46.8 | 22.3 | 69.1 |
| 4 | T-1 | 24.8 | 0.712 | 0.3 | 61.1 | 45.9 | 18.1 | 64.0 |

注：$\phi$ 为孔隙度；$K_w$ 为水测渗透率；$V_{ASP}$ 为 ASP 注入量；$S_{ir}$ 为原始含油饱和度；$\eta_w$ 为水驱采收率；$\eta_{ASP}$ 为复合驱采收率；$\Sigma\eta$ 为最终采收率。

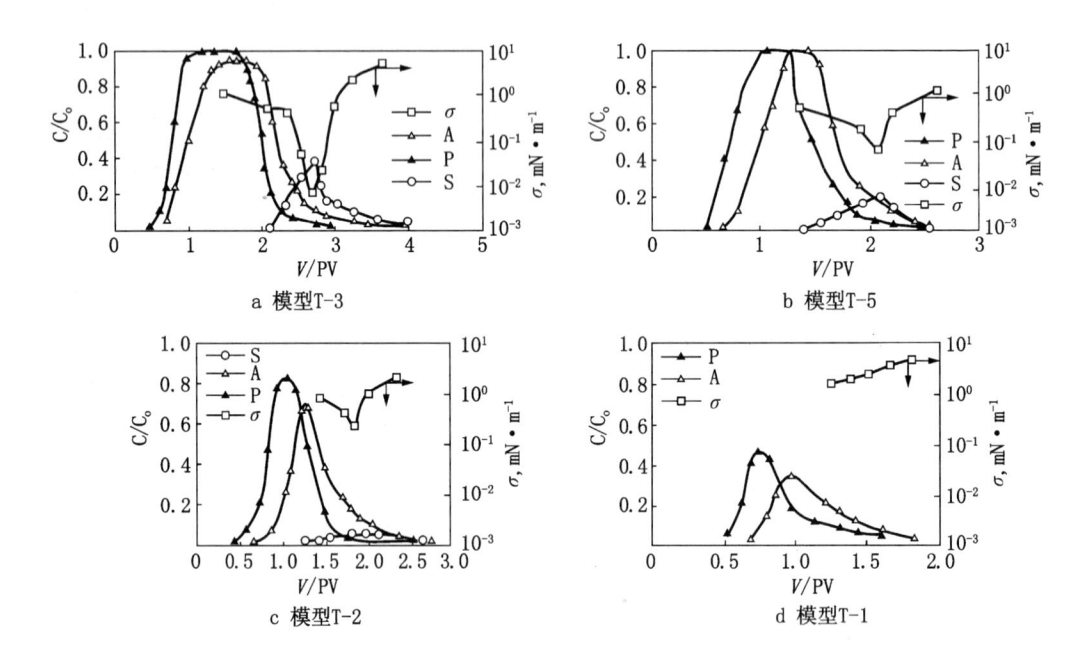

图 2-18  模型 T-1、T-2、T-3、T-5 中化学剂产出动态曲线

由图 2-18 可以看出，在这 4 组实验中，尽管注入复合体系的总量不同，但化学剂损失的大致趋势比较一致，即活性剂的损失程度最大，其次是碱，聚合物的损失相对要少一些。图 2-18d 中，注入 0.3PV 复合体系，出口端一直没有检测到活性剂，活性剂的相对损失程度为 100%；即便把 ASP 体系的注入量增大到 1.5PV（图 2-18a），活性剂损失量也达到了 80%。相比较而言，碱和聚合物的损失程度要小得多，如在图 2-18d 中（注入量 0.3PV），碱的相对损失程度为 33.5%，大约 2/3 的碱被采出；而将复合体系的注入量增大到 1.5PV 时（图 2-18a），碱的相对损失程度则下降为 14.5%。

油—水界面张力的变化与体系中化学剂组成及含量直接对应，在注入量为 0.3PV 复合体系的实验中，出口根本没有检测到活性剂，当然，相应的界面张力也非常高。实际上只有注入量为 1.5PV 的实验 1 中，采出液才能够使油—水界面张力降至超低状态，但保持的时间很短，说明活性剂及碱的吸附损失也很迅速。

利用前面进行的 4 组驱替实验结果，模拟在长度不同的模型中，相对注入量均固定为 0.3PV（与矿场注入量相同）条件下，复合体系在运移不同距离后化学剂的相对损失量以及界面张力的变化规律。对于一个具体模型而言，0.3PV 只是一个相对概念，模型长度不同，0.3PV 所对应的绝对量是不同的。模拟计算示意图见图 2-19。

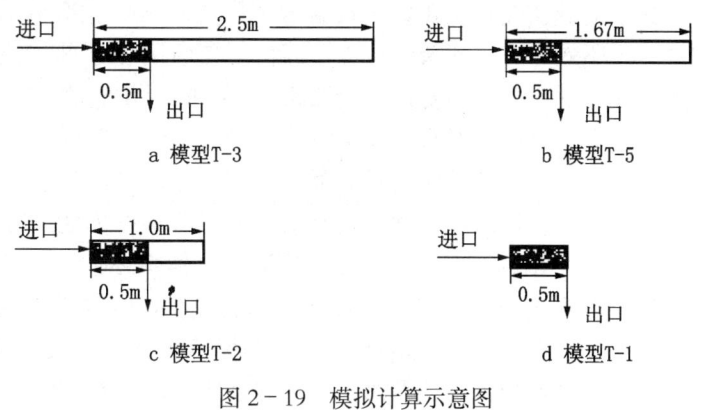

具体模拟与计算方法如下：

(1) 实验 1，模拟过程见图 2-19a。

模型 T-3，原长 0.5m，实际注入复合体系为长度 0.5m 模型的 1.5 倍孔隙体积，这个注入量相当于长度 2.5m 模型的 0.3PV，但是，注入的全部复合体系都是从距注入口 0.5m 处流出，相当于运移了 2.5m 模型全长 20% 的距离，此时的溶液性质代表了 0.3PV 复合体系在油层中运移 20% 井距后的状态。

(2) 实验 2，模拟过程见图 2-19b。

模型 T-5，原长 0.5m，实际注入复合体系为长度 0.5m 模型的 1.0 倍孔隙体积，这个注入量相当于长度 1.67m 模型的 0.3PV，但是，注入的全部复合体系都是从距注入口 0.5m 处流出，这相当于运移了 1.67m 模型全长 30% 的距离，此时的溶液性质，代表了 0.3PV 复合体系在油层中运移 30% 井距后的状态。

(3) 实验 3，模拟过程见图 2-19c。

模型 T-2，原长 0.5m，实际注入复合体系为 0.5m 长模型的 0.6 倍孔隙体积，这个注入量相当于长度 1.0m 模型的 0.3PV，但是注入的全部复合体系都是从距注入口 0.5m 处流出，相当于运移了 1.0m 模型全长 50% 的距离，此时的溶液性质，代表了 0.3PV 复合体系在油层中运移 50% 井距后的状态。

(4) 实验 4，模拟过程见图 2-19d。

模型 T-1，原长 0.5m，实际注入复合体系为 0.5m 长模型的 0.3 倍孔隙体积，所注入的全部复合体系都是从距注入口 0.5m 处的模型末端流出，运移了 0.5m 模型全长 100% 的距离，此时的溶液性质，代表了 0.3PV 复合体系在油层中运移 100% 井距后的状态。

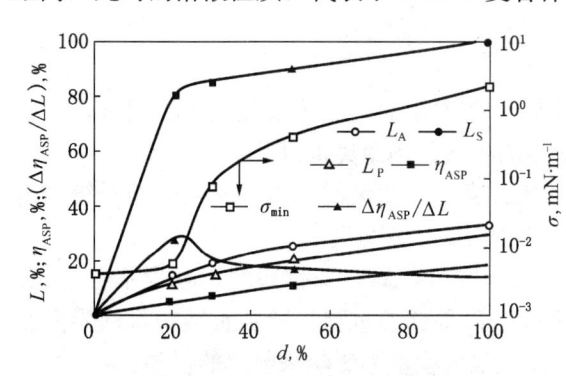

图 2-19 模拟计算示意图

图 2-20 运移距离 ($d$) 与化学剂损失 ($L$) 及 IFT 的关系曲线

对应以上的 4 个模拟计算，积分图 2-18 中 4 幅图的曲线，将求得的 3 种化学剂损失量以及相应的界面张力最低值绘于图 2-20 中；同时，把累积采收率以及不同运移距离后采收率增加幅度都绘于图 2-20 中。

可以看出，3 种化学剂的损失随复合体系的运移距离增大而显著增大，同时界面张力也大幅度升高。一个比较明显的现象是在距注入端约 20% 的井距内，活性剂的损失达到 80%，而碱与聚合物的损失也分别达到 14.5% 和 12.0%。当然，如果体系中没有碱及聚合物的存在，活性剂的损失将会更大。

— 29 —

化学剂的损失幅度在距注入端20%的井距之后相对减弱。在注入井附近，因注入速度较高，水驱效果好，残余油较少，因而岩层吸附化学剂的能力强。也就是说，复合体系段塞中的化学剂大部分消耗在残余油相对较少的近井地带。

由图2-19中界面张力随运移距离的变化曲线也可以看出，从注入井开始运移约20%的井距后，尚可保持较好的界面活性，但由于此区间活性剂大量损耗，加之与碱浓度峰值不能很好重合，体系在运移至30%井距处，界面张力就跃升至$6.9\times10^{-2}$mN/m，远远高于$10^{-3}$mN/m。由此可见，若注入0.3PV复合体系驱油，则超低界面张力状态保持的运移距离不足井距的25%。从最小表面张力曲线来看，虽然超低界面张力区间的增油幅度比较大，但是，从$\eta_{ASP}$线来看，在超低界面张力保持区间，增油量不过总增油量的35%，而其余65%以上都是复合体系在界面张力"非超低"状态下的贡献。

在有些矿场实验中发现采出液中活性剂不仅能够保持一定的浓度，甚至还有很好的界面活性，则应归结为地层严重的非均质性或高渗透层的存在。由于绝大部分复合体系将从高渗透层中运移到产出井，这种情况下，按整个油层孔隙体积设计的0.3PV的复合体系注入量，相对于总孔隙体积较小的高渗透层而言，已远远大于0.3PV；而且，由于高渗透层对化学剂的吸附能力要相对弱很多，色谱分离现象也会减弱，故而产出液保持良好的界面活性应属正常。

另外，$\eta_{ASP}$线为模拟计算后绘制的累积采收率随复合体系运移距离的变化关系曲线，$\Delta\eta_{ASP}/\Delta L$线为相应的采收率增幅曲线。由这两条曲线可以看出，在前20%的近井地带，采收率增加幅度最大，说明超低界面张力在注入初期，确实发挥了应有的作用。但是，在20%井距之后，采收率增幅逐渐减小，累积采收率增加缓慢，说明后期因界面张力升高，驱替效率下降。

化学剂的损失幅度实际上与采收率增幅曲线变化规律相对应，随着采收率增幅的下降，化学剂的损耗也同步降低，显示了明显的替换关系。但复合体系在近井地带，只能启动已经被水波及过的有限残余油，因此，采收率提高的幅度不大，而真正的潜力部位是在20%井距之后。根据模拟实验结果，由于超低界面张力不能长距离保持，驱替效率对总采收率的贡献随运移距离的增长而被快速削弱。由此可以判断，在真实油藏中进行的复合驱油，其采收率中有很大比例是在体系的界面张力处于"非超低"状态下的贡献，这与前边的讨论是一致的。

对以上实验进行总结，得出的主要认识是：

（1）化学剂在地层中的损失问题，无疑是制约ASP复合驱技术发展的关键因素，其中活性剂的损失最大，其次是碱和聚合物，三组分的有效作用距离也以后二者为远。

（2）化学剂的损失主要在距注入端约20%的井距内，此区间恰恰是残余油相对较少的"无效区"，因而，ASP复合驱油技术的发展必须冲破此"瓶颈"。

（3）超低界面张力在油层中的作用距离有限，当然对提高采收率的贡献也不会很大。体系在非超低界面张力状态下对采收率的贡献应予以足够的重视，特别是碱对降低界面张力的协同作用，以及改变岩石润湿性的作用，都在很大程度上影响采收率的提高。

# 第三章　化学驱化学反应理论

在化学驱过程中，驱油剂与油层岩石和地层水中的离子接触，要发生多种化学反应。化学反应的类型取决于化学剂的种类、岩石组成和油藏流体等。研究人员对驱油过程中化学反应进行了大量研究，已取得初步认识。一般认为，碱与岩石、原油和地层水中离子发生较强的化学反应；表面活性剂与地层水中的 $Ca^{2+}$、$Mg^{2+}$ 等二价阳离子发生沉淀反应；聚合物驱过程中一般不发生化学反应。因此，在表面活性剂驱和碱水驱工程设计时应当考虑化学反应的影响。

## 第一节　碱水驱化学反应理论

碱水驱是将碱液注入油层，利用碱液与有机酸作用，在油层中就地生成表面活性物质，从而降低油水界面张力，改变润湿性，以提高洗油效率。碱水驱提高采收率方法适用于具有一定酸值的油藏原油，中和 1g 原油所需消耗的 KOH 的 mg 数称为酸值，单位是 mg/gKOH，根据国外注碱水驱油的筛选标准，原油酸值应大于 0.2。除了与原油中的有机酸发生化学反应以外，碱还与油藏岩石和地层水中的高价金属离子发生化学反应。

### 一、化学反应类型

1. 原油中的酸性物质引起的碱耗

碱性水与原油中以环烷酸为代表的有机酸反应生成水包油型乳化剂——环烷酸钠皂。例如：

$$\text{环烷酸—COOH} + NaOH \rightarrow \text{环烷酸—COONa} + H_2O$$

2. 溶液中的 $Na^+$ 与岩石表面的 $H^+$ 的离子交换引起的快速碱耗

$$M\text{—}H + NaOH \rightarrow M\text{—}Na + H_2O$$

式中　M——固体岩石表面。

3. $Ca^{2+}$，$Mg^{2+}$ 离子引起的碱耗

$$Ca^{2+} + 2OH^- \rightarrow Ca(OH)_2$$
$$Ca^{2+} + CO_3^{2-} \rightarrow CaCO_3$$

4. 水相中的 $CO_2$ 引起的碱耗

$$CO_2 + H_2O \rightarrow HCO_3^- + H^+$$
$$H^+ + OH^- \rightarrow H_2O$$

5. 岩石溶解引起的缓慢碱耗

碱水与岩石表面接触后，使岩石表面黏土矿物（如高岭土和蒙皂石）以及敏感性硅酸盐矿物（如石英等）慢慢溶解，就地生成新的硅酸盐沉淀。

$$SiO_2 + NaOH + H_2O \rightarrow NaH_3SiO_4$$

## 二、碱与储层岩石矿物反应过程与规律

### 1. 储层岩石矿物简介

一般地,砂岩包括骨架、胶结物和孔隙三部分构成。石英、长石、燧石及云母是常见的骨架矿物;而胶结物相对来说则矿物类型多样,常见的胶结类型有泥质胶结、钙质胶结、硫酸盐类胶结及其他一些胶结类型。图3-1是常见砂岩的典型结构。

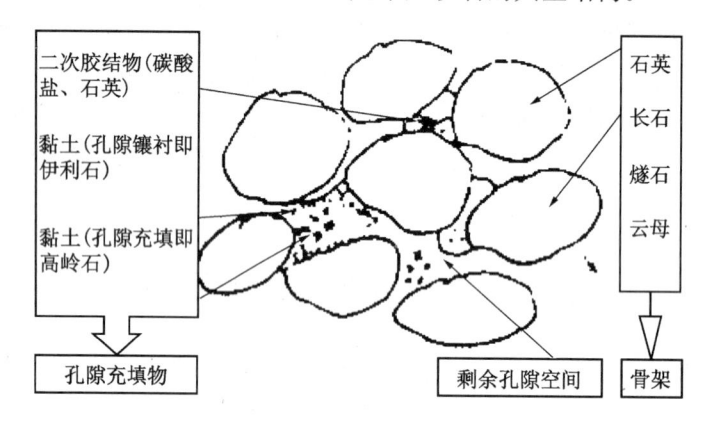

图 3-1 典型的砂岩结构图

储层中常见的黏土矿物包括:蒙皂石、伊利石、高岭石和绿泥石。黏土矿物均属于层状结构硅酸盐亚类,蒙皂石是有两个双层硅氧(氢氧)四面体层和它们中间夹着的一层铝氧八面体层组成,层间域充满了与水分子结合的钙离子和钠离子(水合离子),如图3-2所示。

由于钙离子和钠离子与分子的结合力很强(大于钾离子与水分子的结合力),因此,蒙皂石间域中的$Ca^+$和$Na^+$可以把大量的水分子吸引到晶格中来,使它含有大量层间水。水分子进入层间域,引起晶格沿C轴方向膨胀,也就使单位结构层厚度增加。由于基本层剩余负电荷少,而且与层间域中$Ca^+$和$Na^+$的距离远,因此对水合离子的吸引力很弱,这样层间域中的$Ca^+$和$Na^+$可以比较自由的出入晶格。例如含Ca、Mg的硬水流过含Na的蒙皂石,$Ca^+$、$Mg^+$可以晶格而将$Na^+$置换出来,称为阳离子交换性。

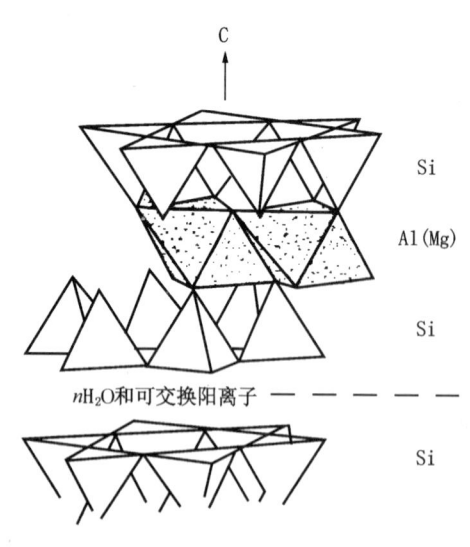

图 3-2 蒙皂石的晶体结构

伊利石基本层由两层硅氧四面体层和它们中间夹着的一层铝氧(氢氧)八面体层组成。阳离子$K^+$位于层间域,伊利石中的水主要是矿物颗粒表面的吸附水,不含或含少量层间水。由于伊利石层间域含$K^+$而不含或只含少量水分子,因此层间阳离子交换能力很弱。

高岭石是分布最广的黏土矿物,基本层由一层硅氧四面体和一层铝氧(氢氧)八面体组成,层间域没有其他阳离子和水分子。干燥时具有吸水性,潮湿时有可塑性。由于高岭石晶体很小,晶体表面带负电荷,因此具有吸附可交换阳离子的性质。但是,它的阳离子

交换能力比其他黏土矿物低，原因在于高岭石晶体结构中，基本层内部电价已经平衡，能够吸附阳离子的地方仅局限于矿物的颗粒表面，致使吸附量小，交换能力差。

高岭石晶体结构为一层铝氧八面体和一层硅氧四面体组成。但是高岭石比其他黏土矿物晶体小，这就限制了与阳离子的交换能力。绿泥石基本层是由两层硅氧四面体和它们中间夹着的一层镁（铁）氧八面体组成，层间域为一层镁（氢）氧八面体层。

长石是长石族矿物的总称。它是地壳中分布最广的矿物，约占地壳质量的50%，长石是非常重要的造岩矿物。从化学组分上来看，长石主要是K、Na、Ca的硅铝酸岩，即K[AlSi$_3$O$_8$]、Na[AlSi$_3$O$_8$]、Ca[Al$_2$Si$_2$O$_8$]。由于Na$^+$和Ca$^+$半径仅仅相差6%，Al$^{3+}$和Si$^{4+}$半径相差21%，因此钠长石和钙长石能在任意温度下以任意比例形成完全类质同象，这种类质同象系列称为斜长石类质同象系列，也就是通常所说的斜长石；正长石即为钾长石。

长石属于架状硅铝酸盐矿物，每个[SiO$_4$]$^{4-}$四面体的四个角顶全部与其相邻的四个[SiO$_4$]$^{4-}$四面体共用，每个氧与两个硅相连，所有的氧皆为惰性氧。虽然石英族矿物也具有此种结构特征，但在硅酸盐的架状骨干中，必然有部分的Si$^{4+}$为Al$^{3+}$所代替，从而使氧离子带有部分剩余电荷得以与骨干外的其他阳离子结合，形成铝硅酸盐。长石的架状硅氧骨干，如图3-3所示。架状硅氧骨干的化学式一般可以写作[Si$_{n-x}$Al$_x$O$_{2n}$]$^{n-}$，如钠长石Na[AlSi$_3$O$_8$]、钙长石Ca[Al$_2$Si$_3$O$_8$]等。[AlO$_4$]$^{5-}$四面体的体积稍大于[SiO$_4$]$^{4-}$四面体，一般来说，[AlO$_4$]$^{5-}$四面体是一种不稳定的形

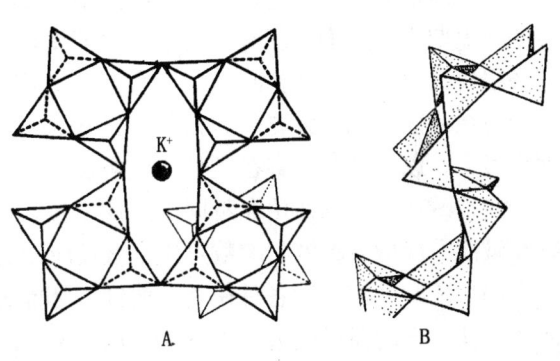

图3-3 理想化的长石晶体结构
A—理想化的钾长石架状结构，图面垂直于a轴；B—理想化的假四方环所构成的平行于a轴的硅氧链实际上四方环沿着链的方向有所扭曲，扭动后的位置如图A中细线所示。

式。在晶体结构中，它不能自相连接，而必须要求[SiO$_4$]$^{4-}$四面体将它隔开并支撑起来。为了维持晶体结构的稳定性，在所有的情况下，铝代替硅的数量不能超过硅总数的一半。由于架状硅氧骨干中氧离子剩余电荷低，而且架状硅氧骨干中存在着较大的空隙，因此架状硅酸盐中的阳离子都是低电价、大半径、高配位数的离子。具有架状硅氧骨干的斜长石成分为钠长石和钙长石的类质同象，相互代替的Na$^+$与Ca$^{2+}$离子半径差值仅为0.004nm。

硅（铝）氧四面体通过共角顶在三度空间连接成骨架，骨架中的大空隙为钾、钠、钙等阳离子所占据。在化学结构上，硅（铝）氧四面体之间以桥键氧相连，四面体与钾、钠、钙等阳离子之间以非桥键氧相接。长石在流体中的溶解反应，主要发生在桥键氧和非桥键氧上。

硅酸盐矿物晶格表面具有强烈的吸水性和离子交换性，故在水溶液及酸性介质中，其晶格表面可认为已羟基化，其示意图如图3-4所示。

图中X—代表Si或Al的晶格原子。

2. 碱水与储层矿物反应规律

碱水驱过程中，碱耗反应过程是相当复杂的。研究人员通过用不同种类的碱剂（如

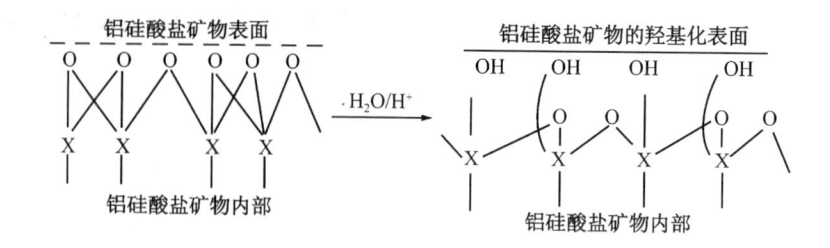

图 3-4　长石颗粒表面的羟基化示意图

NaOH，Na₂CO₃）与储层矿物（如石英、高岭土、蒙皂石、绿泥石、伊利石、白云母、方解石和白云石等）的相互作用研究，得出了一些重要的认识：

（1）碱剂与单一矿物作用时，在反应初期，各种矿物以最大的速率与碱剂作用。造成碱耗在短期内急剧增大。对于含硅、铝元素的矿物，碱液反应过程中硅、铝元素浓度增加速率很快，以后反应速率减慢。这是由于矿物样品中存在相对较细的部分和自由能较高的破损边缘或破损镜面首先与碱剂作用的结果。加上最初反应液中没有硅、铝元素，碱液浓度也最大。以后碱耗一直在增长，但增长的速率和幅度都远不如反应初期。

（2）碱剂与矿物作用在不同的反应阶段和条件下有不同的作用机理，石英和长石类矿物在碱液中反应后的液相参数可用一级反应动力学方程描述。

（3）NaOH 溶液对各种矿物的溶蚀破坏能力远强于 Na₂CO₃ 溶液对同种矿物的溶蚀破坏能力。其自身的损耗也远大于 Na₂CO₃ 溶液的，并且浓度差别对 NaOH 的溶蚀能力造成的差异非常突出，但是对于 Na₂CO₃ 溶液则不突出。鉴于这两点认识，建议在进行化学驱强化采油时最好使用 Na₂CO₃ 溶液，而不使用 NaOH 溶液。而且用 Na₂CO₃ 溶液时可以把 Na₂CO₃ 溶液的浓度稍稍提高，以保证驱替剂体系的有效输运。

（4）高温下碱剂对矿物的溶蚀能力大于中温和常温条件下的溶蚀能力。

（5）石英、长石类矿物、高岭土、伊利石、蒙皂石、绿泥石、白云母、黑云母、方解石、白云石和石膏在碱剂中主要以矿物溶蚀作用为主。其中高岭土、伊利石在短期内还有一定程度的离子交换。而蒙皂石在短期内以离子交换为主，耗掉碱剂体现得最为明显，在长期反应中它也以溶蚀为主。

（6）相同实验条件下，12 种矿物的碱耗序列为：石膏＞蒙皂石＞高岭土＞伊利石＞斜长石＞微斜长石＞石英＞白云母＞黑云母＞绿泥石＞白云石＞方解石。

（7）碱剂与多元复合矿物（几种矿物复配）作用时，矿物间普遍存在着协同效应，表现在容易与碱剂作用和反应能力大的物质即使含量较少也控制着反应进程和反应结果。对碱液不敏感的矿物即使含量较大也起不了控制作用。

（8）储层砂和储层岩石的碱耗和反应能力受固相物质自身特性和碱剂类型决定，还受作用条件影响。固相物质中石膏、泥质、蒙皂石、高岭石等黏土矿物越多，结构构造越差，则碱耗越厉害，反应能力越大。因为固相物质特性受原始沉积作用和沉积后作用控制。因此，在进行化学驱强化采油时可以用沉积相或成岩相的信息进行化学剂筛选，进行配方和预测的宏观指导。

### 三、碱耗反应动力学模型

总的碱耗反应数学模型应针对使用碱剂与油砂作用，根据实测结果拟合出总的碱耗反应数学模型。常用的一级反应动力学方程为：
$$f = \varepsilon C$$
式中　　$f$——单位孔隙体积中的碱耗反应速度；
　　　　$\varepsilon$——溶解反应速度，1/s；
　　　　$C$——碱液浓度，mg/L。

## 第二节　表面活性剂驱化学反应理论

### 一、化学反应类型

在生产和生活实践中，人们早就观察和研究了在硬水中使用肥皂所产生的沉淀现象。Doweny 和 Addsion 第一次报道了十二烷基硫酸钠（SDS）溶液中加入少量的 $CaCl_2$ 所产生的沉淀。为了防止和控制这种沉淀，传统上采用水软化处理。地层水的情况有所不同，因为与岩石的接触和古沉积条件的影响，地层水中含有多种盐，不同的地层水含盐的组成和浓度差别很大，但矿化度高是油层的共同特点。有的高达 $10 \times 10^4$ mg/L 以上。地层水中所含的盐以碱金属盐为主。除此而外，二价阳离子也有相当的数量。其浓度因地层不同变化很大，从每升几十毫克到几千毫克，以 $Ca^{2+}$，$Mg^{2+}$ 为主，个别地层发现较浓的 $Ba^{2+}$。由于油田常用的阴离子表面活性剂与这些多价阳离子所生成的盐一般都具有很低的溶解度，故甚至很低的浓度也能发生沉淀，带来不可忽视的沉淀损失。

1978 年 Somasundaran 等模拟地层条件，用十二烷基苯磺酸钠溶液分别与 $Ca^{2+}$，$Al^{3+}$ 相混合，测定体系的透射率。发现沉淀的形成与表面活性剂的浓度、阳离子的价数和浓度有关，结果详见图 3-5。对含有一定浓度的二价阳离子溶液，当加入的表面活性剂的浓度很小时，体系透射率不变，此时无沉淀产生。表面活性剂的浓度达到某点后，随着表面活性剂浓度的增加，透射率不断下降，表明有沉淀不断生成。继续增加表面活性剂到某浓度时，体系透射率急剧回升到 100%，这表明此时沉淀全部溶解。

1980 年，Peacock 和 Matijevie 首次用光散射法确定了沉淀过程与体系光散射率变化的关系，测定了 $Ca(NO_3)_2$ 与十二烷基苯磺酸钠的沉淀曲线。发现表面活性剂在高于和低于临界胶束浓度（CMC）两种情况下，沉淀曲线和沉淀过程具有不同的特点，并分别对两种情况下沉淀的本质进行了讨论。Peacock 等人的工作在科学界引起很大的兴趣并引出许多深入的研究工作。法国石油研究院和国内学者相继对此进行了研究。他们取得的主要认识基本一致，大致归纳为以下几点：

1. 当表面活性剂浓度低于 CMC 时

阴离子表面活性剂与多价阳离子的沉淀是一复杂的过程，当表面活性剂浓度低于 CMC 时，表面活性剂基本上以离子状态 $S^-$ 存在，与二价阳离子 $M^{2+}$ 的沉淀反应为：
$$M^{2+} + 2S^- \rightarrow MS_2$$
沉淀的产生由 $MS_2$ 的溶度积所决定。

2. 当表面活性剂浓度高于 CMC 时

化学驱所用表面活性剂浓度通常高于 CMC，这时的溶液内部组成，各成分之间的相互作用及相状态相当复杂。体系中除了 $MS_2$ 沉淀外，还有表面活性剂分子形成的胶束的存在，产生胶束对沉淀的加溶以及胶束与溶液中阳离子的交换作用。

当保持阳离子浓度一定时，增加活性剂浓度达到 CMC 时，有微量的胶束生成，体系的

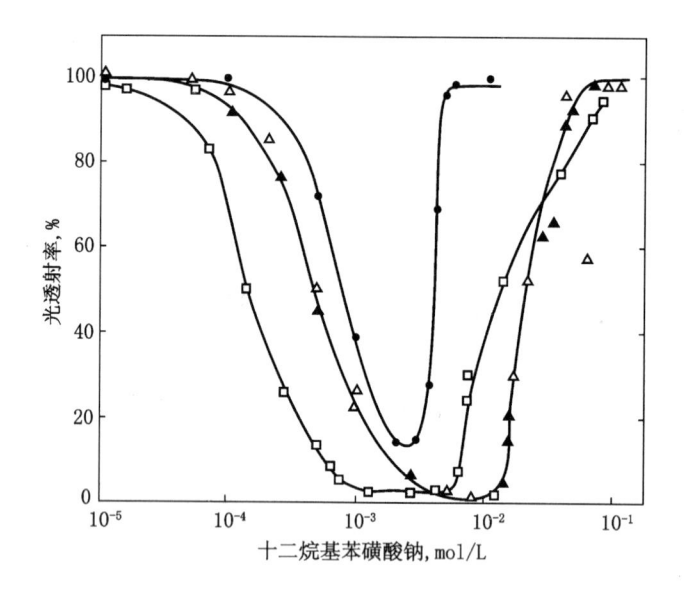

图 3-5　Ca(NO₃)₂ 体系透射率与十二烷基苯磺酸钠浓度的关系曲线

▲—$10^{-2}$ mol/L Ca(NO₃)₂，pH 值 = 8.8±0.2；△—$10^{-2}$ mol/L Ca(NO₃)₂，pH 值 = 11.4±0.1；
●—$10^{-3}$ mol/L Ca(NO₃)₂，pH 值 = 5.7±0.2；□—$8×10^{-4}$ mol/L AlCl₃，pH 值 = 4.1±0.1

各种胶体性质发生突变。进一步增加活性剂的浓度，有更多的沉淀产生，溶液中活性剂单分子浓度保持不变，所增加的活性剂除沉淀外主要以胶束形式存在于溶液中，即增加了胶束的数量，溶液中活性剂单分子与组成胶束的活性剂分子不断地进行交换，保持动态平衡

$$[S^-] = C_{s^-} + C_{s^-,m}$$

式中，$[S^-]$ 为活性剂的总浓度。$C_{s^-}$ 为达到平衡时，保持单分子状态的活性剂浓度。若溶液中仅存在一种活性剂，$C_{s^-}$ 等于 CMC。$C_{s^-,m}$ 为以胶束形式存在的活性剂浓度。在 CMC 以上，$[S^-]$ 越高，$C_{s^-,m}$ 值越大。当继续提高表面活性剂浓度达到一定程度时，便有足够的胶束将全部沉淀加溶，而形成热力学稳定体系。目前学者正在对所形成的这种体系的性质，状态及胶束特性进行进一步的研究。

**二、表面活性剂驱化学反应的影响因素**

1. 体系中 NaCl 对沉淀的影响

地层水中几乎都是钙镁等二价盐与 NaCl 等碱金属盐共存的情况。试验表明：NaCl 本身并不参与沉淀反应，但它对沉淀曲线却有显著的影响。NaCl 浓度增加，沉淀区面积减少，活性剂抗二价盐沉淀的能力相应增强。这是因为 NaCl 的存在提高了活性剂的表面活性，降低了活性剂的 CMC 值，从而使沉淀物的加溶较易进行（发生在较低的活性剂浓度下），这样就改变了沉淀曲线的形状，缩小了沉淀区面积。NaCl 增加的另一结果是减少了胶束中钙的成分，这也有利于沉淀在较低的活性剂浓度下重新溶解。

2. 温度对沉淀损失的影响

研究表明，随着温度的增加，沉淀损失逐渐减少。温度升高导致活性剂沉淀损失降低主要是以下两方面的原因：一方面，当体系温度增加时，磺酸钙或磺酸镁沉淀的溶解度会增加，因而沉淀量将减少，这对驱油过程极为有益。另一方面，温度是影响石油磺酸盐在水中溶解度的重要因素。

3. pH 值对沉淀损失的影响

P. Somasundaran 和 H. S. Hanna 对表面活性剂的研究表明，随着 pH 值的增加，SDS 在钠高岭土上的吸附量明显降低，主要是由于 pH 值影响黏土的表面电荷性质。同样，pH 值也能影响沉淀平衡反应。研究表明，随着 pH 值的增加，沉淀损失逐渐减少。这里可以用沉淀平衡移动来解释 pH 值的影响。当体系 pH 值增加时，溶液中 OH$^-$ 离子浓度增加，可能使钙镁离子发生水解，随着水解的进行，溶液中的游离的钙镁离子浓度减小，沉淀平衡向沉淀解离的方向移动，则体系中沉淀将减少，石油磺酸盐的沉淀损失降低，反应式如下：

$$M^{2+} + 2RSO_3^- \rightarrow M(RSO_3)_2$$
$$M^{2+} + OH^- \rightarrow M(OH)^+$$
$$M(OH)^+ + OH^- \rightarrow M(OH)_2$$

由此可见，在驱油过程中提高表面活性剂体系的 pH 值，不仅能降低表面活性剂的吸附，而且能降低其沉淀损失。

阴离子表面活性剂与多价盐沉淀是由多种因素影响的复杂过程。为降低和控制表面活性剂在化学驱油中的沉淀损失，必须区别对待。在浓度低于 CMC 的情况下，可以降低水中的 $Ca^{2+}$，$Mg^{2+}$ 等多价离子的浓度来减少沉淀损失。Hill 和 Lake 等人的实验证实，预先冲洗过的岩心，一般都有减少表面活性剂损失的效果。当表面活性剂浓度高于 CMC 时，可利用胶束的加溶能力使沉淀重新溶解进入溶液之中。设法降低表面活性剂的 CMC 值可使胶束溶液在较低的浓度下加溶全部沉淀。加入 NaCl 和低分子醇都有利于降低表面活性剂的 CMC 值，但其作用是有限的。

最新的研究表明：在阴离子表面活性剂中加入少量非离子表面活性剂所形成的混合表面活性剂溶液，具有很低的 CMC 值。非离子表面活性剂本身具有极强的耐盐能力，所形成的混合活性剂溶液与多价盐的沉淀曲线有较大变化，其抗盐性和对沉淀物的加溶能力均大大优于阴离子表面活性剂溶液，所以使用复配的表面活性剂将能产生低成本、提高耐盐能力和减少沉淀损失的效果，是今后研究和使用活性剂的新方向之一。

## 第三节　复合驱化学反应理论及数学模型

三元复合驱过程中存在着复杂多样的化学反应，主要包括碱与原油酸性组分的反应、碱与地层盐水组分的反应、碱与地层岩石矿物的反应（包括矿物溶解/沉淀、岩石表面的离子交换），以及胶束上的离子交换反应等。化学驱软件 UTCHEM 考虑了以上所有的化学反应和相关的物化现象。该模型中元素（或拟元素）以及拟酸元素，水相物种多达 26 种，固相物种也有 6 种。加上岩石矿物及表面活性剂表面阳离子间的交换，共计有 30 多种独立的化学反应，40 余种反应物和生成物。该模型也有下列缺点：（1）主要针对高 pH 值碱驱体系；（2）主要针对高表面活性剂的胶束/微乳液体系；（3）各种物化现象简单罗列，主次不分；（4）计算速度缓慢；（5）方程系统过于复杂，容易造成振荡。因此，有必要针对中国油田地层的实际情况，根据三元复合驱的特点，建立适合于中国的新的化学反应平衡模型。

### 一、化学反应类型

1. 假设条件

（1）当 pH 值低于 12 时，忽略 $Ca^{2+}$、$Mg^{2+}$ 与 $OH^-$ 的反应中间物 $Ca(OH)^+$ 和 $Mg(OH)^+$ 的存在。当 pH 值高于 12 时，则考虑生成 $Ca(OH)^+$ 和 $Mg(OH)^+$。

（2）相同油藏温度和pH值条件下，$Ca(OH)_2$的溶解度远大于$CaCO_3$，因此，$Ca(OH)_2$的溶度积限制可以不考虑。

（3）注入的表面活性剂不参与反应。实际上阴离子型表面活性剂会与$Ca^{2+}$和$Mg^{2+}$形成难溶的钙盐和镁盐，但其溶度积难于测定，也缺乏文献值，在采用预冲洗或在配方中加入螯合剂的情况下可以忽略二价盐的形成。

（4）表面活性剂的损失主要考虑了岩石矿物的吸附作用，没有考虑表面活性剂向油相中的分配。

（5）在超低界面张力区形成的胶束量很少（一般认为超低界面张力出现在临界胶束浓度处，此时胶束刚开始形成），因此，胶束上的阳离子交换吸附可以忽略。

（6）碱不与硅铝黏土发生反应。

（7）中国各油田储层中镁的含量不同，因此，在主要反应系统中只考虑钙而略去镁，即把镁的反应作为次要反应，根据各油田实际情况考虑是否选用。

（8）原油中活性酸组分用单一拟酸组分HA表示。

（9）用浓度代替活度。

2. 化学反应平衡模型

参与反应的元素（或拟元素）有：氢（H）、钠（Na）、钙（Ca）、碳酸根（$CO_3^{2-}$）和拟酸根（$A^-$）。水相中的物种：独立的物种有$H^+$、$Na^+$、$Ca^{2+}$、$CO_3^{2-}$、HA（油相中）和$H_2O$；非独立的物种有$OH^-$、$CaCO_3(a)$、$Ca(HCO_3)^+$、$HCO_3^-$、$H_2CO_3$、$A^-$、HA（水相中）和$Ca(OH)^+$（仅在pH值大于12时）。固体物种是$CaCO_3(s)$。岩石矿物上的可交换阳离子有$\overline{H}^+$、$\overline{Na}^+$和$\overline{Ca}^{2+}$。

化学反应如下：

（1）油碱反应：

$$HA_o \longrightarrow HA_w$$

$$HA_w + OH^- \longrightarrow A^- + H_2O$$

相应的反应平衡常数定义为：

$$K_D = \frac{[HA_w]}{[HA_o]}, \quad K_a = \frac{[H^+][A^-]}{[HA_w]}$$

若原油中无酸性组分，则无油碱反应。

（2）水相中的反应：

$$H_2O \longrightarrow H^+ + OH^-$$

$$H^+ + CO_3^{2-} \longrightarrow HCO_3^-$$

$$2H^+ + CO_3^{2-} \longrightarrow H_2CO_3$$

$$Ca^{2+} + CO_3^{2-} \longrightarrow CaCO_3$$

$$Ca^{2+} + H^+ + CO_3^{2-} \longrightarrow Ca(HCO_3)^+$$

$$Ca^{2+} + OH^- \longrightarrow Ca(OH)^+$$

相应的反应平衡常数定义为：

$$K_1^{eq} = [H^+][OH^-] \qquad K_2^{eq} = \frac{[HCO_3^-]}{[H^+][CO_3^{2-}]}$$

$$K_3^{eq} = \frac{[H_2CO_3]}{[H^+]^2[CO_3^{2-}]} \qquad K_4^{eq} = \frac{[CaCO_3]}{[Ca^{2+}][CO_3^{2-}]}$$

$$K_5^{eq} = \frac{[Ca(HCO_3)^+]}{[Ca^{2+}][H^+][CO_3^{2-}]} \qquad K_6^{eq} = \frac{[Ca(OH)^+][H^+]}{[Ca^{2+}]}$$

根据假设条件（1），水相中的最后一个反应仅在 pH 值大于 12 时考虑。

（3）岩石矿物上的离子交换反应：

$$2Na^+ + \overline{Ca}^{2+} \longrightarrow 2\overline{Na}^+ + Ca^{2+}$$

$$\overline{H}^+ + Na^+ + OH^- \longrightarrow \overline{Na}^+ + H_2O$$

相应的交换平衡常数定义为：

$$K_1^{ex} = \frac{[\overline{Ca}^{2+}][Na^+]^2}{[Ca^{2+}][\overline{Na}^+]^2} \qquad K_2^{ex} = \frac{[Na^+][\overline{H}^+]}{[\overline{Na}^+][H^+]}$$

（4）固体的溶解/沉淀反应：

$$CaCO_3(s) \longrightarrow Ca^{2+} + CO_3^{2-}$$

溶度积为：

$$K_1^{sp} = [Ca^{2+}][CO_3^{2-}]$$

若考虑地层水中镁离子的相关反应，则在元素中添加镁，在独立水相物种中添加 $Mg^{2+}$，非独立水相物种中添加 $MgCO_3$(a)、$Mg(HCO_3)^+$ 和 $Mg(OH)^+$（仅在 pH 值大于 12 时），岩石矿物吸附阳离子中添加 $\overline{Mg}^{2+}$，固体物种中添加 $MgCO_3$(s)，而不考虑 $Mg(OH)_2$(s)。因为在 25℃时 $MgCO_3$ 的溶度积为 $6.8 \times 10^{-6}$，而 $Mg(OH)_2$ 的溶度积为 $5.61 \times 10^{16}$，相比之下，$Mg(OH)_2$ 较 $MgCO_3$ 更难沉淀。故添加的反应有：

$$Mg^{2+} + OH^- \longrightarrow Mg(OH)^+$$

$$Mg^{2+} + CO_3^{2-} \longrightarrow MgCO_3(a)$$

$$Mg^{2+} + H^+ + CO_3^{2-} \longrightarrow Mg(HCO_3)^+$$

$$2Na^+ + \overline{Mg}^{2+} \longrightarrow 2\overline{Na}^+ + Mg^{2+}$$

$$MgCO_3(s) \longrightarrow Mg^{2+} + CO_3^{2-}$$

相应的反应平衡常数、交换平衡常数和溶度积为：

$$K_7^{eq} = \frac{[Mg(OH)^+][H^+]}{[Mg^{2+}]} (pH>12) \qquad K_8^{eq} = \frac{[MgCO_3(a)]}{[Mg^{2+}][CO_3^{2-}]}$$

$$K_9^{eq} = \frac{[Mg(HCO_3)^+]}{[Mg^{2+}][H^+][CO_3^{2-}]} \qquad K_3^{ex} = \frac{[\overline{Mg}^{2+}][Na^+]^2}{[Mg^{2+}][\overline{Na}^+]^2} \qquad K_2^{sp} = [Mg^{2+}][CO_3^{2-}]$$

式中　a——水相；

　　　s——固相。

## 二、数学模型

化学驱中化学反应平衡数学模型是建立在局部热力学平衡假设之上。在实际模拟中，反应速度远大于流速，局部平衡的假设是合理的。

$$c_n^T = \sum_{j=1}^{J} h_{nj} c_j + g_n c_s + \sum_{i=1}^{I} f_{ni} \overline{c}_i$$

$$n = 1, \cdots, N$$

式中　j——水相物种序号；

$i$——吸附物种序号；

$h_{nj}$，$g_n$ 和 $f_{ni}$——分别为元素（或拟元素）$n$ 在水相物种 $j$、固体和吸附物种 $i$ 中的化学计量系数；

$c_n^T$——元素 $n$ 的总浓度；

$c_j$——水相物种 $j$ 的浓度；

$c_s$——固体物种的浓度；

$\bar{c}_i$——吸附物种 $i$ 的浓度。

由水相中的电中性可以给出：

$$\sum_{j=1}^{J} z_j c_j = 0$$

式中　$z_j$——流体物种 $j$ 的电荷数。

水相反应平衡方程：

取 $N$ 种独立水相物种，其余 $j-N$ 种非独立水相物种的平衡浓度由平衡常数定义式得出，即：

$$c_r = K_r^{eq} \prod_{j=1}^{N} c_j^{\omega_{rj}}$$

式中　$\omega_{rj}$——反应系数，由反应式中分子式前面的系数确定。

固体的溶解/沉淀：

由于受固体溶度积的限制，所以有

$$K_1^{sp} \geqslant [Ca^{2+}][CO_3^{2-}], K_2^{sp} \geqslant [Mg^{2+}][CO_3^{2-}]$$

产生固体的条件是初始离子积大于溶度积。若初始离子积小于溶度积，则不会有沉淀析出。若有固体沉淀，则溶解/沉淀反应达到平衡时平衡离子积等于溶度积。

岩石矿物上的离子交换反应：

根据岩石矿物上的电性关系，有 $Q_v = \sum_{i=1}^{I} \bar{z}_i \bar{c}_i$

式中　$Q_v$——黏土的离子交换能力；

$\bar{z}_i$——第 $i$ 种岩石矿物吸附阳离子的电荷数。

交换反应平衡常数关系式为

$$K_p^{ex} = \prod_{j=1}^{N} c_j^{y_{pj}} \prod_{i=1}^{I} \bar{c}_i^{x_{pi}}, p = 1, \cdots, I-1$$

$y_{pj}$ 和 $x_{pi}$ 由交换反应式中分子式前面的系数确定。生成物取正，反应物取负。

# 第四章　化学驱扩散弥散理论

在化学驱过程中，一定浓度的驱油剂段塞在驱替过程中与地层水或驱油段塞后续注入水接触，发生分子扩散和机械弥散现象，是一种互溶驱替过程，引起驱油过程中化学剂浓度的变化，从而影响驱油过程与效果。因此，研究扩散弥散理论对于更好地认识化学驱过程、加强驱油过程的动态监测、选择合理的化学驱数值模拟参数等都具有重要意义。

## 第一节　扩散弥散基本理论

化学互溶驱替是指当注入液与地层中的被驱替液成分不完全相同但二者却能完全互溶时的驱替。在化学驱提高采收率过程中，化学剂溶液与地层水接触以及后续注入水驱替化学剂溶液段塞等均为互溶驱替。

互溶驱替并不只是按照宏观的达西定律流动，除达西定律而外，还受所谓的扩散弥散现象的控制。在实际驱替过程中，如果因为这类物化作用，使某些波及区的化学剂浓度太低，甚至为零，驱替过程将退化为水驱，产生了驱替过程的有效性和持久性问题。因此，研究互溶驱替理论与模型对于认识化学驱过程及其驱替机理具有十分重要的意义。

互溶驱替过程中存在着两种基本的扩散弥散现象：一种是分子扩散，一种是机械弥散或对流扩散。分子扩散是由于驱替液与被驱替液的浓度差引起的，驱油剂分子依靠本身的分子热运动，从高浓度带扩散到低浓度带，最后趋于一种平衡状态。这种分子扩散现象甚至在整个液体并无流动时也可能明显地观察到。机械弥散现象是由于孔隙内部通道的复杂性引起的，由于这种复杂性，液体质点在孔隙中的方向和速度在每一处都有变化。因此，它将引起驱油剂在孔隙中不断分散，并占据越来越大的空间。机械弥散既可以在层流中获得，也可以在紊流中获得。这种现象有时又叫做对流扩散。化学驱提高采收率过程中，大多数情形是同时存在分子扩散与机械弥散现象，一般统称为扩散弥散。

扩散弥散现象可以用简单的实验来观察。设想有填砂管岩心模型，开始时其中充满淡水。从某时刻 $t=0$ 开始，用一定浓度的驱油剂水溶液来进行驱替。由于驱油剂浓度不高，注入水相的比重、颜色、相渗透率等与原来饱和水时完全相同。设注入浓度为 $C_0$，在驱替进行到 $t$ 时刻，出口端驱油剂浓度 $C(t)$ 可以测得，它也可以用相对浓度 $C_r=C(t)/C_0$ 表示。

在没有扩散弥散现象时，$C_r \sim PV$（岩心孔隙体积，相当于注入时间）曲线将有如图 4-1 中虚线所示的台阶式变化，它完全由达西定律所决定的平均流速来表达。但是由于扩散弥散现象的存在，实际的出口端浓度曲线将呈 S 形。驱油剂中的一部分将以高于平均渗流速度前进，因而开始浓度很小以后逐渐变高。这种驱油剂在流动方向上的某种超越现象叫做沿程扩散（Longitude diffusion）。

为进一步说明扩散弥散效应，我们再观察一个实例。如图 4-2 所示为均质地层中的一单相平面平行流动。若从某一初始时刻 $t=0$ 开始，少量而缓慢的从 A 点注入一种能和地层液体互溶的驱油剂。在地层中既无扩散弥散现象，而且孔隙介质又不吸附驱油剂时，这一驱油剂将永远保持为一线状并由 A 到 B，由 B 到 C，由 C 到 D 不断前移。而且一旦离开这一条线就丝毫观察不到驱油剂的出现。但是实际上由于扩散弥散现象的存在，驱油剂浓度不但要沿程变化（向前扩散），而且虽然不存在横向流速但驱油剂仍然要向流动方向两侧扩散，波及距离随时间越来越大，但浓度越来越小。这种与流动方向垂直而向流线两侧扩散的质点运动叫做横向扩散（Traverse diffusion）。

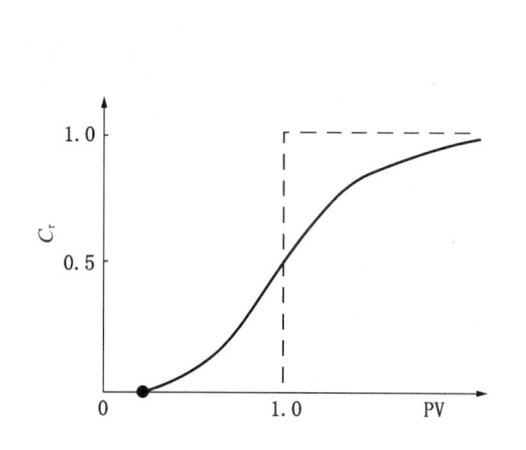

图 4-1　驱油剂浓度剖面曲线　　　　　图 4-2　横向扩散示意图

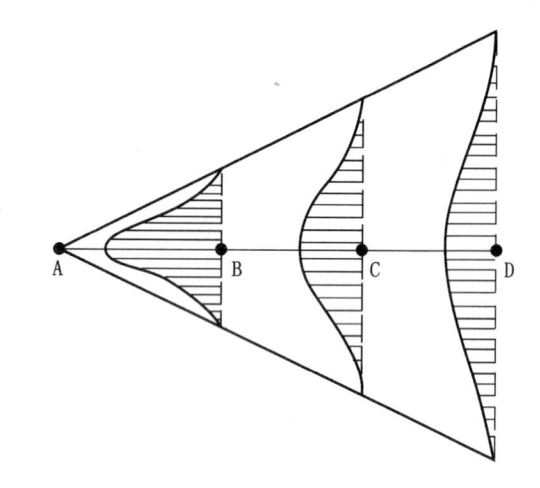

由此可见，扩散弥散现象是完全不同于宏观渗流的微观现象的宏观结果，是孔隙介质中与渗流过程不同质的另一种物理化学的传质现象。它是由下述主要因素引起的：（1）驱油剂的浓度差引起的分子扩散。（2）作用于流体的外力（流速，机械作用）。（3）孔隙空间的复杂微观结构。

由此可知，由于水动力弥散现象的存在，理想情形下的渗流过程中的物质传递可以由三个方面组成，即由达西定律引起的平均流动、由浓度梯度引起的分子扩散和由孔隙结构及流速引起的机械弥散。在聚合物驱、表面活性剂驱、碱水驱和 ASP 复合驱过程中，由于化学剂溶液与地层流体的浓度差异，流动速度的作用以及孔隙结构的复杂性，广泛存在着分子扩散与机械弥散现象。

**一、扩散弥散现象概述**

在互溶驱替过程中，驱替相和被驱替相要发生混合，在流体间存在扩散弥散现象。这种弥散现象使驱替流体和被驱替流体同时被稀释，从而影响驱替过程与结果。因此，研究扩散弥散现象对于化学互溶驱替的方案设计至关重要。本节阐述弥散过程和现象的作用机理。

假设有一个如图 4-3 所示的线性多孔介质，多孔介质中起初含有流体 A，A 可以是液体或者气体。在一定的时间内，流体 B 将以恒定的速度从左端注入。流体 B 可以与流体 A 发生混合，并驱替流体 A。图 4-3 示出了流体 B 在入口端处（$x=0$ 时）浓度随时间的变化曲线，此处浓度呈现阶跃式变化。

如果继续注入 B 流体，并在下游（出口端）监测浓度，则流体 B 的浓度剖面将如图 4-3 所示。该位置流体 B 的浓度剖面与时间关系将呈 S 形曲线，流体 B 的相对浓度 $C_B$（实测浓度与注入浓度之比）只能在 0~1.0 之间变化。刚开始浓度增长缓慢，接下来将有一个剧增过程，该过程将持续到流出物中完全没有流体 A 为止（B 的相对浓度变为 1.0）。因为扩散弥散现象，流体 B 在该位置出现的时间将会比注入 1.0PV 的 B 流体所需的时间短。在流度比很合理（流度比等于 1）且忽略重力影响的情况下，线性互溶驱替体系中，图 4-3 所示的 S 形浓度剖面曲线是典型的特征曲线。从入口端浓度阶跃式到出口端呈 S 形曲线之间的过渡带，是驱替过程中流体 A 和 B 在多孔介质发生混合和弥散引起的。

假设注入的是流体 B 段塞，后面紧接着注入流体 A，而不是连续注入流体 B。则入口端流体 B 的浓度如图 4-4 所示。如果继续观察这一段塞 B，在驱替过程中的浓度变化如图 4-4 所示，浓度剖面将随驱替的进行而延展变宽，浓度峰值将降低。这也是由于流体 A 和 B 之间的弥散现象造成的。

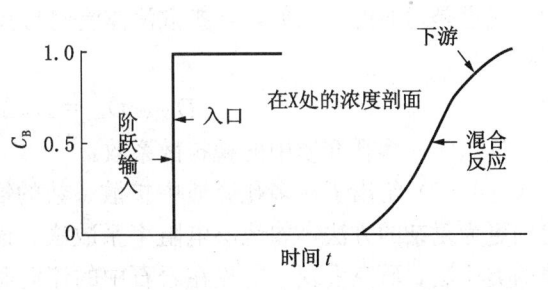

图 4-3 入口端和出口端浓度随时间的变化规律图
（流体 A 被流体 B 互溶驱替）

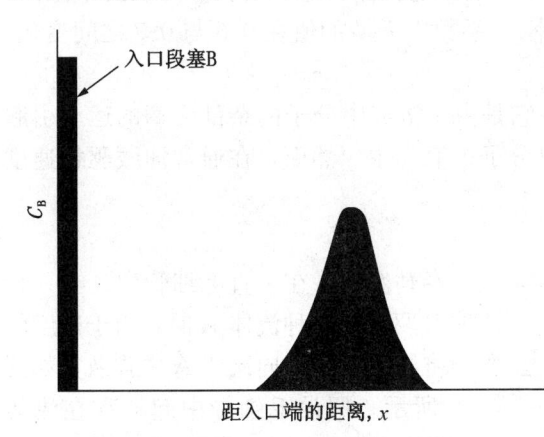

图 4-4 流体 B 段塞驱替流体 A 的浓度剖面

上述现象是由于在沿流动方向上发生了沿程扩散（Longitudinal Dispersion）。弥散现象同时也在与流动方向垂直的横向上发生。流体 B 不仅沿流动方向扩散，还将同时沿与流动方向垂直的方向弥散，这种混合作用称为横向扩散（Transverse Dispersion）。

## 二、沿程扩散理论与模型

### 1. 沿程扩散现象

这种扩散可能由多种物理现象引起，这里将讨论这些物理现象。通过简单的多孔介质模型来阐述扩散现象的发生过程。

1）分子扩散

分子扩散在一切互溶流体的接触过程中都将发生。若将两种流体放入直的毛细管中，分子扩散过程可以用费克第一定律（Fick's first law）描述。流体 B 通过某截面向流体 A 的扩散可以描述为

$$m_{Bx} = -D_{BA} \cdot A \cdot (\partial C_B / \partial x) \tag{4-1}$$

式中　$m_{Bx}$——B 在 $x$ 方向上通过截面的扩散速度；

$A$——扩散面积；

$C_B$——流体 B 的浓度；

$D_{BA}$——流体 B 向 A 的分子扩散系数；

$x$——扩散方向上的距离。

式（4-1）说明，流体 B 向 A 的扩散速度与流体 B 的浓度梯度成正比，负号表示扩散

方向是沿着浓度降低的方向。

式（4-1）中，扩散系数 $D_{BA}$ 一般是浓度、温度、化学剂类型的函数。严格说来，$D_{BA}$ 应该考虑浓度和温度的影响，放入微分号里面。但考虑到在浓度、温度变化时 $D_{BA}$ 的平均值变化稳定，因而在分析中也通常采用这种处理方法，分析结果令人满意。

通常在简化模型中假设油藏岩石是直的毛细管束，则方程（4-1）将可以直接用于描述分子扩散过程。然而，一个直毛细管束模型并不能真正模拟多孔介质的情况，流体在岩心中的流道是弯曲的。例如，当扩散流体流向与基本流动方向呈 45°时，扩散系数将做以下修正：

$$D_{OBA}/D_{BA} = 1/\sqrt{2} = 0.707 \quad (4-2)$$

式中  $D_{OBA}$——多孔介质中的视扩散系数。

式（4-2）给出了在多孔介质中扩散系数的恰当的表达式。然而，有一些研究人员建议使用更为复杂的方法，如地层电阻率系数法。该方法基于电传导和多孔介质中物质扩散规律的类比法。研究发现，电流在岩石中的流向和扩散引起的物质传递方向是一致的。视扩散系数的表达式为：

$$D_{OBA}/D_{BA} = 1/F_R\phi \quad (4-3)$$

式中  $F_R$——用 $R/R'$ 来定义的电阻率系数（$R$ 为被导电流体所饱和的孔隙介质的电阻率，而 $R'$ 为孔隙介质中流体的电阻率）。系数 $1/F_R\phi$ 的值在 0.6 与 0.7 之间变化，它与孔隙介质有关。

扩散过程在本质上是以分子形式进行的，它是由于溶液中分子的杂乱无章的运动引起的。如果一个孔隙介质中的流速非常低，就以分子扩散为主。然而，在通常油藏驱替速度下，大量流体流动或对流现象引起弥散现象。

2）速度剖面效应（泰勒效应）

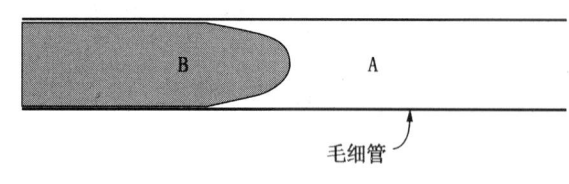

泰勒发现，在一直毛细管中，当一种流体 B 驱替另一种流体 A 时，由于速度的影响将导致流体 B 向流体 A 中弥散，如图 4-5 所示。假设毛细管中起初存在流体 A，流体 A 被流体 B 驱替。假设驱替速度较低，流动是层流。此时速度剖面将如图 4-5 所示，呈现抛物线形状，且有

图 4-5 在直毛细管中层流引起的弥散（泰勒效应）

$$\bar{v} = (1/2)v_{max} \quad (4-4)$$

式中  $v_{max}$——最大速度，将出现在毛细管中部。

收集毛细管出口处流出液体并测定浓度，可知流体 B 将在注入 1/2 毛细管体积时发生突破。继续收集和测量流出液体，流体 B 的浓度将增加，直到流出物中没有流体 A 为止。因此，在流出端中流体 A 和流体 B 将发生混合，这是由于在线性毛细管流中速度剖面的影响。

在毛细管中发生混合的原因是存在速度梯度。此外，在流体 A、B 的交界处也将发生分子扩散，这也将影响流出物的浓度。

3）混合单元系列

另外一种流体混合模型是假设孔隙介质是一系列的混合单元，流体能在其中完全混合，如图 4-6 所示。流体 B 从左侧进入第一个单元（Tank 1）驱替流体 A，流体在这个单元中充分混合，即在该单元中浓度均一。这种假设也就意味着在任何情况下，流出该单元的流

体与单元内流体具有相同的组分。混合流体从单元1进入单元2，并在此充分混合。这个过程一直重复下去。

这种假设流体在孔隙中完全混合为了方便数学计算，使之量化地表达混合或弥散过程。从概念上讲，很明显在这个模型中，不管孔隙中是否充分混合，在驱替过程中都存在流体B弥散到流体A中。

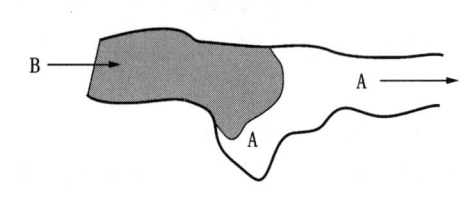

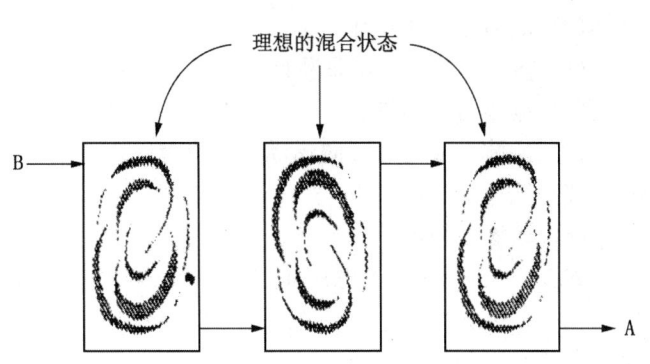

图 4-6 把孔隙介质看成一系列混合单元模型时的扩散

4）不流动孔隙

引起流体弥散另一原因是在不流动孔隙或死孔隙附近的流动，如图 4-7 所示。同样，假设在多孔介质中流体B驱替流体A。部分流体A是沿主孔道被流体B直接驱替。然而，仍有部分流体A滞留在不流动孔隙或死孔隙中，即这种孔隙虽与主孔隙流道相连通，但其中并没有流体通过。这部分流体A不是被流体B直接驱替的，而是最初被经过的流体B慢慢携带走的。这部分流体A的驱替过程较慢，但这是由于主流道与这些不流动孔隙之间的流体的分子扩散。这部分不流动孔隙中的A流体仍然慢慢地被驱走。应考虑在驱替全过程中流体A与流体B的混合。

图 4-7 不流动孔隙中捕集流体引起的扩散

5）流道的多样性

流体B与流体A的混合还有一个重要原因是在驱替过程中形成了多个流道，如图 4-8 所示。同样，假设流体A被B驱替，在1点处有两个很小的微粒，在驱替过程中，流体B就被分成了两个支流流到点2处，且到达下游点2处的时间不一致。这种弥散存在于曲折的多孔介质流道中。此时应考虑两种流体在驱替过程中由于存在不同的流道而发生混合。

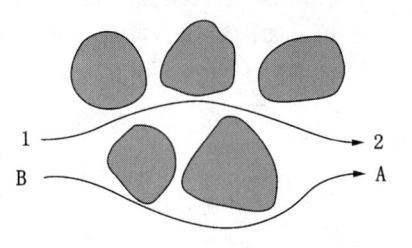

图 4-8 孔隙介质中流动路径变化引起的扩散

以上阐述了在多孔介质可能发生的多种弥散方式，用一定模型充分描述油藏多孔介质中的弥散过程是十分困难的。在油藏岩石中的弥散涉及多种不同的作用机理，所以尚不能用精确的数学表达式来描述。然而，人们开发出了简化的数学模型，并且相当实用。佩克林（Perkins）和约斯顿（Johnston）提供了十分有用的弥散模型。

2. 沿程扩散理论

尽管在油藏岩石中的扩散过程很复杂，但大量的实验研究表明，它仍可以用相对简单的数学模型来近似描述。其中最实用的方法，就是引入一个弥散系数，这个参数类似于分子扩散系数。

基本假设：

（1）流体B驱替流体A，且两流体是互溶的；

（2）单相流动；

(3) 流体是不可压缩的；
(4) 流度比等于1，即没有黏性指进现象；
(5) 流体密度相等；
(6) 流体只沿一个方向流动（$x$方向）；
(7) 流速恒定；
(8) 横截面积恒定。

如图4-3所示，考虑流体B在$A\Delta x$体积单元$\Delta t$时间内有下列物质平衡关系式

$$m_{end} - m_{begin} = \sum m_{in} - \sum m_{out} \tag{4-5}$$

式中 $m_{end}$和$m_{begin}$——在$\Delta t$时间单元内结束和开始时的流体B的质量；

$\sum m_{in}$和$\sum m_{out}$——表示在$\Delta t$时间内流入和流出的流体B的质量。

式（4-5）表示在$\Delta t$时间内流体B的净增量等于相同时间内流体B的净累积流入流出量之差。

流体B在单元内的净增量有两种机理同时起作用。第一种是流体的对流作用，即流体流动，直接取决于流速大小。第二个作用机理是弥散作用，它包括了我们前面讨论过的所有不同的混合现象。在此，有一个类似于费克定律（Fick's law）的方程来描述弥散作用

$$m_{Bx} = -k_1 A(\partial C_B/\partial x) \tag{4-6}$$

式中 $m_{Bx}$——流体B在任一平面上的弥散速度；

$C_B$——流体B的浓度；

$k_1$——沿程弥散系数；

$x$——弥散路径上的距离。

单元体内流体B在任一平面上的净扩散增量与浓度梯度的负数成正比。

基于以上假设，方程（4-5）被改写为：

$$A\phi\Delta xC_B|_{t+\Delta t} - A\phi\Delta xC_B|_t = vA\phi C_B|_x \Delta t - vA\phi C_B|_{x+\Delta x}\Delta t \\ - k_1 A\phi(\partial C_B/\partial x)|_x \Delta t + k_1 A\phi(\partial C_B/\partial x)|_{x+\Delta x}\Delta t \tag{4-7}$$

式中 $\phi$——孔隙度；

$t$——时间；

$v$——真实速度（达西速度除以孔隙度$\phi$）。

将式（4-7）简化，得

$$\Delta x(C_B|_{t+\Delta t} - C_B|_t) = (vC_B|_x - vC_B|_{x+\Delta x})\Delta t + [-k_1(\partial C_B/\partial x)|_x + k_1(\partial C_B/\partial x)|_{x+\Delta x}]\Delta t \tag{4-8}$$

式两边同除以$\Delta x$和$\Delta t$，得

$$\frac{C_B|_{t+\Delta t} - C_B|_t}{\Delta t} = \frac{-(vC_B|_{x+\Delta x} - vC_B|_x)}{\Delta x} + \frac{k_1(\partial C_B/\partial x)|_{x+\Delta x} - k_1(\partial C_B/\partial x)|_x}{\Delta x} \tag{4-9}$$

令$\Delta t \to 0$，$\Delta x \to 0$，并且令$v$和$k_1$为常数，则

$$\frac{\partial C_B}{\partial t} = -v\frac{\partial C_B}{\partial x} + k_1\frac{\partial^2 C_B}{\partial x^2} \tag{4-10}$$

式（4-7）将经典的对流扩散方程简化到一维的情形，扩散系数由弥散系数代替，是一经验常数。即扩散系数在不知初值的情况下从经验数据中确定。$k_1$的经验关系式及其通过驱替实验数据的计算方法将在后面阐述。

当边界条件和初始条件为：

$$C_B = 0, x<0, t=0$$

$$C_B = 1.0, x=0, t>0$$

$$C_B = 0, x\to\infty, t>0$$

方程（4-10）可在不同时刻的浓度求解为：

$$C_B = 1/2\{1 - \text{erf}[(x-vt)/2\sqrt{k_1 t}]\} \tag{4-11}$$

误差函数定义为：

$$\text{erf}(\zeta) = \frac{2}{\sqrt{\pi}} \int_0^\zeta e^{-\zeta^2} d\zeta \tag{4-12}$$

或

$$d\text{erf}(\zeta)/d\zeta = 2/\sqrt{\pi} e^{-\zeta^2} \tag{4-13}$$

定义 $C_B$ 在 0~1.0 之间，

$$C_B = (C_B^* - C_{B0})/(C_{Bi} - C_{B0}) \tag{4-14}$$

式中 $C_B^*$ ——流体 B 的实际浓度；

$C_{B0}$ ——系统中流体 B 的初始浓度；

$C_{Bi}$ ——流体 B 的注入浓度。

**例 4-1** 线性互溶驱替中的浓度剖面计算：在线性互溶驱替过程中，Berea 砂岩岩心实验的浓度剖面计算。岩心直径 0.165ft，长 4.01ft，孔隙度 0.206。起初岩心被 30000mg/L 的盐水饱和，盐水流量为 $2.12\times10^{-4}$ ft$^3$/h，孔隙中流速为 1.155ft/D。注入 NaCl 盐水浓度瞬间变为 20000mg/L（发生跃变）。计算在岩心出口端的浓度，即 $x=L=4.01$ft 时的浓度，假设扩散系数为 $k_1 = 3.46\times10^{-4}$ ft$^2$/h。

**解**：首先可以把全部已知参数代入式（4-11），只有独立变量 $t$ 未知。利用误差方程可以计算不同的时刻 $t$ 的 $C_B$，它是时间的函数。在代入过程中必须使用一致的单位。表 4-1 和图 4-9 给出了结果，它使用的是归一化的浓度。

表 4-1 扩散过程中的浓度剖面

| $t$, h | 误差函数自变量 | erf 自变量 | $C_B^*$ |
|---|---|---|---|
| 76.7 | 0.9851 | 0.8364 | 0.082 |
| 79.2 | 0.6062 | 0.6087 | 0.196 |
| 81.3 | 0.2971 | 0.3256 | 0.337 |
| 83.4 | 0.000 | 0.0000 | 0.500 |
| 85.9 | -0.3527 | -0.3821 | 0.692 |
| 88.0 | -0.6379 | -0.6330 | 0.817 |
| 92.6 | -1.2399 | -0.9205 | 0.960 |
| 95.4 | -1.5923 | -0.9757 | 0.988 |

注意当时间 $t=83.4$h 时相对应的注入盐水为 1.0PV，以及此时 $C_B = 0.5$。为得到盐水的浓度，只需用标准浓度定义式：

$$C_B = (C_B^* - C_{B0})/(C_{Bi} - C_{B0})$$

或

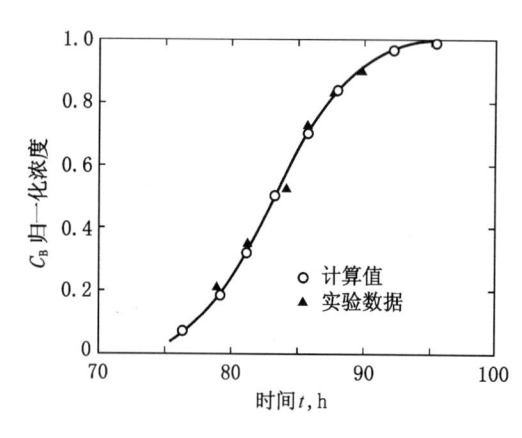

图 4-9 一维线性系统中理论计算和实验测定的浓度剖面

$$C_B = (C_B^* - 30000)/(20000 - 30000)$$

式中 $C_B^*$——盐水 NaCl 的浓度。

### 3. 沿程扩散实验及计算方法

对于一定的多孔介质，流动条件下的 $k_l$ 可以通过将实验室互溶驱替的浓度经验数据代入微分方程求解。已有一些学者做过这种研究，而且发现 $k_l$ 是多种参数的函数。特别地，$k_l$ 依赖于孔隙介质的结构、介质的颗粒大小、驱替速度以及互溶流体种类。在实验结果的基础上，开发出了经验关系式研究 $k_l$ 与不同系统参数的关系。以下部分将介绍用实验数据计算 $k_l$ 的模型。

对于浓度逐渐变化的情况[式（4-11）]，用来描述偏微分方程的解的本质就是 $C_B$ 与 $(x-vt)/\sqrt{t}$ 的关系曲线在概率坐标纸上是一条直线，这就得出一个求解 $k_l$ 的简单方法。

考虑误差函数的自变量：

$$\frac{x-vt}{2\sqrt{k_l}\sqrt{t}} = \frac{1}{2\sqrt{k_l}}\left(\frac{x-vt}{\sqrt{t}}\right) \tag{4-15}$$

设 $x=L$，即出口端测量点位置，得：

$$\frac{1}{2\sqrt{k_l}}\left(\frac{L-vt^*}{\sqrt{t^*}}\right) = \frac{1}{2\sqrt{k_l}}\left(\frac{LA\phi - vA\phi t^*}{\sqrt{A\phi}\sqrt{A\phi t^*}}\right) \tag{4-16}$$

其中 $A$ 为横截面面积。现在，引入 $V_p$ 是 1PV 时的体积，$V_i$ 是注入流体的体积，$t^*$ 是注入 1PV 所需的时间，就得到：

$$arg = \frac{1}{2\sqrt{k_l}}\left(\frac{V_p - V_i}{\sqrt{A\phi t^* v}}\right)\frac{\sqrt{v}}{\sqrt{A\phi}}$$

$$= \frac{1}{2\sqrt{k_l}}\left(\frac{V_p - V_i}{\sqrt{V_i}}\right)\sqrt{L/t^*}\left(\frac{1}{\sqrt{A\phi}}\right) \tag{4-17}$$

由于 $t^* = A\phi L/vA\phi$，这个自变量就可以被写为：

$$arg = \frac{1}{2\sqrt{k_l}}\left(\frac{V_p - V_i}{\sqrt{V_i}}\right)\frac{L}{\sqrt{V_p t^*}} = \frac{1}{2\sqrt{k_l}}U\frac{L}{\sqrt{V_p t^*}} \tag{4-18}$$

式（4-11）就可以被写成：

$$C_B = \frac{1}{2}\left[1 - \text{erf}\left(\frac{UL}{2\sqrt{k_l}\sqrt{V_p t^*}}\right)\right] \tag{4-19}$$

其中，$U = (V_p - V_i)/\sqrt{V_i}$。

使用概率坐标纸作出的 $C_B$ 与误差函数自变量的关系图是一条直线。在误差函数自变量中，由于 $U$ 是唯一随 $C_B$ 变化的参数，所以 $U \sim C_B$ 关系也应该得到一条直线。

**例 4-2** 弥散数据实验的作图法：在概率坐标纸上作图。互溶驱替实验数据与例 4-1 中相同。见图 4-10 和表 4-2，岩石性质、流体和流速与例 4-1 中相同。

**表 4-2 线性互溶驱的实验数据**

| $L$ | 4.01ft |
|---|---|
| PV | 0.01766ft³ |
| $V$ | 0.0481ft/h |

| $T$ | $c_B$ | $V_i/V_p$ | $U$ |
|---|---|---|---|
| 76.7 | 0.085 | 0.920 | 0.0111 |
| 78.4 | 0.160 | 0.940 | 0.00822 |
| 79.2 | 0.205 | 0.950 | 0.00682 |
| 80.5 | 0.275 | 0.965 | 0.00474 |
| 81.3 | 0.350 | 0.975 | 0.00336 |
| 82.6 | 0.445 | 0.990 | 0.00134 |
| 84.3 | 0.525 | 1.000 | 0.0 |
| 85.1 | 0.650 | 1.020 | -0.00263 |
| 85.9 | 0.725 | 1.030 | -0.00393 |
| 87.2 | 0.770 | 1.045 | -0.00585 |
| 88.0 | 0.820 | 1.055 | -0.00712 |
| 90.1 | 0.890 | 1.080 | -0.0102 |
| 92.6 | 0.960 | 1.110 | -0.0139 |

**解：** 图 4-10 在概率坐标纸上用这些数据作图，呈现很好的线性关系。图 4-10 显示的是几乎理想的情况下的实验。岩石是相对均质的，驱替和被驱替流体的性质是相似的。对于这种系统，在 $C_B$ 的范围 0.1 至 0.9 之间时，概率坐标纸上的图是线性的，这是理想情况下的典型曲线。然而对于有些系统，线性关系仅存在于 $C_B$ 很小的范围。

$k_l$ 的计算。本节前面给出的方程可以和表示在图 4-10 中的数据一起用来计算实验室条件下的扩散系数。在 $C_B = 0.9$ 时应用式（4-19）就得到：

$$0.9 = \frac{1}{2}\left[1 - \text{erf}\left(U_{90}\frac{1}{2\sqrt{k_1}}\frac{L}{\sqrt{V_p t^*}}\right)\right] \tag{4-20}$$

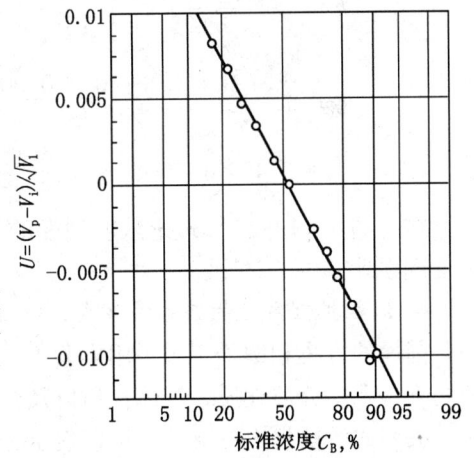

图 4-10 扩散实验数据图

这里，$U_{90}$ 是当 $C_B = 0.9$ 时 $U$ 的数值。

$$0.90622 = -U_{90}\frac{1}{2\sqrt{k_1}}\frac{L}{\sqrt{V_p t^*}} \tag{4-21}$$

当 $C_B = 0.1$ 时 $U = U_{10}$，

$$0.10 = \frac{1}{2}\left[1 - \text{erf}\left(U_{10}\frac{1}{2\sqrt{k_1}}\frac{L}{\sqrt{V_p t^*}}\right)\right] \tag{4-22}$$

并且，

$$0.90622 = U_{10} \frac{1}{2\sqrt{k_1}} \frac{L}{\sqrt{V_p t^*}} \tag{4-23}$$

把式（4-21）和式（4-23）相加就得到：

$$1.8124 = \frac{1}{2\sqrt{k_1}} \frac{L}{\sqrt{V_p t^*}} (U_{10} - U_{90}) \tag{4-24}$$

现在，两边同时平方解出 $k_1$：

$$k_1 = \left[\frac{L(U_{10} - U_{90})}{3.625}\right]^2 \frac{1}{V_p t^*} \tag{4-25}$$

这样，$k_1$ 就可以从图上 $U$ 值为 10% 和 90% 两点的浓度值来计算求解。以下是用线性驱替实验的离散数据来计算 $k_1$ 的过程：

（1）测量岩心出口端 $C_B$ 的值，测量流体驱替的 PV 体积。
（2）在概率坐标纸上作出 $C_B \sim U$ 曲线。
（3）通过这些数据作出最佳直线。
（4）在曲线上找出 $U_{10}$ 和 $U_{90}$ 两点。
（5）由式（4-25）计算 $k_1$。

当选择其他浓度的 $U$ 值时，可以用其他的步骤来计算。例如 0.20 和 0.80。在这种情况下，必须用类似上述方法推出的一恰当的方程式来代替式（4-25）。

**例 4-3** 用实验数据计算 $k_1$：图 4-10 是实验数据的概率坐标图，计算 $k_1$ 的值。

**解**：得出所要的 $U$ 值为 $U_{10} = 0.0105 \text{ft}^{3/2}$，$U_{90} = -0.0099 \text{ft}^{3/2}$，从式（4-25）计算：

$$k_1 = \left[\frac{L(U_{10} - U_{90})}{3.625}\right]^2 \frac{1}{V_p t^*}$$

$$= \left[\frac{(4.01\text{ft})(0.0105 + 0.0099)(\text{ft}^{3/2})}{3.625}\right]^2 \frac{1}{(0.01766\text{ft}^3)(8304\text{h})}$$

$$= 3.46 \times 10^{-4} \text{ft}^2/\text{h}$$

这与例 4-1 中计算理论浓度剖面的弥散系数相等。图 4-9 表示了这种实验值和理论浓度剖面计算值的对比。

**4. 沿程扩散系数的经验关系式**

前面的方程和例子阐明了用实验方法确定沿程弥散系数的方法。众多关于弥散的研究表明 $k_1$ 是孔隙介质性质、流体性质以及流速的函数。经验关系式用来研究 $k_1$ 与参数的关系。

关系式的前提之一就是 $k_1$ 可以表示为分子扩散或对流弥散的总和，即：

$$k_1 = D_a + k_b \tag{4-26}$$

式中 $D_a$ ——分子扩散部分；
$k_b$ ——对流扩散部分。

在相对低的流速下，对流扩散可以忽略，主要为分子扩散所控制。在高流速下，分子扩散可以忽略，主要为对流扩散所控制。在这两个极端之间，两部分对弥散全过程都有贡献，这是储层流动过程中遇到的普遍特征。

Perkins 和 Johnston 提出了下面的对于沿程弥散系数的关系式：

$$k_1/D = 1/F_R \phi + 0.5(v F_I d_p / D) \tag{4-27}$$

适用条件为：$v F_I d_p / D < 50$

式中 $v$——实际速度（达西速度除以 $\phi$）；
$d_p$——平均颗粒直径；
$D$——分子扩散系数；
$F_I$——孔隙介质非均质系数。

式（4-27）是无因次的，并且适用于任何一致的单位。利用式（4-27）所作的图见图 4-11 所示，该图中也绘制了 $vF_Id_p/D>50$ 时的相应曲线。

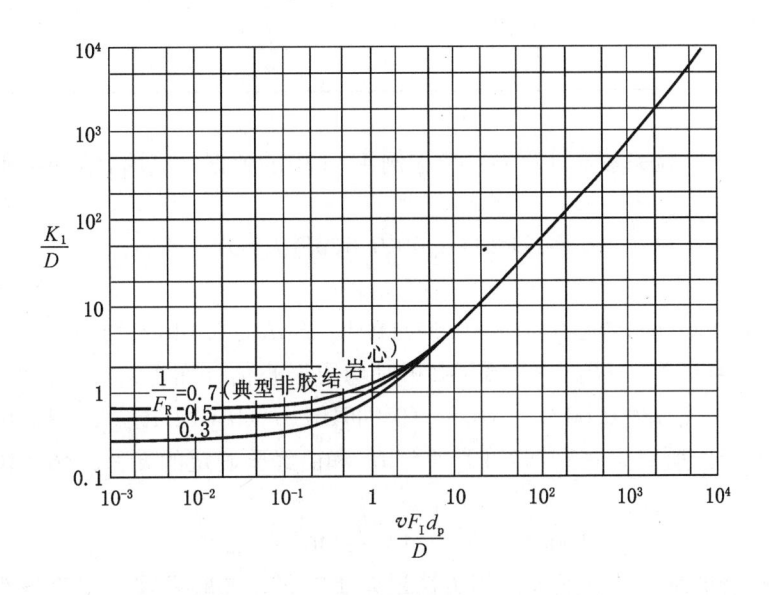

图 4-11 孔隙介质中沿程扩散系数

一般来说，非均质性系数需要通过实验确定。图 4-12 表明了任意填充不同尺寸小球的结果。对于压实孔隙介质来说，很难把 $F_I$ 和 $d_p$ 分离开，而乘积 $F_Id_p$ 经常用到。表 4-3 给出了对于少数露头岩心的推荐值。

应用式（4-27），对流组分的弥散系数和速度成正比。然而，在较高速度时，实验数据表明 $k_I/D$ 随着 $(vF_Id_p/D)^{1.2}$ 而变化。这反映在图 4-11 中相关曲线的斜率上。

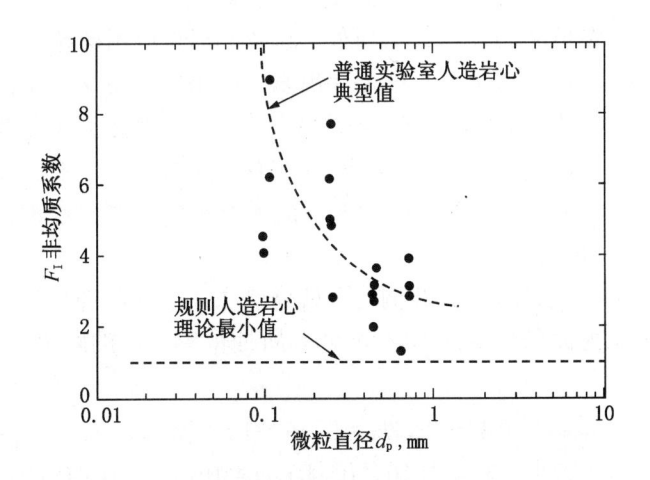

图 4-12 不同直径球状微粒人造岩心的非均质系数

表 4-3 砂岩露头的 $F_I d_p$ 值

| 来　源 | 扩　散 | 岩　石 | $F_I d_p$, in |
|---|---|---|---|
| Crane 和 Gardner | 横向 | Berea | 0.098 |
| Brigham 等人 | 纵向 | Berea | 0.154 |
|  | 纵向 | Torpedo | 0.067 |
| Raimondi 等人 | 纵向 | Berea | 0.181 |
| Handy | 纵向 | Boise | 0.217 |
|  |  | 平均 | 0.143 |

**例 4-4** 应用经验关系式计算 $k_1$：考虑例 4-1 中的数据，应用 Perkins 和 Johnston 相关关系式，

$$k_1/D = 1/F_R\phi + 0.5(vF_I d_p/D)$$

来估算 $k_1$。

**解**：在贝雷（Berea）岩心中，$v = 0.0481 \text{ft/h}$，$F_I d_p = 0.146 \text{in} = 0.0121 \text{ft}$（Berea 岩心的平均值，见表 4-3）。$1/F_R\phi = 0.6$（由相对均质岩心估计而得），$D = 3.87 \times 10^{-5} \text{ft}^2/\text{h}$（假定为盐水系统），$k_1/D = 0.60 + [(0.5)(0.0481\text{ft/h})(0.0121\text{ft})/3.87 \times 10^{-5}\text{ft}^2/\text{h}] = 0.60 + 7.25 = 7.85$，所以 $k_1 = 3.14 \times 10^{-4} \text{ft}^2/\text{h}$。和由经验确定的 $k_1 = 3.46 \times 10^{-4} \text{ft}^2/\text{h}$，误差为：

$$100[(3.46 - 3.14)/3.46] = 9.2\%$$

这是可以接受的结果。一般来说相关性误差 ±20%。实验发现，实验条件下的分子扩散小于总量的 10%。

**5. 弥散带的宽度**

当一种流体驱替另一种流体（互溶流体）时，扩散区域的宽度是驱替和被驱替流体之间混合的量的反映，因此它是要确定的一个重要参数。在某一互溶驱替过程中，混合区域的宽度直接与注入的段塞尺寸有关。

假如宽度定义为无因次浓度为 10% 和 90% 之间的距离，它就可以从式（4-28）计算：

$$x_{10} - x_{90} = 3.625 \sqrt{k_1 t} \tag{4-28}$$

这里，$x_{10}$ 和 $x_{90}$ 分别是浓度为 10% 和 90% 所处的位置。通过应用推导式（4-25）的类似的方法，式（4-28）可以从式（4-11）中推导出来。如果宽度定义为不同浓度位置之间的距离（例如浓度为 1% 和 99% 之间），宽度表达式将有相同的形式，但常数不是 3.625。

结果表明宽度和 $\sqrt{t}$ 成正比例。由于 $x = vt$，扩散区域的宽度与平均运移距离的平方根成正比。这样，与平均运移距离相比较，弥散区域的相对宽度随着前缘推进通过孔隙介质而减小，正如例 4-5 所阐述。

**例 4-5** 弥散区域宽度的计算：此例旨在计算前缘通过孔隙介质运移不同距离后的扩散区域宽度。宽度定义为标准浓度为 10% 和 90% 所处位置之间的距离。应用例 4-1 中的数据。

**解**：在例 4-1 中，$v = 0.0148 \text{ft/h}$，$k_1 = 3.46 \times 10^{-4} \text{ft}^2/\text{h}$，$x_{10} - x_{90} = 3.625 \sqrt{k_1 t}$。取 $x = 4.0 \text{ft}$，$x_{10} - x_{90} = 3.625 [(3.46 \times 10^{-4} \text{ft}^2/\text{h})(4.0\text{ft})/(0.0481\text{ft/h})]^{1/2} = 0.61 \text{ft}$ 因此，相对宽度为：

$$(0.61/4.0) \times 100 = 15\%$$

对于 $x = 100\text{ft}$，
$$x_{10} - x_{90} = 3.625[(3.46 \times 10^{-4}\text{ft}^2/\text{h})(100\text{ft})/(0.0481\text{ft/h})]^{1/2} = 3.07\text{ft}$$

相对宽度为：
$$(3.07/100) \times 100 = 3.1\%$$

对于 $x = 400\text{ft}$，
$$x_{10} - x_{90} = 3.625[(3.46 \times 10^{-4}\text{ft}^2/\text{h})(400\text{ft})/(0.0481\text{ft/h})]^{1/2} = 6.15\text{ft}$$

相对宽度为：
$$(6.15/400) \times 100 = 1.5\%$$

例 4-5 表明，随着界面通过孔隙介质，相对宽度减少，正如前面所述。对于普通油藏井距，计算出的扩散区域宽度对于井距是相对小的分数。互溶段塞与油藏体积相比可能会相当小。然而用弥散理论计算的宽度必然被考虑为最小宽度。正如本章后面所讲述的，几个因素增加了互溶数量并且导致偏离理想情况。这些因素通常导致明显的扩散，进而扩大了扩散区域的宽度。

### 三、横向弥散系数的经验关系式

扩散也发生在对于主要流动方向的横截面方向上。分子扩散部分不受流动影响，那么沿程弥散和横向弥散也一样不受流动影响。然而，横向弥散的对流部分的数量等级小于沿程弥散的相应部分。对于 $vF_{\text{I}}d_{\text{p}}/D < 10^4$，Perkins 和 Johnston 给出了下面的关系式：

$$k_{\text{t}}/D = 1/F_{\text{R}}\phi + 0.0157(vF_{\text{I}}d_{\text{p}}/D) \tag{4-29}$$

关系式如图 4-13 所示。非均质系数 $F_{\text{I}}$ 在关系式中对于 $k_{\text{l}}$ 和 $k_{\text{t}}$ 通常被假定为相同值。

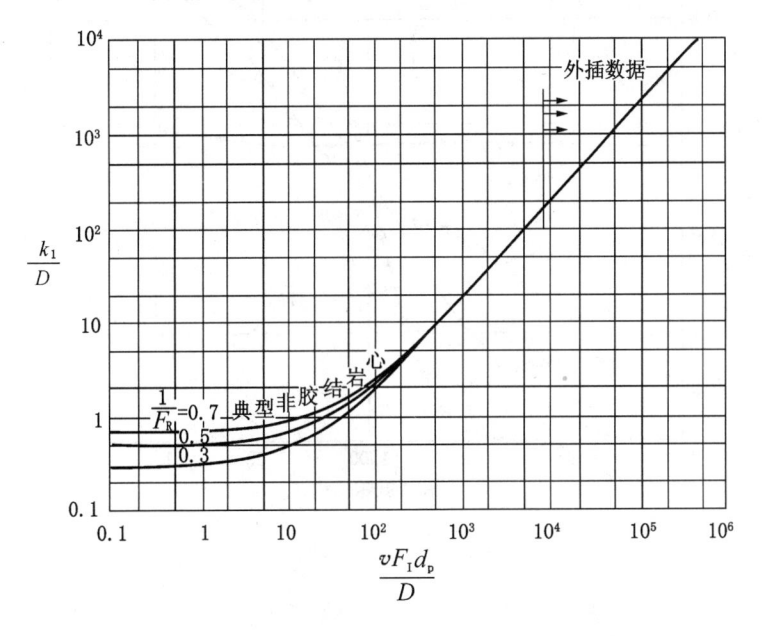

图 4-13 孔隙介质中的横向弥散系数

当空间超过一维时，$k_{\text{t}}$ 通常被用于模拟横向弥散。一种典型的例子就是流体以特定的方向流动的孔隙介质中某一点处的化学组分的释放。在这种情况下，弥散不但发生在流动方向上而且在流动的横向方向上也发生。尽管大量的流动只在一个方向，但某种含量很少的组分的也会发生三维扩散。然而，这种弥散在所有方向上并不相等，正如 $k_l$ 和 $k_t$ 的关系式所表明的。此外，微量组分将随主体流动一起运动，也就是说，弥散主要沿主体流动。

### 四、影响弥散的因素

例 4-1 至例 4-5 的数据来自于几乎理想的条件下。岩石相对均质，并且驱替流体和被驱替流体的性质非常相似。有许多因素引起偏离理想情况，导致测定的浓度剖面与式（4-10）中的解不一样。

#### 1. 黏性指进

如果驱替流体 $B$ 黏度小于被驱替流体 $A$ 的黏度，即 $\mu_A/\mu_B > 1.0$，理想情况就不会发生。在这种情况下，驱替过程中就发生所谓的黏性指进，正如图 4-14 所示。流体 $B$ 倾向于导入或指进进入流体 $A$。当这种情况发生在一个线性驱替系统中时，$k_l$ 的表观值会明显增大。

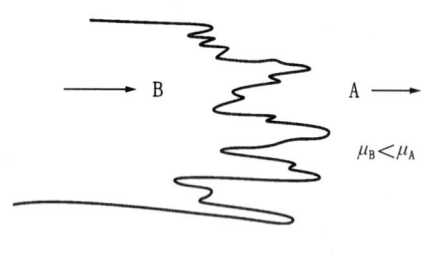

图 4-14 驱替过程中的黏性指进现象

在图 4-15 中阐明了这种影响，它表明了线性岩心实验中的平均出口端浓度，在这个实验中 $\mu_A/\mu_B$ 在一个较宽的范围内变化。当 $\mu_A/\mu_B$ 的值增加到超过 1.0 时，扩散数量和浓度剖面的一般表现将发生急剧的变化。黏度比不利还是有利要取决于黏性指进是否发生。

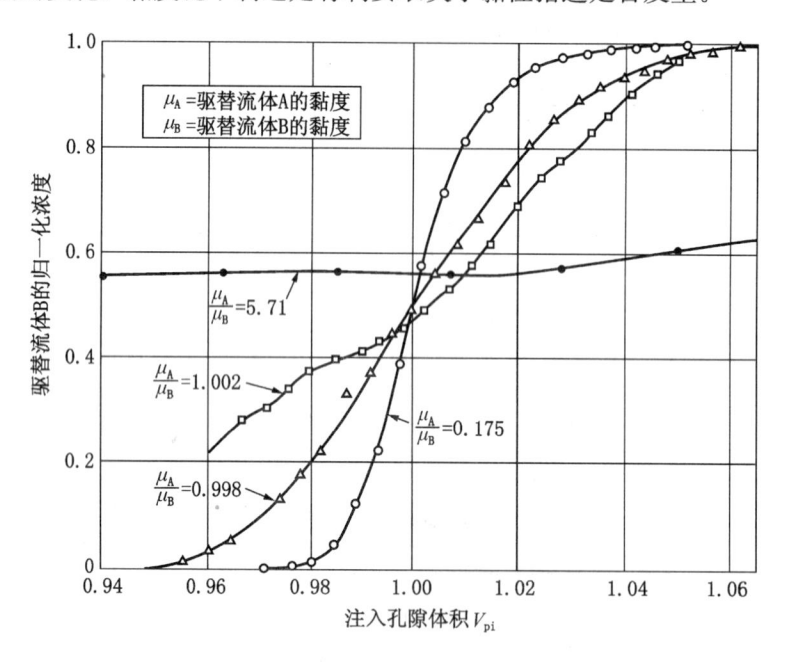

图 4-15 黏度比对出口端浓度曲线的影响

一个不利的黏度比导致明显的弥散，当黏度比变得越来越不利时，弥散数量也变得越来越大。不利的黏度比的另一个影响是引起与理想理论的偏差，如图 4-16 所示。在这个图形中比较了不利和有利黏度比的误差函数。当 $\mu_A/\mu_B$ 增加到仅仅稍微大于 1（1.002），误差函数图就不再是线性的了。通过这些数据点不能作出一条直线。它说明式（4-10）的解法不再适用。弥散系数不能由实验确定。

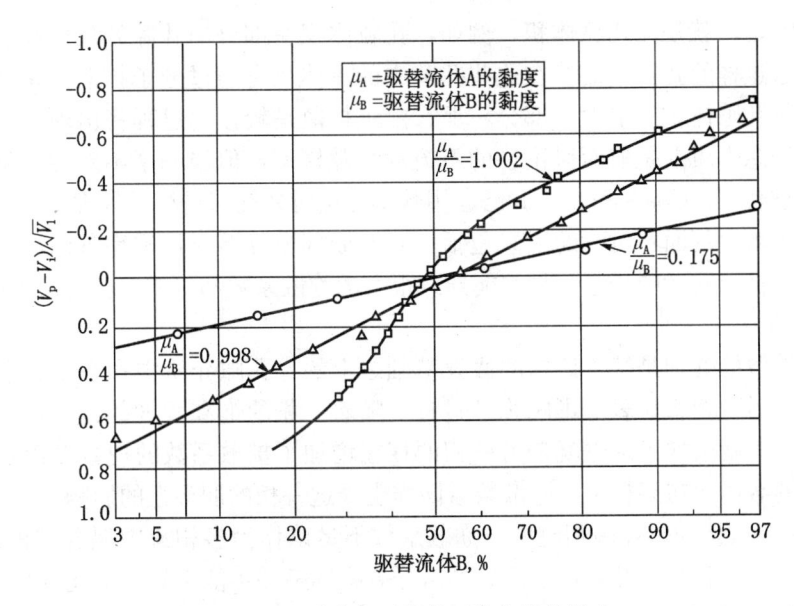

图 4-16 黏度比对误差函数曲线的影响

图 4-17a 直观地描述了黏性指进增长的原因。驱替流体 B 比流体 A 有较大的黏度 ($\mu_A/\mu_B<1.0$)。驱替前缘发生的扰动是流体在孔隙介质的弯曲路径中流动的结果，当扰动发生时，由于驱替流体的流动阻力比通过被驱替流体的流动阻力更大，扰动趋于减弱。然而当黏度比小于 1，如图 4-17b 所示，扰动将会增长。在这种情况下，通过驱替流体的流动阻力比通过被驱替流体的流动阻力要小，而且更多的流体 B 通过最小阻力的路径，引起黏性指进的增长。值得注意的是横向扩散将减小指进现象，因为横向扩散减小了指进增长方向上的浓度差异。

**2. 尾部不对称**

通常遇到的一种实验结果是弥散现象的尾部不对称，如图 4-18 所示。在此情况下，这些数据在部分浓度范围内在误差函数图上符合一条直线，但是在较高浓度或较低浓度时就会偏离直线。好几个因素都可以引起这种情况。

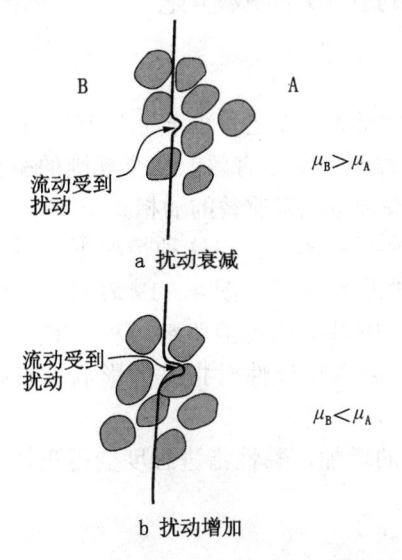

图 4-17 不同的条件引起流动扰动的增加或衰减

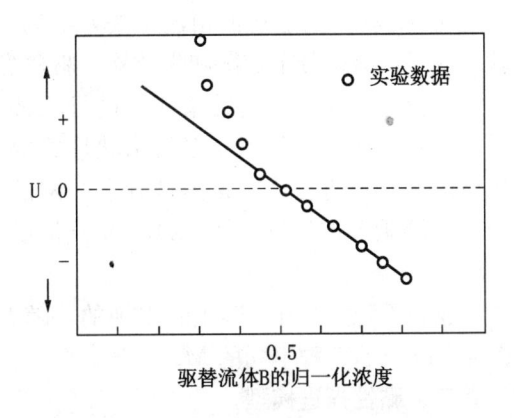

图 4-18 不对称的浓度剖面图

这些因素之一就是死孔隙体积，例如，孔隙体积一部分向孔隙开放但没有出口。没有主体流动通过这样的孔隙，捕获在这些孔隙中的流体只有通过分子扩散而被运移。如果这些孔隙占了总孔隙体积的很大一部分，那么由于扩散是较慢的过程将出现一个较长的浓度尾部。这个概念本质上是前面讨论过的不流动孔隙模型，但当一个不对称浓度出现时，它的影响就更显著了。Coats 和 Smith 已经用数学方法对死孔隙进行了处理。

其他引起浓度剖面不对称的因素包括不互溶或部分互溶、渗透率各向异性。由于它们对于流动的影响，两者中任意一种都能导致很大的弥散系数和（或）偏离简单的弥散模型。

3. 多相系统

早先对扩散的处理是基于这样的假设基础之上的：孔隙介质中存在单相以及物质是互溶的。若存在另一相将显著地影响弥散过程。随着一相的饱和程度的减小，在那一相中的互溶物质的弥散就增加了。也就是另一相的存在增加了扩散系数的视数量使之超过了单相体系所得到的数值。在某相中的弥散数量同样也受这一相的润湿性的影响。

Thomas 等人认为，在多相流中，弥散系数不足以作为多相流中混合过程的度量标准。结果表明，此理论和基于经验扩散系数的微分方程的解并不能很好地描述这个过程。

4. 油井中的弥散

前述的扩散实验和数学模型描述都只用于线型系统。然而，大多数油藏井网涉及圆柱状流动。例如：井的径向流入或流出。典型井网，比如五点井网，其流动就是径向流（包括流入和流出）。大量研究线性流是因为其实验简单，并且易于数学描述。在圆柱几何学中，与速率有关的 $k_l$ 的经验关系式研究是很困难的。

对于柱状几何系统，微分方程见式（4-10）的柱坐标形式。对此方程的求解会得出一个关于径向位置和时间的函数。求解的难点在于，通常情况下 $k_l$ 是流速的函数。对于柱状几何系统，是径向位置的函数。

正如五点井网中，要得出方程的解其难度就更大了。Baldwin 和 Brigham 求得了这种状态下的近似解。这个解曾用于化学示踪剂测试，而这种测试主要用于获得油气流动信息。

## 第二节　考虑黏性指进的扩散弥散理论

### 一、黏性指进与流度比

在驱替过程中，驱替前缘的特征取决于其流度比是大于1还是小于1。如果一种溶剂在流度比 $M \leqslant 1.0$ 时驱替油相，无重力影响，那么这种驱替就很有效。一个规则的驱替前缘就形成了，除了分子扩散和弥散外，驱替溶剂很少突破进入被驱替的油相。

在流度比大于 1.0 的条件下进行驱替，情况就不一样了。在这种情况下，驱替前缘很不稳定，驱替流体以众多的指状形式穿透进入被驱替油相。图 4-19 表明了四种流度比下的黏性指进行为。该图是五点井网的四分之一模型中的互溶驱替过程。对于水驱油的非互溶驱替过程见图 4-20，对于非互溶体系，流体润湿性对指进的影响越来越受到关注。

驱替不稳定是在 $M>1$ 时出现的，随着流度比的增加，黏性指进程度变得更严重，如图 4-19 所示四种不同的 $M$。

### 二、黏性指进模型

Collins 提出了一个简单模型判断黏性指进出现的标准。在一线性互溶驱油体系，如图

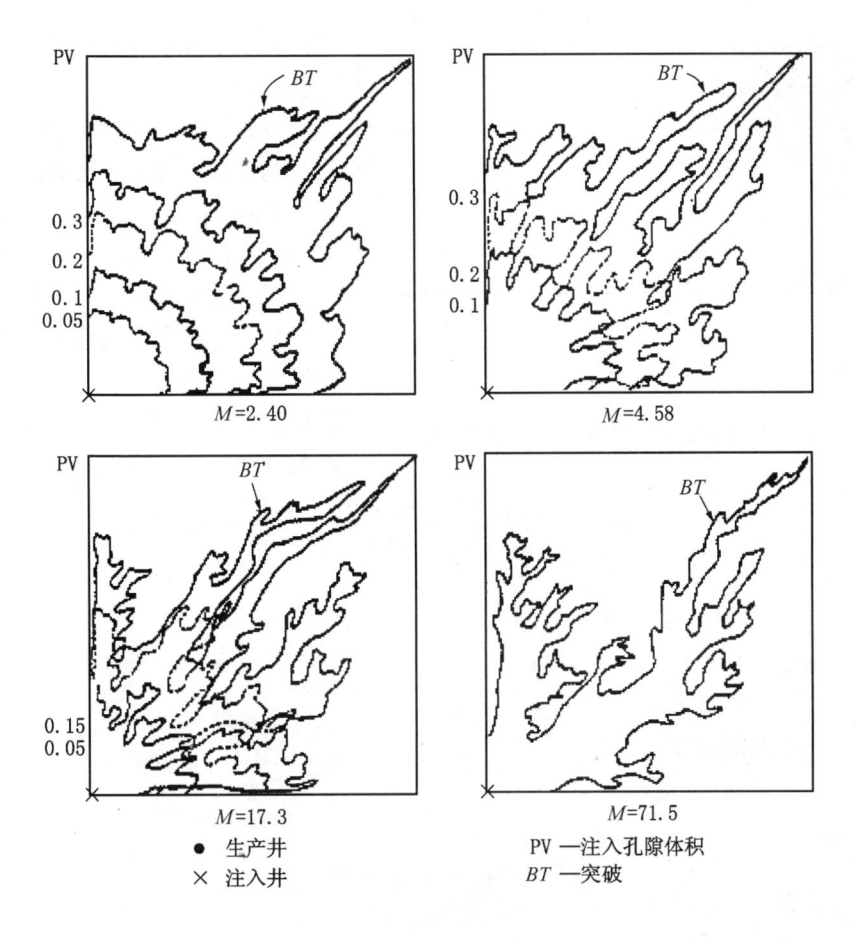

图 4-19 五点井网互溶驱替中流度比大于 1 时的黏性指进现象

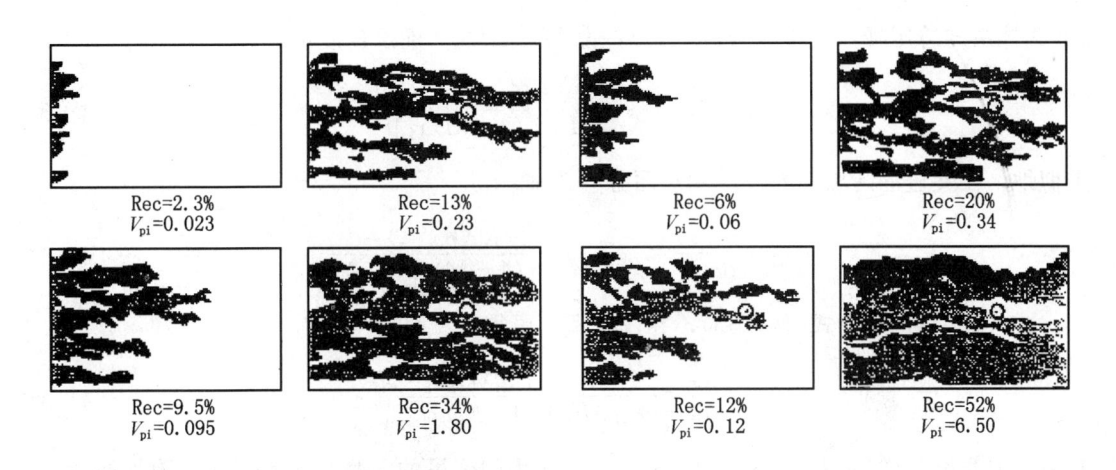

图 4-20 线性系统非互溶驱替中不利流度比时的黏性指进现象

4-21 所示,假设流动为单相,且不考虑重力对流动的影响。在开始计量的某一时刻,溶剂前缘沿流动路径位于 $x_f$ 处。

在虚线所示的流动区域,在 $x_f+\varepsilon$ 处,溶剂前缘出现了一个小突进 $\varepsilon$。由于驱替过程在多孔介质中流动路径的弯曲性,将发生黏性指进。

分析的重点是确定在什么情况下 ε 随时间增加。如果 ε 随时间增长,前缘就会不稳定,即形成黏性指进。在 ε 的尺寸不再增加甚至减小的情况下,前缘就会保持稳定或者维持现状。

分析过程是通过检查不同流动区域的流动阻力来进行的。假设溶剂阻力和油相阻力是连续的(无毛细管力),在未突进的区域内应用达西公式

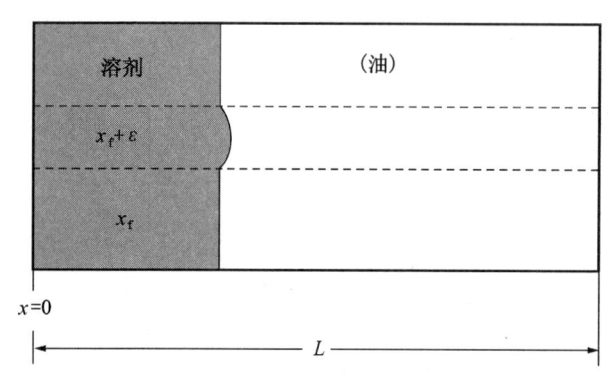

图 4-21 黏性不稳定性定量分析的流动模型

$$(\Delta p)_{xf} + (\Delta p)_{L-xf} = \frac{u\mu_s x_f}{K} - \frac{u\mu_o(L-x_f)}{K} \tag{4-30}$$

式中 $(\Delta p)_{L-xf}$——从入口到 $x_f$ 的压降;
$(\Delta p)_{xf}$——从 $x_f$ 到 $L$ 的压降;
$u$——表观(达西)前缘速度;
$K$——孔隙介质的渗透率;
$\mu_s$——溶剂的黏度;
$\mu_o$——油的黏度。

考虑到:

$$u = \phi(dx_f/dt) \tag{4-31}$$

解出前缘速度得到:

$$\frac{dx_f}{dt} = \frac{-K\Delta p}{\phi\mu_s x_f + \phi\mu_o(L-x_f)} \tag{4-32}$$

$\Delta p$ 为体系的总压降,定义为 $(p_L - p_o)$,设 $M = \mu_o/\mu_s$,前缘速度为:

$$\frac{dx_f}{dt} = \frac{-K\Delta p}{\phi\mu_s[ML + (1-M)x_f]} \tag{4-33}$$

类似地,在突进的区域,同样应用达西方程:

$$\frac{d(x_f+\varepsilon)}{dt} = \frac{-K\Delta p}{\phi\mu_s[ML + (1-M)(x_f+\varepsilon)]} \tag{4-34}$$

式(4-34)减去式(4-33),并作处理,可得:

$$\frac{d\varepsilon}{dt} = \frac{K\Delta p(1-M)\varepsilon}{\phi\mu_s[ML + (1-M)x_f]^2} \tag{4-35}$$

同最初的假设一样,$\varepsilon \ll x_f$。式(4-35)是 ε 作为因变量的常微分方程(作一附加假设,$x_f$ 是常数),方程的解是:

$$\varepsilon = \varepsilon_0 e^{ct} \tag{4-36}$$

其中:

$$C = \frac{-K\Delta p(1-M)}{\phi\mu_s[ML + (1-M)x_f]^2} \tag{4-37}$$

$\varepsilon_0$ 是指进的初始长度,即零时刻的长度。式(4-36)和式(4-37)表明,当 $M>1.0$ 时,由于 $\Delta p$ 是负值,$\varepsilon$ 呈指数形式增长。若 $M<1.0$,突进部分长度 $\varepsilon$ 将以指数形式消退。后者使前缘稳定,无黏性指进,而前者则使黏性指进增长。

孔隙介质中孔道的迂曲度将导致局部小的流动紊乱。分析表明这些紊乱一旦形成,根据流度比的大小,指进将发展或退化。如果驱替液比被驱替液更易流动,则产生黏性指进,相反则对黏性指进产生抑制作用。

### 三、黏性指进过程中的扩散

在前面描述的弥散模型在不利流度比时(当 $M=\mu_o/\mu_s>1.0$)是无效模型,这种情况下,黏性指进形成,式(4-10)定义的 $k_l$ 就不能很好地描述弥散过程。

Koval 提出了一种适用于均质或非均质孔隙介质一维一相互溶驱模型。在这个模型中,假设前缘推进方程适用于驱替溶剂。

$$\mathrm{d}x/\mathrm{d}t|_{S_s} = (q_t A\phi)(\partial f_s/\partial S_s)|_{S=S_s} \tag{4-38}$$

式中 $q_t$ ——总体积流量;

$A$ ——流动的横截面积;

$S_s$ ——被溶剂占据的饱和度分数或体积分数。

在一个非互溶驱过程中,如水驱,驱替相的分相率 $f_D$ 由下式给出:

$$f_D = \frac{1}{1+(K_o/K_D)(\mu_D/\mu_o)} \tag{4-39}$$

式中 $K_o$ ——被驱的油相有效渗透率;

$K_D$ ——驱替水相的有效渗透率;

$\mu_o$ ——油相黏度;

$\mu_D$ ——水相的黏度。

对于用溶剂驱油的互溶过程,Koval 指出溶剂的分流量 $f_s$ 是一广义函数形式:

$$f_s = f(S_s, H, E) \tag{4-40}$$

除饱和溶剂的 $S_s$ 外,$f_s$ 的值还依赖非均质系数 $H$ 和黏度比系数 $E$。Koval 继续提出了一种特定形式的 $f_s$。

如果两种流体不混合或当其混合时各自保持其原有密度和特性不变,那么这两种互溶流体就认为是理想的状况。基于此假设:

$$K_o = KS_o = K(1-S_s) \tag{4-41}$$

而 
$$K_s = KS_s \tag{4-42}$$

这里,$K$ 是多孔介质渗透率,$K_s$ 是驱替溶剂有效渗透率。由此推出:

$$K_o/K_s = (1-S_s)S_s \tag{4-43}$$

类似式(4-39),可得:

$$f_s = \frac{1}{1+[(1-S_s)/S_s](1/E)(1/H)} \tag{4-44}$$

或

$$f_s = KS_s/[1+S_s(K-1)] \tag{4-45}$$

式中

$$K = HE \tag{4-46}$$

以下假设多孔介质是均质的并且 $H=1.0$;这样,$K=E$。参数 $K$ 或 $E$ 是黏度比 $\mu_o/\mu_s$

的函数。

互溶驱过程的表达式可以通过积分式（4-38）并且结合式（4-45）的结果来获得。积分式（4-38）得到：

$$xS_s = (q_t t/A\phi)(\partial f_s/\partial S_s)|_{S_s} \tag{4-47}$$

如果 $x=L$，也就是孔隙介质的长度，则：

$$1/(q_t t/A\phi) = (\partial f_s/\partial S_s)|_{S_s} \tag{4-48}$$

或

$$1/V_{pi} = (\partial f_s/\partial S_s)|_{S_s} = f'_s \tag{4-49}$$

这里 $V_{pi}$ 指 $S_s$ 到达孔隙介质末端时注入的溶剂的 PV 数。

通过对式（4-45）求微分就得到 $f'_s$ 的一个表达式

$$\frac{1}{V_{pi}} = \frac{K}{[1+(K-1)S_s]^2} \tag{4-50}$$

式（4-45）用于在 $f_s$ 的表达式中消去 $S_s$：

$$V_{pi} = K/[K - f_s(K-1)]^2 \tag{4-51}$$

或

$$f_s = \frac{K - (K/V_{pi})^{1/2}}{K-1} \tag{4-52}$$

式（4-51）和（4-52）在突破时和突破后都是有效的。这两个方程详细说明了分流量的值 $f_s$ 与到达孔隙介质末端时注入的溶剂的 PV 数的关系。

在溶剂刚突破的点上：

$$f_s = 0 \tag{4-53}$$

代入式（4-52），可得：

$$(V_{pi})_{bt} = 1/K \tag{4-54}$$

这里 $(V_{pi})_{bt}$ 是在溶剂突破时的注入 PV 数。

当 $f_s = 1.0$ 时，所有的油将被产出。从式（4-52），可得：

$$(V_{pi})_{comp} = K \tag{4-55}$$

这里 $(V_{pi})_{comp}$ 是产出所有油时注入的 PV 体积。

在驱替剂突破点和原油被全部采出之间，产出油按下式计算：

$$N_p = (V_{pi})_{bt} + \int_{(V_{pi})_{bt}}^{V_{pi}} \left\{ 1 - \left[ \frac{K - (K/V_{pi})^{1/2}}{K-1} \right] \right\} dV_{pi} \tag{4-56}$$

这里 $N_p$ 是注入 PV 体积的驱油剂时采油量（假设驱替剂和原油的地层体积系数 FVF 都是 1）

对式（4-56）求积分，可得：

$$N_p = \frac{2(K/V_{pi}) - 1 - V_{pi}}{K-1} \tag{4-57}$$

该式表明 $N_p$ 是 $V_{pi}$ 与 $K$ 的函数。

参数 $K$ 也需要确定。假设多孔介质是均质的（$H=1.0$），那么 $K=E$。Koval 假定：由于驱替剂与原油的混合，使得 E 不仅仅是单纯的黏度比。为得到 E 的表达式，需要将式（4-57）与 Blackwell 的实验数据相匹配。基于此，可得 E 的表达式：

$$E = [0.78 + 0.22(\mu_o/\mu_s)^{1/4}]^4 \quad (4-58)$$

为了求得混合溶剂的黏度，E 的表达式具体地体现了广泛使用的 1/4 幂次方混合规则。

图 4-22 中的数据显示了 Koval 模型与 Blackwell 等人的数据的比较。它们非常一致，其中，部分原因是由于这些数据被用于 E 的表达式。另外，Koval 模型，有时也叫 K—因子法，常用于解决不利流度比下的互溶驱替过程的描述。

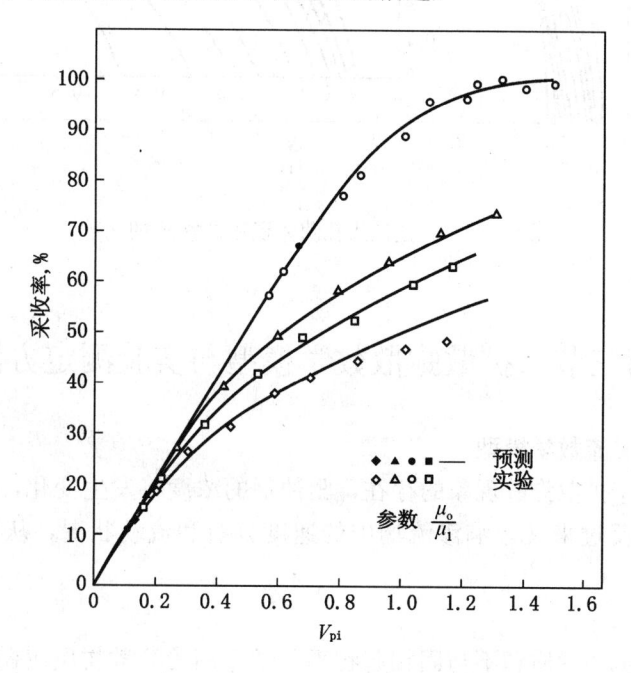

图 4-22 实验数据和基于 K—因子模型预测值的对比

**例 4-6** 应用 K—因子法计算线性互溶驱的动态：溶剂驱替均质填砂管中的原油，流体与系统的性质为：$\mu_o = 1.2$cP，$\mu_s = 0.10$cP，$K = 500$mD。计算注入不同溶剂 PV 数的出口端的溶剂的分流量。

**解**：式（4-52）适用于溶剂突破后的情形，K 需先由式（4-58）算出：

$$K = E = [0.78 + 0.22(\mu_o/\mu_s)^{1/4}]^4 = [0.78 + 0.22(1.2/0.1)^{1/4}]^4 = 2.00$$

先计算 $(V_{pi})_{bt}$，然后将不同 $V_{pi}$ 的值 $[V_{pi} > (V_{pi})_{bt}]$ 代入式（4-52）计算 $f_s$。

$$(V_{pi})_{bt} = 1/K = 1/2.0 = 0.5$$

| $V_{pi}$ | $f_s$ |
| --- | --- |
| 0.6 | 0.17 |
| 0.8 | 0.42 |
| 1.0 | 0.59 |
| 1.5 | 0.85 |
| 2.0 | 1.00 |

图 4-23 绘出了其他 K 值的计算结果。

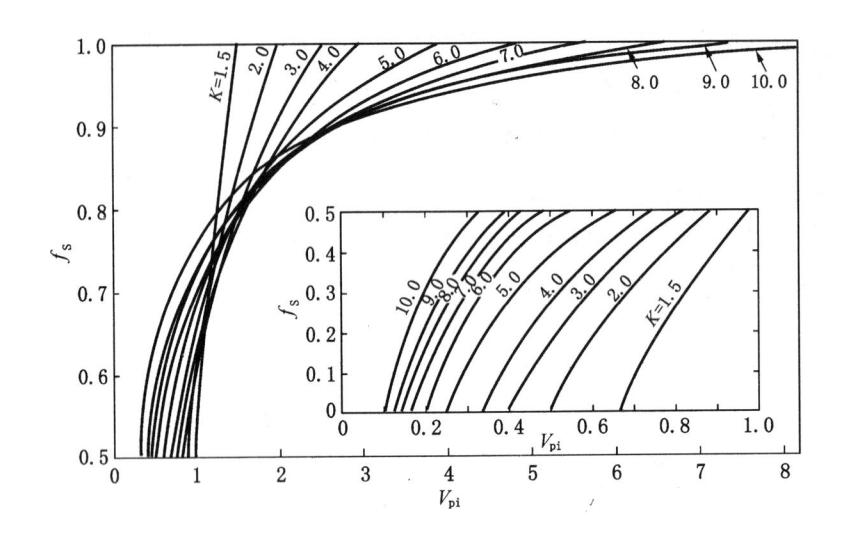

图 4-23 $f_s$ 是注入孔隙体积和参数 $K$ 的函数

# 第三节 扩散弥散数学模型与实验测定方法

## 一、理想扩散渗流数学模型

一般来讲，由于扩散弥散现象的存在，驱油剂的浓度将发生变化，从而引起液体比重和黏度的改变，这反过来又影响渗流场中的速度分布和流动状况，从而对驱油过程产生影响。

1. 扩散方程式

通常将不改变流体性质和不与固相起物理化学作用的扩散物质叫做理想扩散剂。理想扩散剂沿流动方向的扩散速度可以由费克（Fick）扩散定律表达。仅仅由于扩散现象引起的单位时间单位面积上驱油剂的质量流量可表达为：

$$u_i = -D \frac{\partial C}{\partial x} \tag{4-59}$$

式中 $u_i$——单位时间单位面积上驱油剂的质量流量，g/cm²·s；

$D$——扩散系数，包括分子扩散与对流扩散，cm²/s；

$C$——扩散剂浓度，g/cm³；

$x$——沿流动方向的距离，cm。

2. 连续性方程

在驱替过程伴随物理化学过程时，也可以用质量守恒定律把渗流过程和化学过程联系起来，即用连续性方程加以表达。

如图 4-24 所示，设在单元地层六面体中，M 点的扩散物质的组分质量速度为 $u_i$，则在 M′点的组分质量速度为：

$$u_i - \frac{\partial u_i}{\partial x} \cdot \frac{\mathrm{d}x}{2}$$

经过 d$t$ 时间后流过 a′b′面的质量流量为：

$$\left(u_\mathrm{i}-\frac{\partial u_\mathrm{i}}{\partial x}\cdot\frac{\mathrm{d}x}{2}\right)\mathrm{d}y\mathrm{d}z\mathrm{d}t$$

在 M″ 点的组分质量速度为：

$$u_\mathrm{i}+\frac{\partial u_\mathrm{i}}{\partial x}\cdot\frac{\mathrm{d}x}{2}$$

经过 dt 时间后流过 a″b″ 面的质量流量为：

$$\left(u_\mathrm{i}+\frac{\partial u_\mathrm{i}}{\partial x}\cdot\frac{\mathrm{d}x}{2}\right)\mathrm{d}y\mathrm{d}z\mathrm{d}t$$

六面体在 x 方向流入流出的质量差为：

$$-\frac{\partial u_\mathrm{i}}{\partial x}\mathrm{d}x\mathrm{d}y\mathrm{d}z\mathrm{d}t$$

同理，在 y，z 方向流入流出的质量差为：

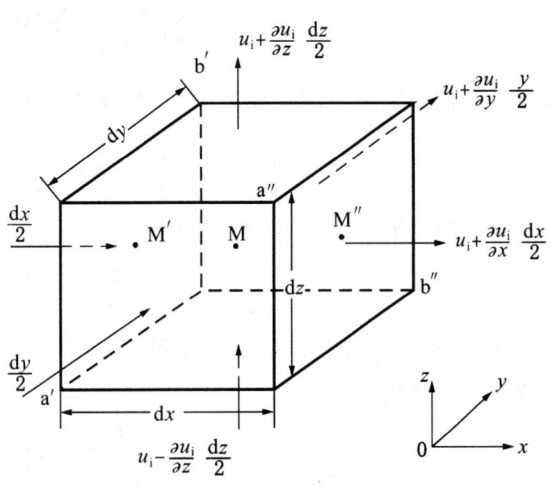

图 4－24　微元体物质平衡示意图

$$-\frac{\partial u_\mathrm{i}}{\partial y}\mathrm{d}x\mathrm{d}y\mathrm{d}z\mathrm{d}t$$

$$-\frac{\partial u_\mathrm{i}}{\partial z}\mathrm{d}x\mathrm{d}y\mathrm{d}z\mathrm{d}t$$

六面单元体在 dt 时间内扩散物质的组分质量流量差为：

$$-\left(\frac{\partial u_\mathrm{i}}{\partial x}+\frac{\partial u_\mathrm{i}}{\partial y}+\frac{\partial u_\mathrm{i}}{\partial z}\right)\mathrm{d}x\mathrm{d}y\mathrm{d}z\mathrm{d}t$$

六面单元体 dt 时间内流入流出的质量变化必然引起六面体内扩散物质的质量变化。设在 t 时刻六面体内的质量浓度为 C，到 t + dt 时刻浓度为：

$$C+\frac{\partial C}{\partial t}\mathrm{d}t$$

设六面单元体的孔隙度为 $\phi$，其孔隙体积则为 $\phi\mathrm{d}x\mathrm{d}y\mathrm{d}z$。全部由质量浓度变化所引起的质量变化为：

$$\frac{\partial C}{\partial t}\phi\mathrm{d}x\mathrm{d}y\mathrm{d}z\mathrm{d}t$$

根据物质守恒原则，上面两式应该相等，得：

$$-\left(\frac{\partial u_\mathrm{i}}{\partial x}+\frac{\partial u_\mathrm{i}}{\partial y}+\frac{\partial u_\mathrm{i}}{\partial z}\right)=\frac{\partial(\phi C)}{\partial t} \quad (4-60)$$

当令 $x=x_1$，$y=x_2$，$z=x_3$ 时，可以写成下面形式：

$$\sum_{n=1}^{N}\frac{\partial u_\mathrm{i}}{\partial x_\mathrm{n}}=-\frac{\partial(\phi C)}{\partial t} \quad (4-61)$$

上式即为互溶驱替的连续性方程。
若考虑液体流动情况下，上式应写为：

$$-\sum_{n=1}^{N}\frac{\partial u_i}{\partial x_n}-\sum_{n=1}^{N}V_n\frac{\partial C}{\partial x_n}=\frac{\partial(\phi C)}{\partial t} \qquad (4-62)$$

若将扩散物质的组分质量速度 $V_n$ 考虑成真实速度，且不考虑岩石的压缩性，得：

$$-\sum_{n=1}^{N}\frac{\partial u_i}{\partial x_n}-\sum_{n=1}^{N}V\frac{\partial C}{\partial x_n}=\frac{\partial C}{\partial t} \qquad (4-63)$$

一维互溶驱替的连续性方程可以写为：

$$\frac{\partial C}{\partial t}=-\frac{\partial u_i}{\partial x}-V\frac{\partial C}{\partial x} \qquad (4-64)$$

在有液体流动的情况下，按照物质平衡原理将式（4-1）代入式（4-64），一维互溶驱替数学模型可以写为：

$$\frac{\partial C}{\partial t}=D\frac{\partial^2 C}{\partial x^2}-V\frac{\partial C}{\partial x} \qquad (4-65)$$

式（4-65）中第一项表示的是驱油剂在某一点上的浓度增长速度。右端第一项表示由于扩散作用引起的该处浓度的增长速度，第二项表示由于液流携带引起的该处浓度增长速度。

**二、理想扩散渗流数学模型的解法**

多维互溶驱替数学模型易于建立，但求解方法十分复杂，一般无法得出解析解。这里仅讨论一维互溶驱替数学模型的解法，其相关参数可以通过实验室物理模拟实验来测试或验证。

1. 浓度分布规律

设有一长度为 $L$ 的岩心模型，开始时其中充满淡水。以速度 $V$ 注入浓度为 $C_0$ 的化学剂溶液。该一维互溶驱替过程可用下述数学模型描述：

$$\frac{\partial C}{\partial t}=D\frac{\partial^2 C}{\partial x^2}-V\frac{\partial C}{\partial x} \qquad (4-66)$$

$$C(x,0)=C_0,当 x<0 时$$

$$C(x,0)=0,当 x>0 时$$

式中 $C$——$t$ 时刻在距入口端 $x$ 处的驱油剂浓度。

在数学上，方程（4-66）称为抛物型方程或扩散方程，$V$ 称为偏移系数，$D$ 称为扩散系数。解此抛物型方程初值问题，得 $t$ 时刻 $x$ 位置的浓度为：

$$C(x,t)=\frac{C_0}{2}-\frac{C_0}{2}\mathrm{erf}\left[\frac{x-Vt}{2\sqrt{Dt}}\right] \qquad (4-67)$$

将该浓度除以注入浓度 $C_0$，变为无因次的相对浓度：

$$C_r(x,t)=\frac{1}{2}-\frac{1}{2}\mathrm{erf}\left[\frac{x-Vt}{2\sqrt{Dt}}\right] \qquad (4-68)$$

其中：

$$\mathrm{erf}(Z)=\frac{2}{\sqrt{\pi}}\int_0^Z e^{-s^2}\mathrm{d}s$$

因此，不同时刻不同位置的驱油剂相对浓度 $C_r(x,t)$ 与 $x,t$ 的关系如图 4-25

所示。

由于 $Z=0$ 时，erf$(Z)=0$。由式（4-68）可知，当 $x=Vt$ 时，erf$(Z)=0$，$C_r=0.5$。这说明任意时刻浓度剖面曲线上浓度 $C_r=0.5$ 的点以恒定速度 $V$ 向前移动。我们将任意时刻浓度剖面曲线上过 $C_r=0.5$ 的点的垂线称为驱替前缘，驱替前缘以速度 $V$ 向前移动。

出口端 $x=L$，浓度为：

$$C(L,t)=\frac{C_0}{2}-\frac{C_0}{2}\mathrm{erf}\left[\frac{L-Vt}{2\sqrt{Dt}}\right] \quad (4-69)$$

化为相对浓度形式为：

$$C_r(L,t)=\frac{1}{2}-\frac{1}{2}\mathrm{erf}\left[\frac{L-Vt}{2\sqrt{Dt}}\right] \quad (4-70)$$

出口端相对浓度与时间的关系如图 4-26 所示。

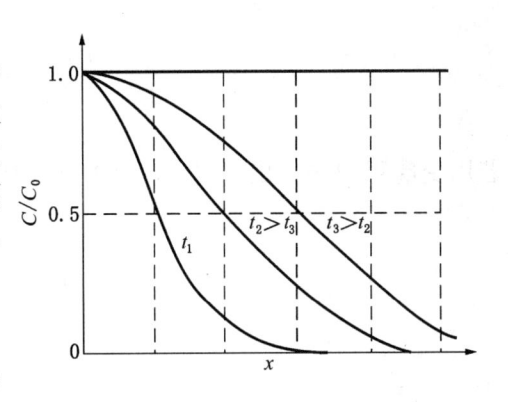

图 4-25　$C_r$ 与 $x$，$t$ 的关系

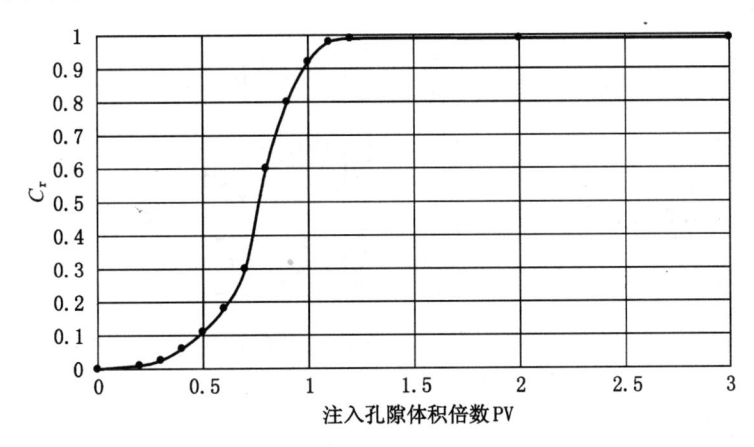

图 4-26　出口端浓度变化规律

**2. 扩散弥散系数**

将变量 $x$，$V$ 和 $t$ 都通过累积排量 $V_c$ 表示，令

$$x_1=L-Vt \quad (\text{为 } C_r=0.5 \text{ 前缘至岩心末端的距离})$$

$$t=T\frac{V_c}{V_p}$$

式中　$V_p$——岩心孔隙体积，cm$^3$；

$T$——注入 $1V_p$ 所需时间，s；

$V_c$——累积注入量（或出口端累积取液量），cm$^3$。

于是令

$$W=\frac{V_p-V_c}{\sqrt{V_c}} \quad (4-71)$$

$W$ 是表征注入体积大小（或时间）的参数。则：

$$\frac{y}{\sqrt{Dt}} = \frac{L-Vt}{\sqrt{Dt}} = \frac{L-VT\dfrac{V_c}{V_p}}{\sqrt{DT\dfrac{V_c}{V_p}}} = \frac{LW}{\sqrt{DTV_p}} \tag{4-72}$$

若用变量 $W$ 计算，出口端（$x=L$）所取样本的相对浓度为：

$$\begin{aligned}
C_r(L,t) &= \frac{1}{2}\left[1-\mathrm{erf}\left(\frac{L-Vt}{2\sqrt{Dt}}\right)\right]\\
&= \frac{1}{2}\left[1-\mathrm{erf}\left(\frac{y}{2\sqrt{Dt}}\right)\right]\\
&= \frac{1}{2}\left[1-\frac{2}{\sqrt{\pi}}\int_0^{\frac{y}{2\sqrt{Dt}}}\mathrm{e}^{-s^2}\mathrm{d}s\right]
\end{aligned} \tag{4-73}$$

令 $s=\dfrac{\sigma}{\sqrt{2}}$，则上式变为：

$$\begin{aligned}
C_r(L,t) &= \frac{1}{2}\left[1-\frac{2}{\sqrt{\pi}}\int_0^{\frac{y}{2\sqrt{Dt}}}\mathrm{e}^{-s^2}\mathrm{d}s\right]\\
&= \frac{1}{2}\left[1-\frac{2}{\sqrt{\pi}}\int_0^{\frac{y}{2\sqrt{Dt}}}\mathrm{e}^{-\frac{\sigma^2}{2}}\frac{1}{\sqrt{2}}\mathrm{d}\sigma\right]\\
&= \frac{1}{2}\left[1-\frac{\sqrt{2}}{\sqrt{\pi}}\int_0^{\frac{y}{2\sqrt{Dt}}}\mathrm{e}^{-\frac{\sigma^2}{2}}\mathrm{d}\sigma\right]\\
&= \frac{1}{2}-\int_0^{\frac{y}{2\sqrt{Dt}}}\frac{1}{\sqrt{2\pi}}\mathrm{e}^{-\frac{\sigma^2}{2}}\mathrm{d}\sigma\\
&= \frac{1}{2}-\int_0^{\frac{LW}{\sqrt{2DTV_p}}}\frac{1}{\sqrt{2\pi}}\mathrm{e}^{-\frac{\sigma^2}{2}}\mathrm{d}\sigma
\end{aligned} \tag{4-74}$$

基于上述推导，在正态概率纸上描出的 $C_r(L,t)$ — $W$ 关系曲线应呈直线，如图 4-27 所示。

故在直线段上选取关于 $[W_{50}=0, C_r(L,t)=0.5]$ 为中心对称的两点，如 $(W_{10}, 0.1)$ 和 $(W_{90}, 0.9)$，其中 $W_{10}$，$W_{90}$ 分别为 $C_r(L,t)=0.1$ 和 $C_r(L,t)=0.9$ 时的累积接样量 $V_{10}$，$V_{90}$ 所对应的 $W$ 值，则由

$$\begin{aligned}
\frac{1}{2}-\int_0^{\frac{LW_{10}}{\sqrt{2DTV_p}}}\frac{1}{\sqrt{2\pi}}\mathrm{e}^{-\frac{\sigma^2}{2}}\mathrm{d}\sigma &= 0.1\\
\frac{1}{2}-\int_0^{\frac{LW_{90}}{\sqrt{2DTV_p}}}\frac{1}{\sqrt{2\pi}}\mathrm{e}^{-\frac{\sigma^2}{2}}\mathrm{d}\sigma &= 0.9
\end{aligned} \tag{4-75}$$

得：

$$\begin{aligned}
\int_0^{\frac{LW_{10}}{\sqrt{2DTV_p}}}\frac{1}{\sqrt{2\pi}}\mathrm{e}^{-\frac{\sigma^2}{2}}\mathrm{d}\sigma &= 0.4\\
\int_0^{\frac{LW_{90}}{\sqrt{2DTV_p}}}\frac{1}{\sqrt{2\pi}}\mathrm{e}^{-\frac{\sigma^2}{2}}\mathrm{d}\sigma &= -0.4
\end{aligned} \tag{4-76}$$

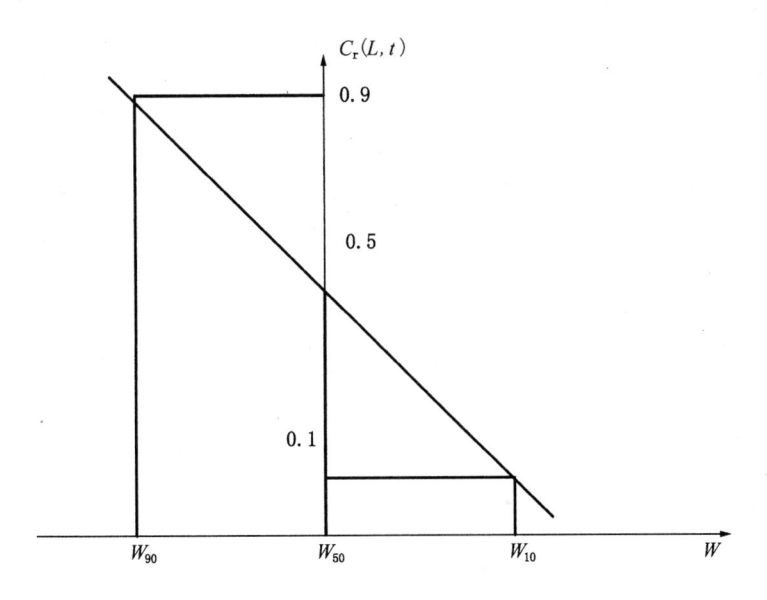

图 4-27 出口端取样相对浓度 $C_r(L, t)$—W 关系曲线

查正态分布表,可得:

$$\frac{LW_{10}}{\sqrt{2DTV_p}} = 1.28$$

$$\frac{LW_{90}}{\sqrt{2DTV_p}} = -1.28 \tag{4-77}$$

两式相减,得:

$$\frac{L(W_{10} - W_{90})}{\sqrt{2DTV_p}} = 2.56 \tag{4-78}$$

因此:

$$D = \frac{1}{TV_p} \left[ \frac{L(W_{10} - W_{90})}{3.265} \right]^2 \tag{4-79}$$

这样,只要测得出口端浓度分别为入口浓度的 10% 和 90% 时的累积接样量 $V_{10}$,$V_{90}$,可求得 $W_{10}$,$W_{90}$,进而求得扩散弥散系数 $D$。

3. 扩散弥散系数求取方法的改进

根据我们的研究,上述计算 $D$ 值的方法表现出两方面不足:(1) 必须在正态概率纸上 $C/C_0$—W 曲线的直线段取点。(2) 要求实测 $C/C_0$—W 曲线至少在 $W_\alpha$ 到 $W_{1-\alpha}$ ($\alpha = 0.05$, 0.1,0.2 等)段是中心对称的。这两条要求限制了对弥散带的真实分析,我们对两种粒径的填砂管岩心分三种驱替速度(100mL/h,60mL/h 和 20mL/h)做了实验,所得 $C/C_0$—W 曲线如图 4-28 所示。

从实测的 $C/C_0$—W 曲线的分析可得出以下几点认识:

1) 实际的弥散带变长

由图 4-28 可以看出,在正态概率纸上描出的 $C/C_0$—W 曲线,不少直线段很短,都有两端较长的上翘和下弯端,表明浓度 $C$ 的实测值与用公式(4-79)计算出的相应值不符。原因在于定解问题仍是对扩散方程求解。但互溶流体在孔隙介质中的弥散现象与带有非零

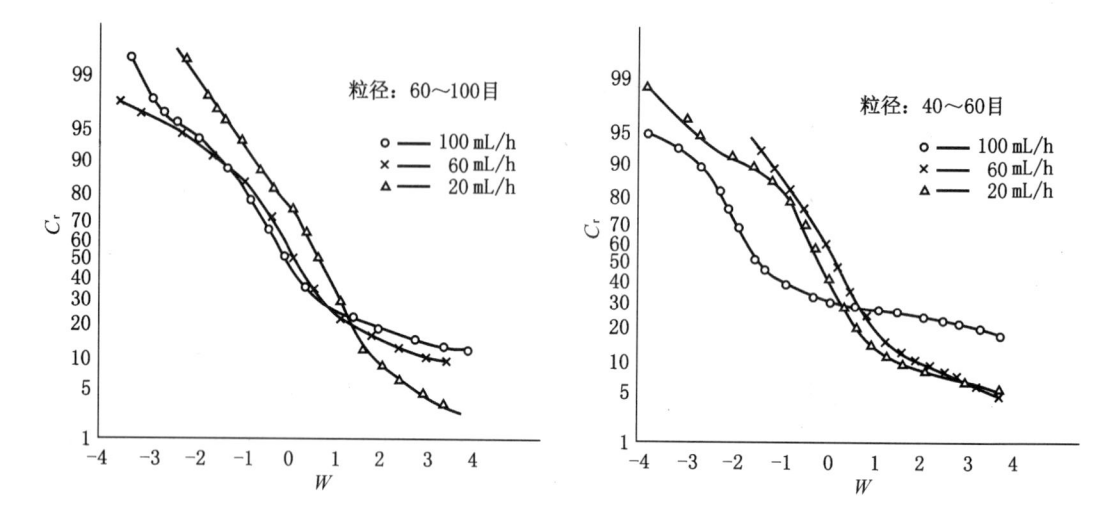

图 4-28 实测 $C/C_0$—$W$ 曲线

偏离系数 $u$ 的扩散现象并不相同。孔隙介质中的弥散机理要复杂得多。驱替速度不仅使弥散带向前平移，它使互溶流体在错综复杂的通道中相互掺混，起到类似机械搅拌的作用，从而弥散加剧，弥散带变长。因此，扩散方程已经不能确切地描述所论的弥散现象，图形上翘和下弯正是弥散带变长的结果。

$$\frac{dW}{dV} = \frac{-\sqrt{V} - (V_p - V)\frac{1}{2\sqrt{V}}}{(\sqrt{V})^2} = -\frac{V_p + V}{2V\sqrt{V}} < 0$$

所以，$W$ 是 $V$ 的单调递减函数。前面的上翘端表明实测的 $W$ 值大于服从正态分布的相应的 $W$ 值，说明开始收到低浓度示踪剂的累积接样量变小（$V$ 增大，$W$ 减小），后面的下弯端表明这里的实测 $W$ 值小于服从正态分布的相应的 $W$ 值，说明后面得到高浓度示踪剂的累积接样量变大（$V$ 减小，$W$ 增大），总之，弥散带变长。

虽然式（4-79）算得的 $D$ 值也能在一定程度上表现出速度效应，但限于在直线段取点，则没有反映弥散带两端急剧变长的事实。若将长的上翘和下弯端完全解释为边界效应是缺乏说服力的。互溶流体在孔隙介质中的弥散系数 $D$ 与一般方程中的扩散系数 $K$ 性能不完全相同。

2）实测 $C/C_0$—$W$ 曲线的不对称性

实测 $C/C_0$—$W$ 曲线的不对称性也很明显。弥散作用本来是示踪剂粒子向前弥散，不含示踪剂的流体也要向后弥散，所以形成中心对称（$C/C_0 = 0.5$）浓度剖面。由于弥散作用有一个时间过程，实验从岩心末端取样分析，含示踪剂的流体流出时，前面不含示踪剂的流体绝大部分已被排出，大大削弱了相反方向的弥散作用，后面含示踪剂的流体必然更快地流出，这就加大了浓度的增高，因而后面弥散带变窄，形成浓度曲线不对称。也就是说，开始有示踪剂粒子被接出后，就破坏了原来的弥散过程。图 4-28 的曲线均不对称。表 4-4 列出了各曲线的 $W_\alpha$ 和 $W_{1-\alpha}$（$\alpha = 0.1$），几乎都成立不等式：

$$|W_\alpha| < |W_{1-\alpha}|$$

**表 4-4　弥散浓度曲线的 W 值**

| W \ 曲线 | a | b | c | d | e | f |
|---|---|---|---|---|---|---|
| $W_{10}$ | 4.5268 | 4.0082 | 2.3026 | 9.5243 | 2.2627 | 1.9415 |
| $W_{90}$ | -1.6107 | -1.677 | -0.4545 | -0.8193 | -1.201 | -1.964 |

为求得 $V_{90}$ 的理论值，即假设曲线对称，即：

$$|W_\alpha| = |W_{1-\alpha}|$$

当 $\alpha = 0.1$ 时，

$$W_{10} = \frac{V_p - V_{10}}{\sqrt{V_{10}}}$$

$$W_{90} = \frac{V_p - V_{90}}{\sqrt{V_{90}}}$$

所以有：

$$\frac{V_p - V_{10}}{\sqrt{V_{10}}} = -\frac{V_p - V_{90}}{\sqrt{V_{90}}}$$

得到理论求得的 $V_{90}$：

$$V_{90} = \frac{1}{2}\left[W_{10}^2 + W_{10}\sqrt{W_{10}^2 + 4V_p} + 2V_p\right] \tag{4-80}$$

表 4-5 列出了计算出的理论值 $V_{90}$ 与实测的 $V_{90}$ 的差别，实测 $V_{90}$ 明显小于理论 $V_{90}$，这也表明实测 $C/C_0$—$W$ 曲线的严重不对称。

**表 4-5　理论 $V_{90}$ 与实测 $V_{90}$ 的比较**

| V \ 曲线 | a | b | c | d | e | f |
|---|---|---|---|---|---|---|
| $V_{90}$ 理论 | 117.75 | 118.823 | 90.5766 | 201.045 | 87.119 | 83.77 |
| $V_{90}$ 实测 | 83.333 | 84.0 | 72.5 | 73.0 | 76.5 | 84.0 |

以上分析说明，用式 (4-79) 计算 D 值并代替弥散系数必有较大误差。应对其计算方法加以改进。

弥散系数 D 总是表示弥散快慢的特征量，它影响到弥散带的长度，用弥散带的真实长度确定弥散系数这一基本出发点是可取的。

由于接样示踪剂浓度很小时，如 $C = 0.1C_0$ 或 $C = 0.05C_0$，弥散带刚刚到达岩心末端，还未经受严重破坏，而且岩心内原始截面的推进速度恒等于驱替速度 $u$，因而只用 $W_{10}$ 或 $W_5$ 更为恰当。若规定弥散带的长度为浓度从 $0.1C_0$ 到 $0.9C_0$ 的距离，则因为

$$\frac{LW_{10}}{\sqrt{2KTV_p}} = 1.28$$

故

$$K = \frac{1}{TV_p}\left[\frac{LW_{10}}{1.810}\right]^2 \tag{4-81}$$

把如此计算的 K 值规定为 D 值是合理的，它反映了弥散带的长度，又基本消除了由实

验条件从岩心末端取样分析而造成的曲线不对称的影响,因此计算弥散系数 $D$ 值的公式应为

$$D = \frac{1}{TV_p}\left[\frac{LW_{10}}{1.810}\right]^2 \tag{4-82}$$

表 4-6 是分别用式(4-79)和式(4-82)计算所得 $D$ 值的比较,原式(4-79)算得的 $D$ 值明显偏小。

**表 4-6　两种方法计算的 $D$ 值的比较**

| 公式＼曲线 | a | b | c | d | e | f |
|---|---|---|---|---|---|---|
| (4-79) | 0.005 | 0.0024 | 0.00067 | 0.0042 | 0.0023 | 0.0007 |
| (4-82) | 0.296 | 0.139 | 0.0154 | 1.42 | 0.048 | 0.0118 |

为了比较两种方法的优劣,我们用离差平方和 $Q$ 进行分析,设 $(W_i, C_i)$ 为实测浓度点。分别用式(4-79)和式(4-82)计算出 $D$ 值后,代入下式求得两种情形下的理论浓度点:

$$C'_i = \frac{C_0}{2} - C_0 \int_0^{\frac{LW_i}{\sqrt{2DTV_p}}} \frac{1}{\sqrt{2\pi}} e^{-\frac{\sigma^2}{2}} d\sigma$$

进一步求得离差平方和 $Q$:

$$Q = \sum_{i=1}^{n}(C_i - C'_i)^2$$

式中　$C_i$——实际出口端取样点;

　　　$n$——采样次数。

表 4-7 和表 4-8 是两种方法下的 $Q$ 值比较结果。

**表 4-7　两种方法下的 $Q$ 值比较表**

| 公式＼曲线 | a | b | c |
|---|---|---|---|
| 公式(4-79) | $6.156 \times 10^{-6}$ | $2.4 \times 10^{-2}$ | $9.672 \times 10^{-2}$ |
| 公式(4-82) | $7.712 \times 10^{-4}$ | $1.205 \times 10^{-4}$ | $1.885 \times 10^{-3}$ |

**表 4-8　两种方法下的 $Q$ 值比较表**

| 公式＼曲线 | d | e | f |
|---|---|---|---|
| 公式(4-79) | $1.591 \times 10^{-2}$ | $2.239 \times 10^{-2}$ | $2.958 \times 10^{-4}$ |
| 公式(4-82) | $4.085 \times 10^{-2}$ | $2.005 \times 10^{-4}$ | $2.958 \times 10^{-4}$ |

由此可见,用式(4-82)算出的 $D$ 值所引起的离差平方和较小,因此用改进的方法更为优越。

**4. 驱替速度对扩散弥散系数的影响**

由式(4-82),弥散系数:

$$D = \frac{1}{TV_p}\left[\frac{LW_{10}}{1.810}\right]^2$$

$$= \frac{u}{LV_p} \cdot \frac{L^2 W_{10}^2}{3.276} \qquad (4-83)$$

$$= \frac{L}{3.276 V_p} u W_{10}^2$$

右端含因子 $u$，而且 $u$ 又影响 $V_{10}$，也就影响 $W_{10}$，从而影响 $D$。总之，弥散系数 $D$ 与驱替速度 $u$ 有关。由于弥散作用包括分子扩散和对流扩散，因此，通常的文献中把弥散系数表示为分子扩散系数 $D_0$ 和对流扩散系数 $\delta r^2 u^2 / D_0$ 之和，即：

$$D = D_0 + \delta \frac{r^2 u^2}{D_0}$$

式中　$r$——平均孔道半径；

$\delta$——无因次参数。

也有人经过实验分析，认为多孔介质中弥散系数与排驱速度的关系是：

$$\frac{D}{D_0} = a\left(\frac{ru}{D_0}\right)^n \qquad (1 < n < 2)$$

式中　$a$——混合系数。

为简单地表示出同种岩心中 $D$ 与 $u$ 的相关关系，而不显含 $D_0$，$\delta$，$r$ 等不易测定的参数，我们可先测得不同 $u$ 下 $V_{10}$，求得 $W_{10}$。然后用拉格朗日插值公式确定 $W_{10}$ 与 $u$ 的关系式，再代入式（4-79）中，得到 $D$ 与 $u$ 的关系式。

### 三、化学驱扩散弥散系数的实验测定方法

大庆油田 ASP 三元复合驱体系使用的驱油剂有：部分水解聚丙烯酰胺 HPAM、表面活性剂 ORS-41（阴离子型石油磺酸盐，美国进口）和碱剂 NaOH，实验中还增加了缔合聚合物 AP（西南石油大学研制）。分别测定了这些驱油剂的扩散弥散系数。

1. 实验药品、实验装置

| | |
|---|---|
| 部分水解聚丙烯酰胺 HPAM | 缔合聚合物 AP |
| 表面活性剂 ORS-41 | 氢氧化钠 |
| 醋酸 | 次氯酸钠 |
| 百里酚蓝 | 次甲基蓝 |
| 乙醇 | 硫酸钠 |
| 浓硫酸 | 十二烷基硫酸钠 |
| 十六烷基三甲基溴化铵 | 二氯甲烷 |
| 盐酸 | 甲基橙 |
| 岩心流动实验装置（图 4-29） | 分光光度计 |
| 油层砂 | 烧杯 |

2. 实验方法与步骤

（1）分别配制浓度为 2000mg/L 的 HPAM 溶液、浓度为 1000mg/L 的缔合聚合物 AP 溶液、浓度为 3000mg/L 的 ORS-41 溶液和浓度为 12000mg/L 的 NaOH 溶液。

（2）选取填砂管一根，洗净，烘干，填入粒径为 0.2~0.4mm 油层砂。

（3）将含砂填砂管烘干，称干重，抽空，饱和蒸馏水，称湿重，测定孔隙体积 $V_P$。

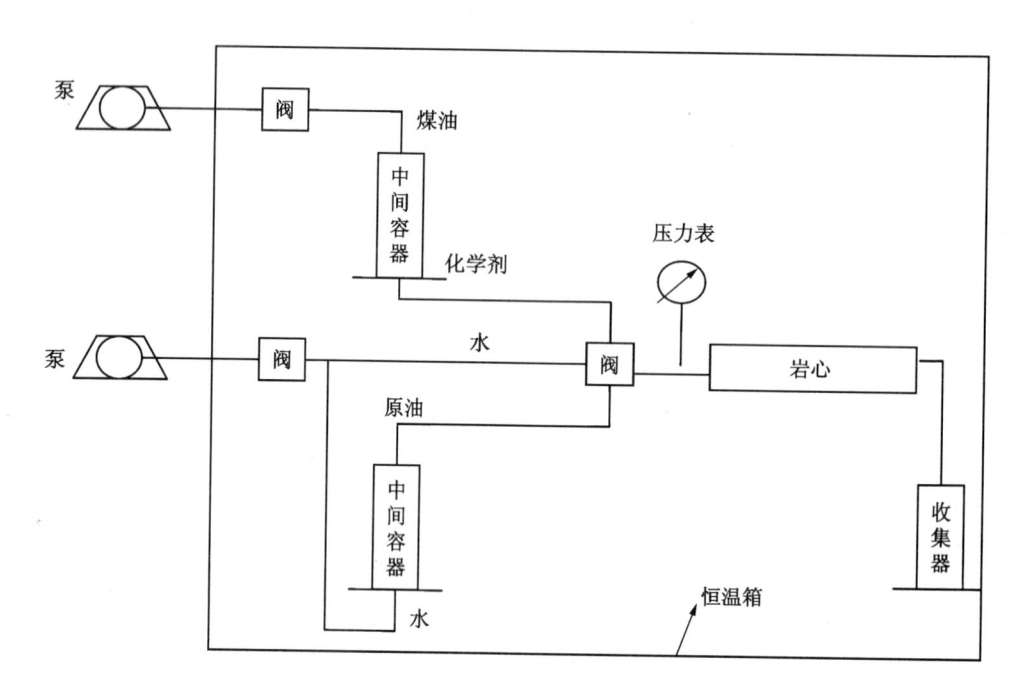

图 4-29 岩心流动实验装置

(4) 测定水测渗透率 $K_w$。

(5) 以一定流量连续大量的注入上述某种化学剂溶液，使驱油剂分子在岩心中吸附滞留和化学反应达到饱和，用以消除测定弥散系数过程中其他物化作用的影响。待流动稳定后测定注入 1 孔隙体积 (1PV) 驱油液所需时间 $T$。最后连续水冲直至填砂管中无化学剂分子流出为止（只有不可逆吸附分子或滞留分子）。

(6) 以一定流量注入该驱油剂溶液，同时在出口端取样（每隔 1mL）取样一次，分批测定取样浓度（浓度测定方法：请参阅第二章第四节），记录累积注入体积与取样浓度值，绘制 $C/C_0 \sim PV$ 关系曲线。

(7) 选取出口端浓度为入口端浓度的 10% ($C/C_0 = 0.1$) 时的累积接样量 $V_{10}$，代入改进的扩散弥散系数公式求得该流量下弥散系数。

(8) 改变流速，用同样的方法测定该驱油剂在不同流速下的弥散系数值。

(9) 改变驱油剂类型，用同样的方法和步骤，分别测定各种驱油剂在不同流速下的弥散系数。

3. 实验结果分析

分别测定了大庆聚合物 HPAM、缔合聚合物 AP、表面活性剂 ORS-41 和碱剂 NaOH 在三种流量（$Q = 20\text{mL/h}$，$Q = 40\text{mL/h}$，$Q = 60\text{mL/h}$）下的扩散弥散系数。

1) 填砂管基本参数

填砂管基本参数如表 4-9 所示。

表 4-9 填砂管基本参数

| $L$, cm | $D$, cm | $V_P$, cm³ | $\phi$, % | $K_w$, μm² |
|---|---|---|---|---|
| 30.5 | 2.3 | 41.5 | 32.75 | 0.816 |

2) 实验结果

大庆聚合物 HPAM、缔合聚合物 AP、表面活性剂 ORS-41 和碱剂 NaOH 在不同流速下的扩散弥散系数测定结果分别如表 4-10，表 4-11，表 4-12 和表 4-13 所示。$W_{10}$ 与流速的关系如图 4-30 所示，扩散弥散系数 $D$ 与 $W_{10}$ 的平方成正比。

表 4-10 大庆聚合物 HPAM 的扩散弥散系数测定结果

| 流速，mL/h | $V_{10}$，cm³ | $W_{10}$，cm^{3/2} | $D$，cm²/s |
| --- | --- | --- | --- |
| 20 | 37.0 | 0.739 | 0.000501 |
| 40 | 30.0 | 2.116 | 0.00807 |
| 60 | 26.5 | 2.906 | 0.0233 |

表 4-11 缔合聚合物 AP 的扩散弥散系数测定结果

| 流速，mL/h | $V_{10}$，cm³ | $W_{10}$，cm^{3/2} | $D$，cm²/s |
| --- | --- | --- | --- |
| 20 | 38 | 0.568 | 0.000295 |
| 40 | 36.5 | 0.827 | 0.00188 |
| 60 | 29.0 | 2.321 | 0.0148 |

表 4-12 表面活性剂 ORS-41 的扩散弥散系数测定结果

| 流速，mL/h | $V_{10}$，cm³ | $W_{10}$，cm^{3/2} | $D$，cm²/s |
| --- | --- | --- | --- |
| 20 | 11.5 | 8.847 | 0.0717 |
| 40 | 10.0 | 9.960 | 0.182 |
| 60 | 9.0 | 10.83 | 0.323 |

表 4-13 碱 NaOH 的扩散弥散系数测定结果

| 流速，mL/h | $V_{10}$，cm³ | $W_{10}$，cm^{3/2} | $D$，cm²/s |
| --- | --- | --- | --- |
| 20 | 39.0 | 0.400 | 0.000147 |
| 40 | 36.2 | 0.917 | 0.00154 |
| 60 | 8.0 | 11.844 | 0.385 |

从上述扩散弥散实验结果可知：

(1) 对于不同的驱油剂，相同流动条件下的扩散弥散程度序列为：表面活性剂 ORS-41＞碱剂 NaOH＞大庆聚合物 HPAM＞缔合聚合物 AP。

(2) 对于同一种驱油剂，随着速度的增加，扩散弥散系数增大，孔隙中的扩散弥散程度加剧。

(3) 表面活性剂 ORS-41 的扩散弥散程度最大，并且受速度的影响较小。由于扩散弥散系数 $D$ 包括分子扩散和机械弥散两部分，仅机械弥散与速度有关。可见，分子扩散是表面活性剂 ORS-41 在孔隙输运过程中扩散弥散的决定性因素，而机械弥散程度较小。

(4) 碱剂 NaOH 的扩散弥散程度受速度的影响最大，而且速度越高，影响越大。因此机械弥散是 NaOH 在孔隙输运过程中扩散弥散的主要机理。建议在碱水驱时使用较低的排

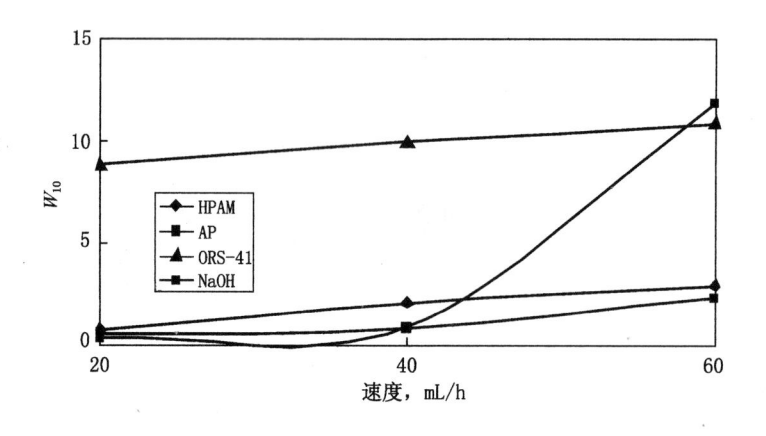

图 4-30 各种驱油剂的 $W_{10}$ 与流速的关系

量,使驱替前缘更为稳定有效。

(5) 大庆聚合物 HPAM 和缔合聚合物 AP 在孔隙介质中渗流过程扩散弥散程度较小,分子扩散和机械弥散发挥基本等效的作用。缔合聚合物的弥散程度很低可能是因为其新型缔合结构发挥了重要作用。

# 第五章　碱水驱物理化学渗流理论

在碱水驱过程中，碱剂与油藏原油、地层水、油层岩石接触，发生多种物理化学作用，它们对驱油过程和结果产生较大的影响。在碱水驱过程中，物理化学作用的主要类型有碱耗、化学反应和扩散弥散等。

由于存在物理化学作用，碱水驱过程是一种物理化学渗流过程，涉及复杂流体在多孔介质中的渗流理论，其求解方法超出了经典力学方法的范围。碱水驱物理化学作用的种类和程度将决定其渗流的过程和结果，其中最为关键的是碱剂浓度发生变化和损失。当浓度低于一定值时，驱替过程将失效，甚至退化为水驱，产生了驱替过程有效性、持久性的问题。

## 第一节　碱水驱数学模型

设有一长度为 $L$ 的一维线性岩心模型，开始时其中充满淡水。以速度 $V$ 注入浓度为 $C_0$ 的化学剂溶液。带扩散弥散作用的理想互溶驱替过程可用下述数学模型描述（第四章第三节）：

$$\frac{\partial C}{\partial t} = D\frac{\partial^2 C}{\partial x^2} - V\frac{\partial C}{\partial x} \tag{5-1}$$

式中　$C$——$t$ 时刻沿流动方向距离 $x$ 处的化学剂浓度，g/cm³；
　　　$D$——扩散系数，包括分子扩散与对流扩散，cm²/s；
　　　$V$——驱替速度，cm/s；
　　　$x$——沿流动方向的距离，cm；
　　　$t$——时间，s。

在碱水驱过程中，除了扩散弥散作用外，还有吸附滞留和化学反应等物理化学作用，对互溶驱替过程产生较大的影响。大多数情况下，碱性驱油剂在液—固界面上的吸附一般满足 Langmuir 吸附等温式，即：

$$F = \frac{K_a C}{1 + K_b C} \tag{5-2}$$

式中　$F$——吸附量，mg/g 或 mg/L；
　　　$C$——化学驱油剂溶液浓度，mg/L；
　　　$K_a$——表征吸附量大小的参数，无因次；
　　　$K_b$——吸附常数，L/mg。吸附参数 $K_a$，$K_b$ 可通过实验测得。

单位体积内的化学剂的吸附损耗速率为：

$$f = \frac{\partial F}{\partial t} = \frac{K_a}{(1 + K_b C)^2} \cdot \frac{\partial C}{\partial t} \tag{5-3}$$

因此，带吸附作用的互溶驱替数学模型为：

$$\frac{\partial C}{\partial t} = D\frac{\partial^2 C}{\partial x^2} - V\frac{\partial C}{\partial x} - \frac{K_a}{(1 + K_b C)^2} \cdot \frac{\partial C}{\partial t} \tag{5-4}$$

式中，左端表示的是驱油剂在某一点上的浓度增长速度。右端第一项表示由于扩散作用引起的该处浓度的增长速度，第二项表示由于液流携带引起的该处浓度增长速度，第三项表示由于吸附作用导致的扩散剂在该点上的浓度增长速度。

在碱水驱过程中，还发生化学反应作用，如碱与岩石的化学反应满足一级反应动力学方程，即单位孔隙体积中的反应速度为：

$$f = \varepsilon C \tag{5-5}$$

式中 $\varepsilon$——溶解反应速度，1/s。

带吸附和化学反应的传质扩散方程为：

$$\frac{\partial C}{\partial t} = D \frac{\partial^2 C}{\partial x^2} - V \frac{\partial C}{\partial x} - \frac{K_a}{(1+K_b C)^2} \cdot \frac{\partial C}{\partial t} - \varepsilon C \tag{5-6}$$

上式中的最后一项表示由于化学反应作用导致的扩散剂在某点的浓度增长速度。

应用现有数学手段求取式（5-6）解析解是十分困难的，但可用数值解法求数值解，从而得出互溶驱替过程中驱油剂的浓度分布规律。为此，对方程进行数学变换，令

$$\begin{aligned} x_D &= \frac{x}{L} \\ t_D &= \frac{Vt}{\phi L} \\ C_r &= \frac{C}{C_p} \\ \lambda &= \frac{D\phi}{VL} \\ R &= \frac{\varepsilon \phi L}{V} \end{aligned} \tag{5-7}$$

式中 $C_r$——任一时刻任一位置的化学剂溶液的相对浓度，无因次；

$x_D$——无因次距离增量；

$t_D$——无因次时间增量；

$L$——岩心长度，cm；

$\phi$——孔隙度，%；

$C_p$——注入碱剂溶液的浓度，g/cm³ 或 mg/L。

式（5-6）化为无因次形式，得：

$$\lambda \cdot \frac{\partial^2 C_r}{\partial x_D^2} = \frac{\partial C_r}{\partial x_D} + \left[1 + \frac{K_a}{\phi(1+K_b C_p C_r)^2}\right] \cdot \frac{\partial C_r}{\partial t_D} + R C_r \tag{5-8}$$

设有一长度为 $L$ 的岩心模型，开始时其中充满淡水。以速度 $V$ 从初始边界 $x=0$ 处（入口处）注入原始浓度为 $C_p$ 的碱性化学剂溶液段塞，$t_p$ 为注段塞的无因次时间，单位为 PV。假设油层长度较大，到流出端 $x=L$ 处化学剂溶液浓度变化很小。则注段塞情况的无因次化定解条件包括：

初始条件：

$$C_r(x_D, 0) = 0, x_D \geqslant 0 \tag{5-9}$$

$$C_r(x_D, 0) = C_p, x_D < 0 \tag{5-10}$$

左边界条件：

$$C_r(0, t_D) = 1 - U(t_D - t_p), t_D > 0 \qquad (5-11)$$

式中 $U(t)$ ——单位阶跃函数，满足：

当 $t < t_p$ 时，$U(t_D - t_p) = 0$　　　　（注化学剂段塞阶段）
当 $t \geq t_p$ 时，$U(t_D - t_p) = 1.0$　　　（化学剂段塞后续注水阶段）

右边界条件：

$$\frac{\partial C_r}{\partial x_D}(1, t_D) = 0, t_D \geq 0 \qquad (5-12)$$

上式表示在 $t_D$ 时刻岩心出口端的浓度变化很小，浓度变化率为 0。

考虑吸附和化学反应作用的一维碱水互溶驱替数学模型的无因次形式（5-8）为拟线性对流扩散方程，运用以下预测—校正格式求数值解。预测格式为：

$$\begin{aligned}
&\lambda \cdot \frac{1}{\Delta x_D^2} \cdot (C_{rj+1}{}^{n+\frac{1}{2}} - 2C_{rj}{}^{n+\frac{1}{2}} + C_{rj-1}{}^{n+\frac{1}{2}}) \\
&= \frac{1}{2} \cdot \frac{1}{\Delta x_D} \cdot (C_{rj+1}{}^{n+\frac{1}{2}} - C_{rj-1}{}^{n+\frac{1}{2}}) + RC_{rj}{}^{n+\frac{1}{2}} \\
&+ \left[1 + \frac{K_a}{\phi} \cdot \frac{1}{(1 + K_b C_p C_{rj}{}^n)^2}\right] \cdot (C_{rj}{}^{n+\frac{1}{2}} - C_{rj}{}^n) \cdot \frac{2}{\Delta t_D}
\end{aligned} \qquad (5-13)$$

校正格式为：

$$\begin{aligned}
&\lambda \cdot \frac{1}{2\Delta x_D^2} \cdot (C_{rj+1}{}^{n+1} - 2C_{rj}{}^{n+1} + C_{rj-1}{}^{n+1} + C_{rj+1}{}^n - 2C_{rj}{}^n + C_{rj-1}{}^n) \\
&= \frac{1}{4\Delta x_D} \cdot (C_{rj+1}{}^{n+1} - C_{rj-1}{}^{n+1} + C_{rj+1}{}^n - C_{rj-1}{}^n) + RC_{rj}{}^{n+1} \\
&+ \left[1 + \frac{K_a}{\phi} \frac{1}{(1 + K_b C_p C_{rj}{}^{n+\frac{1}{2}})^2}\right] \cdot (C_{rj}{}^{n+1} - C_{rj}{}^n) \cdot \frac{1}{\Delta t_D}
\end{aligned} \qquad (5-14)$$

式中 $j$ ——节点序号（网格序号），$j = 1, 2, \cdots, m$；
　　$m$ ——网格总数；
　　$n$ ——时间步序号。

主要计算步骤如下：

第一步，选取适当的物化参数值，利用预测格式计算增加半时步的浓度预测值；
第二步，利用校正格式计算增加一时步的浓度精确值；
第三步，逐步增加时步，计算不同时刻的浓度值。

## 第二节　驱替过程的有效性标准

对于碱水驱，利用碱液与有机酸作用，在油层中就地生成活性剂物质，从而降低油水界面张力。只有大幅度降低油水界面张力，才能有效启动水驱后的残余油，使之流动并被开采出来。因此，碱水与原油间的界面张力是一项主要指标。

碱水驱过程降低界面张力的有效性取决于油藏原油的性质、使用的碱剂类型、碱液浓度等，根据文献调研及大量的室内评价实验结果发现，判断碱水驱过程的有效性可用两种标准：降低界面张力标准和超低界面张力标准。

### 一、降低界面张力标准

对某油层原油的碱水驱油体系的实验研究发现，当碱液 pH<10 时，不能使油层原油

的界面张力有效降低，即一定浓度的碱水驱油时，pH>10 才能使界面张力有效降低，发挥驱油作用。

$$pH = -\lg [H^+]$$
$$pH > 10$$
$$[H^+] < 10^{-10}$$

因为：
$$[H^+][OH^-] = 10^{-14}$$

得到：
$$[OH^-] > 10^{-4} mol/L$$

对于 NaOH，应满足质量浓度 $C>0.4\%$。因此，将孔隙介质中 NaOH 溶液质量浓度大于 0.4% 时的驱替带称为降低界面张力有效驱替带。

## 二、超低界面张力标准

某油田使用的 NaOH 溶液浓度为 1.2%，实验表明，当质量浓度 $C<0.6\%$ 时，将不能使界面张力降至超低值（$10^{-3}$ mN/m 数量级）。因此，将驱替过程中 NaOH 溶液浓度 $C>0.6\%$ 时的驱替带称为超低界面张力有效驱替带。

# 第三节 碱水驱影响因素分析

实际驱替过程中，影响碱组分输运过程浓度分布和有效性的主要因素有：碱耗方式与程度、扩散弥散程度、注入段塞尺寸和驱替速度等。在模拟软件中，选择表 5-1 中的碱水驱过程模拟的基本参数，分别计算和分析了各种因素对驱替过程有效性的影响机理。

表 5-1 基本参数

| | | | |
|---|---|---|---|
| $L$ | 30.0cm | $d$ | 2.2cm |
| $V_p$ | 41.5cm³ | $C_p$ | 0.012g/cm³ |
| $\Delta x$ | 0.25cm | $m$ | 120 |
| $\Delta x_D$ | 0.0083 | $Q$ | 40mL/h |
| $\Delta t$ | 10.0s | $V$ | 0.0029cm/s |
| $\Delta t_D$ | 0.002677PV | $t_p$ | 0.4PV（段塞尺寸）|
| $\varepsilon$ | 0.0002677s$^{-1}$ | $D$ | 0.00154cm²/s |
| $\phi$ | 0.3639 | $K_a$ | 0.3 |
| $K_b$ | 50.0cm³/g | | |

## 一、理想驱替过程

首先对不考虑吸附、化学反应、扩散弥散等物化作用的理想情形进行了计算分析，其他各种因素的影响机理，可与理想情形下的作对比。

对于无吸附滞留、化学反应和扩散弥散现象的理想情形，在表 5-1 的基本参数中选择 $K_a=0$、$K_b=0$、$D=0$ 和 $\varepsilon=0$。出口端浓度随时间的变化规律如图 5-1 所示。注入 0.8PV 时的浓度分布规律如图 5-2 所示。不同驱替时刻孔隙介质中的有效驱替带长度如图 5-3 所示。

在理想情形下，因无扩散弥散现象存在，碱段塞呈活塞式推进，段塞浓度恒等于注入

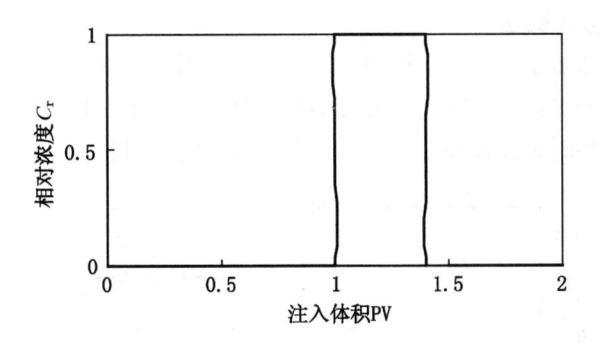

图 5-1 出口端浓度随时间的变化规律

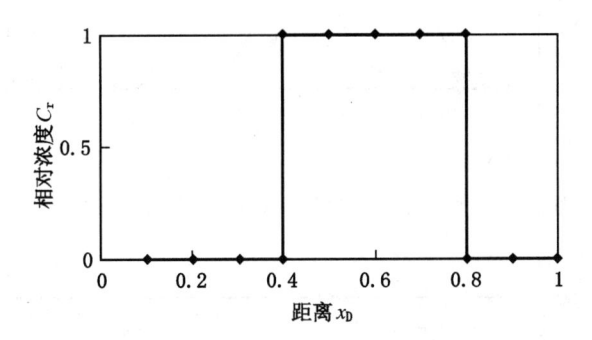

图 5-2 注入 0.8PV 时孔隙介质中的浓度分布

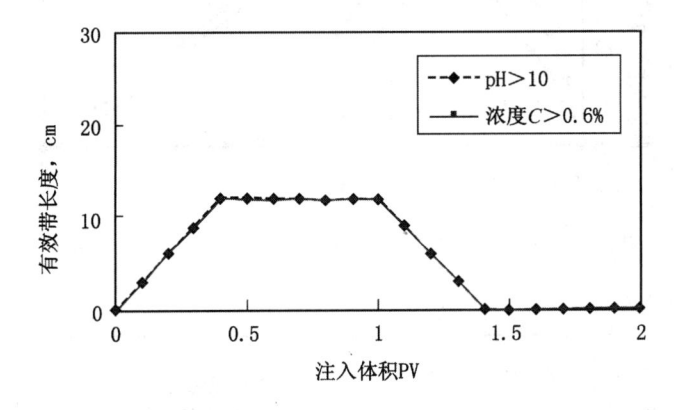

图 5-3 不同驱替时刻孔隙介质中的有效驱替带长度
（岩心总长度 $L=30.0$ cm）

浓度，段塞未波及到的和已波及过的区域碱浓度为零（图 5-2）。因过程无吸附和化学反应损失，所以段塞大小保持不变。图 5-3 中的上升直线段表示段塞不断进入岩层，有效带不断增大；平坦直线段表示段塞已完全进入岩层而稳步推进，有效带长度不变；下降直线段表示段塞不断从出口端排出，有效带逐步减小，注入 1.4PV 后段塞完全排出。当段塞前缘到达出口端时，取样浓度由零突变为段塞浓度。当段塞后缘突破后，取样浓度又由段塞浓度突变为零（图 5-1）。

## 二、吸附作用的影响机理

在表5-1的基本参数中，选取：$K_a=0$；$K_a=0.3$，$K_b=0$ 和 $K_a=0.3$，$K_b=50.0$ 分别代表不吸附、线性吸附和 Langmuir 吸附方式。不同吸附方式下注入 0.8PV 时的浓度分布规律如图 5-4 所示，不同驱替时刻孔隙介质中的有效驱替带长度如图 5-5 和图 5-6 所示。

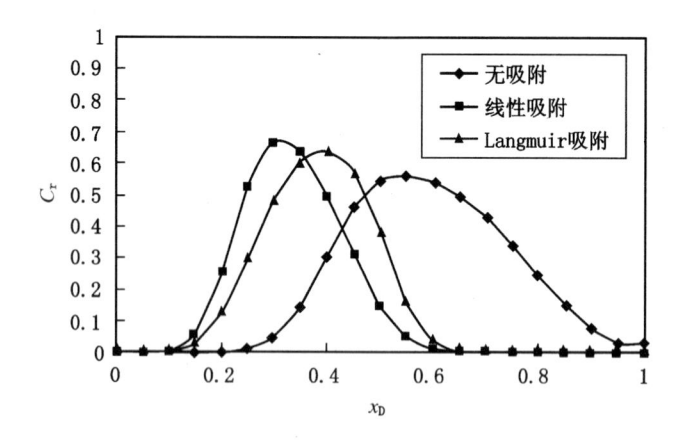

图 5-4 注入 0.8PV 时孔隙介质中的浓度分布规律

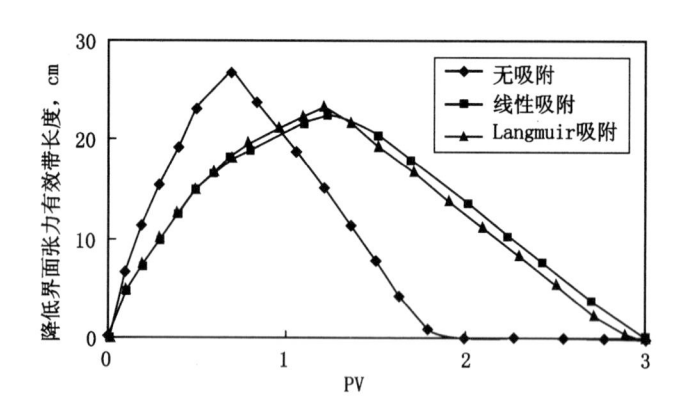

图 5-5 不同时刻孔隙介质中有效驱替带长度（pH＞10）

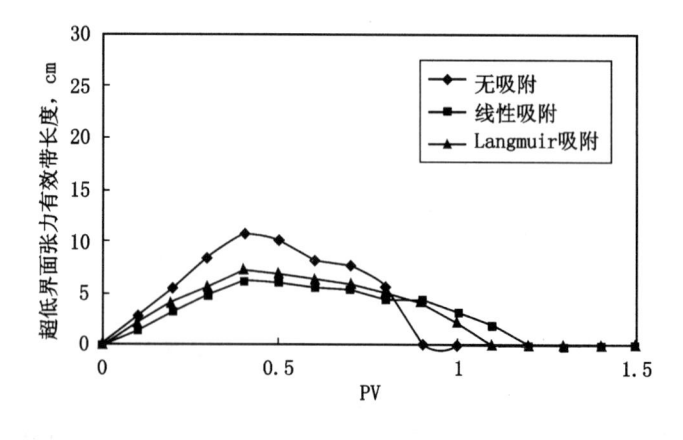

图 5-6 不同时刻孔隙介质中有效驱替带长度（C＞0.6%）

从图 5-4 可以看出，累计注入 0.8PV（0.4PV 碱剂段塞加 0.4PV 水）时，$K_a=0$ 的不吸附方式，段塞的波及范围最远，从驱替之初的 $x=0$（$x_D=0$）波及到了 $x=30\text{cm}$（$x_D=1$）的整个岩层；有效带长度也最大，以 pH>10 和 C>0.6% 为标准的有效带长度分别为 24.75cm 和 5.5cm。而 $K_a=0.3$ 的线性吸附，段塞的波及范围最小，从 $x=0$ 仅仅波及到了 $x=18\text{cm}$（$x_D=0.6$），有效带长度也最小，相应标准下的有效带长度分别为 18.75cm 和 4.5cm。Langmuir 吸附的驱替结果比较适中，从 $x=0$ 仅仅波及到了 $x=19.25\text{cm}$（$x_D=0.642$），相应标准下的有效带长度分别为 19.25cm 和 5.0cm。

不吸附、线性吸附和 Langmuir 吸附三种方式下降低界面张力最为有效的驱替分别发生在 0.6PV，1.3PV 和 1.2PV（图 5-5 中有效带长度最大的时刻），过程有效性持续时间分别为 1.9PV，2.9PV 和 3.0PV 时刻（图 5-5）。达到超低低界面张力最为有效的驱替都发生在 0.4PV（图 5-6 有效带长度最大的时刻），过程有效性持续时间分别为 0.8PV，1.1PV 和 1.0PV 时刻（图 5-6）。

在 $K_a=0$ 的不吸附条件下，有效驱替过程出现得快（图 5-5 和图 5-6 开始增长的幅度大），有效带长度也大。当累计注入 0.8PV 后不再有超低界面张力出现，累计注入 1.9PV 后界面张力不再降低，变为无效驱替，应停止进一步水驱，采取其他增产措施。对于 $K_a=0.3$ 的线性吸附和 $K_a=0.3$，$K_b=50.0$ 的 Langmuir 吸附，驱替较长时间后其过程的有效性才显示出来（图 5-5 和图 5-6 开始增长的幅度小），过程的有效范围比较小，但持续时间较长，在累计注入 2.9~3.0PV 后，才变为无效驱替，如果在体积巨大的油藏中注入 3.0PV，将需要花费较多的水费、电费和人工管理费。

从计算结果可知，$K_a$ 的大小是决定过程有效性和持久性的主导因素，$K_b$ 的影响比较小（因线性和 Langmuir 吸附结果相似）。

### 三、化学剂段塞尺寸的影响机理

选取 $t_p=0.2\text{PV}$，$t_p=0.4\text{PV}$ 和 $t_p=0.6\text{PV}$，代表三种不同的注入段塞大小。不同段塞条件下的计算结果如图 5-7，图 5-8 和图 5-9 所示。

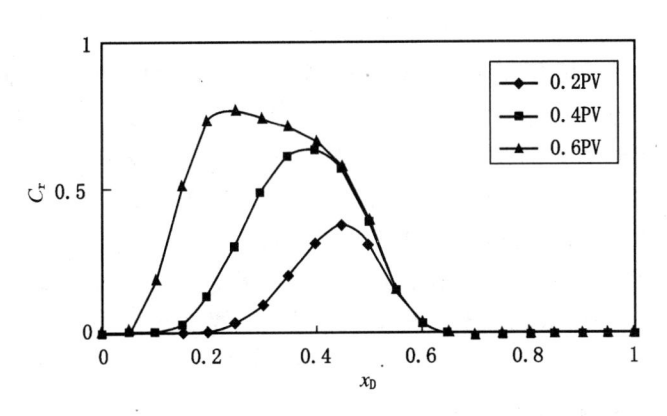

图 5-7 注入 0.8PV 时孔隙介质中的浓度分布规律

从图 5-7 可以看出，在累计注入 0.8PV 时，不同段塞尺寸的驱替前缘波及范围相似，均波及到 0.6PV。随着段塞尺寸的增大，驱替后缘明显滞后，因而过程有效范围变大。$t_p=0.6\text{PV}$ 的驱替，以 pH>10 和 C>0.6% 为标准的有效带长度分别为 21cm 和 9.75cm。$t_p=0.4\text{PV}$ 的驱替，相应标准下的有效带长度分别为 21cm 和 5.0cm。而 $t_p=0.2\text{PV}$ 的驱替，相

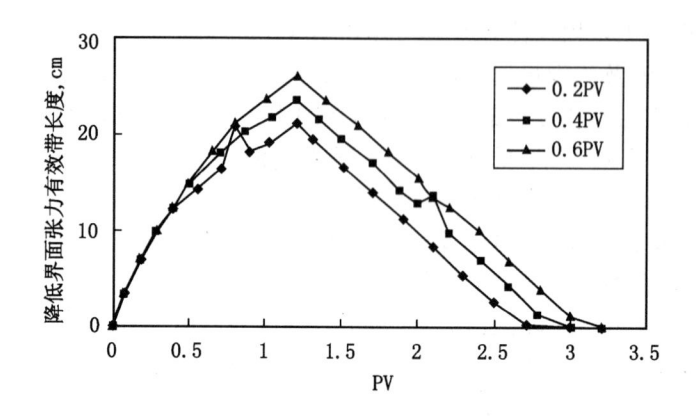

图 5-8 不同时刻孔隙介质中有效驱替带长度（pH>10）

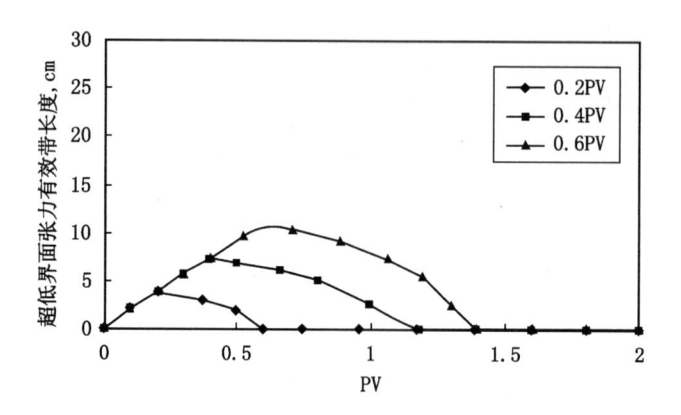

图 5-9 不同时刻孔隙介质中有效驱替带长度（C>0.6%）

应标准下的有效带长度分别为 21cm 和 0cm（无效）。

$t_p$ = 0.2PV，$t_p$ = 0.4PV 和 $t_p$ = 0.6PV 三种不同的注入段塞大小下孔隙介质中降低界面张力最为有效的时刻分别发生在 1.1PV，1.2PV 和 1.3PV（图 5-8 中有效带长度最大的时刻），过程有效性持续时间分别为 2.7PV，2.9PV 和 3.1PV。达到超低界面张力最为有效的驱替分别发生在 0.2PV，0.4PV 和 0.6PV（图 5-9 有效带长度最大的时刻），该过程有效性持续时间分别在 0.5PV，1.0PV 和 1.3PV 时刻。

由此可见，增大段塞尺寸，不仅能扩大驱替的有效范围，而且能延长有效期。但增大段塞尺寸也增加了碱剂的用量和成本。在实际驱替时，考虑到经济效益因素，不能依靠这种途径来提高采收率。矿场上使用的段塞尺寸一般不超过 0.4PV。

**四、驱替速度的影响机理**

在表 5-1 的基本参数中，选取 $Q$ = 20mL/h，$Q$ = 40mL/h 和 $Q$ = 60mL/h 三种速度（流量）级别进行了模拟计算。不同流速下注入 0.8PV 时孔隙介质中的浓度分布规律如图 5-10 所示，不同驱替时刻孔隙介质中的有效驱替带长度如图 5-11 和图 5-12 所示。

从计算结果看，驱替速度对碱水驱过程有效性的影响不太显著。注入 0.8PV 时的浓度分布规律基本相同，均在 $x_D$ = 0.4 时出现浓度最大值。在不同流速下，降低界面张力的时机和驱替过程的有效期基本相同（图 5-11）；岩层中达到超低界面张力最有效的时刻均为

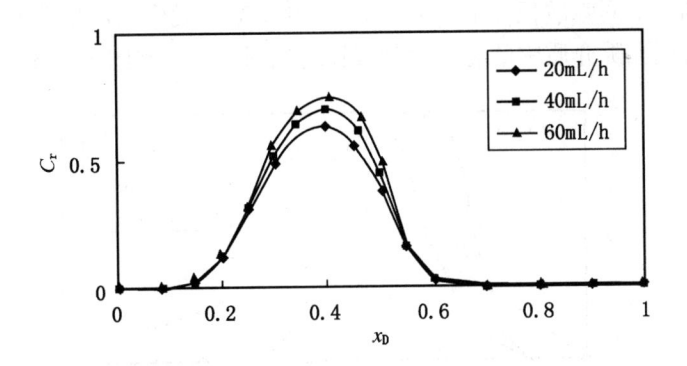

图 5-10 注入 0.8PV 时孔隙介质中的浓度分布规律

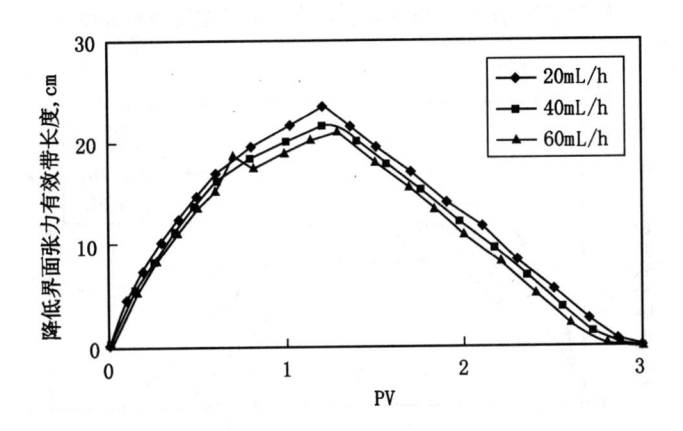

图 5-11 不同时刻孔隙介质中有效驱替带长度（pH＞10）

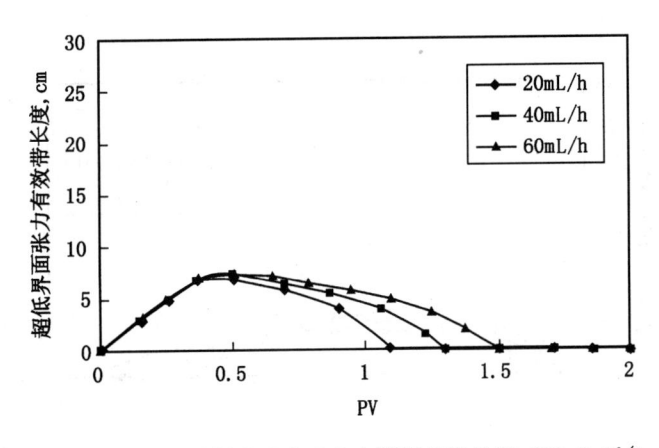

图 5-12 不同时刻孔隙介质中有效驱替带长度（$C>0.6\%$）

0.4PV（图 5-12），但速度增大，达到超低界面张力有效期略有延长，对应于 $Q=20\text{mL/h}$，$Q=40\text{mL/h}$，$Q=60\text{mL/h}$ 的有效期分别为 1.0PV，1.2PV 和 1.4PV。

**五、组分扩散弥散影响机理**

在表 5-1 的基本参数中，选取 $D=0$，$D=0.0001\text{cm}^2/\text{s}$，$D=0.001\text{cm}^2/\text{s}$，分别代表

三种扩散弥散级别。不同弥散程度下注入 0.8PV 时孔隙介质中的浓度分布规律如图 5-13 所示，不同驱替时刻孔隙介质中的有效驱替带长度如图 5-14 和图 5-15 所示。

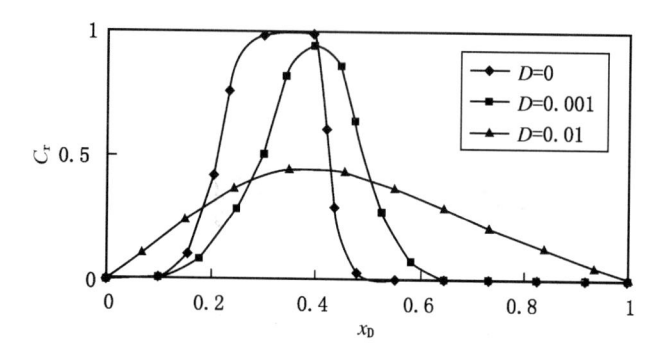

图 5-13 注入 0.8PV 时孔隙介质中的浓度分布规律

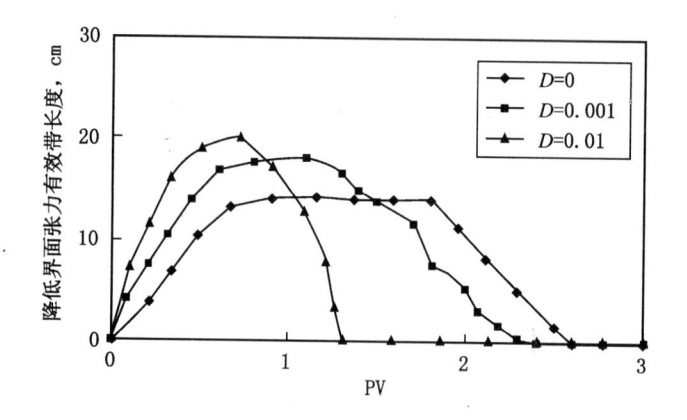

图 5-14 不同时刻孔隙介质中有效驱替带长度（pH>10）

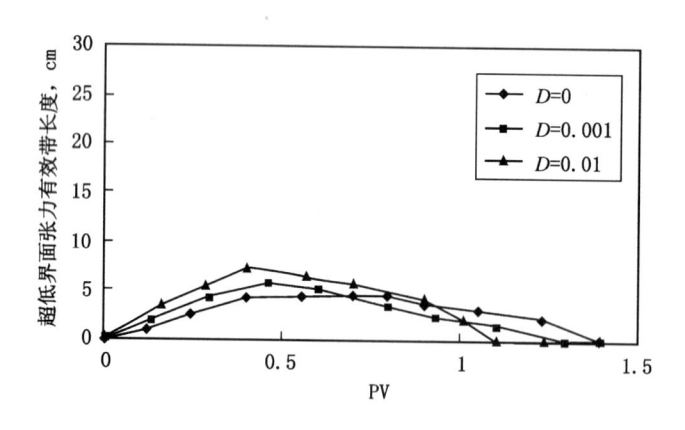

图 5-15 不同时刻孔隙介质中有效驱替带长度（C>0.6%）

扩散弥散作用对过程的影响很大。$D=0$ 无扩散弥散的驱替几乎是活塞式推进。而 $D=0.01\text{cm}^2/\text{s}$ 的驱替，注入 0.8PV 时碱剂迅速扩散到整个岩层（图 5-14）。无扩散弥散情形下，过程有效带长度较短，但有效期长，以 pH>10 和 C>0.6% 为标准的有效期分别达到

2.6PV 和 1.4PV。弥散系数较大时，在驱替之初，表面活性剂迅速扩散使有效带长度较大，过程的有效带长度增长幅度大（图 5-15 和图 5-16），如 0.4PV 时，20cm 长的油层范围均有效，相当于 70%左右的油层区域，但有效持续时间较短，$D=0.01\text{cm}^2/\text{s}$，pH>10 和 $C>0.6\%$ 标准的持续时间分别为 1.2PV 和 1.1PV。

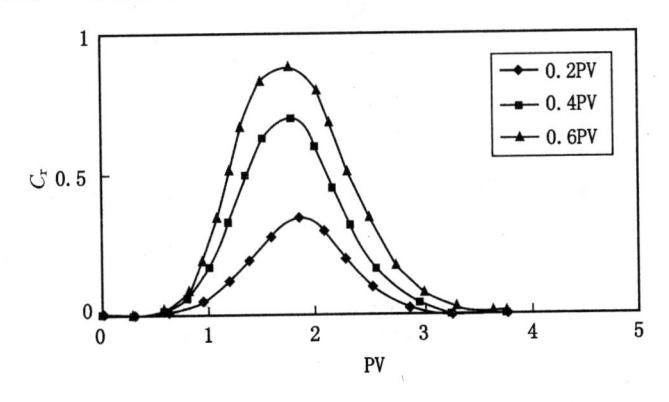

图 5-16 出口端浓度随时间的变化规律

## 第四节 碱水驱实际过程模拟

**一、碱水驱实际过程数值模拟**

根据某油田化学驱的要求，实验测定了碱水驱相关的物理化学参数见表 5-1，段塞尺寸分别选 $t_p=0.2\text{PV}$，$t_p=0.4\text{PV}$ 和 $t_p=0.6\text{PV}$。根据第二章碱吸附实验测定结果，碱剂 NaOH 在 45℃下的吸附等温式为：

$$F = \frac{0.642C}{1+66.56C}$$

这里模拟了一个线性岩心驱替模型。通过数值模拟计算的出口端浓度随时间的变化规律如图 5-16 所示，不同时刻岩心中的浓度分布规律如图 5-17 和图 5-18 所示，不同驱替时刻孔隙介质中的有效驱替带长度如图 5-19 和图 5-20 所示。

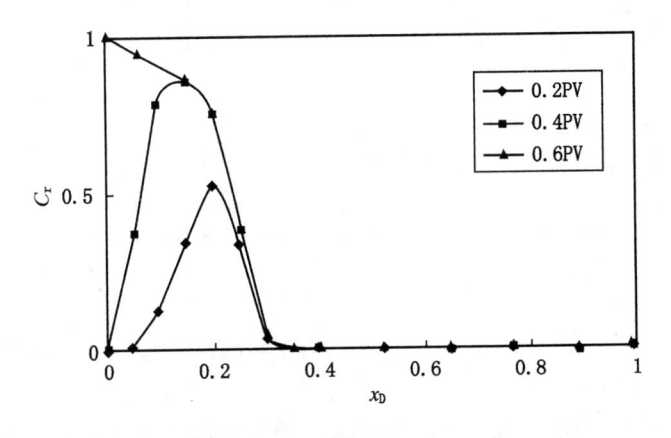

图 5-17 注入 0.5PV 时孔隙介质中的浓度分布

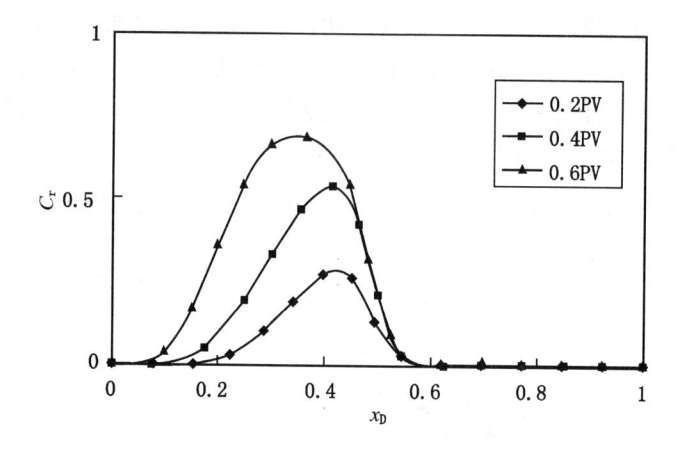

图 5-18 注入 1.0PV 时孔隙介质中的浓度分布

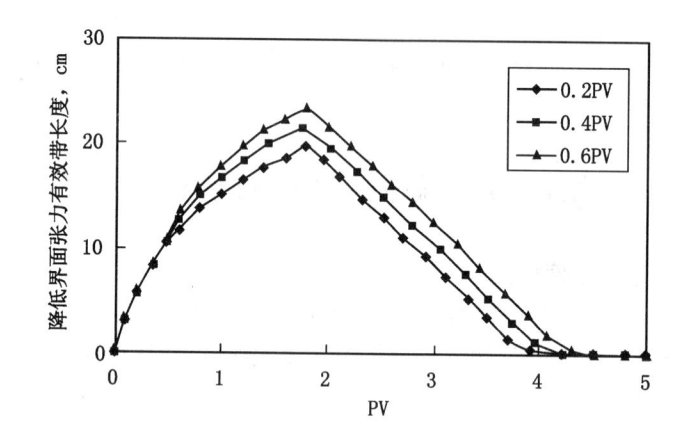

图 5-19 不同驱替时刻孔隙介质中的有效驱替带长度（pH>10）

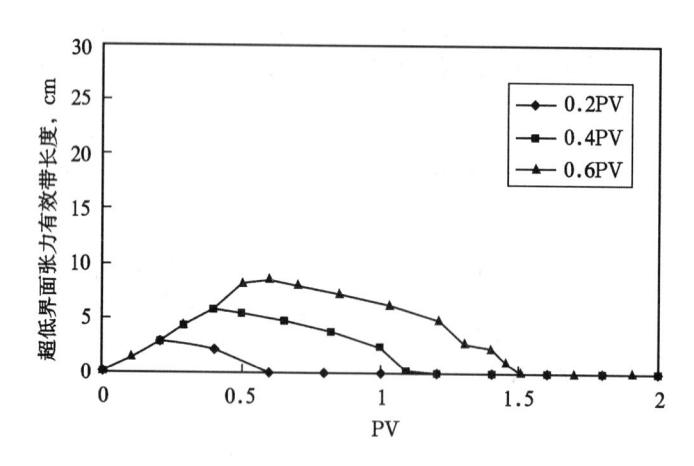

图 5-20 不同驱替时刻孔隙介质中的有效驱替带长度（C>0.6%）

通过实际驱替过程的模拟计算可知，不同段塞的出口端浓度剖面曲线基本一致，总注入体积为 1.9PV 时，前缘在出口端突破（出口端取样浓度开始大于 0），注入 2.4PV 时，取样浓度达到最大，以后浓度逐渐降低。碱液段塞尺寸越大，取样浓度的峰值越大（图 5-16）。

不同段塞尺寸的驱替前缘波及范围相似。随着段塞尺寸的增大，驱替后缘明显滞后，因而过程有效范围变大（图 5-17 和图 5-18）。

随着段塞尺寸增大，岩层降低界面张力的最有效驱替出现的时机和有效期则基本相同（图 5-19）。达到超低界面张力的最有效驱替的时间延长，有效期也延长。相应 $t_p = 0.2PV$，$t_p = 0.4PV$ 和 $t_p = 0.6PV$ 达到超低界面张力最为有效的驱替分别发生在 0.2PV，0.4PV 和 0.6PV 时刻（图 5-20 有效带长度最大的时刻），过程有效性持续时间分别为 0.5PV，1.0PV 和 1.3PV 时刻。

## 二、碱水驱实际过程物理模拟

为了验证数值模拟计算结果的可靠性，这里设计了一维碱水驱岩心流动物理模拟实验，该实验是在一个长度为 30.0cm、渗透率可调的填砂管上进行的，以研究碱水驱替液段塞在岩心中的推进情况。填砂管上等间距分布着 3 个取样口，可取样监测驱替动态，但这一取样影响整个驱替过程与结果。为了不影响整个驱替流动状态，仅在出口端取样，测定出口端碱液浓度随着时间变化趋势，与数值模拟的计算结果进行比较，从而判断模拟软件的可靠性。根据研究问题的需要，我们进行了对应的不含油条件下的物理模拟实验。

图 5-21 示意说明了实验所用的驱替装置。仪器的核心是一个用以填充油层砂的空心不锈钢筒，这个"岩心"模拟了一个非胶结的砂岩油藏。把岩心密封放入恒温箱内，可以模拟油藏温度条件。

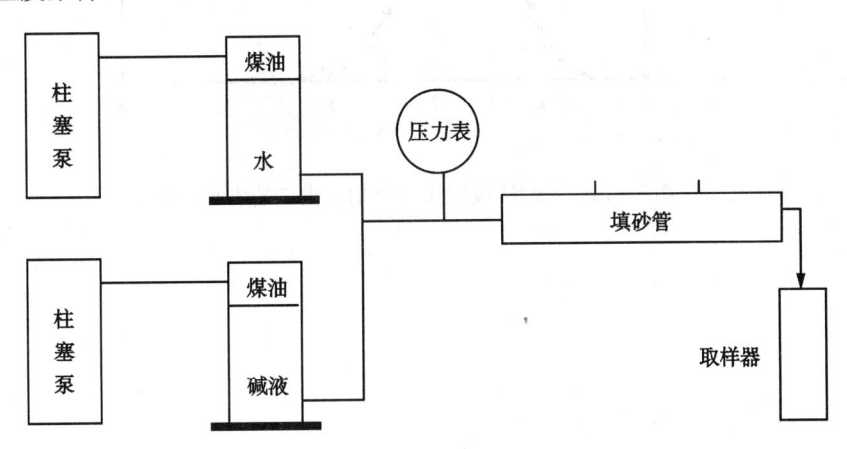

图 5-21 碱水驱替实验流程

填砂管为圆柱形的不锈钢筒，应用不锈钢填砂管是为了在干燥填充砂柱时可尽量减少损耗（或成锈反应）。通常，石英砂要过筛，为了获取重要的表面性质还要经过严格的清洗，筛过的砂子要用：（1）2.0M 的盐酸；（2）氨水；（3）蒸馏水；（4）三聚磷酸钠溶液；（5）1.0M 氯化钠溶液；（6）蒸馏水；（7）0.1M 氢氧化钠溶液；（8）蒸馏水；（9）热铬酸溶液；（10）大量的蒸馏水相继洗涤。盐酸清洗可滤出大量的铁，用磁铁分离方法可除去磁性物质，酸洗还可除去任何的无机氧化物、硫化物和碳酸盐，接着要用氨水中和，并用蒸馏水冲洗。为使任何存在的黏土去活化，这些砂子还要用三聚磷酸钠溶液处理，再交替与蒸馏水、氯化钠、氢氧化钠溶液接触，以确保用一价离子替换高价离子。最后用热铬酸洗液氧化和去除有机杂质，继之以长期的水洗。然后，这些砂子在 65℃ 下烘干。经过上述处理可使砂子变成强水湿的，并且具有可重复的动力和平衡流动行为。

在本次实验中，所用驱替碱液是 NaOH 溶液，水相用的是经过渗滤净化的蒸馏水，所有各种流体在其储集器内都经过了脱气。

首先称岩心的重量，测得岩心体积，测定孔隙体积和孔隙度。然后测定不同流量下的几个压降值，确定填充砂柱的渗透率。将这一岩心置于多流体驱动装置中，用淡水使其饱和，用段塞体积为 0.4PV 的 NaOH 溶液驱替，驱替的同时在出口端取样，注完碱液后立即水冲，同时在出口端连续取样 4.0PV 以上，最后用甲基橙指示剂滴定法，把收集的样品分批进行浓度分析，求出出口端碱液样品的浓度，从而获得出口端聚碱液浓度剖面曲线。图 5-22 示出了段塞体积为 0.4PV 时 NaOH 溶液驱替实验值与计算值的比较。从以上物理模拟和数值模拟的结果比较可以看出，两者具有较好的一致性。因此，该模拟软件通过预测—校正格式计算方法具有较大可靠性，可以用于进行驱替过程机理分析和实际驱替过程模拟，从而减少岩心流动实验的工作量。

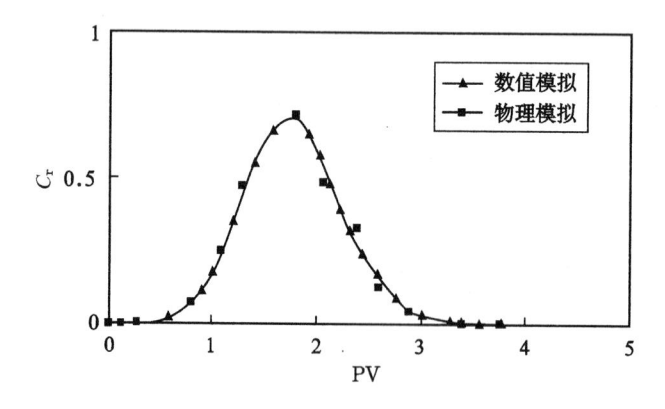

图 5-22 NaOH 段塞 0.4PV 时，出口端浓度剖面

# 第六章 表面活性剂驱物理化学渗流理论

在表面活性剂驱过程中，涉及众多的物理化学作用现象，要认清这些复杂的物理化学现象和物理化学渗流机理，研究起来十分复杂。本章通过建立一维多相多组分数学模型，研究其物理化学渗流机理，探讨各因素对表面活性剂多组分孔隙输运过程与结果的影响规律。

表面活性剂驱多相多组分物理化学渗流理论由 Lake，Helfferich 和 Fleming 等人提出。Larson，Hirasaki，Nelson，Pope，Van Quy 和 Thomas 等人将上述理论用于两相三组分体系。建立了复杂的模拟软件，其中一个复杂的模拟软件称为 UTCHEM，由得克萨斯大学开发，UTCHEM 研究的物理化学过程包含 4 相 19 组分。对于表面活性剂驱模拟，UTCHEM 描述的物理化学现象涉及 70 个以上的参数，必须在大型的计算机上运算。更为关键的是，它的实用性和可操作性方面，因为所要描述的物化参数太多，有不少参数与所要求算的未知量（如压力、浓度等）是相互关联和隐含的，未知参数中含有未知量，计算十分复杂，计算结果不能令人满意。

本章建立了表面活性剂驱一维两相三组分数学模型，模拟了表面活性剂驱油过程，孔隙介质经水驱后留下残余油，一定量的表面活性剂溶液段塞从入口端注入，然后连续水驱。模型中考虑驱油过程涉及的主要的物理化学现象与性质。这些物化性质，例如相态、界面张力、吸附、扩散、残余相饱和度、相对渗透率、相黏度、润湿性、毛细管力等，被描述为与化学剂浓度有关的数学函数。利用动态数学模型，可描述表面活性剂驱多相多组分输运过程，并可计算分析多种因素对驱油过程和结果（最终采收率）的影响机理。

为了对表面活性剂驱多组分孔隙输运机理有更好的理解。编制一个相对简单的程序以便能在 PC 机上运算，进而用量化指标分析表面活性剂驱过程与机理。通过一个相对简单的考虑主要因素的模拟方法，能够分别对发生在化学驱过程中的多个复杂的输运机理进行研究，然后通过多因素的集成研究整个表面活性剂驱过程的物理化学渗流机理。

## 第一节 表面活性剂驱数学模型

**一、假设条件**

(1) 孔隙介质中连续介质，连续流。

(2) 孔隙介质是规则均质的，它具有截面积 $A$，孔隙度 $\phi$ 和绝对渗透率 $K$，所有均为常数。

(3) 流动是等温的和不可压缩的。

(4) 考虑两相渗流：油相和水相（上标 $o$ 和 $a$）；三组分：水，油和化学剂（下标 $w$，$p$ 和 $c$）。

(5) 组分在各相中的混合不引起体积变化。

(6) 体系存在局部热力学（相）平衡。

(7) 达西定律适用，与黏滞力相比，重力可忽略。

**二、数学模型与解法**

考虑上述假设，建立各组分输运的连续方程和油水相流动的达西方程。前者定义了各组分的质量平衡，后者定义了各相流动的力平衡。由它们推导出一套非线性偏微分方程组，用有限差分法求数值解。速度和压力方程应用隐式求解，浓度方程用显式迭代法求解。

1）模型方程组

对于孔隙介质微元体积（REV）（Bear，1972，Lake 等人，1984）。用达西方程描述各相的力平衡，用连续方程描述各组分的质量守恒。

考虑模型的假设条件，各相达西速度为：

$$u^j = -\frac{KK_r^j}{\mu^j} \cdot \frac{\partial P^j}{\partial x} \quad (j=o,a) \tag{6-1}$$

$K_r^j$，$\mu^j$ 和 $P^j$ 分别是 $j$ 相的相对渗透率，黏度和压力。综合式（6-1）的两个方程，得出

$$u = -\lambda \frac{\partial P^a}{\partial x} - \lambda^o \frac{\partial P_c}{\partial x} \tag{6-2}$$

$P_c$ 是油水两相体系的毛细管力，定义为：

$$P_c = P^o - P^a \tag{6-3}$$

$\lambda$ 和 $\lambda^j$ 分别是总流度和 $j$ 相流度，定义为：

$$\lambda = \lambda^o + \lambda^a \tag{6-4}$$

$$\lambda^j = \frac{KK_r^j}{\mu^j} \quad (j=o,a) \tag{6-5}$$

$u$ 是总达西速度

$$u = u^o + u^a \tag{6-6}$$

三组分的连续方程为：

$$\phi \frac{\partial Z_i}{\partial t} + \frac{\partial}{\partial x} \sum_j V_i^j u^j - \frac{\partial}{\partial x} \sum_j S^j D_i^j \frac{\partial V_i^j}{\partial x} = -\frac{\partial Ad_i}{\partial t} \quad (i=p,c,w) \tag{6-7}$$

$V_i^j$ 和 $D_i^j$ 分别是 $i$ 组分在 $j$ 相中的体积分数和弥散系数，$S^j$ 是 $j$ 相饱和度，$Ad_i$ 是单位孔隙体积中 $i$ 组分被吸附的体积。$Z_i$ 是 $i$ 组分的总体积浓度，定义为：

$$Z_i = \sum_j S^j V_i^j \quad (i=p,c,w) \tag{6-8}$$

辅助表达式如下：

$$\sum_i V_i^j = 1 \quad (j=o,a) \tag{6-9}$$

$$\sum_i Z_i = 1 \tag{6-10}$$

$$\sum_j S^j = 1 \tag{6-11}$$

结合式（6-7），式（6-2），式（6-6），式（6-9），式（6-10）和式（6-11），可得水相压力为：

$$\frac{\partial}{\partial x}\left(\lambda \frac{\partial P^a}{\partial x}\right) = \frac{\partial}{\partial t}\left(\sum_i Ad_i\right) - \frac{\partial}{\partial x}\left(\lambda^o \frac{\partial P_c}{\partial x}\right) \tag{6-12}$$

至此，模型有 16 个未知量，$u^j$，$u$，$P^j$，$S^j$，$V_i^j$ 和 $Z_i$（$i=p, w, c, j=o, a$），但仅有 13 个方程，式（6-1）（$j=a$），式（6-2），式（6-3），式（6-6），式（6-7）（$i=p,c$），式（6-8）（$i=p,c$），式（6-9）（$j=o,a$），式（6-10），式（6-11）和式（6-12）。方程系统由后面将要描述的式（6-13），式（6-14），式（6-15）定义的相态关系式封闭。

$$L_{\text{pc}}^a = \frac{V_{\text{p}}^a}{V_{\text{c}}^a} \tag{6-13}$$

$$L_{\text{wc}}^o = \frac{V_{\text{w}}^o}{V_{\text{c}}^o} \tag{6-14}$$

$$K_{\text{c}} = \frac{V_{\text{c}}^o}{V_{\text{c}}^a} \tag{6-15}$$

2) 初始条件和边界条件

起初，油藏含有水驱后的残余油饱和度 $S^{orH}$，没有化学剂组分，原始压力恒定，因此：当 $t=0$，$0 < x < L$ 时，

$$Z_{\text{c}} = 0, \quad Z_{\text{p}} = S^{orH}, \quad P^a = Pe \tag{6-16}$$

在入口端，一定组成的表面活性剂溶液段塞注入 $t_s$ 时间，然后连续注水。流速和化学剂浓度均恒定，这样：

$$\begin{aligned} x = 0, 0 < t \le t_s, Z_{\text{c}} = Z_{\text{c}}^{\text{IN}}, Z_{\text{p}} = Z_{\text{p}}^{\text{IN}} = 0 \\ x = 0, t > t_s, Z_{\text{c}} = 0, Z_{\text{p}} = 0 \end{aligned} \tag{6-17}$$

$$x = 0, t > 0, -\lambda \frac{\partial P^a}{\partial x} = u^{\text{IN}} \tag{6-18}$$

在出口端，总浓度符合 Neuman 条件。除此而外，压力等于原始压力 $Pe$，所以：

$$x = L, t > 0, \frac{\partial Z_i}{\partial x} = 0, P^a = Pe \quad (i = p, c) \tag{6-19}$$

上标 $IN$ 表示注入值。

3) 微分方程的离散化

微分式（6-1）（$j=a$），式（6-2），式（6-7）（$i=p, c$）和式（6-12）用有限差分数值解法，其中使用非线性迭代程序。水相压力，总达西速度和水相速度使用式（6-12），式（6-2）和式（6-1）（$j=a$）的中心差分离散化格式隐式求解。

$$\begin{aligned} &\lambda_m^{n+1,k}(P_{m+1}^a - P_m^a)^{n+1,k+1} - \lambda_{m-1}^{n+1,k}(P_m^a - P_{m-1}^a)^{n+1,k+1} \\ &= \frac{\Delta x^2}{\Delta t}(Ad_m^{n+1,k} - Ad_m^n) \\ &- [\lambda_m^o(Pc_{m+1} - Pc_m) - \lambda_{m-1}^o(Pc_m - Pc_{m-1})]^{n+1,k} \end{aligned} \tag{6-20}$$

$$(u^a)_m^{n+1,k+1} = -(\lambda^a)_m^{n+1,k}\left(\frac{P_{m+1}^a - P_{m-1}^a}{2\Delta x}\right)^{n+1,k+1} \tag{6-21}$$

$$\begin{aligned} (u)_m^{n+1,k+1} = &-\lambda_m^{n+1,k}\left(\frac{P_{m+1}^a - P_{m-1}^a}{2\Delta x}\right)^{n+1,k+1} \\ &-(\lambda^o)_m^{n+1,k}\left(\frac{Pc_{m+1} - Pc_{m-1}}{2\Delta x}\right)^{n+1,k} \end{aligned} \quad 2 \le m \le NX-1 \tag{6-22}$$

式中 $k$——迭代水平；

$NX$——总网格数；

$\Delta x$ 和 $\Delta t$——空间和时间增量；

$m$——网格；

$n$——时步。

总浓度式（6-7）（$i=p, c$）可显式求解，对流项向后差分求解，扩散项中间差分，如下：

$$\frac{\phi}{\Delta t}(Z_i^{n+1} - Z_i^n)_m + \frac{1}{\Delta x}\sum_j (u_m^{j,n+1,k+1} V_{i,m}^{j,n+1,k} - u_{m-1}^{j,n+1,k+1} V_{i,m-1}^{j,n+1,k})$$
$$-\frac{1}{\Delta x^2}\sum_j \left[ (S^j D_i^j)_{m+\frac{1}{2}}(V_{i,m+1}^j - V_{i,m}^j) - (S^j D_i^j)_{m-\frac{1}{2}}(V_{i,m}^j - V_{i,m-1}^j) \right]^{n+1,k} \quad (6-23)$$
$$= (Ad_i^n - Ad_i^{n+1})_m^k / \Delta t$$
$$(i = p, c; 2 \leqslant m \leqslant NX - 1)$$

**4）解法**

当 $k$ 步迭代的值已知，$k+1$ 步迭代的解用下面算法计算：

第一步：用式（6-20）计算水相压力；

第二步：用式（6-3）计算油相压力；

第三步：用式（6-21），式（6-22）和式（6-6）计算达西速度；

第四步：用式（6-23）计算总化学剂浓度和总油浓度；

第五步：用式（6-8）（$i = p, c$），式（6-9）（$j = o, a$），式（6-10），式（6-11），式（6-13），式（6-14）和式（6-15）计算总水浓度，各体积分数和相饱和度；

第六步：计算误差。总误差式为：

$$\sum_{m=1}^{NX} |(Z_i)_m^{n+1,k+1} - (Z_i)_m^{n+1,k}| \quad (i = p, c)$$

当总误差低于预先给定的误差值 $\varepsilon$，$k+1$ 步迭代值完成，并开始一个新时步计算，否则，从第一步开始新的迭代。

## 第二节　物理化学参数的描述

表面活性剂驱过程包含多种物理化学作用，这些作用决定着驱替的过程与结果。为了研究问题的需要，这里考虑的物化性质包括：相态、界面张力、相黏度、吸附、扩散弥散、毛细管力、岩石润湿性、残余相饱和度和相对渗透率等。

### 一、相态模型

这里考虑表面活性剂驱油体系有两相（油相和水相）三组分（油、水和化学剂组分）。由于表面活性剂具有两亲特性（亲油亲水性），使得油相至少与水相中的一部分水组分混相，并且水相至少与油相中的一部分油组分混相。

相态模型是由 Larson 的模型作部分修改，两相三组分体系的热力学平衡由三个常数加以描述。当化学剂浓度很低时，这些参数是化学剂组分在各相中浓度的函数。

三组分体系用三元相图（图 6-1）。纯化学剂（表面活性剂）组分位于顶端，纯水组分位于左低端，纯油组分位于右低端。当化学剂组分浓度增加时，体系由油、水两相逐渐变成混相。一双节点曲线将三角相图分成两个区：顶部混相区和底部两相区（非混相区）。在底部非混相区，细线（图中直线段）表示两相共存：

（1）水相中因化学剂存在而混溶油组分，因而水相中包括：水体积分数 $V_w^a$ 和化学剂体积分数 $V_c^a$ 和油体积分数 $V_p^a$。

（2）油相中因化学剂的存在而混溶水组分，因而油相中包括：油体积分数 $V_p^o$，化学剂体积分数 $V_c^o$ 和水相体积分数 $V_w^o$。

根据 Larson 等人的研究，油相中的油组分被混溶到水相中称为"增溶作用"，水相中的水

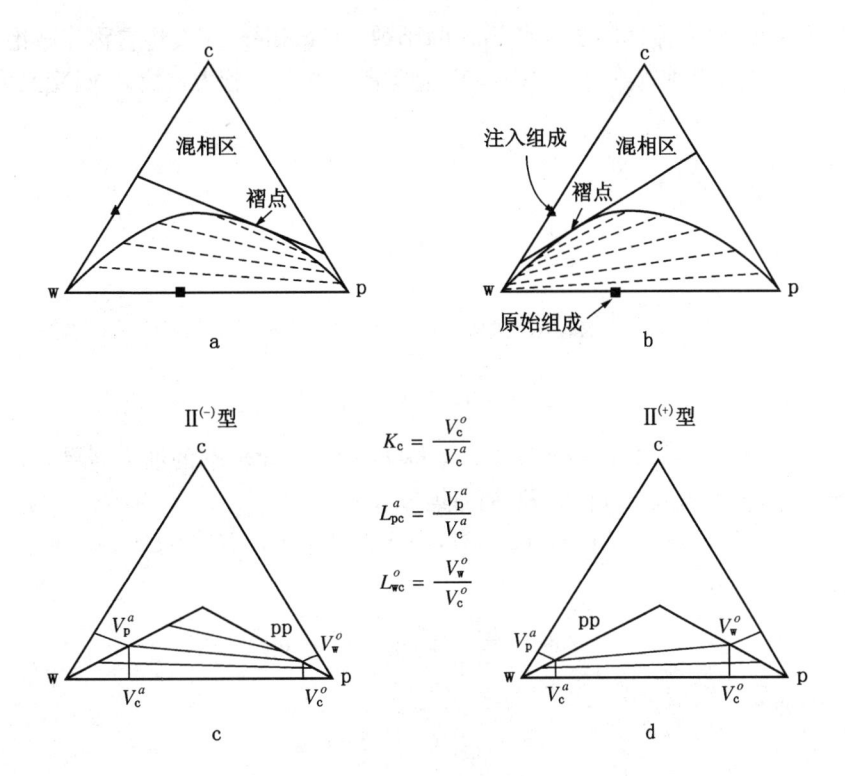

图 6-1 三元相图

组分被混溶到油相中使其体积膨胀称为"溶胀作用"。在非混相区，随着化学组分浓度的不断增加，系线不断变短，它们在双节点曲线的褶点（Plait Point）处消失，形成混相。图 6-1a 表示的是 $II^{(-)}$ 型体系，褶点位于右边，图 6-1b 表示的是 $II^{(+)}$ 型体系，褶点位于左边。

为了用数学模型描述相图，Larson 提出双节点曲线由两条直线组成（图 6-1c 和图 6-1d）。它们表示水相中增溶油组分的多少和油相中因水组分的加入而溶胀的程度。两种机理由增溶参数 $L_{pc}^a$ 和溶胀参数 $L_{wc}^o$ 描述，参照式（6-13）和式（6-14），可定义为：

$$L_{pc}^a = \frac{V_p^a}{V_c^a}$$

$$L_{wc}^o = \frac{V_w^o}{V_c^o}$$

用化学剂平衡分配系数 $K_c$ 表示化学剂在油相与水相中的浓度之比，参照式（6-15），表示为：

$$K_c = \frac{V_c^o}{V_c^a}$$

因此，相图由三个参数描述：$L_{pc}^a$，$L_{wc}^o$ 和 $K_c$。这种表示相态的简易方法，可描述化学组分优先分配到水相中的体系（$II^{(-)}$ 型体系）和化学组分优先分配到油相中的体系（$II^{(+)}$ 型体系）。对于 $II^{(-)}$ 型相态，$K_c < 1$（图 6-1c）。对于 $II^{(+)}$ 型相态，$K_c > 1$（图 6-1d）。

## 二、残余相饱和度

我们是在含油为残余油饱和度情况下研究问题的。表面活性剂溶液段塞的注入将降低油水界面张力，因而使被捕集的油相流动。油—水—化学剂体系的残余油相饱和度取决于界面张力，界面张力取决于组分浓度和相态。

残余相饱和度 $S^{jr}$ 是流体间界面张力 $\sigma$ 的函数。Camilleri 等人将它称作减饱和度曲线。这种函数关系可通过毛细管数 $N_{vc}$ 描述，$N_{vc}$ 是黏滞力与毛细管力之比。$N_{vc}$ 定义为：

$$N_{vc} = \frac{\mu k}{\lambda \sigma} \tag{6-24}$$

各相残余饱和度表示为：

$$\frac{S^{jr}}{S^{jrH}} = 1, \text{当 } N_{vc} \leqslant 10^{(1/T_1^j) - T_2^j} \tag{6-25}$$

$$\frac{S^{jr}}{S^{jrH}} = T_1^j [\lg(N_{vc}) + T_2^j], \text{当 } 10^{(1/T_1^j) - T_2^j} \leqslant N_{vc} \leqslant 10^{-T_2^j} \tag{6-26}$$

$$\frac{S^{jr}}{S^{jrH}} = 0, \text{当 } N_{vc} > 10^{-T_2^j} \tag{6-27}$$

这里 $S^{jr}/S^{jrH}$ 是 $j$ 相相对残余饱和度，上标 $H$ 代表无化学剂的油水高界面张力体系。$u$ 是总达西速度，$\lambda$ 是总流度，$T_1^j$ 和 $T_2^j$ 是捕集参数。

联系式（6-25），（6-26）和（6-27），低于最小界面张力 IFT 时，$j$ 相获得完全减饱和度。最小 IFT 为：

$$\sigma_{\min}^j = \frac{\mu K}{\lambda} 10^{T_2^j} \qquad j = o, a \tag{6-28}$$

选取下列捕集参数值：

$$T_1^j = -0.6 \qquad j = o, a \tag{6-29a}$$

$$T_2^o = 1.57, T_2^a = -0.7 \tag{6-29b}$$

可得以毛细管数为函数的油水相相对残余饱和度如图 6-2 所示。

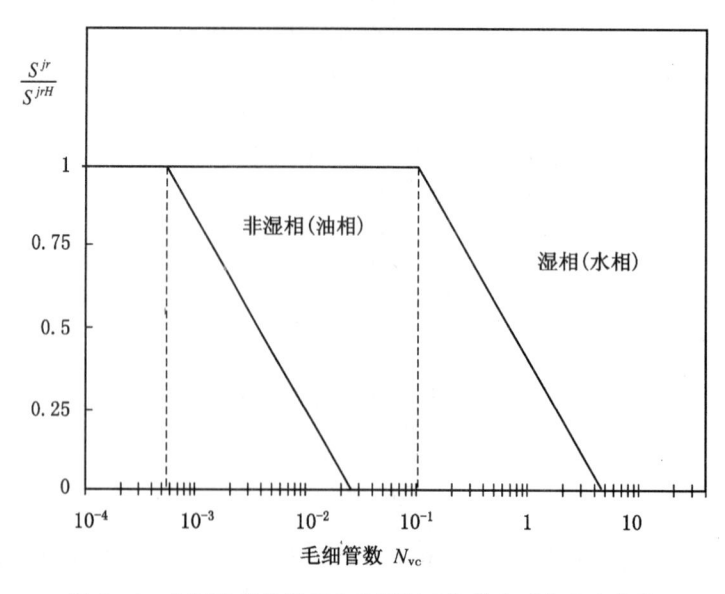

图 6-2 水湿油藏的湿相和非湿相毛细管力减饱和度曲线

式（6-29）中的参数描述的是一水湿油藏。水相是湿相，需大幅度降低界面张力才能达到完全减饱和度 $S^{ar} = 0$，而此时非湿相（油相）已经达到完全减饱和度 $S^{or} = 0$。

### 三、界面张力

界面张力与组分浓度有关，可将前述的相态模型引入 Hirasaki's 界面张力模型。因此，

对 Ⅱ$^{(-)}$ 型相态体系，界面张力可描述为：

$$\lg\sigma = \lg F + (1-L_{pc}^a)\lg\sigma^H + \frac{G_1}{1+G_2}L_{pc}^a, L_{pc}^a \leqslant 1$$

$$\lg\sigma = \lg F + \frac{G_1}{1+L_{pc}^a G_2}, L_{pc}^a > 1$$

(6-30a)

类似地，对 Ⅱ$^{(+)}$ 型相态体系，界面张力表示为：

$$\lg\sigma = \lg F + (1-L_{wc}^o)\lg\sigma^H + \frac{G_1}{1+G_2}L_{wc}^o, L_{wc}^o \leqslant 1$$

$$\lg\sigma = \lg F + \frac{G_1}{1+L_{wc}^o G_2}, L_{wc}^o > 1$$

(6-30b)

在式（6-30a），（6-30b）中，$\sigma^H$ 是油水体系的高界面张力，$G_1$ 和 $G_2$ 是常数，$F$ 是组成接近褶点时使界面张力变为零的参数。$F$ 由式（6-31）获得：

$$F = \frac{1-e^{-\sqrt{\sum_{i=p,c,w}(V_i^o-V_i^a)^2}}}{1-e^{-\sqrt{2}}}$$

(6-31)

式（6-31）定义了一个两参数界面张力模型。它们是 Hirasaki's 模型的简化，主要不同在于这里 $L_{pc}^a$ 和 $L_{wc}^o$ 考虑为常数。

### 四、相对渗透率

表面活性剂驱的相对渗透率由 Camilleri 等模型描述：

$$K_r^j = K_r^{jo}\left(\frac{S^j-S^{jr}}{1-S^{jr}-S^{j'r}}\right)^{e^j}, j=o,a; j'=a,o; j \neq j'$$

(6-32)

这里，$K_r^{jo}$ 和 $e^j$ 分别代表函数 $K_r^j(S^j)$ 的端点和曲率。$j$ 相残余饱和度 $S^{jr}$ 可由式（6-25），（6-26），（6-27）代表的毛细管力减饱和度曲线获得。$j$ 相相对渗透率端点和曲率考虑为 $j'$ 相残余饱和度的函数，如下：

$$K_r^{jo} = (1-K_r^{joH}) \cdot \left(1-\frac{S^{j'r}}{1-S^{j'rH}}\right) + K_r^{joH}, j=o,a; j'=a,o; j \neq j'$$

$$e^j = (1-e^{jH}) \cdot \left(1-\frac{S^{j'r}}{1-S^{j'rH}}\right) + e^{jH}$$

(6-33)

$K_r^{joH}$ 和 $e^{jH}$ 是油水高界面张力体系的端点和指数。

相对渗透率曲线示于图 6-3。图 6-3a 为油水高界面张力体系的水相和油相相对渗透率曲线。图 6-3b 至图 6-3d 为不同界面张力下的相对渗透率曲线，其中考虑了图 6-2 的减饱和度曲线和表 6-1 给定的相对渗透率参数。相对渗透率曲线是通过实验室油层岩样的驱替实验测得。

**表 6-1 油藏基本性质和模拟参数**

| | | | |
|---|---|---|---|
| $\Delta x_D = 0.01$ | $Z_c^{IN} = 0.1$ | $e^{oH} = 15$ | $T_1^a = T_1^o = -0.6$ |
| $\Delta t_D = 0.0002PV$ | $Z_p^{IN} = 0$ | $e^{aH} = 1.5$ | $T_2^a = -0.7$ |
| $\varepsilon = 0.005$ | $t_{Ds} = 0.2PV$ | $K = 0.5D$ | $T_2^o = 1.57$ |
| $\phi = 0.24$ | $L = 100cm$ | $\mu^{aH} = 1cP$ | $D_c^a = D_c^o = 0$ |
| $u^{IN} = 10^{-4}cm/s$ | $\sigma^H = 20 \times 10^{-5}N/cm$ | $\mu^{oH} = 5cP$ | $L_{pc}^a = L_{wc}^o = 1$ |
| $S^{orH} = S^{arH} = 0.35$ | $K_r^{aoH} = 1$ | $a_1 = a_2 = 0$ | $a_1 = a_2 = 0$ |
| $P_e = 1atm$ | $K_r^{aoH} = 0.2$ | $a_3 = 1$ | $C = n = 0$ |
| $NX = 101$（除非特殊说明） | | | |

注：$1atm = 0.101325MPa$。

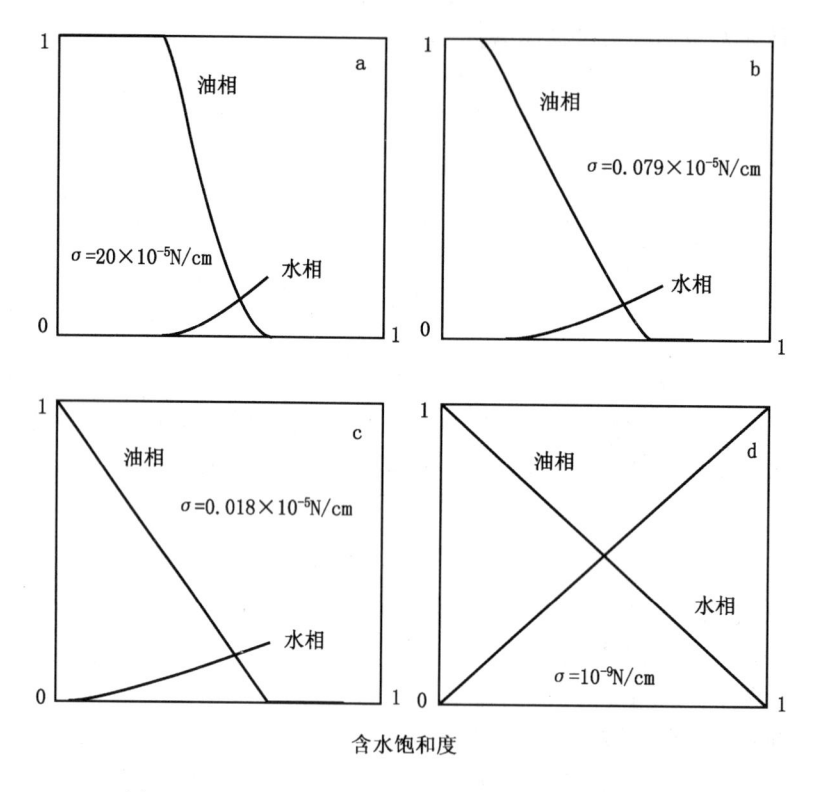

图 6-3 不同界面张力下的相渗曲线（相对渗透率 $K_r^j$）

### 五、相黏度

相黏度是组分在各相流体中体积分数的函数，用 Camilleri 等模型描述。$j$ 相黏度为：

$$\mu^j = V_w^j \mu^{aH} e^{\alpha_1(V_p^j + V_c^j)} + V_p^j \mu^{oH} e^{\alpha_1(V_w^j + V_c^j)} + V_c^j \alpha_3 e^{\alpha_2(V_w^j + V_p^j)}, j = a, o \quad (6-34)$$

所有 $\alpha$ 均为常数，$\mu^{aH}$ 和 $\mu^{oH}$ 是油水高界面张力体系的水相和油相黏度。Camilleri 等人将式（6-34）估算的黏度值与实测值进行比较，结果非常一致。

### 六、毛细管力

毛细管力 $P_c$ 是油相压力和水相压力的差异。它可描述成下列含水饱和度的幂律函数式（Lake）：

$$P_c = C \frac{\sigma}{\sigma^H} \left( \frac{1 - S^a - S^{or}}{1 - S^{ar} - S^{or}} \right)^n \quad (6-35)$$

这里 $C$ 是常数，$n$ 为曲率，$\sigma$ 是流体相间界面张力，上标 $H$ 表示无化学剂的高 IFT 体系，水相和油相残余饱和度与界面张力有关，它们的函数式通过式（6-24）～式（6-28）减饱和度曲线描述。$C$ 是无因次量，与油—水—化学剂体系的毛细管力和油水体系的毛细管力有关。

式（6-35）估算的毛细管力被引入式（6-20）和式（6-21），可分别计算水相压力和达西速度。

### 七、吸附模型

岩石对化学剂组分的吸附由 Langmuir 模型描述（Thomas 等人）：

$$Adc = \frac{a_1 V_c^j}{1 + a_2 V_c^j}, \frac{\partial V_c^j}{\partial t} \geq 0 \quad (6-36a)$$

$$\frac{\partial Adc}{\partial t}=0, \frac{\partial V_c^j}{\partial t}<0 \qquad (6-36b)$$

$Adc$ 是一个无因次参数,表示单位孔隙体积中被吸附的化学剂的体积,$a_1$ 和 $a_2$ 是常数,$V_c^j$ 是化学剂组分在化学剂优先分配相中的体积分数。假设流体不可压缩,这样:

$$V_c^j = \max(V_c^o, V_c^a) \qquad (6-37)$$

式(6-36)表示吸附是不可逆的:一旦化学剂组分在孔隙介质中的一点上被吸附[式(6-36a)],化学剂通过该点后将不能返回到流体相中去[式(6-36b)]。我们应注意很多自然体系显示出可逆吸附特征,仅有少数不是。化学剂在油藏中的流动是不可逆吸附方式。这里应用的不可逆吸附模型已被广泛的实验证实(Lake,Thmas,Camilleri,Grattoni 等人)。

### 八、扩散弥散

化学剂组分在各相中的扩散通过相应的扩散系数 $D_c^j$ ($j=o,a$) 来描述。它们出现在化学组分的连续性方程中,是对孔隙介质中多相流应用 Fick 定律的结果。

Delshad 等人用油—盐水—表面活性剂体系通过填砂管的稳定流实验测量弥散系数,弥散性随相、相饱和度、孔隙介质和界面张力而改变,然而没有解析函数式。Camilleri 等人在该研究的基础上,提出弥散性与相饱和度的经验关系。我们尚未发现针对两相三组分体系的被实验证实的完整的弥散模型。本书第四章中建立的扩散弥散数学模型以及模拟实际油层条件测定的弥散系数可用于本章的机理研究。

本研究中将化学剂组分在油相和水相中的扩散弥散系数考虑为常数,忽略油组分的弥散。

## 第三节 表面活性剂驱影响因素及机理分析

表面活性剂驱过程中多种因素影响组分输运机理,下面将逐个加以分析。计算结果与无因次距离 $x_D$ 和无因次时间 $t_D$(注入孔隙体积倍数)有关。无因次量定义如下:

$$x_D = \frac{x}{L} \qquad (6-38)$$

$$t_D = \frac{u^{IN} t}{\phi L} = PV^{IN}$$

这里 $x$ 是沿岩样的距离,$L$ 是总长度,$t$ 是时间,$u^{IN}$ 是入口端的达西速度,$\phi$ 是孔隙度。基本参数见表 6-1,所有其他数据在具体例子中给出。在水驱残余油情况下,注入固定组成($Z_c^{IN}=0.1$)的化学剂段塞 0.2PV,然后连续水驱。

### 一、增溶与溶胀机理

首先分析因化学剂的存在使油相和水相部分混相机理。混相是指油相中的油组分被增溶到水相中,或是水相中的水组分被混溶到油相中使油相膨胀,或是两者的结合。为了分别分析各自的机理,选择图 6-4a 和图 6-4b 两种相图:包络线 1 中,$L_{pc}^a=2$,$L_{wc}^o=0$,$K_c=0.5$,代表纯增溶方式。包络线 2 中,$L_{pc}^a=0$,$L_{wc}^o=2$,$K_c=2$,代表纯溶胀方式。

包络线 1 代表Ⅱ$^{(-)}$体系的极端情形。此时水相通过化学剂来增溶油,有油、水和化学剂三组分。但无溶胀现象发生,油相仅有油和化学剂两组分。

包络线2代表Ⅱ$^{(+)}$体系的极端情形。此时油相通过化学剂混溶水组分而溶胀，有油、水和化学剂三组分。但无增溶现象出现，水相中仅有水和化学剂两组分。

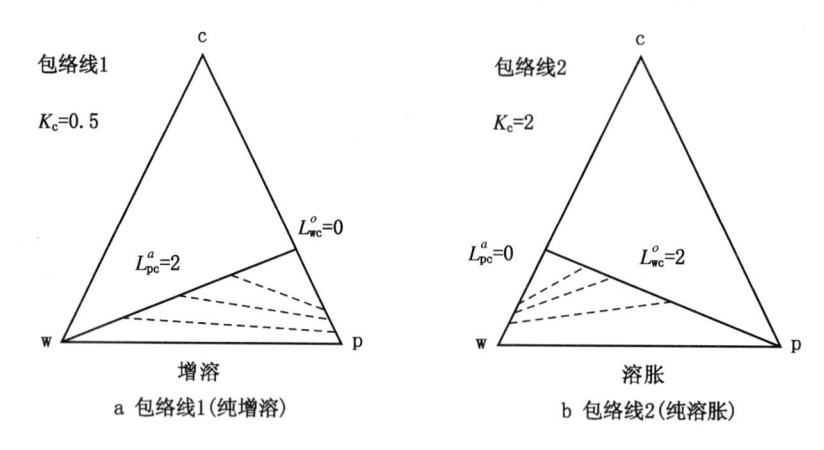

图中：
- a 包络线1(纯增溶)：$K_c=0.5$，$L_{pc}^a=2$，$L_{wc}^o=0$，增溶
- b 包络线2(纯溶胀)：$K_c=2$，$L_{pc}^a=0$，$L_{wc}^o=2$，溶胀

图6-4 理想三元相图

不考虑界面张力降低，方程（6-30）中使用下列 $G_1$ 和 $G_2$ 值是一高界面张力过程：

$$G_1 = 1.3, G_2 = 0 \tag{6-39}$$

选择上述 $G$ 值和图6-2的减饱和度曲线，得出：

$$S^{ar} = S^{arH} = 0.35$$

$$S^{ar} = S^{arH} = 0.35 \tag{6-40}$$

选择表6-1中的一套黏度参数 $\alpha$，可使得油水相黏度保持不变。这样，$\mu^a = \mu^{aH} = 1cP$，并且，$\mu^o = \mu^{oH} = 5cP$。

驱替0.4PV时，包络线1和包络线2对应的总化学剂浓度和含油饱和度分别如图6-5a和图6-5b。从出口端起可分为三个区：原始油区 $Z_p = S^{orH}$，油带（非混相区）和化学剂带（部分混相区）。对包络线1，向上游还有第四区，达到完全混相。对包络线2，化学剂富集带滞后且弥散程度减少（图6-5a），这使得形成的富油带含油量较高（图6-5b），且获得更高的提高原油采收率幅度（图6-5c）。

然而，要获得更为有效的驱替是将增溶与溶胀机理结合起来。为了这个目的，选择一个对称相图，$L_{pc}^a = L_{wc}^o = 1$，考虑不同的 $K_c$ 值，以便代表一个Ⅱ$^{(-)}$体系（$K_c = 0.5$）和两个Ⅱ$^{(+)}$体系（$K_c = 2$ 和 $K_c = 10$）。如图6-6所示。

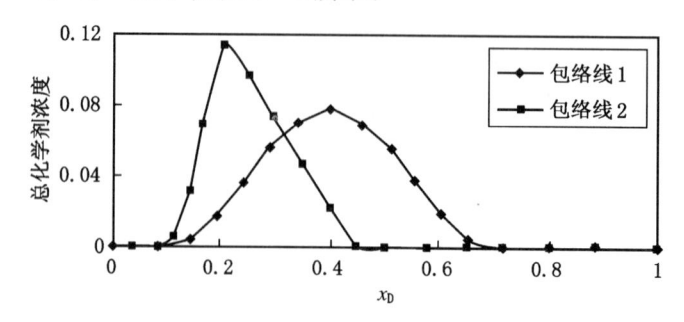

a 驱替0.4PV时，包络线1和包络线2对应的总化学剂浓度分布

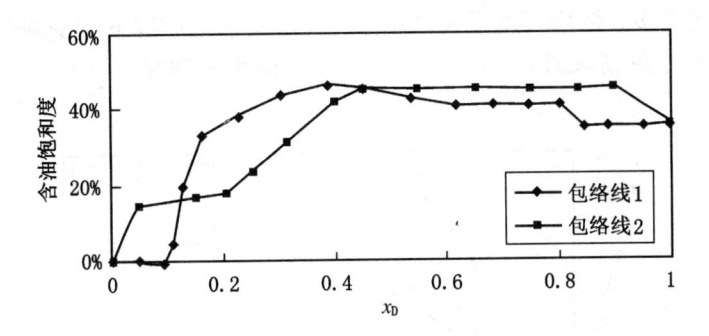

b 驱替 0.4PV 时，包络线 1 和包络线 2 对应的含油饱和度分布

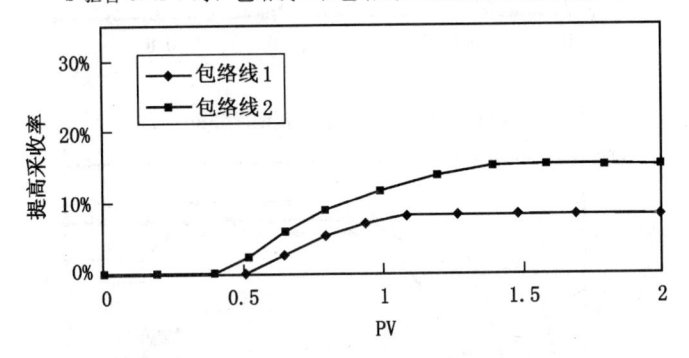

c 包络线 1 和包络线 2 提高原油采收率与注入体积的关系

图 6-5　高界面张力下，包络线 1 的增溶与包络线 2 的溶胀影响机理

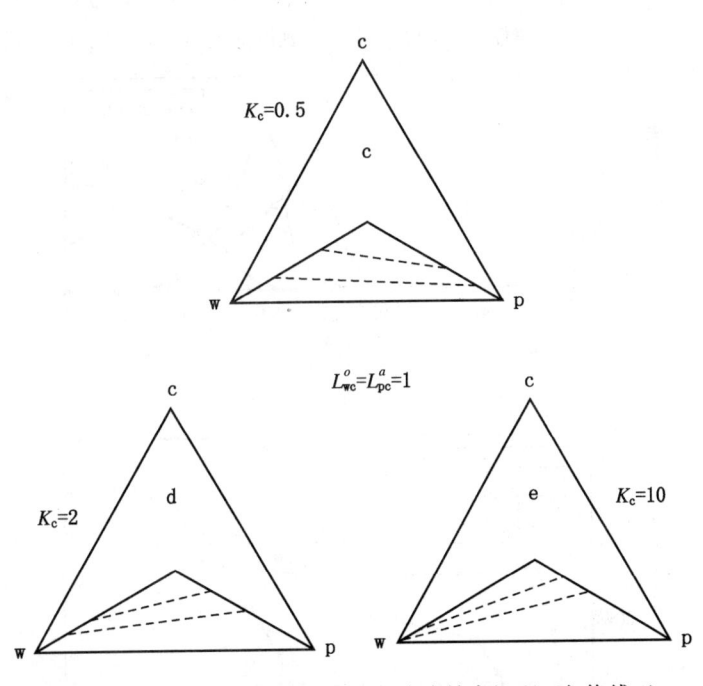

图 6-6　代表不同 $K_c$ 值的增溶与溶胀结合机理（包络线 3）

包络线 3 对应的影响结果示于图 6-7，当更多的化学剂分配在油相中，化学剂富集带弥散程度降低，并且浓度高于注入值（图 6-7a 注入 0.4PV，图 6-7c 注入 0.8PV）。油相

因混溶水和化学剂更多，溶胀程度增大，在化学剂富集带之后留下更少剩余油（图 6-7b，d）。$K_c$ 增大，采收率更高（图 6-7c）。因此在高界面张力情况下，Ⅱ$^{(+)}$ 体系比 Ⅱ$^{(-)}$ 体系的驱替更为有效。

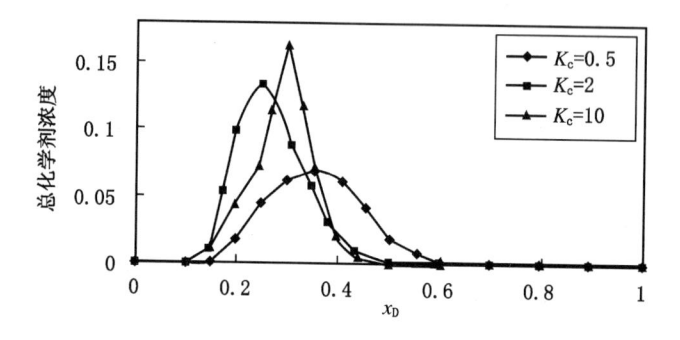

a 驱替 0.4PV 时，总化学剂浓度分布

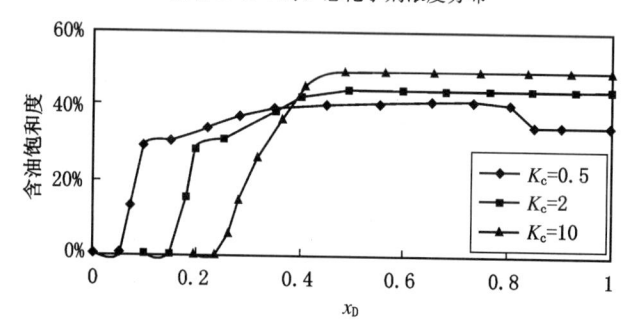

b 驱替 0.4PV 时，对应的含油饱和度分布

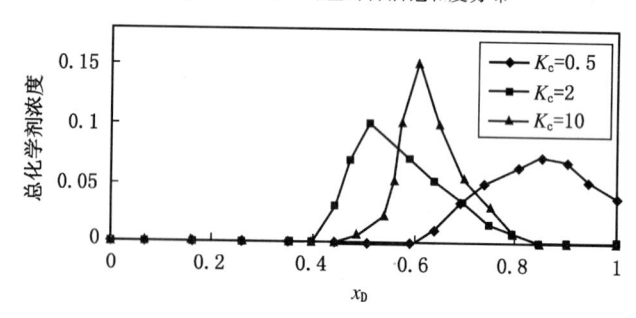

c 驱替 0.8PV 时，总化学剂浓度分布

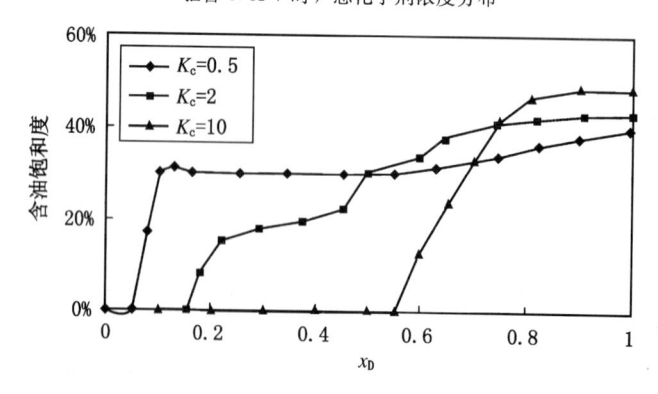

d 驱替 0.8PV 时，对应的含油饱和度分布

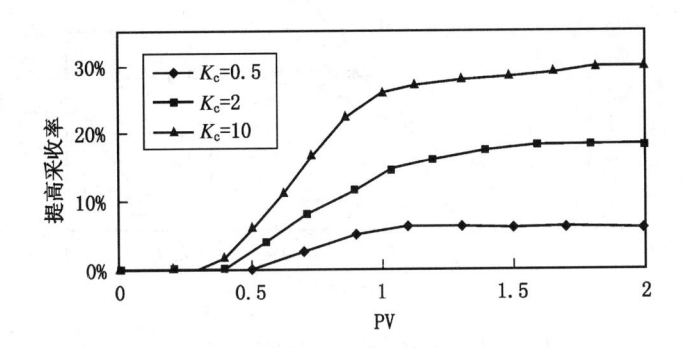

e 提高原油采收率与注入体积的关系

图6-7 高界面张力时包络线3的增溶和溶胀影响机理

## 二、界面张力降低机理

考虑图6-6所示体系和表6-1所示的其他基本参数。从现在起，在输运机理中增加影响因素。为了包含界面张力 IFT 降低，界面张力值方程中的参数为：

$$G_1 = -1.7, \quad G_2 = -0.02 \qquad (6-41)$$

在图6-8中，界面张力或是增溶参数的函数（对 $Ⅱ^{(-)}$ 型体系），或是溶胀参数的函数（对 $Ⅱ^{(+)}$ 型体系）。

总化学剂浓度剖面（图6-9a）与高界面张力体系（图6-7a）类似。但是高界面张力体系中化学剂富集带后的不可流动油（图6-7b），因界面张力降低机理而解除捕集并流动（图6-9b）。在化学剂富集带，界面张力（图6-9c）和油相残余饱和度（图6-9d）分别减小到 $\sigma = 0.02 \times 10^{-5} \text{N/cm}$ 和 $S_{or} = 0.06$。因此，最终采收率显著增加，特别是 $K_c = 0.5$ 的 $Ⅱ^{(-)}$ 体系从 0.06%（图6-7e）到 0.22%（图6-9e）。$Ⅱ^{(+)}$ 型情况下，原油采收率增加较少，$K_c = 2$ 时从 0.18 到 0.29，$K_c = 10$ 时从

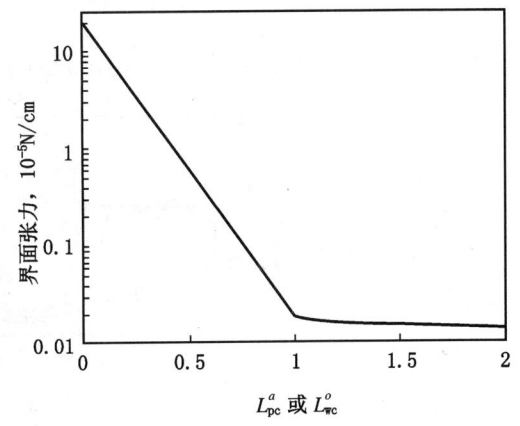

图6-8 界面张力是 $L^a_{pc}$ 的函数（$Ⅱ^{(-)}$ 体系），或 $L^o_{wc}$ 的函数（$Ⅱ^{(+)}$ 体系）

0.31到0.34。$Ⅱ^{(-)}$ 型体系比 $Ⅱ^{(+)}$ 型体系对界面张力改变更为敏感。除此而外，平衡常数高的 $Ⅱ^{(+)}$ 型体系对界面张力降低机理的影响很小。

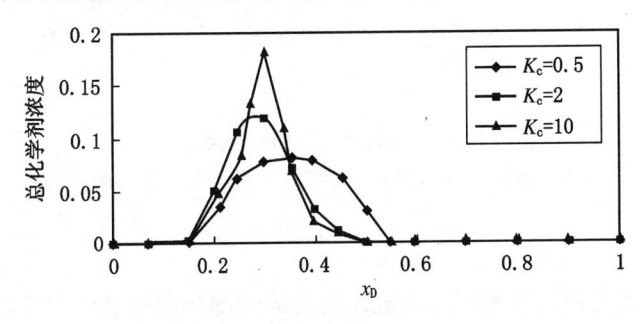

a 驱替 0.4PV 时，总化学剂浓度分布

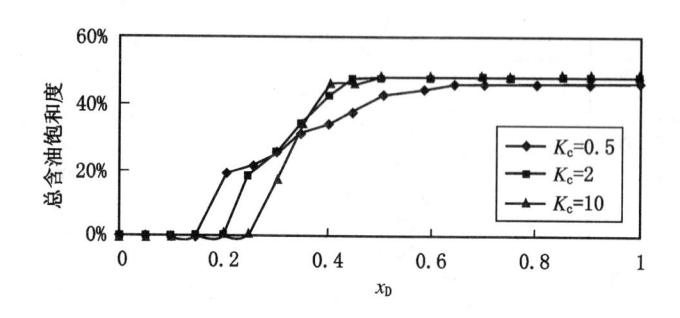

b 驱替 0.4PV 时，对应的含油饱和度分布

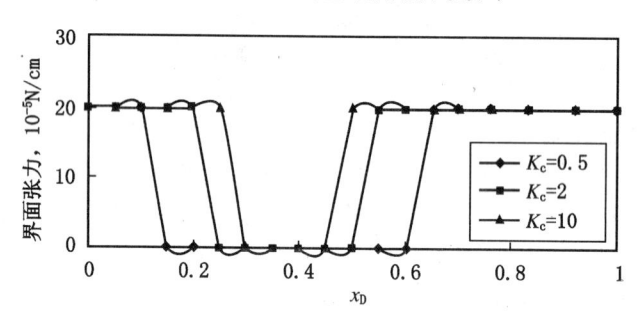

c 驱替 0.4PV 时，界面张力分布

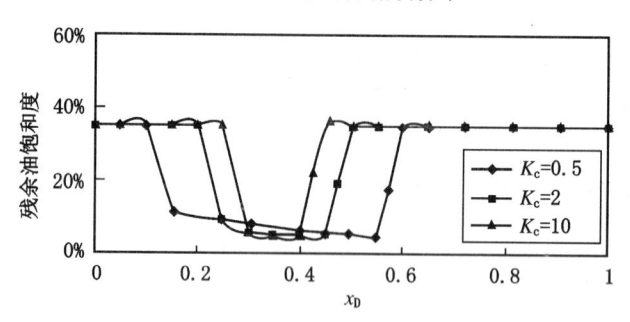

d 驱替 0.4PV 时，残余油饱和度分布

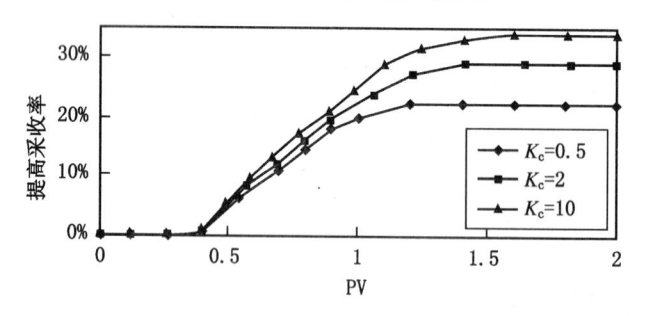

e 提高原油采收率与注入体积的关系

图 6-9 低界面张力驱时包络线 3 的增溶和溶胀影响机理

### 三、流度控制机理

到目前为止，考虑的提高采收率基本机理是流体间部分混相和油水界面张力降低。界面张力降低改变残余相饱和度和相对渗透率，因而改变两相的流度。也可以通过相黏度来改变

流度。选择下列 α 参数，使基本情况下包含流度控制机理（包络线 3：$K_c$ = 0.5，2 和 10）：

$$\alpha_1 = \alpha_2 = \alpha_3 = 2 \tag{6-42}$$

图 6-10a 和图 6-10b 分别表示水相黏度和油相黏度，水相黏度是化学剂在水相中体积分数 $V_c^a$ 的函数，油相黏度是化学剂在油相中体积分数 $V_c^o$ 的函数。

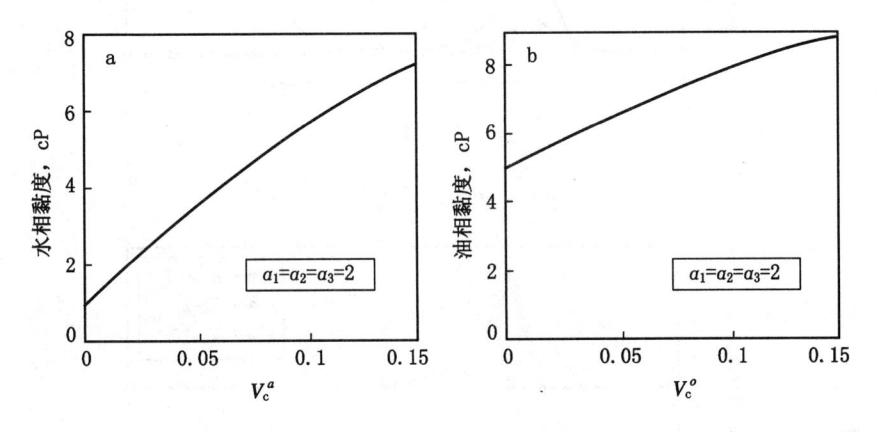

图 6-10 水相黏度与 $V_c^a$ 和油相黏度与 $V_c^o$ 的关系

式（6-42）中的 α 值和式（6-41）给定的界面张力值分别代表基本参数下的界面张力降低和流度控制综合机理。注入 0.4PV 时总的化学剂浓度和含油饱和度剖面示于图 6-11a，b。图 6-11c，d 表示水相和油相的黏度剖面。当化学剂更多地分配到水相中时，在化学剂富集带（$0.2 < x_D < 0.5$），水油相黏度比 $\mu^a/\mu^o$ 变得更高。在这一区域，$K_c$ = 0.5，2 和 10 的最大黏度比分别为 0.83，0.57 和 0.39。因此，$K_c$ = 0.5 的 $\mathrm{II}^{(-)}$ 体系获得更有利的流度比。因此，更多的油进入到富集油带（图 6-11b）。图 6-11e 的采收率曲线与图 6-9e

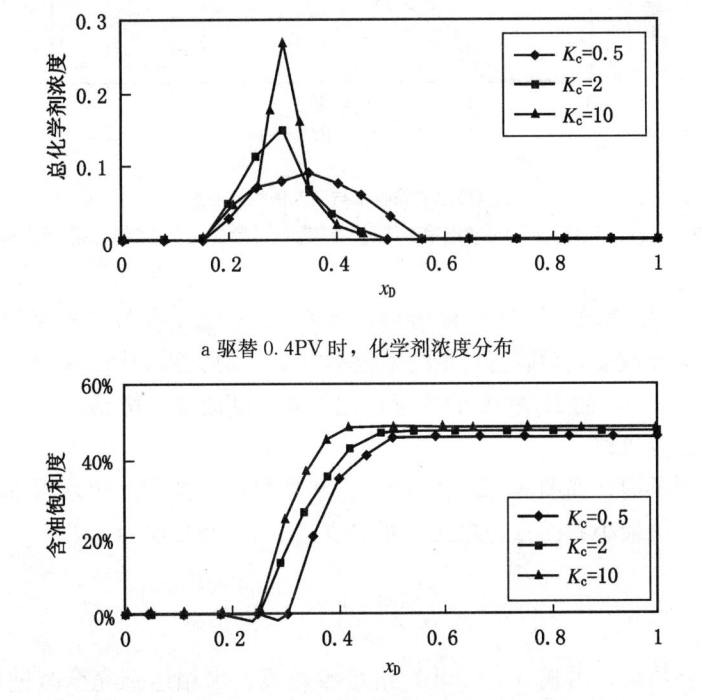

a 驱替 0.4PV 时，化学剂浓度分布

b 驱替 0.4PV 时，对应的含油饱和度分布

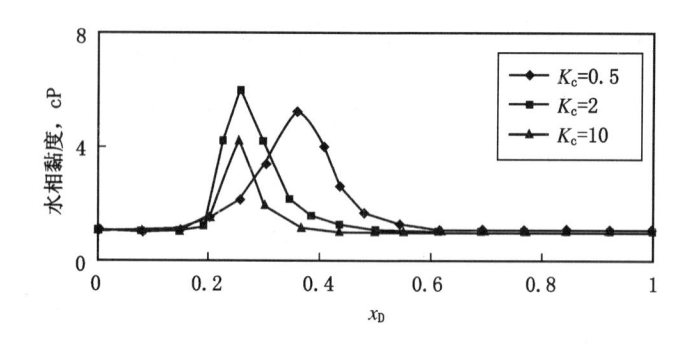

c 驱替 0.4PV 时，水相黏度剖面

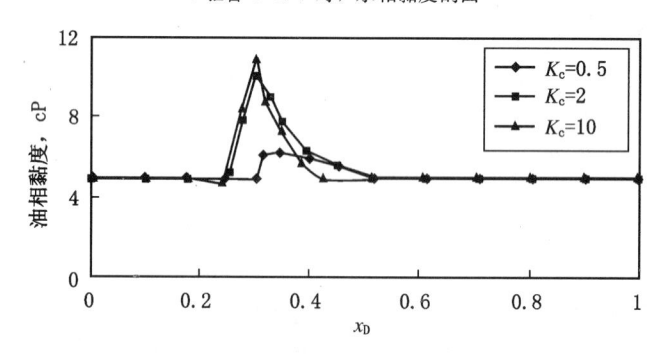

d 驱替 0.4PV 时，油相黏度剖面

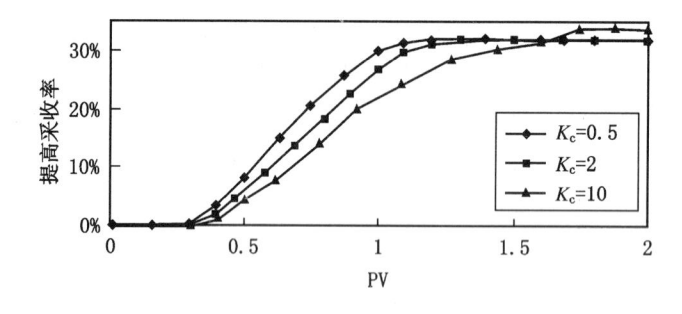

e 提高原油采收率与注入体积的关系

图 6-11 包络线 3 的增溶和溶胀影响机理（考虑流度控制和低张力驱）

（不考虑黏度改变）相比较。在后一种情形，表 6-1 中的 $\alpha$ 参数，黏度比 $\mu^a/\mu^o$ 恒为 0.2。$Ⅱ^{(-)}$ 型相图对相黏度改变更为敏感：最终采收率由 22% 增加到 33%。对 $Ⅱ^{(+)}$ 型相图，$K_c=2$ 时从 0.29 增加到 0.33，而 $K_c=10$ 的情形，几乎对黏度改变不敏感。

**四、润湿性改变机理**

在前述所有例子中，如图 6-2 所示的减饱和度曲线模拟了一个水湿油藏。达到水相和油相完全减饱和度的最小界面张力之比，可联立式（6-28）获得：

$$\frac{\sigma_{\min}^a}{\sigma_{\min}^o} = 10^{(T_2^a - T_2^\alpha)} \tag{6-43}$$

这样，对水湿油藏，由式（6-29b）给定参数值，水相达到完全减饱和度的界面张力与油相达到完全减饱和度的界面张力相比，应低两个数量级 $T_2^a - T_2^o = -2.27$。为了模拟油湿油藏，在式（6-29b）中选取相反的捕集参数 $T_2^i$，为：

$$T_2^a = 1.57 \quad T_2^o = -0.7$$

选择这些参数和式（6-41）的界面张力参数，表示基本参数情况下增加考虑了润湿性改变和界面张力降低的影响（包络线3：$K_c = 0.5$，2 和 10），结果如图6-12所示。

总化学剂浓度剖面（图6-12a）几乎与水湿情况下获得的（图6-9a）相一致。但是，对 $K_c = 0.5$ 的 Ⅱ$^{(-)}$ 型三元相图，化学剂富集带后面留下更多的油。事实上，图6-12b 显示，当注入 0.4PV 时，油富集带没有到达出口端。$K_c = 2$ 和 10 的两种 Ⅱ$^{(+)}$ 型三元相图，化学剂富集带累积更多的油（图6-12b，$0.2 < x_D < 0.4$）。界面张力剖面（图6-12c）与相应的水湿情况（图6-9c）类似。在油湿情况下，界面张力降低不足以降低油相残余饱和度（图6-12d），化学剂富集带（图6-12e）的水相残余饱和度减少。所有情况下采收率均降低（图6-12f）。然而，$K_c = 0.5$ 的 Ⅱ$^{(-)}$ 型驱替对润湿性改变更敏感：采收率从 0.22（图6-9e）减为 0.06（图6-12f）。

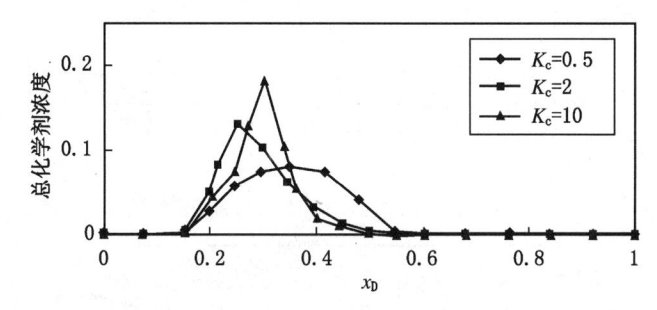

a 驱替 0.4PV 时，化学剂浓度分布

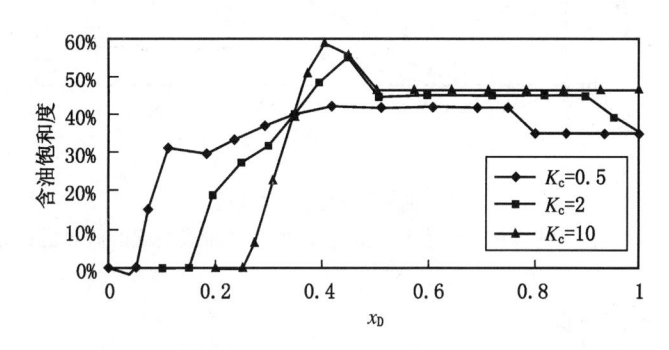

b 驱替 0.4PV 时，对应的含油饱和度分布

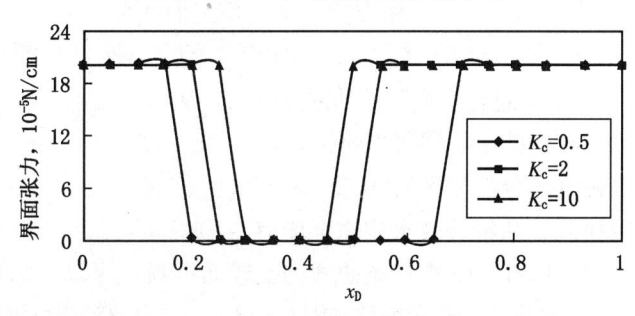

c 驱替 0.4PV 时，界面张力分布

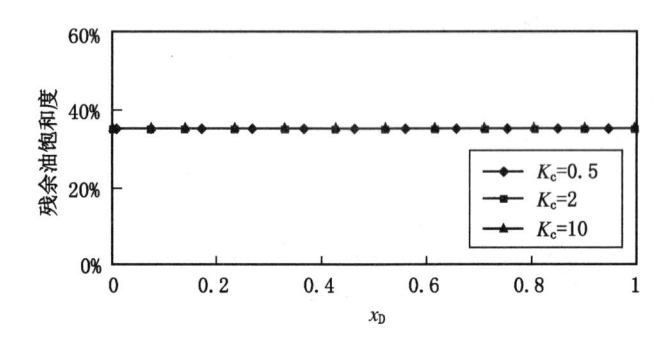

d 驱替 0.4PV 时，残余油饱和度分布

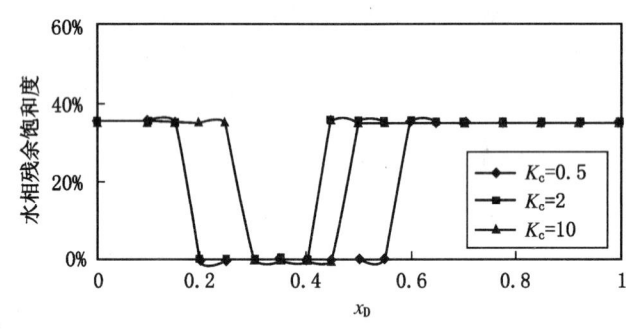

e 驱替 0.4PV 时，水相残余饱和度分布

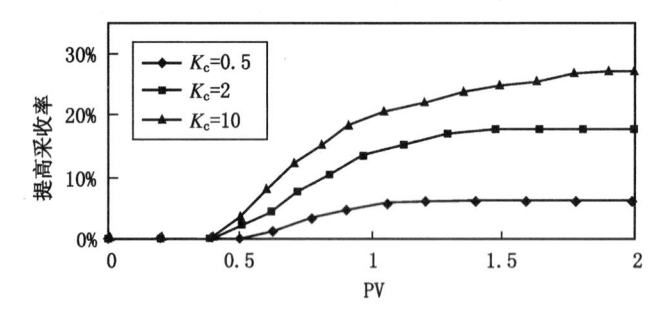

f 提高原油采收率与注入体积的关系

图 6-12 包络线 3 的增溶和溶胀的影响机理（油湿油藏的低界面张力驱）

**五、毛细管力作用机理**

为了考察毛细管力的影响，选择式（6-35）中的毛细管压力参数 $n=2$（Saad 等人），$C$ 分别为：$C=0$，$C=0.1$，$C=0.2$。相应的毛细管压力曲线如图 6-13a 所示。

图 6-13b 至图 6-13f 是 $K=10$，$G_1=1.3$ 和 $G_2=0$ 的高界面张力驱的结果。图 6-13b 和图 6-13c 表示注入 0.4PV 时总化学剂和总油浓度剖面。从出口端起，可分为三个区：

(1) 富油带（非混相富油带，聚集着可流动油）：$0.4 < x_D < 1$
(2) 化学剂富集带（部分混相区）：$0.2 < x_D < 0.4$
(3) 增溶带（混相区，油组分被水相完全增溶）：$0 < x_D < 0.2$。

毛细管力的影响可由图 6-13 中三条曲线的比较而推断，可以总结如下：

(1) 当 $C$ 增加，化学剂富集带稍稍前移（图 6-13b），并且富油带含油量减少（图 6-13c）
(2) 由于毛细管力的存在，油突破得更早，最终原油采收率略有减少。在 $C=0.1$ 的情形（图6-13d），它的减少几乎可忽略不计。

（3）在油带上，水相压力剖面一致，在化学带和增溶带，水相压力略有增加（图6-13e）。

（4）在油带发现了最高的毛细管力值（图6-13f）。$C=0.1$ 时毛细管力达到总水相压力降的 16%，$C=0.2$ 时达到总水相压力降的 23%。

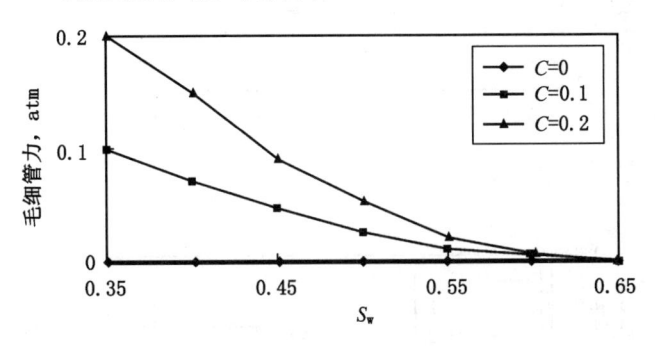

a 毛细管压力曲线

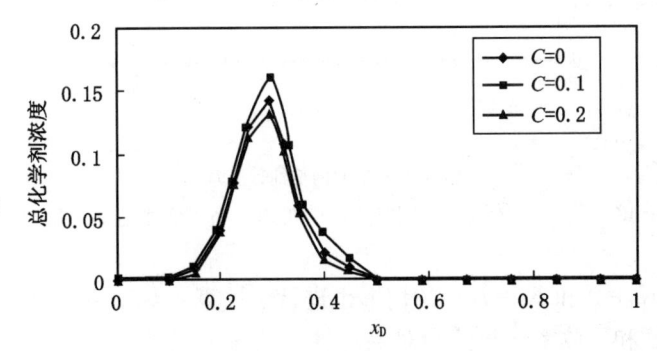

b 驱替 0.4PV 时，化学剂浓度分布

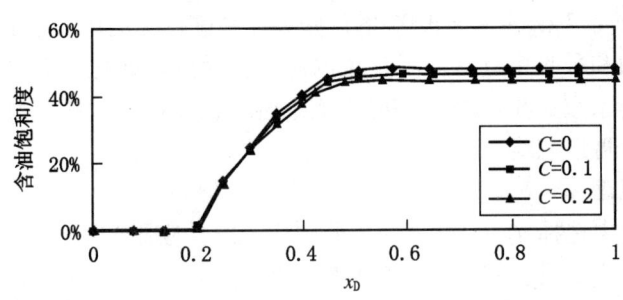

c 驱替 0.4PV 时，对应的含油饱和度分布

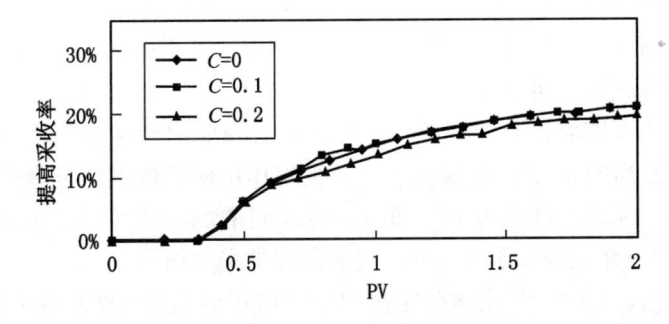

d 提高原油采收率与注入体积的关系

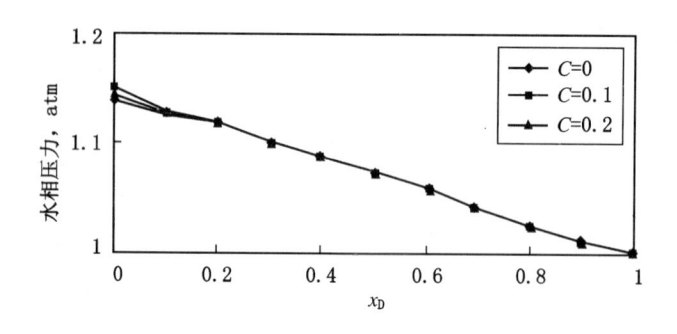

e 驱替 0.4PV 时的水相压力

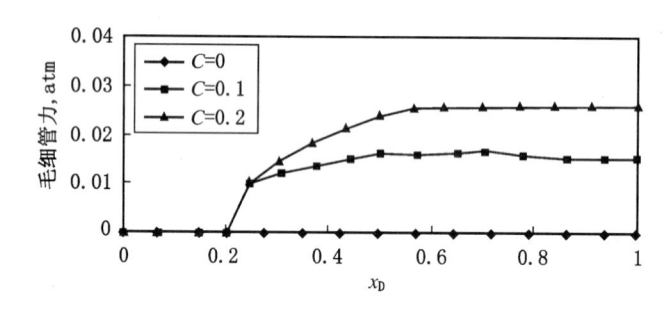

f 驱替 0.4PV 时的毛细管压力

图 6-13　Ⅱ$^{(+)}$型体系的毛细管力影响机理（高界面张力驱，$K_c=10$）

该模拟软件对 $K_c=2$ 和 $K_c=0.5$ 的情形也进行了计算。对于 $K_c<1$ 时，总化学剂浓度剖面、总油浓度剖面和采收率，被证明对毛细管力效应不敏感。另外，$K_c=2$ 的 Ⅱ$^{(+)}$型体系的对应结果与 $K_c=10$ 的 Ⅱ$^{(+)}$型体系的对应结果相类似。

此外，对 $G_1=-1.7$ 和 $G_2=-0.02$ 的低张力体系进行了运算。在那种情形下，毛细管力对浓度、压力剖面和采收率具有微不足道的影响。因此，在化学驱过程中，当处理高界面张力和高化学平衡系数的 Ⅱ$^{(+)}$型相态时，毛细管力的影响仅仅被略加考虑。在其他所有情形，毛细管力影响可以忽略，而不失准确性。

**六、吸附影响机理**

在式（6-36a）中选择 $a_2=0$ 和 $a_2=3$ 分别代表线性吸附和 Langmuir 吸附。通过改变 $a_1$ 值，考虑线性吸附或 Langmuir 吸附条件下三个水平：$a_1=0$，$a_1=0.1$，$a_1=0.3$。选择 $G_1=-1.7$ 和 $G_2=-0.02$ 的低张力驱和表 6-1 的基本参数值可分析吸附的影响机理。

1. $K_c=0.5$ 的线性吸附

图 6-14 说明 $K_c=0.5$ 的线性吸附（$a_2=0$）结果。这里的 $K_c$ 值表示一个 Ⅱ$^{(-)}$型驱替，其中更多的化学剂分配到水相中去了。

流体间质量传递（增溶和溶胀机理）与界面张力降低的活性剂消耗量，由化学剂浓度剖面曲线与无因次距离轴 $x_D$ 之间的区域表示。吸附作用使活性剂浓度降低，并且延缓含油饱和度剖面（图 6-14a，b 注入 0.4PV 时）。随时间增加，活性剂浓度显著降低（图 6-14c 注入 0.8PV 时）。在 $a_1=0.3$ 的情形，化学段塞的损失很快。

图 6-14d 是注入 0.4PV 时化学剂在水相中的体积分数 $V_c^a$ 与无因次距离的关系曲线。根据式（6-36），吸附正比于 $V_c^a$，并且发生于 $V_c^a$ 对时间的导数为正值的那部分孔隙中。

当注入 0.4PV 时，对 $a_1 = 0.1$，为 $0.34 < x_D < 0.53$，对 $a_1 = 0.3$，为 $0.29 < x_D < 0.40$。这些 $x_D$ 与图 6-14d 中的 $V_c^a$ 剖面的减少相一致（化学剂浓度的减少是因吸附引起）。采收率从 $a_1 = 0$ 不吸附时的 0.22 减少到 $a_1 = 0.3$ 情形下的 0.15（图 6-14e）。

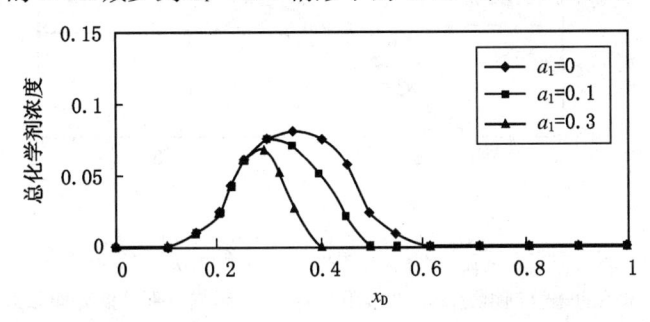

a 驱替 0.4PV 时，化学剂浓度分布

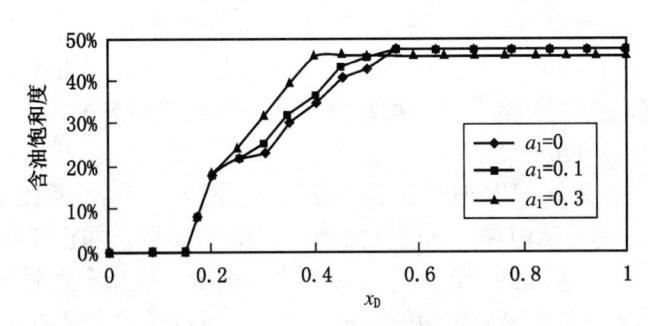

b 驱替 0.4PV 时，对应的含油饱和度分布

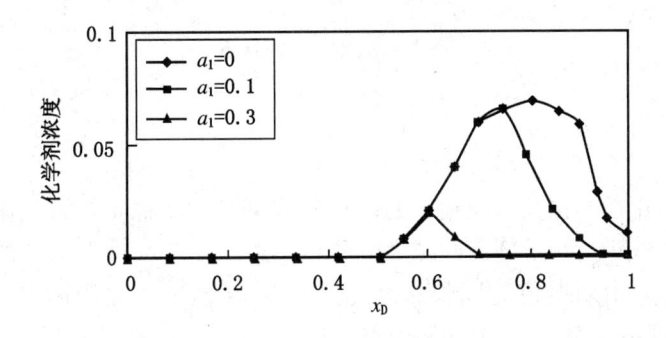

c 驱替 0.8PV 时，化学剂浓度分布

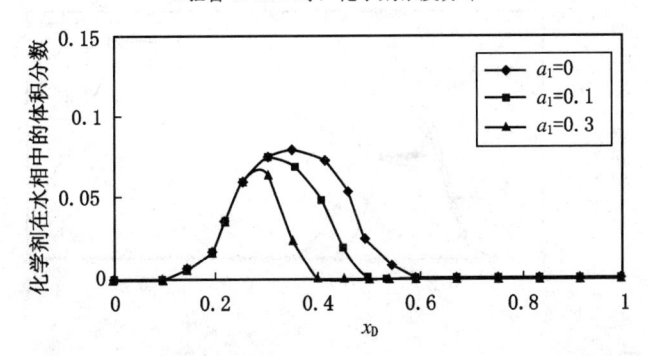

d 注入 0.4PV 时，化学剂在水相中的体积分数 $V_c^a$ 与无因次距离的关系曲线

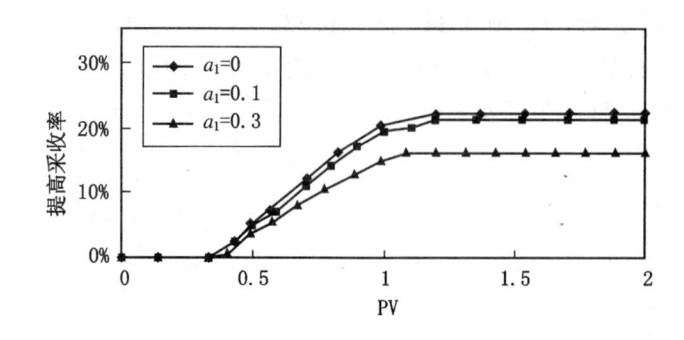

e 提高原油采收率与注入体积的关系

图 6-14　Ⅱ$^{(-)}$ 体系的化学剂组分的线性吸附（$a_2=0$）影响机理（低界面张力驱，$K_c=0.5$）

**2. $K_c=2$ 的线性吸附**

$K_c=2$ 的 Ⅱ$^{(+)}$ 型相态体系的线性吸附下的结果如图 6-15。它们可以与 $K_c=0.5$ 情形比较，因为两种情形表示同样的化学分配程度，或是双倍化学剂进入水相（$K_c=0.5$），或是双倍化学剂进入油相（$K_c=2$）。

在 $K_c=2$ 情形，注入 0.4PV 时活性剂的损失量（图 6-15a，c）比 $K_c=0.5$ 情形（图 6-14a，c）的更大。总含油饱和度剖面（图 6-15b）被延迟，并且移动油带含油量较低。注入 0.8PV 时，对 $a_1=0.3$ 情形（图 6-15c），化学剂段塞被完全吸附了。$K_c=2$ 与 $K_c=0.5$ 的情形相比，结果更加受吸附作用的影响，这一点可以通过比较图 6-14d 和图 6-15d 剖面来推断。吸附发生在满足下列条件的无因次距离区间上：

$$\frac{\partial V_c^a}{\partial t} \geq 0, 对 K_c=0.5$$

$$\frac{\partial V_c^o}{\partial t} \geq 0, 对 K_c=2$$

因 $K_c=2$ 情形化学剂在其富集相中的体积分数 $V_c^o$ 比 $V_c^a$ 高，导致吸附增大。吸附发生的区间实际上分别与 $V_c^a$ 和 $V_c^o$ 剖面的减少部分相一致。此外，对 $K_c=2$ 的驱替化学剂段塞滞后，它在孔隙介质中的滞留时间长。因此，Ⅱ$^{(+)}$ 型比 Ⅱ$^{(-)}$ 型吸附量更大。$a_1=0.3$ 时（图 6-15e）最终采收率从 0.28 减少到 0.25。

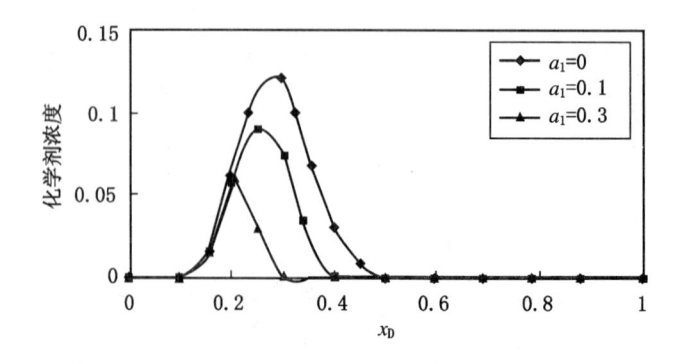

a 驱替 0.4PV 时，化学剂浓度分布

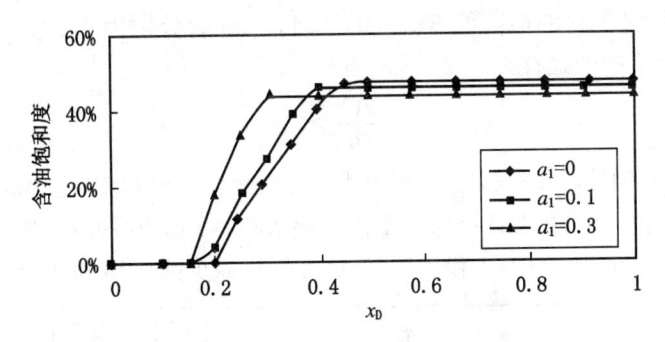

b 驱替0.4PV时，对应的含油饱和度分布

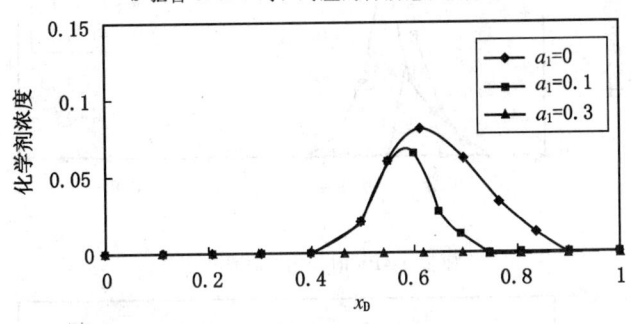

c 驱替0.8PV时，化学剂浓度分布

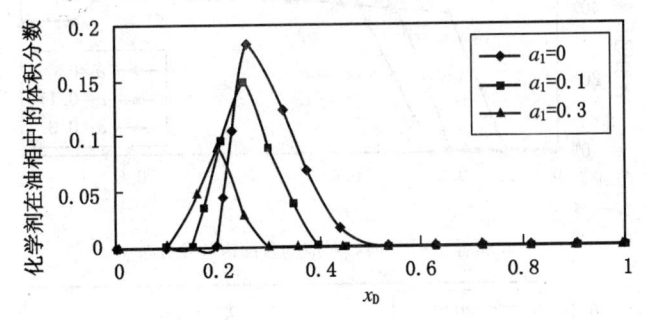

d 注入0.4PV时，化学剂在水相中的体积分数 $V_c^a$ 与无因次距离的关系曲线

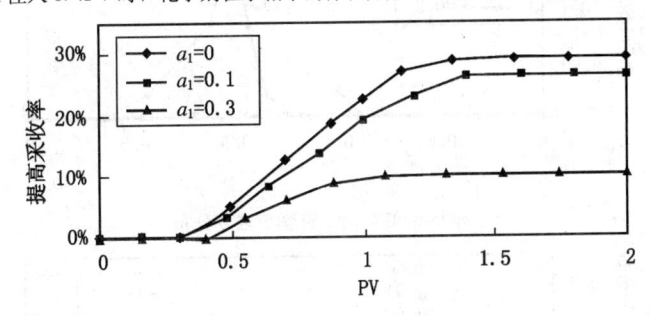

e 提高原油采收率与注入体积的关系

图6-15　Ⅱ$^{(+)}$体系的线性吸附（$a_2=0$）影响机理（低界面张力驱，$K_c=2$）

3. $K_c=10$ 的线性吸附

图6-16说明 $K_c=10$（化学剂几乎完全在油相中）时的线性吸附结果。类似于 $K_c=2$ 情形，化学剂段塞退化，主要体现在段塞滞后和化学浓度剖面面积小（图6-16a和图6-16c）。

图6-16d示出了注入0.4PV时油相中化学剂体积分数 $V_c^o$ 与无因次距离的关系。在化

学剂段塞处 $V_c^o$ 突然升到它的最高值（$a_1 = 0$，0.1，0.3 时分别为 0.32，0.27 和 0.12）。图 6-16e 显示孔隙介质中处处存在：

$$\frac{\partial V_c^o}{\partial t} \geqslant 0$$

因此，在所有 $x_D$ 值处，吸附都与 $V_c^o$ 成正比。比较图 6-15d 和图 6-16d，可解释为何当 $K_c$ 由 2 增加到 10 时化学剂组分的吸附增加：在后一种情况，$V_c^o$ 值更高并且化学剂段塞的推迟时间更长。采收率急剧减少，对 $a_1 = 0.1$ 和 0.3，分别从 0.34 减少到 0.18 和 0.15（图 6-16f）。

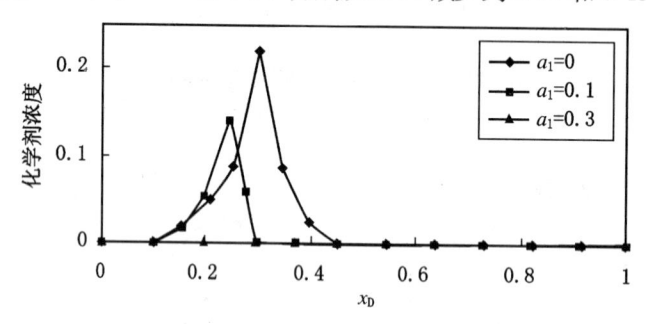

a 驱替 0.4PV 时，化学剂浓度分布

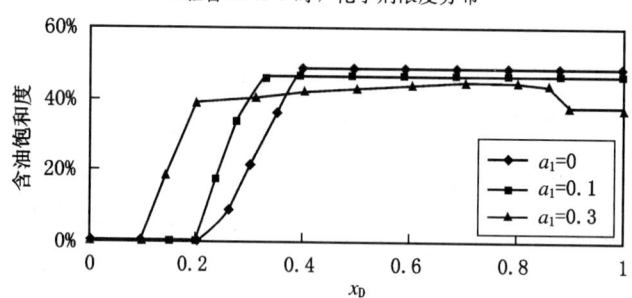

b 驱替 0.4PV 时，对应的含油饱和度分布

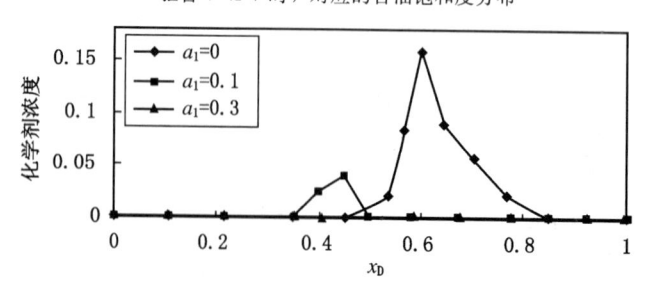

c 驱替 0.8PV 时，化学剂浓度分布

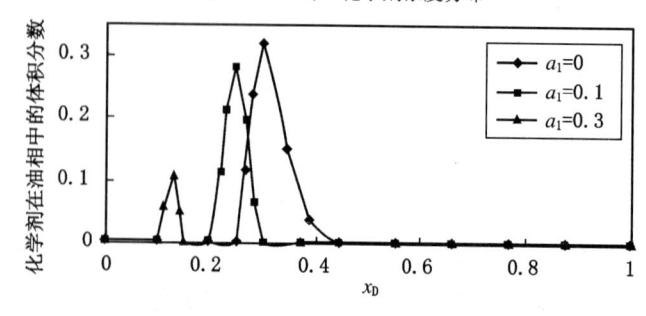

d 注入 0.4PV 时，化学剂在水相中的体积分数 $V_c^w$ 与无因次距离的关系

e $V_c^o$ 的时间导数

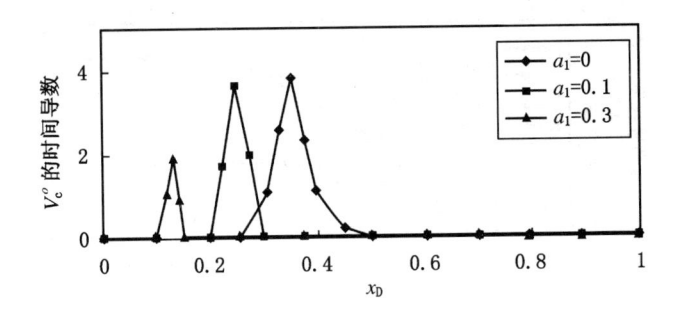

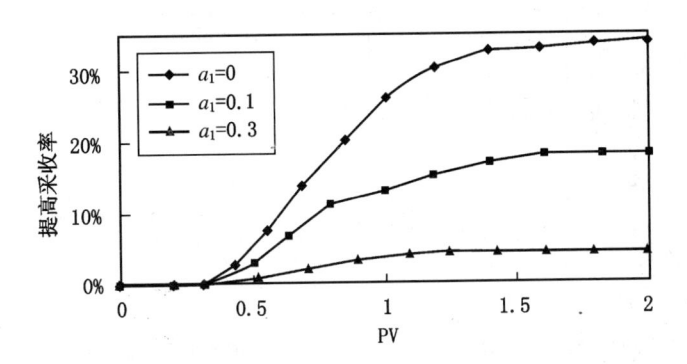

f 提高原油采收率与注入体积的关系

图 6-16　II$^{(+)}$体系的线性吸附（$a_2=0$）影响机理（低界面张力驱，$K_c=10$）

### 4. Langmuir 吸附与线性吸附比较

图 6-17 比较不吸附（$a_1=0$）、线性吸附（$a_1=0.3$，$a_2=0$）和 Langmuir 吸附（$a_1=0.3$，$a_2=3$）的采收率。对 $K_c=0.5$，$K_c=2$ 和 $K_c=10$，不吸附产生最高的采收率，Langmuir 吸附比线性吸附产生更高的采收率（图 6-17a，b，c）。这是因为，当 $a_2$ 增加时，吸附引起的化学剂损失减少。

### 5. 吸附与流度控制影响机理

为了研究相黏度改变的流度控制对前面一些吸附结果的影响机理，选择下列三种情形：

（1）无吸附（$a_1=0$）和无流度控制机理（$\alpha_1=\alpha_2=\alpha_3=0$）。
（2）线性吸附（$a_1=0.3$，$a_2=0$）和无流度控制机理（$\alpha_1=\alpha_2=\alpha_3=0$）。
（3）线性吸附（$a_1=0.3$，$a_2=0$）和流度控制机理（$\alpha_1=\alpha_2=\alpha_3=2$）。

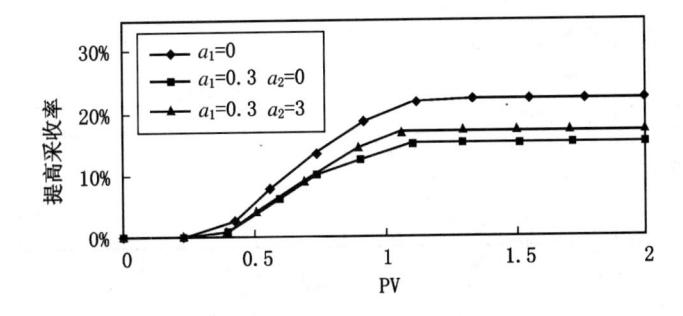

a $K_c=0.5$，不吸附、线性吸附和 Langmuir 吸附的提高采收率对比

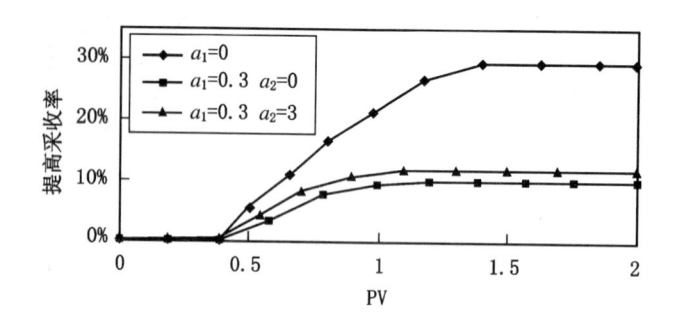

b $K_c=2$，不吸附、线性吸附和 Langmuir 吸附的提高采收率对比

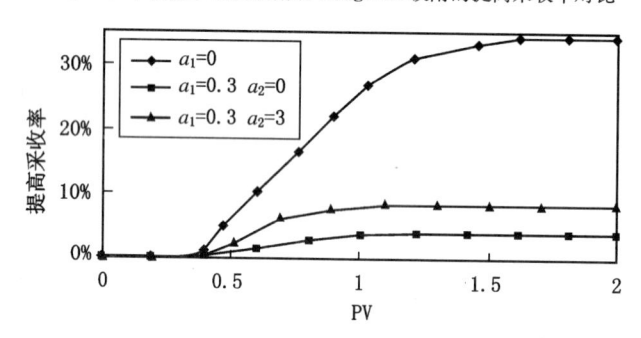

c $K_c=10$，不吸附、线性吸附和 Langmuir 吸附的提高采收率对比

图 6-17 低界面张力驱各吸附方式对采收率的影响机理

图 6-18 是 $K_c=0.5$，$K_c=2$ 和 $K_c=10$ 时的结果，对 $K_c=0.5$ 的 II$^{(-)}$ 型体系，由于较高的水油相黏度比，流度控制获得更有效的驱替。最终采收率从线性吸附时的 0.15 增加到考虑吸附和流度控制两种机理时的 0.19（图 6-18a）。但是，因流度控制机理的这些改善不足以达到无吸附时的采收率 0.22。

$K_c=2$ 和 10 的 II$^{(+)}$ 型体系，两种吸附情况下的采收率几乎对增加流度控制机理不敏感（图 6-18b，c）

### 七、化学组分弥散机理

在建立数学模型时，假设流体是不可压缩的，并且表面活性剂溶液以恒定速度注入，因此，总的达西速度一定。与对流效应和弥散效应有关的无因次 Peclet 数可定义为：

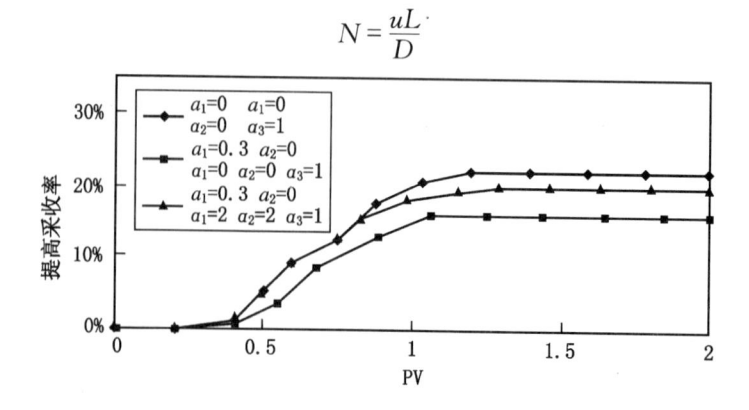

$$N=\frac{uL}{D}$$

a $K_c=0.5$，三种情形下的提高采收率结果

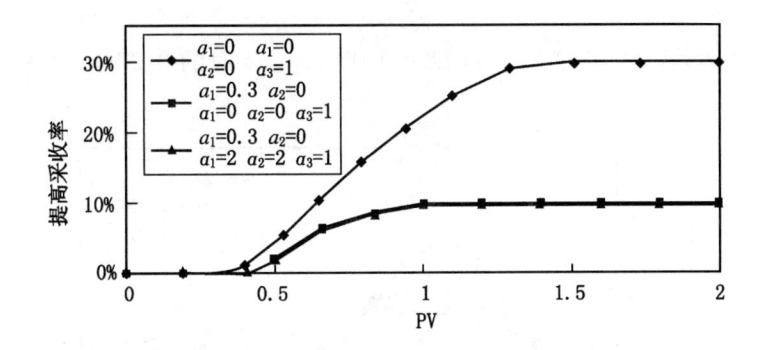

b $K_c=2$，三种情形下的提高采收率结果

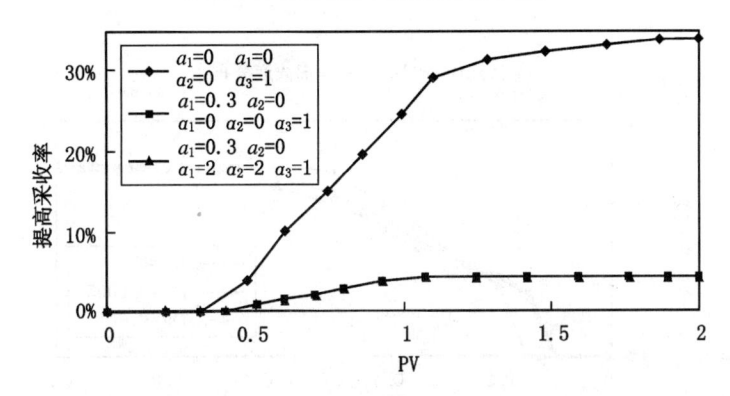

c $K_c=10$，三种情形下的提高采收率结果

图 6-18 流度控制和线性吸附对采收率的影响（低界面张力驱，$K_c=0.5$，$K_c=2$ 和 $K_c=10$ 体系）

$u$ 和 $L$ 的数值由表 6-1 给出。选择下列两相（$j=o,a$）的弥散系数，求得对应的 Peclet 数如下：

$$D_c^j=0, N_{pe}=\infty \tag{6-44}$$

$$D_c^j=0.0005\text{cm}^2/\text{s}, N_{pe}=20 \tag{6-45}$$

$$D_c^j=0.001\text{cm}^2/\text{s}, N_{pe}=10 \tag{6-46}$$

这里选择 $G_1=-1.7$ 和 $G_2=-0.02$，表示低界面张力驱。图 6-19 说明 $K_c=0.5$ 的 $\text{II}^{(-)}$ 型体系的结果。$D_c^j$ 的增加引起一个更加严重发散的化学剂段塞（图 6-19a 为 0.4PV 时，图 6-19c 为 0.8PV 时）。总油浓度剖面也发散并且略有滞后（图 6-19b）。移动油带的油相饱和度降低了。短时间内，化学剂组分的弥散使采收率略有增加（图 6-19b）。时间长了，效果相反，并且最高采收率略有降低。

$K_c=2$ 和 10 的 $\text{II}^{(+)}$ 型体系的计算结果示于图 6-20 和图 6-21。$\text{II}^{(+)}$ 型体系的化学段塞弥散（图 6-20a，c 和图 6-21a，c）与 $\text{II}^{(-)}$ 型体系（图 6-19a，c）相比更为严重。$K_c$ 增加，总油浓度剖面更加滞后和发散（图 6-19b，图 6-20b 和图 6-21b）。因此，因弥散导致的最终采收率显著降低（图 6-19d，图 6-20d 和图 6-21d）。

(1) $K_c=0.5$ 体系，从 0.22 减少到 $D_c^j=0.0005\text{cm}^2/\text{s}$ 时的 0.21 和 $D_c^j=0.001\text{cm}^2/\text{s}$ 时的 0.20。

(2) $K_c=2$ 体系，从 0.29 减少到 $D_c^j=0.0005\text{cm}^2/\text{s}$ 时的 0.24 和 $D_c^j=0.001\text{cm}^2/\text{s}$ 时

的 0.23。

(3) $K_c = 10$ 体系，从 0.34 减少到 $D_c^j = 0.0005 \text{cm}^2/\text{s}$ 时的 0.27 和 $D_c^j = 0.001 \text{cm}^2/\text{s}$ 时的 0.26。

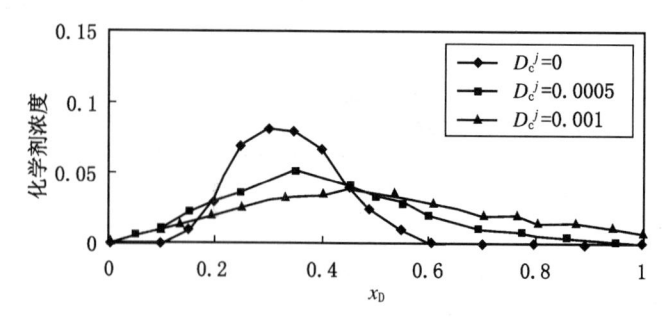

a 驱替 0.4PV 时，化学剂浓度分布

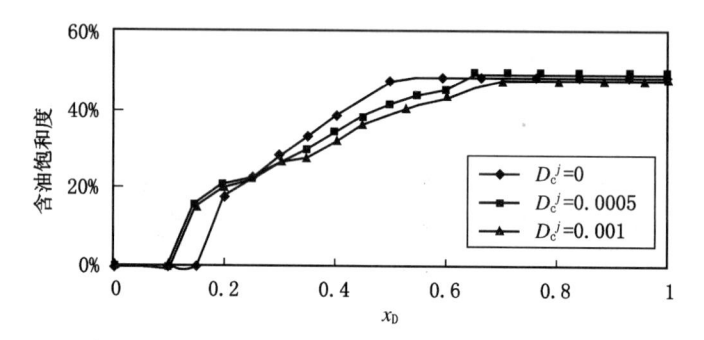

b 驱替 0.4PV 时，对应的含油饱和度分布

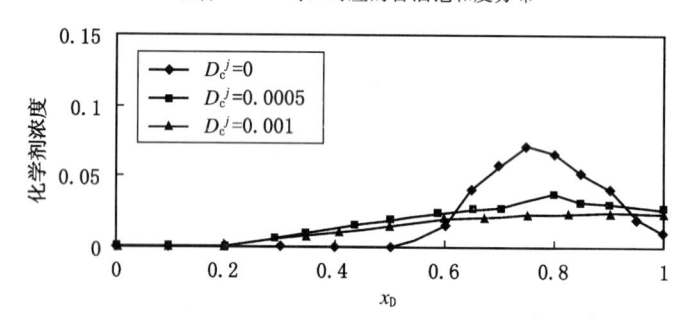

c 驱替 0.8PV 时，化学剂浓度分布

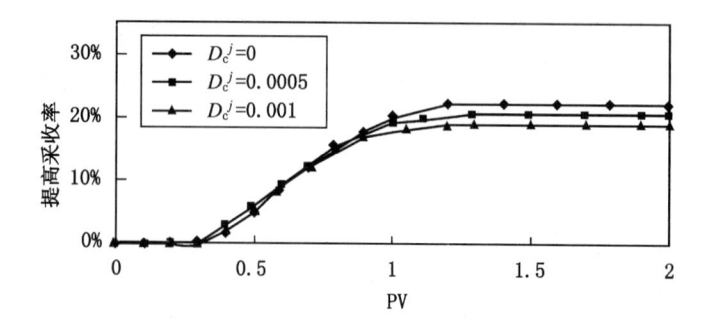

d 提高原油采收率与注入体积的关系

图 6-19　Ⅱ⁽⁻⁾型体系的化学组分的扩散弥散影响机理（低界面张力驱，$K_c = 0.5$）

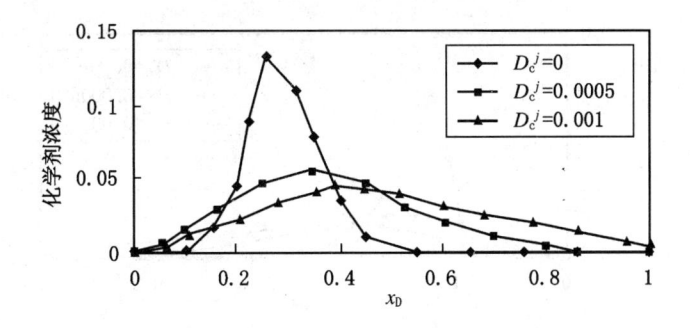

a 驱替 0.4PV 时，化学剂浓度分布

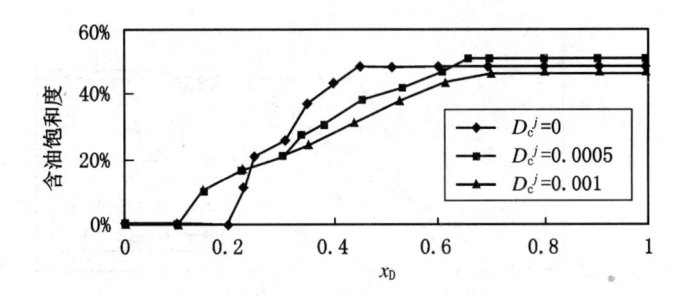

b 驱替 0.4PV 时，对应的含油饱和度分布

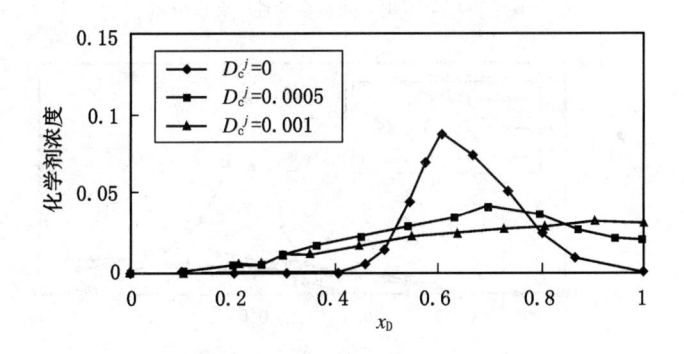

c 驱替 0.8PV 时，化学剂浓度分布

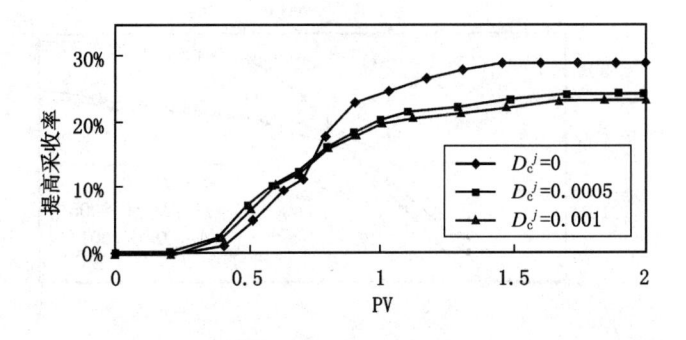

d 提高原油采收率与注入体积的关系

图 6-20 Ⅱ$^{(-)}$型体系的化学组分的扩散弥散影响机理（低界面张力驱，$K_c = 2$）

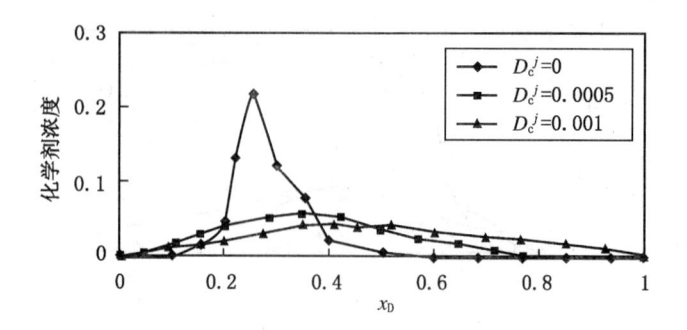

a 驱替 0.4PV 时，化学剂浓度分布

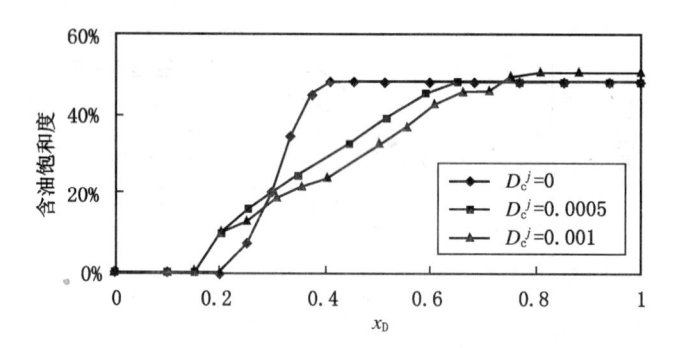

b 驱替 0.4PV 时，对应的含油饱和度分布

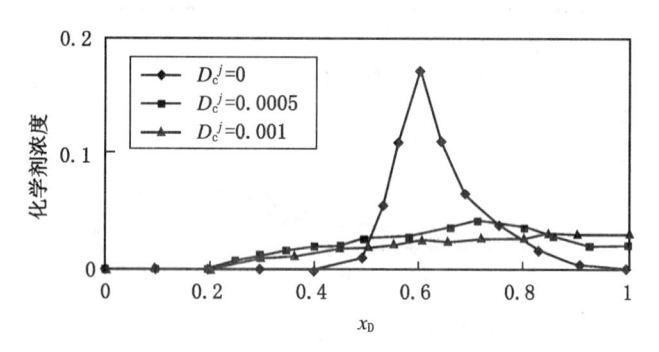

c 驱替 0.8PV 时，化学剂浓度分布

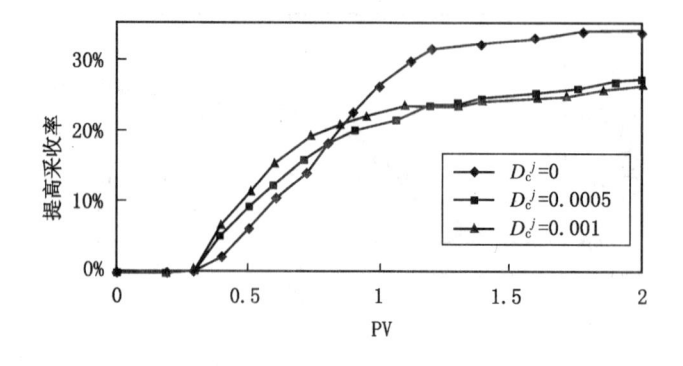

d 提高原油采收率与注入体积的关系

图 6-21　Ⅱ$^{(-)}$型体系的化学组分的扩散弥散影响机理（低界面张力驱，$K_c = 10$）

## 第四节  表面活性剂驱影响因素综合分析

本章在建立表面活性剂驱两相三组分数学模型的基础上,进一步扩展来量化和分析发生在化学驱过程中的一些重要输运机理。模型中所需的物化性质关系式描述为与浓度相关的函数。本章描述的物化性质参数包括:相态、界面张力、残余相饱和度、相对渗透率、相黏度、润湿性、毛细管力、吸附和扩散等。文中描述物化性质参数的条件限于给定的油—水—表面活性剂体系。本模拟软件可作为化学驱工程设计的快捷工具。出于这个目的,对于一个给定的油—水—化学剂体系,应完成这样几个步骤:

(1) 第一步,静态物化性质(相态、界面张力、相黏度等)应测试和量化为与表面活性剂浓度相关的函数或方程。

(2) 第二步,以上描述的物化参数方程必须调整为与测试结果相一致,这可通过改变方程中的参数来实现。

(3) 最后,在实验室使用油—水—化学剂体系进行线性岩心流动试验。在进、出口端测压力、流速和各组分浓度。这些动态试验可决定残余相饱和度和相对渗透率。

化学驱过程中有多种因素影响孔隙输运机理。本章逐个对这些输运机理(现象)进行了分析,进一步叠加可成为整个化学驱过程。图6-22和图6-23是下述结论的图解说明:

(1) 应用Larson's(1979)理想三元相图模型的适当修正来描述相态。当界面张力较高时,单一的增溶或溶胀机理分别获得低的采收率。通过这两种机理的有机结合,$II^{(+)}$型三元相图(图6-22a)获得了较高采收率。高的化学平衡分配系数$K_c$引起油相溶胀程度加剧。因此,在高界面张力驱替时,化学剂和水的加入使油相溶胀成为提高采收率的决定性机理。

(2) 增溶和溶胀机理与降低面张力机理相结合时,当驱替界面张力降低时,$II^{(-)}$和$II^{(+)}$体系均获得更高的原油采收率。然而,$II^{(-)}$体系比$II^{(+)}$体系对该机理更加敏感,可以从图6-22a和图6-22b比较看出。化学剂平衡分配系数高的$II^{(+)}$型体系几乎对界面张力降低不敏感。

(3) 当低界面张力驱中包含流度控制机理时,$II^{(-)}$型相图获得更有利的流度比,因而获得更高的最终原油采收率。$II^{(+)}$型相图敏感性差一些。化学剂平衡分配系数很高时,最终采收率几乎不受相黏度变化的影响(图6-22b和图6-22c)。

(4) 润湿性改变对采收率有很大影响。在油湿情况下,油藏最终采收率大大降低——甚至低于相应的水湿高界面张力驱替时的值(比较图6-22a和图6-22d)。事实上界面张力降低不能使被捕集的油相流动。比较图6-22b和图6-22c,得出$II^{(-)}$体系比$II^{(+)}$体系对润湿性改变更为敏感。

(5) 毛细管力被模型化为含水饱和度的幂律函数式。其中的参数与界面张力有关。毛细管力影响仅仅在高化学剂平衡分配系数的$II^{(+)}$型相态和高界面张力驱时才显著。在这些情况下,最终采收率略有减少。在其他所有情况下,毛细管力可被忽略,而不失准确性。

(6) 吸附被认为是不可逆的。一旦化学剂在孔隙介质中某点被吸附,就不能返回到流体相中。该现象用Langmuir模型描述,该模型也可以表示为线性吸附。化学剂的不可逆吸

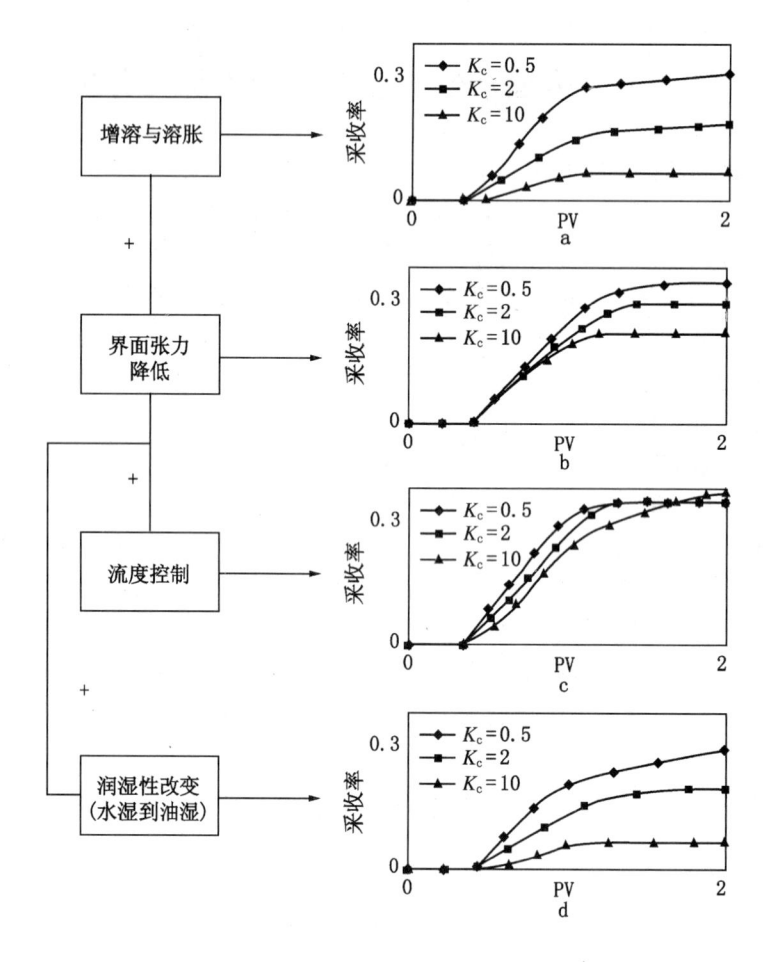

图 6-22 结论分析

附对 II$^{(+)}$ 型相态体系（$K_c > 1$）有强烈的影响。因该机理化学剂损失巨大，导致总油浓度剖面滞后，并且原油采收率减少。在高化学分配系数的 II$^{(+)}$ 体系中，化学剂损失和采收率非常显著的降低。相反，II$^{(-)}$ 型相态体系（$K_c < 1$）对吸附不那么敏感。这些结果可以通过比较图 6-23a 和图 6-23b 看出。前者是表 6-1 所给参数（无吸附）和 $K_c = 0.5$，2 和 10 的基本情况。图 6-23b 表示这些基本情况增加线性吸附（$a_1 = 0.3$）的结果。

（7）通过改变相黏度，可使流度控制机理增加到前述线性吸附机理中去。相黏度改变可通过选择一套适当的 Camilleri（1987）函数中的相黏度参数（$a_i = 2$）来引入。在 II$^{(-)}$ 体系中，因较高的水油黏度比，流度控制获得更有效的驱替，因而采收率增加。II$^{(+)}$ 体系几乎对这种流度控制附加因素不敏感（比较图 6-23b 和图 6-23c）。Langmuir 吸附（图 6-23d）与线性吸附（图 6-23b）一样，引起类似的结果。

（8）化学剂的弥散用恒定弥散系数描述。II$^{(-)}$ 体系几乎对这种机理不敏感。相反，对 II$^{(+)}$ 体系影响很大，因化学剂段塞的效果更差，更少量的油被化学剂驱替到油带。因此，总的油浓度剖面滞后，引起采收率显著降低，$K_c$ 越高，采收率越低。

（9）尽管性质不同，化学组分的弥散和吸附机理显示出一些类似的特性：对 II$^{(-)}$ 体系影响小，使 II$^{(+)}$ 体系的化学剂和油浓度剖面滞后，采收率降低。然而在 II$^{(+)}$ 体系，当分配系数增加，由吸附引起的采收率降低比相应的弥散引起的采收率降低更加显著。

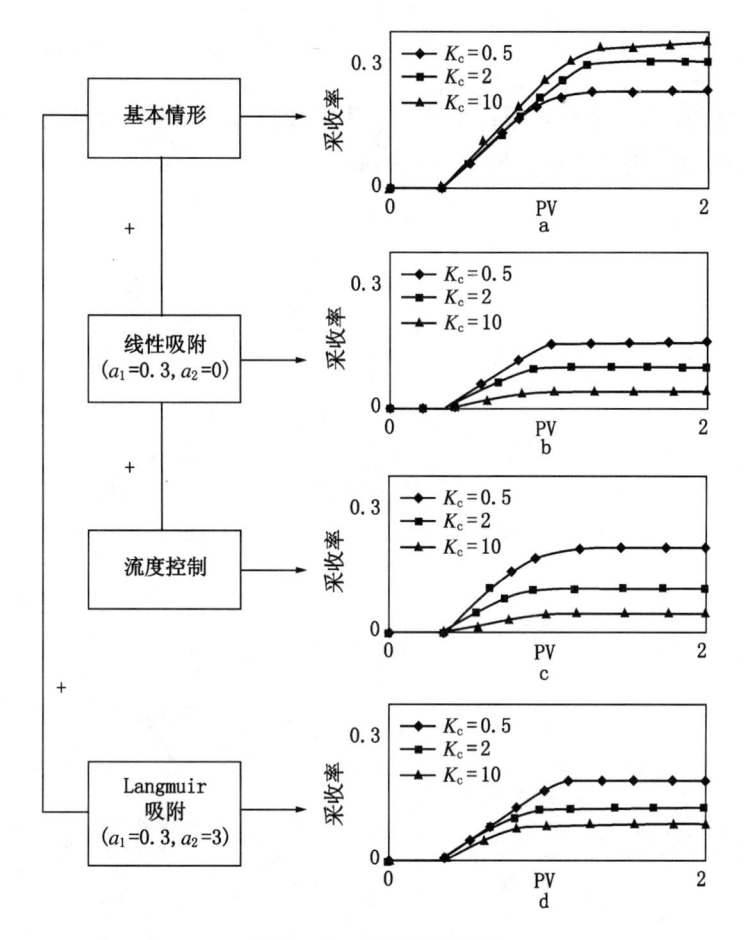

图 6-23 吸附结果分析

符号说明：
(1) 英文字母

$a_1$，$a_2$：吸附参数，$A$：油藏截面积，$cm^2$，$A_d$：单位孔隙体积中组分吸附体积，$c$：毛细管压力参数，$D$：弥散系数，$cm^2/s$，$e$：相对渗透率指数，$F$：界面张力系数，$G_1$，$G_2$：界面张力参数，$K$：绝对渗透率，$D$，$K_c$：化学剂平衡分配系数，$K_r$：相对渗透率，$L$：系统长度，$L_{pc}^a$：增溶参数，$L_{wc}^o$：膨胀参数，$n$：毛细管压力指数，$N_{pe}$：Peclet 数，$N_{vc}$：毛细管数，$NX$：总网格数，$p$：压力，atm，$p_c$：毛细管力，atm，$p_e$：出口端压力，atm，$S$：饱和度，$S^{ar}$：水相残余饱和度，$S^{or}$：油相残余饱和度，$t$：时间（s），$T_1^j$，$T_2^j$：$j$ 相捕获参数，$u$：达西速度，$cm/s$，$V$：体积分数，$x$：距离（沿岩样），$cm$，$Z$：总浓度。

(2) 希腊字母

$\alpha_1$，$\alpha_2$，$\alpha_3$：相黏度参数，$\lambda$：相流度，$\sigma$：界面张力（$10^{-5}N/cm$），$\sigma_{min}^j$：最小界面张力值，低于该值 $j$ 相将完全减饱和度，（$10^{-5}N/cm$），$\phi$：孔隙度，$\mu$：黏度，cP，$\varepsilon$：迭代误差。

(3) 下标

$i$：组分，$c$：化学剂组分，$D$：无因次，$m$：网格数，$p$：油组分，$w$：水组分，$s$：

段塞。

（4）上标

0：函数端点值，$a$：水相，$H$：油水（无化学剂）高界面张力系统，$IN$：注入，$j$：相，$k$：迭代次数，$n$：时步，$o$：油相，$r$：残余。

# 第七章 聚合物驱物理化学渗流理论

聚合物驱是一种增黏性水驱。由于驱替液属于非牛顿流体、驱替液与被驱替液之间有显著的黏度差异、驱替过程中发生着复杂的物理化学作用等，聚合物驱通常表现出复杂的物理化学渗流特征，其渗流理论与数学模型十分复杂。本章重点介绍这类黏性非牛顿流体物理化学渗流理论。

## 第一节 非牛顿流体渗流理论

在岩石中参与渗流的流体很多都属于非牛顿流体。目前在提高采收率技术中广泛采用的聚合物溶液驱油、ASP三元复合驱替液以及某些压裂液和酸化液一般为非牛顿流体。非牛顿流体的渗流性质与牛顿流体有很大的区别，常常表现出复杂的性质，而且研究也比较困难。

### 一、非牛顿流体的流变性

物体受到外力作用时发生流动和变形的性质称为流变性。研究物体流变性的学科称为流变学。因为物体受到外力作用时都要发生流动变形，所以，流变学的观点认为世界上的物体都可以被统一看作是"流体"，即所谓"万物皆流"，只是其流动的速度不同而已。由此可见，流变现象也是一种力学现象。

那么，流变学与流体力学所研究的内容有何不同呢？一般地说，全面描述物体运动规律的内容应包括两个方面，一是连续介质的运动方程，二是物体的流变状态方程，即本构方程（表示切应力和切速率关系的方程）。流变学所研究的是非牛顿流体的流动和变形，是全面的，重点是流变状态方程。

流体在发生黏滞流动时，引起各物理点的位置发生变化的力叫剪切力。其大小一般用剪切应力表示，简称切应力，即单位面积上所受的剪切力，记为 $\tau$；在剪切力作用下，流体各层之间发生相对位移，即产生剪切变形，其大小一般用剪切速率表示，即速度梯度，记为 $\dot{\gamma}$。

剪切应力和剪切速率是描述流体流变性的两个基本物理量，它们存在内在联系。由剪切应力和剪切速率构成的方程称为本构方程或流变方程，它决定材料的结构特性。

所谓非牛顿流体是相对于牛顿流体而言的。符合牛顿内摩擦定律的流体称为牛顿流体，即：

$$\tau = \mu \dot{\gamma} \tag{7-1}$$

式中 $\tau$——剪切应力，Pa；
$\dot{\gamma}$——剪切速率或称剪切速度梯度，1/s。

不符合上述定律的流体称为非牛顿流体。

在一定温度条件下，对于牛顿流体，其黏度为常数，不随剪切速率的改变而改变，而非牛顿流体与牛顿流体在宏观上表现出来的明显差异是在不同的剪切速率下其黏度不是常数。这一特性主要是由非牛顿流体的分子结构特点所决定的。

广义地讲，非牛顿流体包括两大类：即纯黏性非牛顿流体和黏弹性的非牛顿流体。

1. 纯黏性非牛顿流体

流变学不受弹性影响的非牛顿流体称为纯黏性非牛顿流体，即狭义上的非牛顿流体。根据其流变特性又可分为两类：一类是流变性与剪切速度有关的非牛顿流体，另一类是不仅与剪切速度有关，而且与时间有关的非牛顿流体。

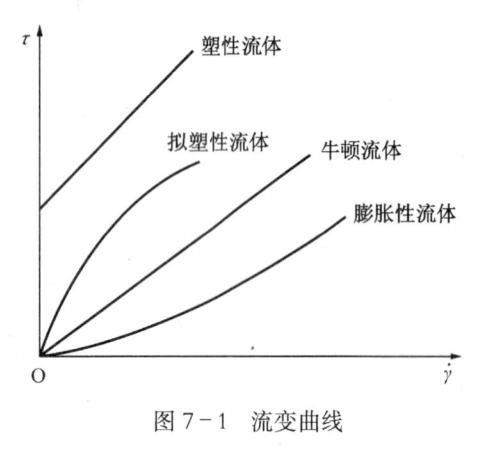

1) 流变性与剪切速率有关的非牛顿流体

对于一定的流体，其对应的本构方程应是唯一的。由于非牛顿流体的多样性和复杂性，目前仍无统一形式的本构方程。对于具体的非牛顿流体，其本构方程主要通过实验方法建立。

由剪切应力和剪切速率构成的曲线称为流变曲线，如图 7-1 所示。

牛顿流体的流变曲线是一条通过原点的直线，其斜率即为黏度，它是一个常数。而非牛顿流体的流变曲线一般为曲线，其斜率是变化的，故引入视黏度（或称表观黏度）。视黏度的定义为：

$$\mu_a = \frac{\tau}{\dot{\gamma}} \tag{7-2}$$

图 7-1 流变曲线

可见视黏度与剪切速率有关。根据剪切应力与剪切速率的关系，其本构方程的常用形式可分为三种，即塑性流体、假塑性流体和膨胀性流体。

(1) 塑性流体。

也称宾汉流体。其特点是只有当剪切应力超过某一静态剪切应力时，流体才能发生流动，此应力称为屈服应力，其本构方程为：

$$\tau = \tau_0 + \mu \dot{\gamma} \tag{7-3}$$

式中　$\tau_0$——屈服应力，Pa；

　　　$\mu$——黏度，常数。

由式 (7-3) 看出，当剪切应力超过屈服应力后，其流变特性与牛顿流体相同，流变曲线如图 7-1 所示。

某些品类的原油属于这种流体。

(2) 假塑性流体。

其本构方程为：

$$\tau = K\dot{\gamma}^n \tag{7-4}$$

式中　$K$——稠度系数；

　　　$n$——幂律指数，$0<n<1$。

这种流体的特点是：其视黏度随剪切速率的增加而减小，该特性称为剪切变稀。影响这种特性的因素有浓度及分子结构等，流变曲线如图 7-1 所示。

作为聚合物驱替液的聚丙烯酰胺水溶液在一定的剪切速率范围内表现为这种性质。

(3) 膨胀性流体。

其本构方程为：

$$\tau = K\dot{\gamma}^n \tag{7-5}$$

式中　$n$——幂律指数，$n>1$。

这种流体的特点是：其视黏度随剪切速率的增加而增加，该特性称为剪切增稠，流变曲线如图7-1所示。

由以上可知，假塑性流体和膨胀性流体的本构方程都可用同一个幂函数的形式表示，所以它们统称为幂律液体，也成为Ostwald-de-waele液体。

2) 流变性与剪切时间有关的非牛顿流体

这种流体分为两类：

（1）触变性流体。

流体的视黏度在剪切速率不变的条件下，随剪切时间的增加而减小的特性称为触变性。具有触变性的流体称为触变性流体，其黏度特性如图7-2所示。

（2）震凝性流体。

流体的视黏度在剪切速率不变的条件下随剪切时间的增加而增加的特性称为震凝性，或称反触变性。具有震凝性的流体称为震凝性流体，其黏度特性如图7-2所示。

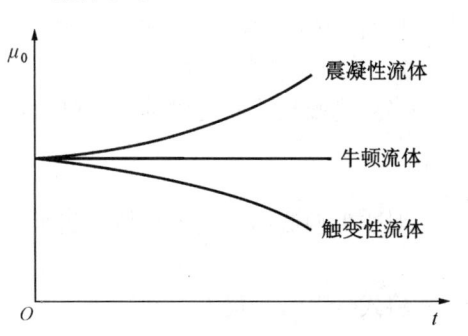

图7-2 非牛顿液体的视黏度随时间变化关系曲线

上述两种特性一般认为是由于流体分子结构的破坏和恢复所造成的。

2. 黏弹性非牛顿流体

一般认为，自然界中的物质按状态划分为两大类：一类是具有黏性的流体，另一类是具有弹性的固体。流变学的研究结果表明，自然界还存在一大类介于所谓流体和固体之间的物质这就是黏弹体。它们既具有流体的黏性特性，同时又具有固体的弹性特性（拉伸和压缩），这种特性称为黏弹性。

黏弹性表现为法向应力差异的存在。如图7-3为黏弹性示意图，在图7-3a中，物体$A$（实线所示）受相同的法向应力的作用，即$\delta_1-\delta_2=0$（$\delta_1-\delta_2$称为第一法向应力差），此时$A$物体均匀地膨胀形成$A'$（虚线所示）；在图7-3b中，物体$A$（实线所示）受到不相等的法向应力的作用，即$\delta_1>\delta_2$，$A$物体将沿$x$轴方向拉伸，沿$y$轴方向收缩，形成$A'$（虚线所示）而产生流动。

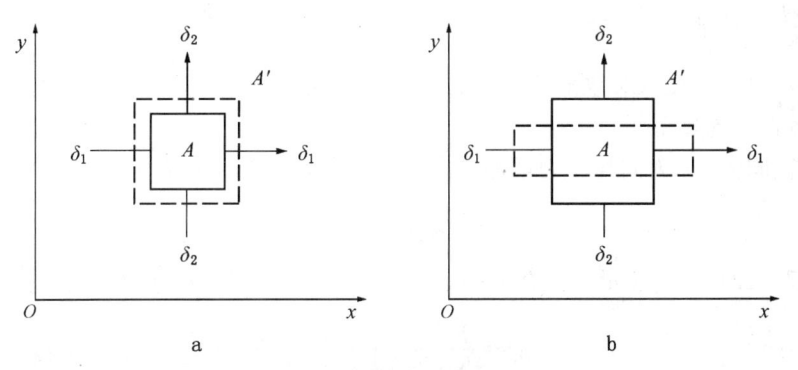

图7-3 黏弹性示意图

由法向应力差而产生的弹性变形是固体所具有的特性，液体不具有。而黏弹性非牛顿流体所具有的弹性与纯固体的弹性有所不同。纯固体的弹性表现为宏观上的拉伸（或压缩），而黏弹性非牛顿液体则表现为缓慢且微弱的蠕变，因此在流变测量上存在较大困难。

## 二、非牛顿液体渗流理论

研究非牛顿液体渗流理论有两种方法，一种是在实验室通过对非牛顿流体的渗流实验，直接建立渗流速度与压差的方程式，由此进行研究；另一种是首先选择描述渗流的运动方程，然后通过黏度计测得其中的黏度，将其代入运动方程。此处主要介绍第二种方法。

1. 非牛顿流体幂律稳定渗流理论

1）单向渗流典型解

当渗流服从达西定律时，对单向渗流则应为：

$$v = -\frac{K}{\mu}\frac{\mathrm{d}p}{\mathrm{d}L} \tag{7-6}$$

对非牛顿流体，假定其黏度随速度变化符合指数关系：

$$\mu = Fv^m \tag{7-7}$$

将式（7-7）代入式（7-6）：

$$v^{m+1} = -\frac{K}{F}\frac{\mathrm{d}p}{\mathrm{d}L} \tag{7-8}$$

由于 $v = \frac{q}{A}$，则式（7-8）可写为：

$$\left(\frac{q}{A}\right)^{m+1} = -\frac{K}{F}\frac{\mathrm{d}p}{\mathrm{d}L} \tag{7-9}$$

$$\Delta p = \frac{F}{K}\left(\frac{q}{A}\right)^{m+1}L \tag{7-10}$$

式中 $\Delta p$——岩心两端的压力降（$\Delta p = p_1 - p_2$）；
$q$——体积流量；
$A$——岩心截面积；
$L$——岩心长度；
$K$——渗透率。

将式（7-10）两端取对数，得：

$$\lg\Delta p = \lg C + (m+1)\lg\frac{q}{A} \tag{7-11}$$

式中，$C = \frac{FL}{K}$，$F$ 是一个常数。

由式（7-11），在双对数坐标上，$\Delta p \sim q/A$ 相关曲线是一条斜率为 $m+1$ 的直线。

2）平面径向流典型解

对平面径向流，$r$ 方向与压力增加方向一致，故式（7-8）应为：

$$v^{m+1} = \left(\frac{q}{2\pi hr}\right)^{m+1} = \frac{K}{F}\frac{\mathrm{d}p}{\mathrm{d}r} \tag{7-12}$$

将式（7-12）分离变量，并在 $r = r_\mathrm{w}$ 时 $p = p_\mathrm{wf}$；$r = r_\mathrm{e}$ 时 $p = p_\mathrm{e}$ 条件下进行积分：

$$\int_{p_\mathrm{wf}}^{p_\mathrm{e}} \mathrm{d}p = \frac{F}{K}\left(\frac{q}{2\pi h}\right)^{m+1}\int_{r_\mathrm{w}}^{r_\mathrm{e}}\frac{\mathrm{d}r}{r^{m+1}}\mathrm{d}p$$

$$q^{m+1} = \frac{(2\pi h)^{m+1}mK(p_\mathrm{e} - p_\mathrm{wf})}{F\left(\frac{1}{r_\mathrm{w}^m} - \frac{1}{r_\mathrm{e}^m}\right)} \tag{7-13}$$

$$q = {}^{m+1}\sqrt{\frac{(2\pi h)^{m+1} mK(p_e - p_{wf})}{F\left(\frac{1}{r_w^m} - \frac{1}{r_e^m}\right)}} = 2\pi h {}^{m+1}\sqrt{\frac{mK(p_e - p_{wf})}{F\left(\frac{1}{r_w^m} - \frac{1}{r_e^m}\right)}} \tag{7-14}$$

对于非牛顿流体的平面径向稳定渗流，还可以用下面叙述的方法来研究。若以 $V$ 表示地层供应半径 $r_e$ 以内流体的体积：

$$V = \pi r_e^2 h \phi \qquad r_e = \left(\frac{V}{\pi h \phi}\right)^{\frac{1}{2}}$$

上式代入式（7-14）得：

$$(p_e - p_{wf}) = -\frac{F}{K}\left(\frac{q}{2\pi h}\right)^{m+1} \frac{1}{m}\left[\left(\frac{V}{\pi h \phi}\right)^{-\frac{m}{2}} - r_w^{-m}\right] \tag{7-15}$$

由于 $m$ 在 $-1$ 和 $0$ 之间，且 $r_w/r_e$ 值很小，式（7-13）最后一项可以忽略。

令：

$$C = \frac{F \phi^{m/2}}{2^{m+1} mK(\pi h)^{\frac{m}{2}+1}}$$

则式（7-15）变为：

$$p_e - p_{wf} = CV^{-\frac{m}{2}} q^{m+1} \tag{7-16}$$

式（7-16）两端取对数得：

$$\lg(p_e - p_{wf}) = \lg C - \frac{m}{2}\lg V + (m+1)\lg q \tag{7-17}$$

由式（7-17）可以看出，当体积 $V$ 恒定时，在双对数坐标上，$\Delta p \sim q$ 关系曲线是一条斜率为 $(m+1)$ 的直线。

**2. 非牛顿流体幂律不稳定渗流理论**

平面径向不稳定渗流的数学模型可以表示为：

$$\frac{1}{r}\frac{\partial}{\partial r}\left(\frac{r}{\mu}\frac{\partial p}{\partial r}\right) = \frac{\phi C_t}{K}\frac{\partial p}{\partial t} \tag{7-18}$$

式中 $K$——渗透率；

$C_t$——综合弹性系数；

$\mu$——流体黏度，是一个变数。

方程（7-18）只能用近似方法，利用计算机求解。

若采用对数变换：$\dfrac{r}{r_w} = e^u$，则 $r = r_w e^u$，$dr = r_w e^u \cdot du = r\,du$

$$\frac{\partial p}{\partial r} = \frac{\partial p}{\partial u}\frac{\partial u}{\partial r} = \frac{\partial p}{\partial u}\frac{1}{r}$$

$$\frac{1}{r}\frac{\partial}{\partial r}\left(\frac{r}{\mu}\frac{\partial p}{\partial r}\right) = \frac{1}{r}\frac{\partial}{\partial u}\left(\frac{1}{\mu}\frac{\partial p}{\partial u}\right)\frac{du}{dr} = \frac{1}{r^2}\frac{\partial}{\partial u}\left(\frac{1}{\mu}\frac{\partial p}{\partial r}\right)$$

则式（7-18）变为：

$$\frac{\partial}{\partial u}\left(\frac{1}{\mu}\frac{\partial p}{\partial u}\right) = r_w^2 r_e^{2u}\frac{\phi C_t}{K}\frac{\partial p}{\partial t} \tag{7-19}$$

将式（7-19）扩展成有限差分式：

$$\frac{1}{\Delta u}\left[\frac{1}{\mu_{1-\frac{1}{2},n+1}}\left(\frac{p_{i-1,n+1}-p_{i,n+1}}{\Delta u}\right)-\frac{1}{\mu_{i+\frac{1}{2},n+1}}\left(\frac{p_{i+1,n+1}-p_{i+1,n+1}}{\Delta u}\right)\right]$$
$$=r_{\mathrm{w}}^{2}\mathrm{e}^{2i\Delta u}\frac{\phi C_{\mathrm{t}}}{K}\left(\frac{p_{i,n+1}-p_{i-1,n+1}}{\Delta t}\right) \tag{7-20}$$

初始及边界条件如下：

$$p(r,0)=0 \tag{7-21}$$

$$\frac{q}{A}=\frac{K}{\mu}\frac{\mathrm{d}p}{\mathrm{d}r}$$

或

$$q=-\frac{2\pi Kh}{\mu^{\frac{1}{2}}}\left(\frac{p_{0,n+1}-p_{1,n+1}}{\Delta u}\right) \tag{7-22}$$

假定模型中每个单元的黏度是每个横剖面面积通过每个单元的平均速度的函数。每单位时间增量内流入和流出每个单元的速度用达西定律计算。

流入单元的速度为：

$$\frac{q_{1}}{A}=\left(\frac{K}{\mu_{i-\frac{1}{2},n}}\right)\frac{[p_{i-1,n+1}-p_{i,n+1}]}{\Delta u r_{\mathrm{w}}\mathrm{e}^{[(i-1)\Delta u]}} \tag{7-23}$$

流出单元的速度为：

$$\frac{q_{2}}{A}=\left(\frac{K}{\mu_{i+\frac{1}{2},n}}\right)\frac{[p_{i,n+1}-p_{i+1,n+1}]}{\Delta u r_{\mathrm{w}}\mathrm{e}^{[(i-1)\Delta u]}} \tag{7-24}$$

平均速度为：

$$\frac{q}{A}=\frac{q_{1}+q_{2}}{2A} \tag{7-25}$$

每个单元的黏度用以下公式计算：

$$\mu_{\mathrm{i}}=F\left(\frac{q}{A}\right) \tag{7-26}$$

应用相应的方法，可解出上述方程组。

## 第二节　水驱前缘推进动态方程

本节描述了在线性系统水驱油过程中前缘推进理论及其应用，便于与聚合物增黏水驱的前缘推进理论进行比较。

### 一、前缘推进及相关方程

假设岩石各向同性，孔隙度为 $\phi$，渗透率为 $K$，长度为 $L$，横截面积为 $A$，岩石中初始束缚水饱和度 $S_{\mathrm{iw}}$，（束缚水饱和度定义为水不能流动时的饱和度；也就是说，此时水相渗透率 $K_{\mathrm{rw}}$ 为 0），同时假设没有气相。假设水以一定的速度注入线性系统，每一含水饱和度 $S_{\mathrm{w}}$ 以恒定速率在线性系统中移动，用方程（7-27）来描述。该方程称为前缘推进方程或 Buckley-Leverett 方程。

$$\frac{\mathrm{d}x_{\mathrm{sw}}}{\mathrm{d}t}=\frac{q_{\mathrm{t}}}{A\phi}\left(\frac{\partial f_{\mathrm{w}}}{\partial S_{\mathrm{w}}}\right)_{S=S_{\mathrm{w}}} \tag{7-27}$$

式中　$x_{\mathrm{sw}}$——含水饱和度 $S_{\mathrm{w}}$ 距入口端 $x=0$ 处的距离；

$q_{\mathrm{t}}$——注入量；

$f_w$——水的分流率；

$t$——注入时间。

当系统是水平的，忽略重力和毛细管力时，水的分流率可由方程（7-28）计算。

$$f_w = (K_w/\mu_w)/(K_o/\mu_o + K_w/\mu_w) \qquad (7-28)$$

式中 $K_w$——岩石的水相渗透率；

$K_o$——岩石的油相渗透率，它们均为含水饱和度的函数；

$\mu_w$——水的黏度；

$\mu_o$——油的黏度；

$f_w$——无因次。

图 7-4 是典型的分流率与含水饱和度关系曲线。微商 $\partial f_w/\partial S_w$ 可以通过在 $f_w$-$S_w$ 曲线上由某一给定饱和度作一条曲线的切线得到。如果已知相对渗透率 $K_{ro}(S_w)$ 和 $K_{rw}(S_w)$，$\partial f_w/\partial S_w$ 的值也可以通过数值计算求得。驱替前缘的含水饱和度从 $S_{iw}$ 跃变至 $S_{wf}$，所以前缘推进方程的解在驱替前缘出现了饱和度不连续的特征。

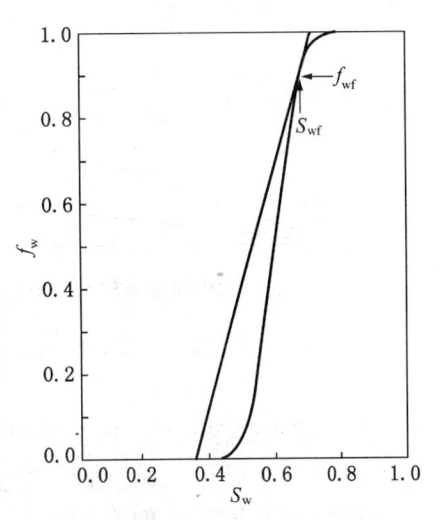

图 7-4 分流率与含水饱和度关系曲线

在分流曲线上从 $S_{iw}$ 处作一条切线就可以求得驱替前缘饱和度。如图 7-4，切线的斜率为：

$$f'_{wf} = (f_{wf} - f_{iw})/(S_{wf} - S_{iw}) \qquad (7-29)$$

式中 $S_{wf}$——驱替前缘饱和度；

$S_{iw}$——束缚水饱和度；

$f_{wf}$——$S_{wf}$ 处水的分流率；

$f_{iw}$——$S_{iw}$ 处水的分流率，为 0。

驱替前缘饱和度跃变以一给定的速度移动：

$$v_{wf} = (q_t/A\phi)(\partial f_w/\partial S_w)_{S_{wf}} \qquad (7-30)$$

当束缚水饱和度不可流动时，正如图 7-4 所描述的，$f_{iw}=0$，于是得到 $v_{wf}$ 的表达式：

$$v_{wf} = (q_t/A\phi)[f_{wf}/(S_{wf}-S_{iw})] \qquad (7-31)$$

将方程（7-27）对时间积分，某一特定饱和度的位置可以由式（7-32）得到：

$$x_{S_w} = (q_t t/A\phi)(\partial f_w/\partial S_w)_{S_w} \qquad (7-32)$$

因为每个饱和度的速度是恒定的，所以饱和度位置对时间的图形是一系列从原点开始的直线。将以下表达式引入方程（7-32）中，这个图就可以作成无因次的形式。令

$$x_D = x/L \qquad (7-33)$$

$x_D$ 是从原点开始的无因次距离。

$$t_D = q_t t/A\phi L \qquad (7-34)$$

$t_D$ 是无因次时间（注入流体的孔隙体积倍数），于是方程（7-32）变为：

$$x_{DS_w} = t_D f'_w \qquad (7-35)$$

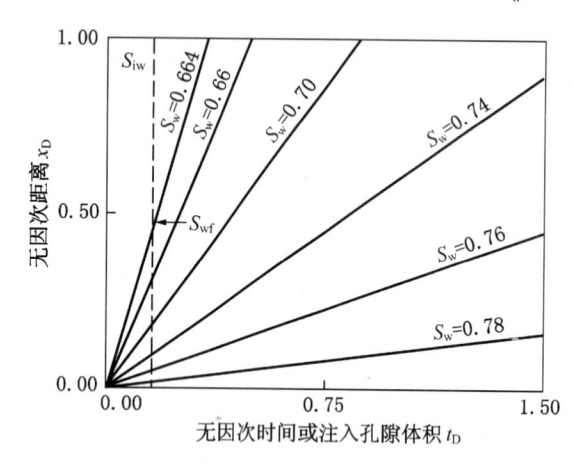

图 7-5 是利用前缘推进方程预测含水饱和度移动的无因次距离与无因次时间的关系曲线。饱和度 $S_w$ 在驱替路径上以相同的速度移动。在驱替前缘波及前的区域内饱和度是一致的，为 $S_{iw}$。从 $S_{wf}$ 到任一含水饱和度 $S_w$，$S_w$ 越大，速度移动降低，图 7-5 中显示出曲线的斜率降低，且 $x_D/t_D$ 图呈扇形分布。该区域通常称为扩张波（spreading wave）。

饱和度剖面可以在 $x_D/t_D$ 图上作一垂线得到。饱和度剖面是指某一时间沿着剖面的所有饱和度所处的位置，如图 7-5 中 $t_D = 0.15$ 的虚线所示。图 7-6 显示了由图 7-5 得出的在 $t_D = 0.15$ 处的饱和度剖面。

饱和度历史是在一给定值 $x_D$ 处饱和度与时间的关系图。图 7-7 显示了 $x_D = 1$（出口端）时含水饱和度对 $t_D$ 的关系图。

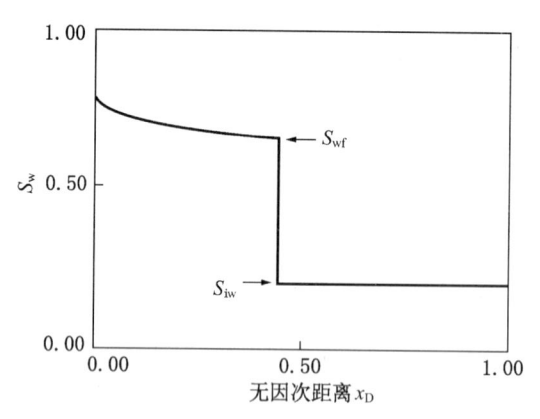

图 7-6　$t_D = 0.15$ 时的饱和度剖面

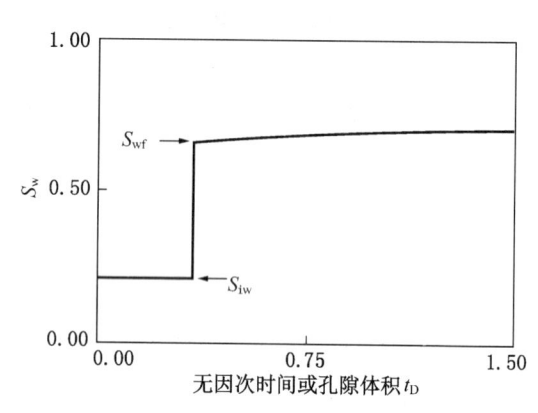

图 7-7　$x_D = 1$（出口端）处的饱和度历史

确定了水驱区域平均饱和度后就可以获得驱替动态。在突破（也就是驱替前缘到达了 $x_D = 1$ 处）以前，只流出油，并且油的体积与注入水的体积相等，该过程一直持续到突破为止。生产出的油的体积，以孔隙体积 PV 的表示，为 $t_{Dbt}$，由下式得到：

$$t_{Dbt} = 1/f'_{wf} \qquad (7-36)$$

在突破时及突破以后，驱替出的油的体积由下式得到：

$$N_p = (\bar{S}_w - S_{iw})A\phi L/B_o \qquad (7-37)$$

式中　$N_p$——驱替出的油量；
　　　$\bar{S}_w$——线性系统中平均含水饱和度；
　　　$B_o$——油的地层体积系数。

突破以后任意时间的平均含水饱和度可以由 Welge 方程计算，其表达式为：

$$\overline{S}_w = S_{w2} + t_{D2}(1 - f_{w2}) \tag{7-38}$$

式中 $S_{w2}$——在 $x_D = 1$ 处的含水饱和度；

$f_{w2}$——在 $x_D = 1$ 处的水的分流率；

$t_{D2}$——饱和度 $S_{w2}$ 从系统的入口端 $x_D = 0$ 传播到末端 $x_D = 1$ 所需的无因次时间。$t_{D2}$ 的值由下式获得：

$$t_{D2} = 1/f'_{w2} \tag{7-39}$$

$\overline{S}_w$ 也可以由图解的方法得到。

**例 7-1** 线性水驱前缘推进方程的应用 一个岩心被油饱和，存在束缚水，表 7-1 给出了岩心、流体及饱和度的性质。求：

（1）用无因次距离，无因次时间 $x_D/t_D$ 曲线来表示驱替过程，直到系统末端达到 $WOR = 50$ 为止。

（2）水驱前缘位于 $x_D = 0.75$ 处饱和度剖面。

（3）从水驱开始，一直到 $WOR = 50$ 时驱替油的体积。

**表 7-1 岩石和流体性质**

| 性质参数 | 数 值 |
| --- | --- |
| $\Phi$ | 0.20 |
| $S_{iw}$ | 0.30 |
| $S_{or}$ | 0.30 |
| $\mu_o$, cP | 40 |
| $\mu_w$, cP | 1 |
| $B_o$, bbl/STB | 1.0 |

相对渗透率关系由下式给出：

$$K_{ro} = \alpha_1 (1 - S_{wD})^m \tag{7-40}$$

$$K_{rw} = \alpha_2 S_{wD}^n \tag{7-41}$$

式中 $\alpha_1 = 0.8$，$\alpha_2 = 0.2$，$m = 2$，$n = 2$，并且

$$S_{wD} = (S_w - S_{iw})/(1 - S_{or} - S_{iw}) \tag{7-42}$$

式中 $S_{or}$ 是水驱残余油饱和度。假设体积系数 $B_o = B_w = 1.0$。

**解**：作 $x_D/t_D$ 关系图，饱和度剖面，驱替动态，这需要知道驱替前缘饱和度以及不同含水饱和度下的分流曲线的微分。它们都可以通过具体数值求得。对于这个例子，$S_{wf} = 0.4206$，$f_{w2} = 0.65076$。分流曲线中切线的斜率由 $f_w = 0$，$S_{iw} = 0.30$ 用方程（7-29）求得。

$$\begin{aligned} f'_{wf} &= (f_{wf} - f_{iw})/(S_{wf} - S_{iw}) \\ &= (0.65076 - 0.0)/(0.4206 - 0.3) \\ &= 5.396 \end{aligned}$$

当驱替到达线性系统的末端（$x_D = 1$）时，$S_{w2} = S_{wf}$

$$t_{D2} = 1/f'_w = 1/5.396 = 0.185$$

在 $t_{D2}=0.185$ 时的平均含水饱和度可由方程（7-38）计算而得：

$$\overline{S}_w = S_{w2} + t_{D2}(1-f_{w2})$$
$$= 0.4206 + 0.185(1-0.6508)$$
$$= 0.485$$

表 7-2 给出了其他的饱和度及计算的参数。

表 7-2 平均含水饱和度的计算结果

| $S_{w2}$ | $f_{w2}$ | $f'_{w2}$ | $t_{D2}$ | $\overline{S}_w$ |
|---|---|---|---|---|
| 0.4206 | 0.65076 | 5.39578 | 0.18533 | 0.4853 |
| 0.4262 | 0.67991 | 5.03890 | 0.19846 | 0.4897 |
| 0.4318 | 0.70708 | 4.68777 | 0.21332 | 0.4943 |
| 0.4374 | 0.73232 | 4.34687 | 0.23005 | 0.4989 |
| 0.4430 | 0.75569 | 4.01949 | 0.24879 | 0.5037 |
| 0.4485 | 0.77727 | 3.70789 | 0.26970 | 0.5086 |
| 0.4541 | 0.79716 | 3.41350 | 0.29295 | 0.5136 |
| 0.4597 | 0.81545 | 3.13708 | 0.31877 | 0.5185 |
| 0.4653 | 0.83225 | 2.87883 | 0.34736 | 0.5236 |
| 0.4709 | 0.84766 | 2.63857 | 0.37899 | 0.5286 |
| 0.4765 | 0.86177 | 2.41585 | 0.41393 | 0.5337 |
| 0.4821 | 0.87469 | 2.20995 | 0.45250 | 0.5388 |
| 0.4877 | 0.88650 | 2.02007 | 0.49503 | 0.5438 |
| 0.4932 | 0.89729 | 1.84530 | 0.54192 | 0.5489 |
| 0.4988 | 0.90715 | 1.68468 | 0.59358 | 0.5540 |
| 0.5044 | 0.91614 | 1.53725 | 0.65051 | 0.5590 |
| 0.5100 | 0.92435 | 1.40505 | 0.71324 | 0.5640 |
| 0.5156 | 0.93183 | 1.27817 | 0.78237 | 0.5689 |
| 0.5212 | 0.93865 | 1.16472 | 0.85857 | 0.5739 |
| 0.5268 | 0.94487 | 1.06086 | 0.94263 | 0.5787 |
| 0.5324 | 0.95053 | 0.96581 | 1.03541 | 0.5836 |
| 0.5380 | 0.95568 | 0.87882 | 1.13789 | 0.5884 |
| 0.5435 | 0.96036 | 0.79922 | 1.25123 | 0.5931 |
| 0.5491 | 0.96462 | 0.72637 | 1.37671 | 0.5978 |
| 0.5547 | 0.96849 | 0.65970 | 1.51585 | 0.6025 |
| 0.5603 | 0.97200 | 0.59866 | 1.67039 | 0.6071 |
| 0.5659 | 0.97519 | 0.54278 | 1.84237 | 0.6116 |
| 0.5715 | 0.97808 | 0.49160 | 2.03418 | 0.6161 |
| 0.5771 | 0.98069 | 0.44471 | 2.24865 | 0.6205 |

（1）确定了每一个饱和度到达系统的末端（$x_D=1$）所需要的时间以及从那一点到原点作一条直线就可以得到距离/时间关系图。利用式（7-39），得：

$$t_{D2} = 1/f'_{w2}$$

$S_{w2} = 0.538$，$f'_{w2} = 0.87882$，因此，
$$t_{D2} = 1/f'_{w2} = 1/0.87882 = 1.13789$$

从原点（$x_D = 0$，$t_D = 0$）到系统的末端（$x_D = 1$）对应 $t_D = t_{D2}$ 的含水饱和度作一条直线，就可以得到图 7-8 所表示的距离/时间图。

（2）驱替前缘在 $x_D = 0.75$ 处的饱和度剖面是所有饱和度在相应的 $t_D$ 值时的位置（由前缘推进方程求得）。
$$t_D = x_{Df}/f'_{wf} = 0.75/f'_{wf} = 0.139$$

其他饱和度（$S_{wf} < S_w < 1 - S_{or}$）在 $t_D = 0.139$ 处的位置可由式（7-35）计算：
$$x_{DS_w} = t_D f'_w$$

在 $S_w = 0.560$，$f'_w = 0.60183$，因此 $x_{Dw} = 0.75 \times 0.60183 = 0.0837$

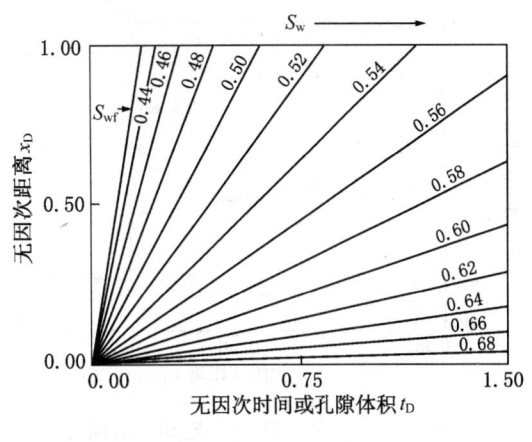

图 7-8 参数的 $x_D/t_D$ 图

表 7-3 和图 7-9 给出了计算出的饱和度剖面，其中，饱和度的步长增量是 0.02，变化范围从 $S_w = 1 - S_{or}$ 到 $S_{wf}$。

表 7-3　$t_D = 0.75$ 时的饱和度剖面

| $S_w$ | $f'_w$ | $x_D$ |
| --- | --- | --- |
| 0.70 | 0.00000 | 0.000 |
| 0.68 | 0.02914 | 0.00405 |
| 0.66 | 0.06842 | 0.00951 |
| 0.64 | 0.12137 | 0.01687 |
| 0.62 | 0.19289 | 0.02681 |
| 0.60 | 0.28982 | 0.04028 |
| 0.58 | 0.42169 | 0.05861 |
| 0.56 | 0.60183 | 0.08365 |
| 0.54 | 0.84880 | 0.11798 |
| 0.52 | 1.18799 | 0.16513 |
| 0.50 | 1.65289 | 0.22975 |
| 0.48 | 2.28437 | 0.31752 |
| 0.46 | 3.12370 | 0.43419 |
| 0.44 | 4.19083 | 0.58251 |
| 0.4206（$S_{wf}$） | 5.3958 | 0.75 |
| 0.30 | — | 0.75 |
| 0.30 | — | 1.00 |

（3）利用式（7-38）计算出平均含水饱和度以后就可以得到驱替动态。表 7-4 概括了驱替动态的结果，以孔隙体积的倍数 PV，即 $N_p/(A\phi L)$ 表示，由式（7-37）知：

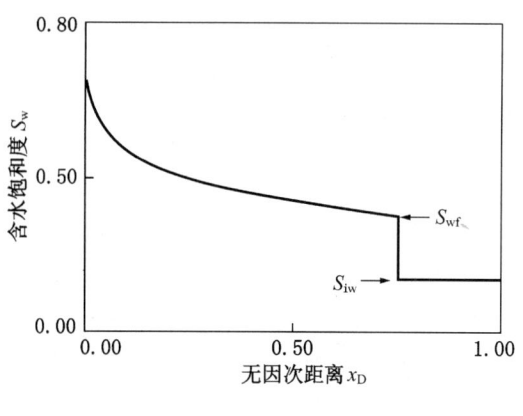

图 7-9 $x_D = 0.75$ 时的饱和度剖面

$$N_p = [\overline{S}_w - S_{iw}/B_o]A\phi L$$

于是，$N_p/A\phi L = [\overline{S}_w - S_{iw}/B_o]$

由表 7-2 查得：$S_{w2} = 0.5547$，$\overline{S}_w = 0.6025$。当 $B_o = 1.0$

$$N_p/A\phi L = 0.6025 - 0.3 = 0.3025$$

$F_{wo}$，生产水油比 $WOR$，由分流方程（7-28）重新整理而计算。因为：

$$f_w = q_w/(q_w + q_o) \qquad (7-43)$$

式中 $q_w$——水的产量；
$q_o$——油的产量。

**表 7-4 在束缚水饱和度下线性水驱的驱替动态**

| $S_{w2}$ | $t_D$ | $F_{wo}$ | $N_p/A\phi L$, PV |
|---|---|---|---|
| 0.30 | 0.00000 | 0.00000 | 0.00000 |
| 0.30 | 0.01853 | 0.00000 | 0.01853 |
| 0.30 | 0.03707 | 0.00000 | 0.03707 |
| 0.30 | 0.05560 | 0.00000 | 0.05560 |
| 0.30 | 0.07413 | 0.00000 | 0.07413 |
| 0.30 | 0.09266 | 0.00000 | 0.09266 |
| 0.30 | 0.11120 | 0.00000 | 0.11120 |
| 0.30 | 0.12973 | 0.00000 | 0.12973 |
| 0.30 | 0.14826 | 0.00000 | 0.14826 |
| 0.4206 | 0.18533 | 1.86332 | 0.18533 |
| 0.4262 | 0.19846 | 2.12410 | 0.18972 |
| 0.4318 | 0.21332 | 2.41390 | 0.19427 |
| 0.4374 | 0.23005 | 2.73576 | 0.19895 |
| 0.4430 | 0.24879 | 3.09308 | 0.20374 |
| 0.4485 | 0.26970 | 3.48969 | 0.20861 |
| 0.4541 | 0.29295 | 3.92990 | 0.21356 |
| 0.4597 | 0.31877 | 4.41858 | 0.21855 |
| 0.4653 | 0.34736 | 4.96123 | 0.22358 |
| 0.4709 | 0.37899 | 5.56411 | 0.22863 |
| 0.4765 | 0.41393 | 6.23434 | 0.23370 |
| 0.4821 | 0.45250 | 6.98001 | 0.23878 |
| 0.4877 | 0.49503 | 7.81043 | 0.24385 |
| 0.4932 | 0.54192 | 8.73625 | 0.24891 |
| 0.4988 | 0.59358 | 9.76974 | 0.25395 |
| 0.5044 | 0.65051 | 10.92510 | 0.25897 |
| 0.5100 | 0.71324 | 12.21878 | 0.26397 |

续表

| $S_{w2}$ | $t_D$ | $F_{wo}$ | $N_p/A\phi L$, PV |
|---|---|---|---|
| 0.5156 | 0.78237 | 13.66995 | 0.26893 |
| 0.5212 | 0.85857 | 15.30101 | 0.27386 |
| 0.5268 | 0.94263 | 17.13829 | 0.27874 |
| 0.5324 | 1.03541 | 19.21285 | 0.28359 |
| 0.5380 | 1.13789 | 21.56150 | 0.28839 |
| 0.5435 | 1.25123 | 24.22817 | 0.29313 |
| 0.5491 | 1.37671 | 27.26550 | 0.29783 |
| 0.5547 | 1.51585 | 30.73700 | 0.30248 |
| 0.5603 | 1.67039 | 34.71980 | 0.30707 |
| 0.5659 | 1.84237 | 39.30822 | 0.31160 |
| 0.5715 | 2.03418 | 44.61852 | 0.31607 |
| 0.5771 | 2.24865 | 50.79517 | 0.32048 |

$$F_{wo} = (q_w/q_o)(B_o/B_w) \tag{7-44}$$

即

$$F_{wo} = [f_w/(1-f_w)](B_o/B_w) \tag{7-45}$$

## 二、存在束缚水的驱替

在水驱过程中，注入水同时驱替油和束缚水。束缚水在水驱过程中的运动可用一个简单的模型描述。这个模型作一些修改也可应用于考虑黏度增加或降低界面张力（IFT）的提高采收率技术中化学剂的运移。束缚水与注入水有区别，但是能够被混合驱替。假设束缚水和注入水之间没有混合的现象发生，因此如果是活塞式驱替，那么注入水和束缚水之间就存在明显的界面。在这种假设条件下，束缚水的饱和度剖面分布见图7-10。

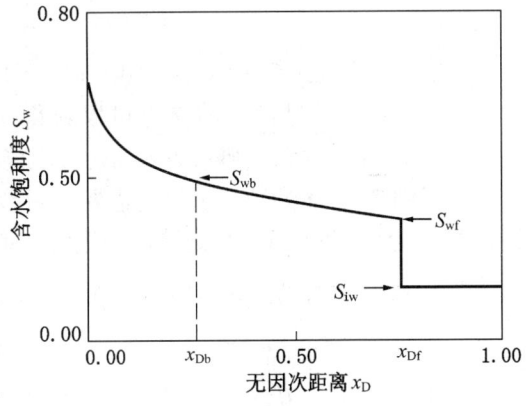

图7-10 束缚水被注入流体驱替时的饱和度剖面

注入水和束缚水边界的位置 $x_{Db}$ 在任何时候都可以应用束缚水的物质平衡而求得。因为束缚水的体积守恒，有：

$$A\phi x_f S_{iw} = \int_{x_b}^{x_f} A\phi S_w dx$$
$$= A\phi \overline{S}_{wb}(x_f - x_b) \tag{7-46}$$

式中 $\overline{S}_{wb}$——$x_b$ 与 $x_f$ 之间的束缚水平均饱和度；

$x_b$——注入水和束缚水之间的混相边界的位置；

$x_f$——驱替前缘饱和度在 $x$ 方向的位置。

$S_{wb}$ 可以通过 Welge 方程的扩展形式来计算。使用前缘推进方程求解得到在 $x_1 \leqslant x \leqslant x_2$ 之间的平均含水饱和度为：

$$\bar{S}_w = \frac{x_2 S_{w2} - x_1 S_{w1}}{x_2 - x_1} - \left(\frac{q_t t}{A\phi}\right)\left(\frac{f_{w2} - f_{w1}}{S_{w2} - S_{w1}}\right) \tag{7-47}$$

在这种情况下

$$\bar{S}_{wb} = \frac{x_f S_{wf} - x_b S_{wb}}{x_f - x_b} - \left(\frac{q_t t}{A\phi}\right)\left(\frac{f_{wf} - f_{wb}}{S_{wf} - S_{wb}}\right) \tag{7-48}$$

代入式（7-46），整理得到：

$$x_f S_{iw} = x_f S_{wf} - x_b S_{wb} - (q_t t / A\phi)(f_{wf} - f_{wb}) \tag{7-49}$$

或者

$$x_f (S_{wf} - S_{iw}) = x_b S_{wb} - (q_t t / A\phi)(f_{wf} - f_{wb}) \tag{7-50}$$

根据前缘推进方程：

$$x_f = (q_t t / A\phi)[f_{wf}/(S_{wf} - S_{iw})] \tag{7-51}$$

把式（7-51）代入式（7-50）得到：

$$x_b = (q_t t / A\phi)(f_{wb}/S_{wb}) \tag{7-52}$$

因为 $S_{wb}$ 的位置也必须满足前缘推进的解：

$$x_b = (q_t t / A\phi)(\partial f_w / \partial S_w)_{S_{wb}} \tag{7-53}$$

比较式（7-52）和式（7-53）得到：

$$(\partial f_w / \partial S_w)_{S_{wb}} = f_{wb}/S_{wb} \tag{7-54}$$

这样，从原点 ($f_w = 0$，$S_w = 0$) 向分流曲线作一条切线，就可以得到斜率 $f_{wb}/S_{wb}$，如图 7-11 所示。通过切线的交点可以获得 $f_{wb}$ 和 $S_{wb}$ 的值。在例 7-1 中，$f_{wb} = 0.8989$；$S_{wb} = 0.4941$ 注入水和束缚水边界的位置也能够确定，因为边界以一恒定速度移动。图 7-12 显示了例 7-1 中参数所确定的边界。阴影部分是被束缚水所占据的膨胀区域。膨胀现象发生的原因是驱替前缘以恒定速度推进时，束缚水进入了这个区域。

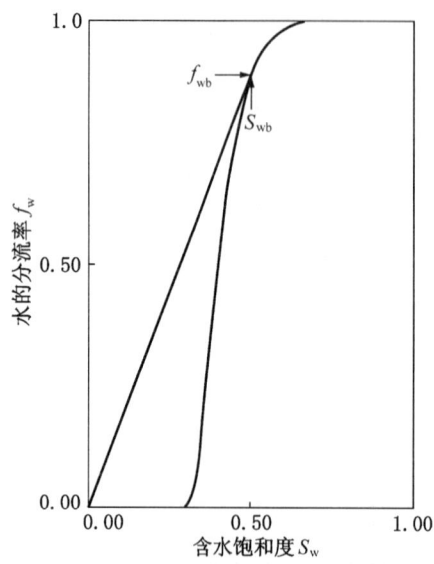

图 7-11 分流曲线的切线（例 7-1 中的基本参数）

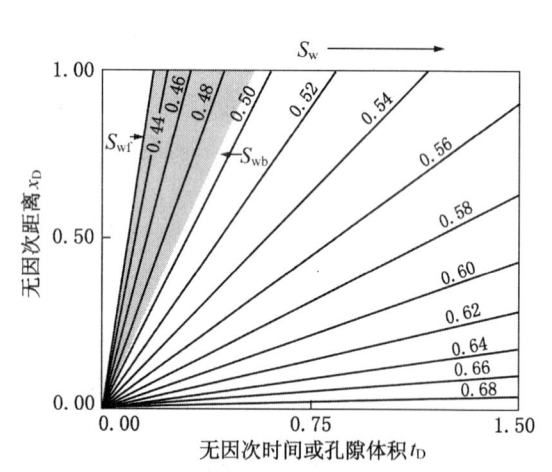

图 7-12 束缚水占据区域的 $x_D/t_D$ 图（例 7-1 中的基本参数）

## 第三节 增黏水驱前缘推进动态方程

### 一、线性系统中增黏水驱

水驱油驱替效率受到被驱替液和驱替液黏度比的影响。这一点可以在驱替计算中改变黏度得到体现。例如，如果在例 7-1 中注入水的黏度是 40cP 而不是 1cP，那么利用前缘推进方程就预测的水驱动态将如图 7-13 所示，在图中同时也画出了 $\mu_w$ = 1cP 时的水驱动态。

这个例子说明注入黏性流体能有效改进水驱油效率，特别是对于原油黏度较高的油藏。然而，这个例子并没有恰当考虑到束缚水或后续注水驱油时的影响。

图 7-13 前缘推进动态

当注入的黏性流体能与束缚水或后续注入水混合时，可使用前缘推进方程预测驱替动态。假设黏性流体不被岩石吸附，黏性流体与低黏度滞留水之间没有混合现象发生。因而，在黏性水和被驱替水之间存在一个分界面，黏度发生了阶跃变化（从 $\mu_w$ 到 $\mu_w^*$）。

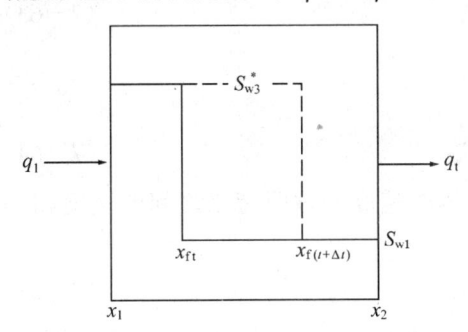

图 7-14 两个时间的激波前缘图

黏性流体驱替油和低黏度滞留水的过程中，滞留水被注入流体互溶驱替。因为黏性流体和滞留水之间黏度不同，所以在黏性水/滞留水界面处将会形成饱和度的不连续（或者称为激波前缘）。下面将利用物质守恒的方法得到激波的速度和分流率之间的关系。

1. 增性激波的速度和饱和度的确定

图 7-14 表明了当流量恒定为 $q_t$ 时，突变的饱和度或以恒定速度 $v_t$ 传播的激波的位置。激波前缘在时间间隔 $\Delta t$ 内从 $x_{ft}$ 移动到 $x_{f(t+\Delta t)}$，但仍然限制在 $x_2 - x_1$ 区间内。因为通过选择 $\Delta t$ 可以使得距离任意小，假设突变点两侧的饱和度和分流率都一致。根据图 7-14，在 $t$ 时刻体积单元 $x_2 - x_1$ 内水的体积为：

$$Voll_t = (x_{ft} - x_1)A\phi S_{w3}^* + (x_2 - x_{ft})A\phi S_{w1} \tag{7-55}$$

式中 $S_{w3}^*$ ——突变点上游的饱和度；

$S_{w1}$ ——突变点下游的饱和度。

在 $t + \Delta t$，在体积元中水的体积是：

$$Voll_{t+\Delta t} = (x_{f(t+\Delta t)} - x_1)A\phi S_{w3}^* + (x_2 - x_{f(t+\Delta t)})A\phi S_{w1} \tag{7-56}$$

在时间 $\Delta t$ 内通过体积单元的水体积平衡，式（7-56）与式（7-55）两式相减就得到：

$$\begin{aligned}&(x_{f(t+\Delta t)} - x_1)A\phi S_{w3}^* + (x_2 - x_{f(t+\Delta t)})A\phi S_{w1}\\&- (x_{ft} - x_1)A\phi S_{w3}^* + (x_2 - x_{ft})A\phi S_{w1}\\&= (q_t\Delta t/A\phi)(f_{w3}^* - f_{w1})\end{aligned} \tag{7-57}$$

经过整理之后，
$$[x_{f(t+\Delta t)} - x_{ft}](S_{w3}^* - S_{w1}) = q_t \Delta t / A\phi(f_{w3}^* - f_{w1}) \quad (7-58)$$

或者
$$\frac{[x_{f(t+\Delta t)} - x_{ft}]}{\Delta t} = \frac{q_t}{A\phi}\left(\frac{f_{w3}^* - f_{w1}}{S_{w3}^* - S_{w1}}\right) \quad (7-59)$$

令 $\Delta t \to 0$ 可以获得激波的速度：
$$\frac{\mathrm{d}x_f}{\mathrm{d}t} = \frac{q_t}{A\phi}\left(\frac{f_{w3}^* - f_{w1}}{S_{w3}^* - S_{w1}}\right) \quad (7-60)$$

在黏性水驱中饱和度也满足前缘推进方程的解，因此：
$$\frac{\mathrm{d}x_{S_{w3}^*}}{\mathrm{d}t} = \frac{q_t}{A\phi}\left(\frac{\partial f_w^*}{\partial S_w^*}\right)_{S_{w3}^*} \quad (7-61)$$

因为饱和度 $S_{w3}^*$ 的移动速度与激波的移动速度相同，所以
$$\left(\frac{\partial f_w^*}{\partial S_w^*}\right)_{S_{w3}^*} = \frac{f_{w3}^* - f_{w1}}{S_{w3}^* - S_{w1}} \quad (7-62)$$

为了说明饱和度的不连续，使用黏性溶液与滞留水之间的混相理论。在饱和度突变处，由于混相，黏性流体的速度必须与被驱替水的速度相同。滞留水相的速度如下式所示：
$$v_1 = f_{w1} q_t / A\phi S_{w1} \quad (7-63)$$

式中 $A\phi S_{w1}$——水流过的横截面积。

通过类推，
$$v_3^* = f_{w3}^* q_t / A\phi S_{w3}^* \quad (7-64)$$

在黏性溶液和被驱替水之间的边界处，黏性流体的速度和被驱替水之间的速度相等（也就是说 $v_1 = v_3^*$），于是：
$$f_{w1}/S_{w1} = f_{w3}^*/S_{w3}^* \quad (7-65)$$

使用无因次参数来表达这些速度更为方便，定义比速度：
$$v_{D3}^* = v_3^* / (q_t/A\phi) \quad (7-66)$$

引入 $x_D$ 和 $t_D$，将式（7-60）转化为无因次形式：
$$\left(\frac{\mathrm{d}x_D}{\mathrm{d}t_D}\right)_{S_{w3}^*} = \frac{f_{w3}^* - f_{w1}}{S_{w3}^* - S_{w1}} \quad (7-67)$$

因此
$$v_{D3}^* = (f_{w3}^* - f_{w1})/(S_{w3}^* - S_{w1}) \quad (7-68)$$

因为水的比速度必须同激波的速度相同，所以
$$v_{D3}^* = v_{D1} \quad (7-69)$$

$$\left(\frac{\partial f_w^*}{\partial S_w^*}\right)_{S_{w3}^*} = \frac{f_{w3}^* - f_{w1}}{S_{w3}^* - S_{w1}} = \frac{f_{w3}^*}{S_{w3}^* S_{w1}} = \frac{f_{w1}}{S_{w1}} \quad (7-70)$$

式（7-70）说明，对 $\mu_w^*$，从原点向 $f_w^* - S_w^*$ 曲线作一条切线就可以求得 $f_{w3}^*$，$S_{w3}^*$，如图 7-15 所示。对 $\mu_w^*$，切线与分流曲线的交点给出了 $f_{w1}$，$S_{w1}$ 的值。应用这些值，不同

黏度引起的激波的驱替就可以完全地确定。

**例 7-2** 增黏性水驱前缘饱和度的确定方法。

在例 7-1 中，线性油藏被黏性溶液驱替，不考虑岩石吸附。溶液的黏度是 4cP，在黏性溶液和束缚水之间没有混合现象发生。其他参数与例 7-1 中一致 [见表 7-1 和式（7-40）～式（7-42）]。求解前缘饱和度。

**解**：黏性水驱和非黏性水驱的分流曲线见图 7-15。表 7-5 是图 7-15 的分流量以及饱和度的值。在 $\mu_w^*$ 分流曲线上作了一条切线来确定 $f_{w3}^*$（0.926），$S_{w3}^*$（0.576）。切线和 $\mu_w$ 分流曲线的交点是 $f_{w1}$（0.687），$S_{w1}$（0.428）。这些值是利用方程求根程序求出的数值解并且在图解法上得到了验证。注意到例 7-1 中 $S_{wf}$ 的值是 0.4206 并且 $S_{w1} > S_{wf}$。

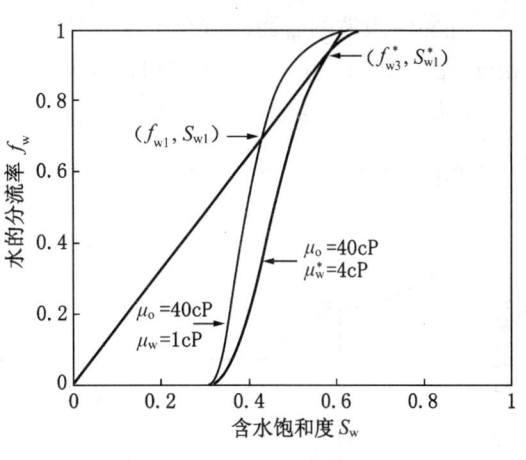

图 7-15 利用切线求取各参数

**表 7-5 例 7-2 中从图 7-15 得到的分流数据**

| $S_w$, $S_w^*$ | $f_w^*$ ($\mu_w^* = 4.0$cP) | $f_w$ ($\mu_w = 1.0$cP) |
|---|---|---|
| 0.30 | 0.00000 | 0.00000 |
| 0.32 | 0.00688 | 0.02695 |
| 0.34 | 0.02994 | 0.10989 |
| 0.36 | 0.07223 | 0.23747 |
| 0.38 | 0.13514 | 0.38462 |
| 0.40 | 0.21739 | 0.52632 |
| 0.42 | 0.31469 | 0.64748 |
| 0.44 | 0.42024 | 0.74355 |
| 0.46 | 0.52632 | 0.81633 |
| 0.48 | 0.62597 | 0.87003 |
| 0.50 | 0.71429 | 0.90909 |
| 0.52 | 0.78879 | 0.93726 |
| 0.54 | 0.84906 | 0.95745 |
| 0.56 | 0.89608 | 0.97182 |
| 0.58 | 0.93156 | 0.98196 |
| 0.60 | 0.95745 | 0.98901 |
| 0.62 | 0.97561 | 0.99379 |
| 0.64 | 0.98770 | 0.99690 |
| 0.66 | 0.99509 | 0.99877 |
| 0.68 | 0.99889 | 0.99972 |
| 0.70 | 1.00000 | 1.00000 |

在黏性激波的后面区域是增黏水驱,可以用前缘推进方程的解来描述。因此,每个饱和度 $S_w^*$($S_w^* \geqslant S_{w3}^*$)的比速度可以从黏性分流曲线的微分得到:

$$v_{Dv}^* = (\partial f_w^* / \partial S_w^*)_{S_w^*} \tag{7-71}$$

**2. 增黏水驱的采收率**

计算出系统在不同时间点的平均含水饱和度,就可以确定在黏性水驱过程中驱替出的油量。当初始含油饱和度为 $1-S_{iw}$ 时,驱替出的油量用孔隙体积表示为:

$$N_p/A\phi L = (\bar{S}_w - S_{iw})/B_o \tag{7-72}$$

因为黏性水驱的饱和度剖面存在几个突变点,所以平均含水饱和度的求取必须对离散点的饱和度分布求积分。当 $S_{w1} > S_{wf}$ 时,只要水驱前缘在系统中,饱和度剖面就可以用图 7-16 来描述。在图 7-16 中,$S_{w1} = 0.428$,$S_{wf} = 0.4206$,所以在水驱前缘 $x_f$ 和黏性水驱前缘 $x_3$ 之间的饱和度剖面有一些小的改变。差值虽然很小,但仍然用于平均含水饱和度的计算。平均含水饱和度的计算式如下:

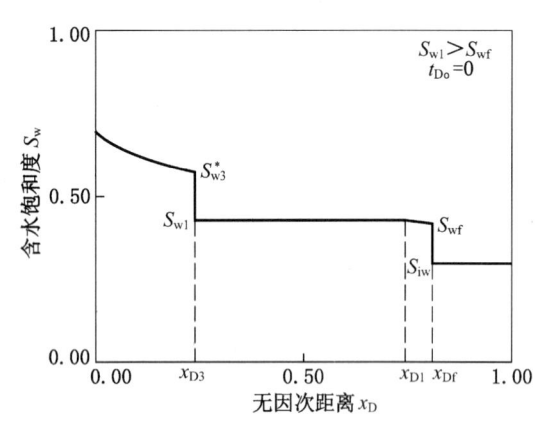

图 7-16 当 $S_{w1} > S_{wf}$ 时束缚水饱和度开始的黏性水驱的饱和度剖面

$$\bar{S}_w = \frac{\int_0^{x_3} S_w^* \mathrm{d}x + \int_{x_3}^{x_1} S_{w1} \mathrm{d}x + \int_{x_1}^{x_f} S_w \mathrm{d}x + \int_{x_f}^{L} S_{iw} \mathrm{d}x}{L}$$

$$= \bar{S}_{w3}^* \frac{x_3}{L} + \left(\frac{x_1 - x_3}{L}\right) S_{w1} + \left(\frac{x_f - x_1}{L}\right) \bar{S}_{w1} + S_{iw}\left(\frac{L - x_f}{L}\right) \tag{7-73}$$

方程(7-73)的无因次形式为:

$$\bar{S}_w = x_{D3}\bar{S}_{w3}^* + (x_{D1} - x_{D3})S_{w1} + (x_{Df} - x_{D1})\bar{S}_{w1} + (1 - x_{Df})S_{iw} \tag{7-74}$$

式中 $\bar{S}_w^*$ 和 $\bar{S}_{w1}$ 是各区域的平均含水饱和度。$\bar{S}_w^*$ 和 $\bar{S}_{w1}$ 都可以使用适当的分流曲线,从修正的 Welge 方程计算得到。假设黏性流体一注入地层就立即形成黏性激波,这是合理假设。

在 $t_{Do} = 0$ 时开始注入黏性水:

$$\bar{S}_{w3}^* = S_{w3}^* - (t_D/x_{D3})(f_{w3}^* - 1) \tag{7-75}$$

$$\bar{S}_{w1} = \frac{x_{Df}S_{wf} - x_{D1}S_{w1}}{x_{Df} - x_{D1}} - t_D \frac{f_{wf} - f_{w1}}{x_{Df} - x_{D1}} \tag{7-76}$$

因为黏性激波立即形成,所以油墙也同时形成。

为了计算平均含水饱和度,有必要知道饱和度 $S_{wf}$,$S_{w1}$,$S_{w3}^*$ 的位置。根据分流曲线,这些饱和度以不同的速度运动。在 $t_{Do} = 0$ 时开始注入黏性水,以下的方程给出了在黏性水驱期间每个区域的位置。

$$x_{Df} = f'_{wf} t_D \tag{7-77}$$

$$x_{D1} = f'_{w1} t_D \tag{7-78}$$

$$x_{D3} = f'^{*}_{w3} t_D \tag{7-79}$$

在突破以前，油的采收率是 $t_D$ 线性函数。在驱替前缘突破时：

$$N_p/A\phi L = \bar{S}_w - S_{iw} = t_{Df} = 1/f'_{wf} \tag{7-80}$$

油墙 $S_w - S_{w1}$ 到达系统的末端的条件是 $x_{D1} = 1$ 或

$$t_{D1} = 1/f'_{wf} \tag{7-81}$$

在驱替前缘突破和油墙的到达之间，即 $x_{D1}$ 处：

$$\bar{S}_w = x_{D3}\bar{S}^{*}_{w3} + (x_{D1} - x_{D3})S_{w1} + (1 - x_{D1})\bar{S}_{w1} \tag{7-82}$$

将式（7-75）和式（7-76）中的 $\bar{S}^{*}_{w3}$ 和 $\bar{S}_{w1}$ 代入式（7-82），可以简化为：

$$\bar{S}_w = t_D(f'_{w2}S_{w2} + 1 - f_{w2}) \tag{7-83}$$

式中 $S_{w2}$ 是线性系统末端含油饱和度。在时间区间 $t_{Df} \leqslant t_D \leqslant t_{D1}$，$S_{w2}$ 将从 $S_{wf}$ 增加到 $S_{w1}$。当油墙到达系统的末端 $x_{D1} = 1$，平均含水饱和度如下所示：

$$\bar{S}_w = x_{D3}\bar{S}^{*}_{w3} + (1 - x_{D3})S_{w1} \tag{7-84}$$

代入式（7-75）的 $\bar{S}^{*}_{w3}$ 和式（7-79）的 $x_{D3}$，得：

$$\bar{S}_w = S_{w1} + t_D(1 - f_{w1}) \tag{7-85}$$

当 $x_{D3} = 1$ 或 $t_D = 1/f^{*}_{w3}$ 时，黏性水驱到达了系统的末端。因此，对于 $t_D \geqslant 1/f^{*}_{w3}$，

$$\bar{S}^{*}_w = \bar{S}^{*}_{w2} + t_D(1 - f^{*}_{w2}) \tag{7-86}$$

**二、初始束缚水条件下的增黏水驱**

这里考虑含有束缚水饱和度（原始含油饱和度）条件下线性油藏中的黏性水驱。按照前面的假设，注入的黏性流体与束缚水混相并且不会因为吸附或其他机理而滞留于多孔介质中。不考虑扩散现象，因此在黏性溶液和束缚水之间存在明显的界面。当黏性溶液注入到油藏，黏性激波就同时形成，因此：

$$\left(\frac{dx_D}{dt_D}\right)_{S^{*}_{w3}} = \frac{f^{*}_{w3} - f_{w1}}{S^{*}_{w3} - S_{w1}} \tag{7-87}$$

其中，

$$x_{D3} = t_D \frac{f^{*}_{w3} - f_{w1}}{S^{*}_{w3} - S_{w1}} \tag{7-88}$$

当 $S_{w1} < S_{wf}$，油墙立即形成，超过 $S_{wf}$，有相同的含水饱和度，$S_{w1}$。图 7-17 描述了这种驱替的饱和度剖面。油墙的速度如下所示：

$$\left(\frac{dx}{dt}\right)_{S_{w1}} = \frac{q_t}{A\phi}\frac{f_{w1}}{S_{w1} - S_{iw}} \tag{7-89}$$

用无因次形式表示：

$$\left(\frac{dx_D}{dt_D}\right)_{S_{w1}} = \frac{f_{w1}}{S_{w1} - S_{iw}} \tag{7-90}$$

大于 $S^{*}_{w3}$ 含水饱和度以下面的速度移动：

$$\left(\frac{dx}{dt}\right)_{S^{*}_w} = \frac{q_t}{A\phi}\left(\frac{\partial f^{*}_w}{\partial S^{*}_w}\right)_{S^{*}_w} \tag{7-91}$$

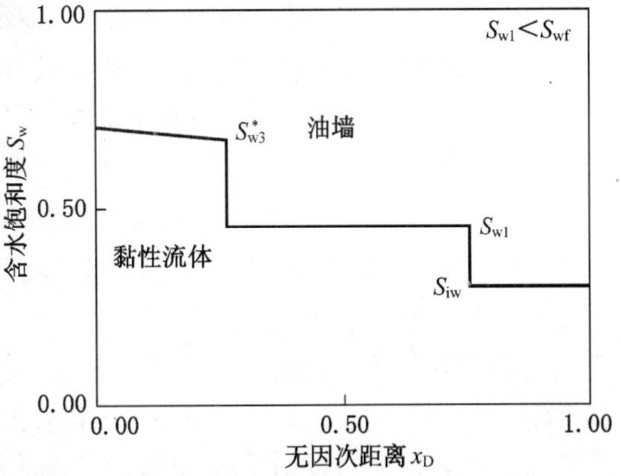

油墙区域有相同的含水饱和度 $S_{w1}$，大于

图 7-17 含有束缚水饱和度的黏性水驱饱和度剖面

$S_{w3}^*$ 的含水饱和度形成一个扇形区域。

从下式可以求得水的突破时间：
$$t_{D1} = (S_{w1} - S_{iw})/f_{w1} \tag{7-92}$$

黏性溶液的突破时间：
$$t_{D3} = (S_{w3}^* - S_{w1})/(f_{w3}^* - f_{w1}) \tag{7-93}$$

在一些情况下，$S_{w1} > S_{wf}$ 并且油墙不能超过驱替前缘饱和度。这种情况下的饱和度剖面如图 7-16 所示。到达了水驱前缘，一个区域是逐渐增加的含水饱和度，另一个区域是恒定的含水饱和度，还有黏性激波等构成了驱替的特征。例 7-3 说明了初始含水饱和度相同条件下的黏性水驱动态，该假设与例 7-2 相同。图 7-18 说明了这种水驱的 $x_D/t_D$ 图。

**例 7-3** 初始束缚水饱和度条件下的增黏水驱动态。

利用例 7-2 中的参数计算黏性水驱动态。黏性水驱以油藏在束缚水饱和度时开始。流体和岩石性质与例 7-2 相同。

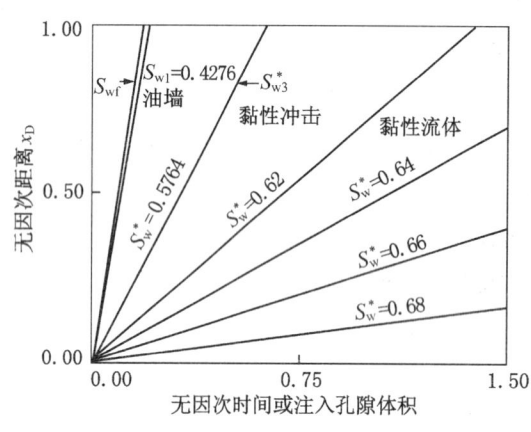

图 7-18 当 $S_{w1} > S_{wf}$ 时含有束缚水饱和度的黏性水驱 $x_D/t_D$ 图

**解：** 油藏在束缚水饱和度的条件下，饱和度剖面立即形成并且通过油藏传播。表 7-6 总结了例 7-1 与例 7-2 中不同区域的饱和度值。

表 7-6 不同区域的饱和度

| 水　　驱 | 油墙前缘 | 黏性激波 |
|---|---|---|
| $S_{wf} = 0.4206$ | $S_{w1} = 0.4276$ | $S_{w3}^* = 0.5764$ |
| $f_{wf} = 0.6508$ | $f_{w1} = 0.6869$ | $f_{w3}^* = 0.9259$ |
| $f'_{wf} = 5.3958$ | $f'_{w1} = 4.9499$ | $f'_{w3} = 1.6064$ |

因为 $S_{w1}$ 稍微比 $S_{wf}$ 大，在位置上不会超过 $S_{wf}$，图 7-16 显示了其饱和度剖面。因此，在驱替过程中有三个不同的带：水带，油墙，黏性激波区。

从分流数据可以得到 $x_D/t_D$ 图。从式（7-77）到式（7-81），$x_{Df} = 5.3958 t_D$，$x_{D1} = 4.9499 t_D$，$x_{D3}^* = 1.606 t_D$。饱和度轨迹如图 7-18 所示。$S_{wf}$ 与 $S_{w1}$ 之间的区域在这种情况很窄（0.007 个饱和度单位）。在这个区域中，每个饱和度以不同的速度移动，图 7-18 画出了几条不同的轨迹。黏性激波后面的饱和度的轨迹可以从式（7-35）获得：$x_D^* = t_D f'_w$。表 7-7 给出了不同的 $S_w^*$ 值对应的 $f_w^*$ 值。表 7-7 也包含了在 $x_D = 1.0$ 时 $S_w^*$ 的到达时间以及 $t_D = 1.5$ 时 $x_D^*$ 的位置。

图 7-16 是根据在 $t_D = 0.15$ 时 $x_D/t_D$ 关系曲线作出的饱和度剖面。

将式（7-83）到式（7-86）应用于相应的区域就可以求得油的采收率。计算油的采收率的一个方便的方法就是选择线性系统末端的饱和度然后计算 $x_D = 1.0$ 时的到达时间 $t_D$。表 7-8 列出了油的采收率计算。

表 7-7 当 $t_D=1.5$ 时黏性激波后面的饱和度位置

| $S_w^*$ | $f_w'^*$ | $t_D=1.5$ 时的 $x_{Dw}$ | $x_{Dw}=1.0$ 时的 $t_D$ |
|---|---|---|---|
| 0.5764 | 1.6064 | 2.410 | 0.622 |
| 0.60 | 1.0865 | 1.630 | 0.920 |
| 0.62 | 0.7436 | 1.115 | 1.345 |
| 0.64 | 0.4766 | 0.715 | 2.098 |
| 0.66 | 0.2717 | 0.408 | 3.680 |
| 0.68 | 0.1164 | 0.175 | 8.591 |
| 0.70 | 0 | 0 | ∞ |

表 7-8 在束缚水饱和度下的黏性水驱采收率计算

| $S_w$ | $f_w$ | 系统末端的事件 | $t_D$ | $\bar{S}_w$ | $\bar{S}_w - S_{iw}$ |
|---|---|---|---|---|---|
| 0.4206 | 0.6508 | 水墙 | 0.1853 | 0.4853 | 0.1853 |
| 0.4276 | 0.6869 | 油墙到达 | 0.202 | 0.4909 | 0.1909 |
| 0.5764 | 0.9259 | 黏性激波到达 | 0.623 | 0.623 | 0.323 |
| 0.60 | 0.9575 |  | 0.920 | 0.639 | 0.339 |
| 0.62 | 0.9756 |  | 1.345 | 0.653 | 0.353 |
| 0.64 | 0.9877 | 黏性激波后面的区域 | 2.098 | 0.666 | 0.366 |
| 0.66 | 0.9951 |  | 3.681 | 0.678 | 0.378 |
| 0.68 | 0.9989 |  | 8.591 | 0.689 | 0.389 |

在图 7-19 中比较了黏性水驱和常规水驱的驱替动态。

### 三、段塞式增黏水驱

提高采收率使用的化学剂是昂贵的，连续地注入聚合物、表面活性剂、混相溶剂在经济上是不可行的。前缘推进理论可以应用于化学驱段塞式不连续注入方式。化学段塞紧接着被流体驱替，假设驱替流体与段塞混溶。例如，不含化学剂的水驱替黏性聚合物溶液段塞。正如前面前缘推进理论的应用，忽略了混相流体之间的混合。这样，在这里不予以考虑由不利的流度比引起的黏性指进或不稳定驱替。

**1. 活塞式驱替**

用一个简单的例子来阐述线性系统中的化学段塞驱，这种驱替是增黏性水驱，并且化学驱油剂不被吸附。增黏性流体的黏度足够高以至于 $f_{w3}^*$ 恒等于 1.0，并且 $S_{w3}^*$ 恒等于 $1-S_{or}$。这样，在具有束缚水饱和度并且 $S_{w1}<S_{wf}$ 的条件下开始驱替时，注入增黏性流体过程中的饱和度剖面如图 7-20 所示。驱替前缘和饱和度激波的无因次速度分别由式 (7-89) 和式 (7-94) 给出。

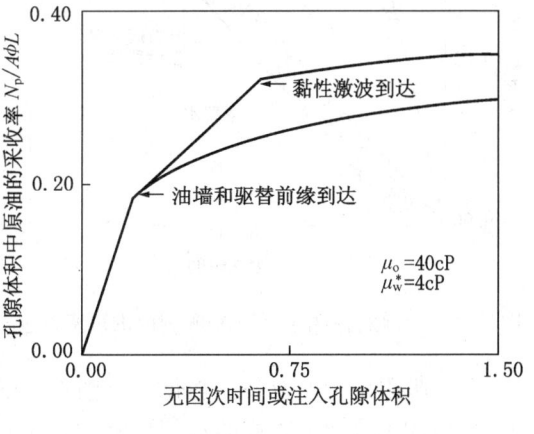

图 7-19 常规水驱和含有束缚水饱和度的黏性水驱驱替动态比较

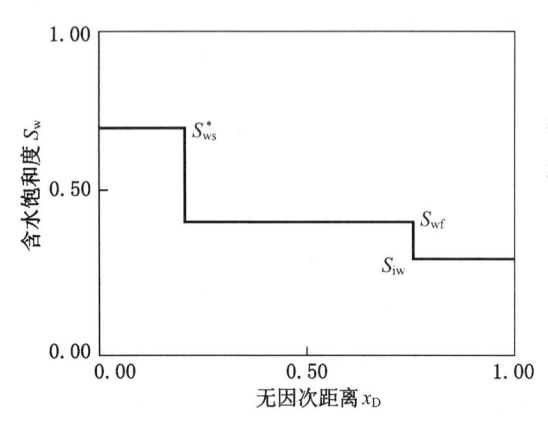

图 7-20 段塞式增黏性水驱中的饱和度剖面

$$v_{D3}^* = 1/(1 - S_{or}) \quad (7-94)$$

$t_{Do}$ 时，注入低黏度后续驱替水。后续驱替水和增黏性驱替液混溶，并且在这些流体的边界，$v_{Dw} = v_{Dv}$，或：

$$f_w/S_w = f_w^*/S_w^* \quad (7-95)$$

对于前面所描述的增黏性流体的性质：

$$f_{w3}^* = f_w^* = 1 \quad (7-96)$$

并且

$$S_{w3}^* = S_w^* = 1 - S_{or} \quad (7-97)$$

因此，混合边界的速度，或 $x_D - t_D$ 射线的斜率由下式给出：

$$dx_D/dt_D = v_{Db} = 1/(1 - S_{or}) \quad (7-98)$$

当驱替水到达线性系统的末端时，

$$t_D = t_{Do} + 1 - S_{or} \quad (7-99)$$

图 7-21 表示了段塞轨迹。图 7-22 表示了增黏性段塞中化学驱油剂不被吸附的浓度剖面。因为在驱替水和增黏性段塞之间没有混合作用，在这个例子中，一个小段塞就和一个大段塞一样有效。实际上，这种情况是不存在的。

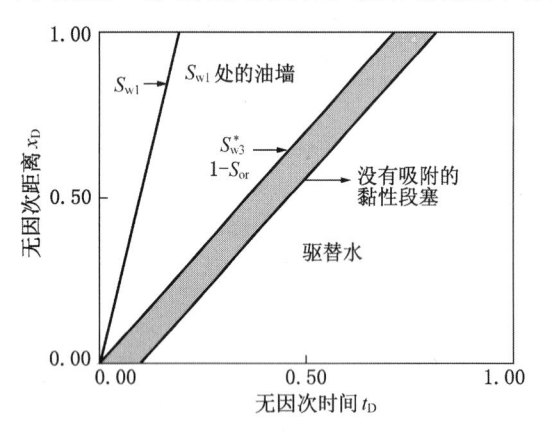

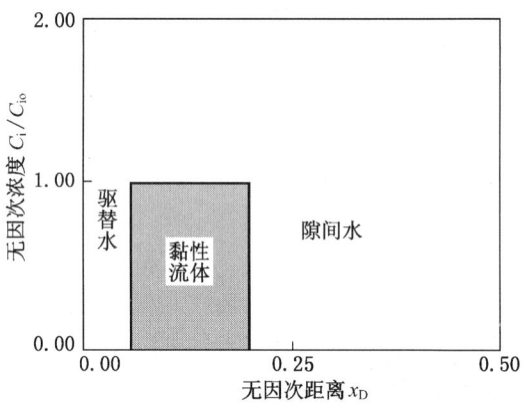

图 7-21 孔隙岩石中段塞不被吸附时的段塞轨迹　图 7-22 孔隙岩石中没有吸附的化学驱的浓度剖面

(1) 吸附段塞的驱替。当化学驱油剂，例如聚合物，通过平衡过程吸附或滞留在岩石中，然后和不含化学物质的水相接触时，它将会被脱附出来。脱附过程和吸附过程是相同的。因而，化学剂在不同时间的浓度剖面是一个方波，它通过线性系统传播的速度为：

$$v_{Db} = f_{w1}/(S_{w1} + D_i) = 1/(1 - S_{or} + D_i) \quad (7-100)$$

驱替水最初传播的速度由式（7-98）给出，这个速度比化学段塞后部的速度大些，由于化学剂被释放到驱替水中，这个速度将会被降低。图 7-23 是显示段塞移动的化学驱的距离/时间图。

(2) 没有脱附的化学段塞驱替。某些被岩石滞留的化学剂脱附的速度非常低，以至于滞留过程可以被考虑成不可逆的。当包含这种化学剂的段塞在孔隙岩石中被驱替时，化学剂分散到驱替水中就可以忽略。化学激波之后的孔隙岩石注入浓度为 $C_{ii}$。因为假设滞留为不可逆的，当段塞通过岩石被驱替时，它的段塞尺寸（但不是浓度）连续地减小。如图 7-24 所示，这里浓度剖面为 $t_D$ 的函数，在 $x_D = 0$ 时注入化学段塞为 0.424PV。

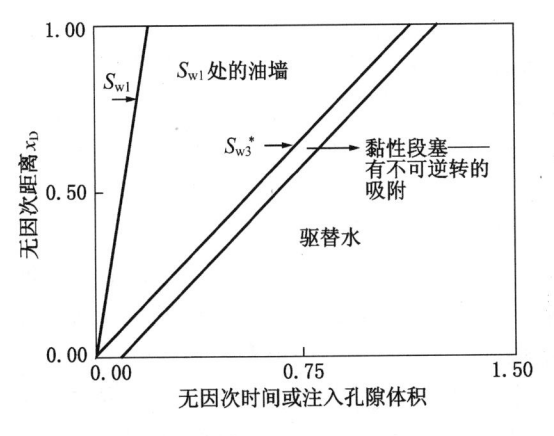

图 7-23 孔隙岩石中有吸附的段塞驱替时的距离/时间图

图 7-24 没有脱附的化学段塞驱替的浓度剖面

如果化学段塞足够小，在到达线性系统出口端之前，它将会消失，并且驱替会在那一点变为初始水驱分流曲线。设计一个理想的段塞，它将会在段塞消失之前刚好把段塞传播到系统的末尾。通过观察距离/时间图中的驱替过程就可从分流理论中计算理想段塞的尺寸。

化学段塞的速度传播为：

$$v_{D3} = f_{w3}^* / (S_{w3}^* + D_i) \tag{7-101}$$

当化学溶液在 $t_D = 0$ 开始注入时，化学段塞的前缘到达线性系统末端的一个无因次时间由下式给出：

$$t_D = (S_{w3}^* + D_i) / f_{w3}^* \tag{7-102}$$

对于本节假设的活塞式驱替条件，

$$t_D = 1 - S_{or} + D_i \tag{7-103}$$

化学段塞之后被水驱替。假设活塞式驱替，不发生混合或黏性指进现象，驱替水边界的移动速度为：

$$v_{Dw} = 1/(1 - S_{or}) \tag{7-104}$$

这个速度比化学激波的速度要快一些，并且当滞留是不可逆时，它就沿着化学段塞之后的轨迹移动。驱替水到达系统末端的无因次时间由下式给出：

$$t_D = t_{Do} + 1 - S_{or} \tag{7-105}$$

如果式（7-103）和式（7-105）中的 $t_D$ 有相同的数值，化学剂段塞在刚好到达系统末尾时就会消失。这样，当 $t_{Do} = D_i$，化学段塞消失时正好到达系统末端。图 7-25 是距离/时间图，阐明了化学段塞的运动。

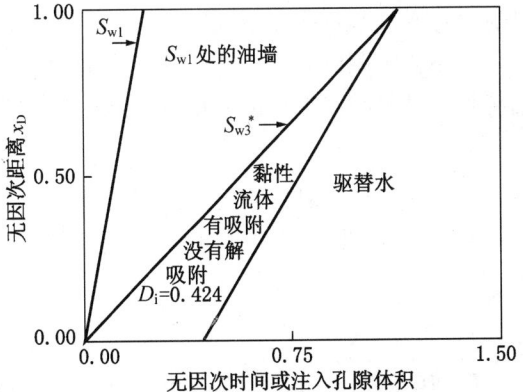

图 7-25 没有脱附的化学段塞驱替的距离/时间图

## 2. 非活塞式驱替

在许多系统中，$S_{w3}^* \neq 1 - S_{or}$，因而，增黏性流体驱替前缘之后存在一个两相流动区域。当化学溶液作为段塞注入时，后续驱替流体在不同饱和度下驱替这个区域。段塞驱替的效果取决于驱替流体的性质。

如果后续驱替流体的流度等于化学段塞的流度并且吸附和脱附不影响黏度和相对渗透率，段塞将会被驱替通过孔隙，段塞的尺寸就好像是无穷的。这是一个不存在的理想的情形。因而，当化学段塞的分流曲线和后续驱替流体的分流曲线存在差别时，就要研究化学段塞的驱替。

考虑一个没有化学吸附的增黏性水驱。假设注入黏性溶液为 $t_{Ds}$ 的一个段塞，然后变为低黏性驱替水。忽略黏性指进，假设驱替水和增黏性流体之间混溶。忽略黏性指进和扩散可以简化这一节的概念模型。如果黏性指进和扩散都包含在这个模型中，驱替计算就变得很复杂。通过忽略这些条件预测的结果通常是乐观的。

由于流体的黏度不同，饱和度的突变将在后驱替水和增黏性流体之间更加明显。在任何饱和度下驱替水的速度都比黏性水驱前缘之后的饱和度的速度大。因此，驱替水切入到饱和度剖面之后，形成了驱替水与黏滞流体之间的饱和度的不连续，如图7-26所示。不连续饱和度的速度公式如下所示：

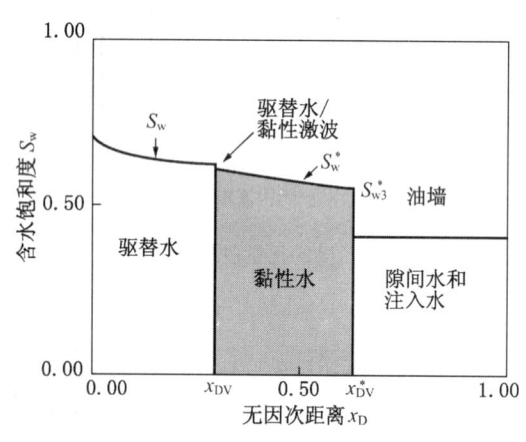

图7-26 没有吸附的黏性段塞驱替的饱和度剖面

$$v_{DV} = (f_w - f_w^*)/(S_w - S_w^*)$$

其中 $(f_w, S_w)$ 与 $(f_w^*, S_w^*)$ 为不连续饱和度两侧的分流率/饱和度对（满足物质平衡要求）。

又由于驱替水相与黏滞流体是混溶的，$v_{DV} = f_w/S_w = f_w^*/S_w^*$

驱替水与黏性流体之间的不连续饱和度的变化可以由前缘跟踪法计算。在这种情况下，驱替水形成的激波与恒定饱和度 $S_w^*$ 的路径交叉。当开始注入驱替水，前缘跟踪法开始用于计算黏性激波与饱和度剖面图上 $S_w^*$ 发生交叉需要的时间。

当不被吸附的黏性流体注入到含有束缚水的线性系统中，假设黏性水驱的油墙和驱替前缘饱和度是瞬时形成的。饱和度 $S_w^*$ 的位置可以从前缘方程得到：

$$x_D^* = t_D f_w'^* \tag{7-106}$$

当注入流体从黏性水转变为后续驱替水时，驱替水激波将在 $t_D = t_{DI}$ 时形成。这种激波以 $n+1$ 与 $n$ 时步之间的平均速度 $\bar{v}_{DV}^{n+1}$ 运动：

$$\bar{v}_{DV}^{n+1} = \frac{1}{2}\left[\left(\frac{f_w^*}{S_w^*}\right)^{n+1} + \left(\frac{f_w^*}{S_w^*}\right)^n\right] \tag{7-107}$$

前面已提到，这个激波速度比 $v_{Dw}^*$ 更大，而且赶上了 $S_w^*$。

$$x_{DV}^{n+1} = x_{DV}^n + \bar{v}_{DV}^{n+1}(t_D^{n+1} - t_D^n) \tag{7-108}$$

由于 $S_w^*$ 被激波赶上：

$$x_{DV}^{n+1} = t_D^{n+1} f_w'^{*n+1} \quad (7-109)$$

又有：

$$x_{DV}^n = t_D^n f_w'^{*n} \quad (7-110)$$

式中 $S_w^{*n}$——$n$ 时步被黏性激波赶上的饱和度；

$S_w^{*n+1}$——等于 $n+1$ 时步被黏性激波赶上的饱和度；

饱和度 $S_w^{*n+1}$ 被驱替水激波赶上的时间为：

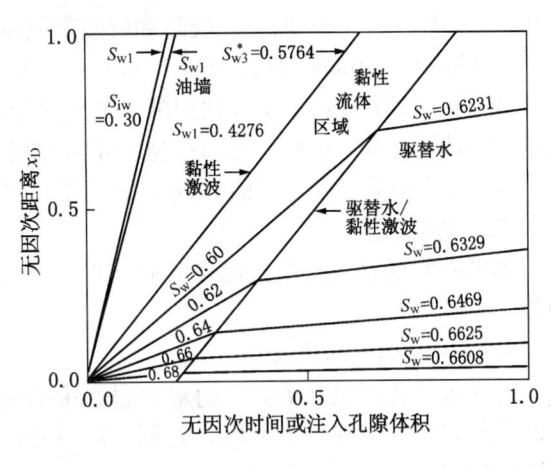

$$t_D^{n+1} = t_D^n [(f_w'^{*n} - \bar{v}_{DV}^{n+1})/(f_w'^{*n+1} - \bar{v}_{DV}^{n+1})] \quad (7-111)$$

图 7-27 没有吸附的黏性段塞驱替的距离/时间图

接下来 $t_D^{n+1}$ 和 $x_{DV}^{n+1}$ 的求解依赖于驱替水激波的路径。图 7-27 表示了当驱替水注入时间 $t_{D0}=0.2$ 时黏性水驱的距离与时间的图版。

## 第四节 聚合物驱吸附方式对渗流的影响

本节主要考虑化学驱过程中聚合物的吸附方式对渗流的影响规律。首先建立吸附渗流模型，然后对模型进行求解，最后通过实验验证模型的正确性。

### 一、数学模型

考虑一个均质和各向同性岩心（孔隙度 $\phi$，渗透率 $K$，比表面 $A_s$，固体密度 $\rho_s$），长度为 $L$，横截面积为 $S$，岩心初始饱和了盐水。以恒定渗透速率 $U$（体积流量 $Q=US$，孔隙速度 $v=U/\phi$）注入浓度为 $C_0$ 的聚合物溶液。假设流体不可压缩，等温渗流。忽略重力和扩散效应，考虑吸附的微分方程如下：

$$\begin{cases} \phi \dfrac{\partial C}{\partial t} + u \dfrac{\partial C}{\partial x} = -\rho_s A_s^l (1-\phi) \dfrac{\partial \Gamma_l}{\partial t} - \rho_s A_s^b (1-\phi) \dfrac{\partial \Gamma_b}{\partial t} \\[6pt] \phi \dfrac{\partial P}{\partial t} + u \dfrac{\partial P}{\partial x} = -\dfrac{\chi \rho_s A_s^l (1-\phi)}{C_0} \dfrac{\partial \Gamma_l}{\partial t} - \dfrac{\rho_s A_s^b (1-\phi)}{C_0} \dfrac{\partial \Gamma_b}{\partial t} \\[6pt] \dfrac{\partial \Gamma_l}{\partial t} = \kappa_a^l (\Gamma_l^\infty - \Gamma_l) C - \kappa_d^l \Gamma_l \\[6pt] \dfrac{\partial \Gamma_b}{\partial t} = \kappa_a^b (\Gamma_b^\infty - \Gamma_b) PC - \kappa_d^b \Gamma_b \end{cases} \quad (7-112)$$

式中 $\Gamma_l$——层状吸附浓度；

$\Gamma_b$——桥塞吸附浓度；

$P$——分子最长链的出现的概率（分数）；

$\kappa_a^i$——吸附速率系数，$i=l$（层状吸附），或 $i=b$（桥塞吸附）；

$\kappa_d^i$——解吸附速率系数，$i=l$（层状吸附），或 $i=b$（桥塞吸附）。

$\kappa_a^i$ 及 $\kappa_d^i$ 与每个分子的净吸附能量 $E_i$ 的关系式：

$$\begin{aligned} \kappa_a^i &= \kappa_{a,0}^i [1-\exp(-\beta E_i)] \\ \kappa_d^i &= \kappa_{d,0}^i [\exp(-\beta E_i)]; (i=l \text{ 或 } b) \end{aligned} \quad (7-113)$$

式中 $\kappa_{a,0}^i$ 及 $\kappa_{d,0}^i$——不取决于吸附和解吸附能量的系数；

$\beta$——Boltzmann 参数，$\beta=1/k_B T$（$k_B$ 为 Boltzmann 常数，$T$ 为温度）。

式（7-112）中第一个方程和第二个方程分别描述了总的聚合物浓度传输方程以及最长链浓度的传输方程。这些方程都是物质守恒方程。第三个和第四个方程描述了层状和桥塞吸附速率，使用的是一阶过程的 Langmuir 模型。在式（7-112）中没有使用达西定律。

**二、模型求解**

本节研究的主要目的是用实验验证以上典型渗流方程。得出的解析解将用于拟合实验数据。

**1. 扁状岩心中的流动**

对于聚合物溶液在 $L \ll D$ 的扁状岩心中的流动，$C$ 和 $P$ 基本保持恒定，等于它们在注入端的值，$C=C_0$ 并且 $P=P_0$，方程（7-112）可以变为：

$$\begin{cases} \dfrac{d\Gamma_l}{dt} = \kappa_a^l (\Gamma_l^\infty - \Gamma_l) C_0 - \kappa_d^l \Gamma_l \\ \dfrac{d\Gamma_b}{dt} = \kappa_a^b (\Gamma_b^\infty - \Gamma_b) P_0 C_0 - \kappa_d^b \Gamma_b \end{cases} \quad (7-114)$$

此外，聚合物溶液的黏度只取决于注入速度，而不取决于注入浓度 $C_0$。

**1) 注入速度较低的情况**

如果聚合物溶液以很低的速度注入，那么只发生层状吸附而不发生桥塞吸附，也就是说 $P_0=0$，我们可以得到：

$$\frac{d\Gamma_l}{dt} = \kappa_a^l (\Gamma_l^\infty - \Gamma_l) C_0 - \kappa_d^l \Gamma_l \quad (7-115)$$

给定初始条件 $\Gamma_l(0)=0$，微分方程（7-115）的解为：

$$\Gamma_l(t) = \Gamma_l^e \left[ 1 - \exp\left( -\frac{t}{\tau_l} \right) \right] \quad (7-116)$$

式中 $\Gamma_l^e$——平衡层状吸附浓度；

$\tau_l$——特征时间。它们的表达式为：

$$\Gamma_l^e = \Gamma_l^\infty \frac{\kappa_a^l C_0}{\kappa_d^l + \kappa_a^l C_0}, \quad \tau_l = \frac{1}{\kappa_d^l + \kappa_a^l C_0} \quad (7-117)$$

在扁状岩心吸附实验中，$\Gamma_l$ 是时间 $t$ 的函数，$\Gamma_l^\infty$ 可以看作是 $\Gamma_l$ 在时间 $t$ 趋于无限长时候的极限；通过简单的曲线拟合可以得到 $\tau_l$。在不同浓度下的实验都需要获得 $\Gamma_l^\infty$ 的值。

**2) 注入速度较高的情况**

注入速度较高的时候，考虑两种情况：（a）先前注入速度较低的时候已经发生了层状吸附，现在聚合物以较高的速度在岩心中运动；（b）先前没有注入聚合物，聚合物直接在较高速度下注入。

第一种情况，假设不再发生附加的层状吸附，在较高注入速度下只发生桥塞吸附，动力学方程可以写为：

$$\frac{d\Gamma_b}{dt} = \kappa_a^b (\Gamma_b^\infty - \Gamma_b) P_0 C_0 - \kappa_d^b \Gamma_b \quad (7-118)$$

初始条件为 $\Gamma_b(0)=0$，方程的解为：

$$\Gamma_{\mathrm{b}}(t) = \Gamma_{\mathrm{b}}^{\mathrm{e}}\left[1 - \exp\left(-\frac{t}{\tau_{\mathrm{b}}}\right)\right] \qquad (7-119)$$

式中 $\Gamma_{\mathrm{b}}^{\mathrm{e}}$ ——平衡桥塞吸附浓度;

$\tau_{\mathrm{b}}$ ——特征时间。它们的表达式为:

$$\Gamma_{\mathrm{b}}^{\mathrm{e}} = \Gamma_{\mathrm{b}}^{\infty} \frac{\kappa_{\mathrm{a}}^{b} P_0 C_0}{\kappa_{\mathrm{d}}^{b} + \kappa_{\mathrm{a}}^{b} P_0 C_0}, \tau_{\mathrm{b}} = \frac{1}{\kappa_{\mathrm{d}}^{b} + \kappa_{\mathrm{a}}^{b} P_0 C_0} \qquad (7-120)$$

第二种情况下,还需要求解方程(7-115)。此时,动力学方程是层状吸附和桥塞吸附的耦合模型,体系的解相应于以上单独的层状和桥塞吸附。对于实验观察,只能获得总的吸附浓度 $\Gamma_{\mathrm{t}} = \Gamma_{\mathrm{l}} + \Gamma_{\mathrm{b}}$,为了求得 $\Gamma_{\mathrm{l}}$ 的值,将使用低速下浓度值 $\Gamma_{\mathrm{l}}$。如果层状吸附与注入速度无关,那么该方法是正确的。该假设在具有很大孔隙度而只发生层状吸附的岩心流动实验中得到了证实。

#### 2. 长岩心中的流动

首先引入无因次变量:

$$C_{\mathrm{D}} = C/C_0, x_{\mathrm{D}} = x/L, P_{\mathrm{e}} = vL/D, t_{\mathrm{D}} = vt/L \qquad (7-121)$$

方程中的系数为:

$$\alpha_{\mathrm{s}}^{l} = \rho_{\mathrm{s}} A_{\mathrm{s}}^{l} \frac{1-\phi}{\phi C_0}\frac{\Gamma_{\mathrm{l}}^{\infty}}{\tau}; \alpha_{\mathrm{s}}^{b} = \rho_{\mathrm{s}} A_{\mathrm{s}}^{b} \frac{1-\phi}{\phi C_0}\frac{\Gamma_{\mathrm{b}}^{\infty}}{\tau}$$

$$\alpha_{\mathrm{p}}^{l} = \chi \alpha_{\mathrm{s}}^{l}; \alpha_{\mathrm{p}}^{b} = \alpha_{\mathrm{s}}^{b}$$

$$\alpha_{\mathrm{a}}^{l} = \kappa_{\mathrm{a}}^{l}\tau C_0; \alpha_{\mathrm{d}}^{l} = \kappa_{\mathrm{d}}^{l}\tau; \alpha_{\mathrm{e}}^{l} = \alpha_{\mathrm{a}}^{l}/\alpha_{\mathrm{d}}^{l}$$

$$\alpha_{\mathrm{a}}^{b} = \kappa_{\mathrm{a}}^{b}\tau C_0; \alpha_{\mathrm{d}}^{b} = \kappa_{\mathrm{d}}^{b}\tau$$

引入有效吸附分数的概念:

$$c_{\mathrm{f}}^{l} = \Gamma_{\mathrm{l}}/\Gamma_{\mathrm{l}}^{\infty}; c_{\mathrm{f}}^{b} = \Gamma_{\mathrm{b}}/\Gamma_{\mathrm{b}}^{\infty} \qquad (7-122)$$

对于达西定律,有:

$$u_{\mathrm{D}} = u/U = 1; \lambda_{\mathrm{D}} = \lambda/\lambda_0$$

$$p_{\mathrm{D}} = \frac{p - p_{\mathrm{L}}}{p_{\mathrm{E}}^0 - p_{\mathrm{L}}}; U = \lambda_0 \frac{p_{\mathrm{E}}^0 - p_{\mathrm{L}}}{L}$$

根据这些无因次定义,式(7-112)可以化为:

$$\begin{cases} \dfrac{\partial C_{\mathrm{D}}}{\partial t_{\mathrm{D}}} + \dfrac{\partial C_{\mathrm{D}}}{\partial x_{\mathrm{D}}} = \dfrac{1}{P_{\mathrm{e}}}\dfrac{\partial^2 C_{\mathrm{D}}}{\partial x_{\mathrm{D}}^2} - \alpha_{\mathrm{s}}^{l}\dfrac{\partial c_{\mathrm{f}}^{l}}{\partial t_{\mathrm{D}}} - \alpha_{\mathrm{s}}^{b}\dfrac{\partial c_{\mathrm{f}}^{b}}{\partial t_{\mathrm{D}}} \\[6pt] \dfrac{\partial P}{\partial t_{\mathrm{D}}} + \dfrac{\partial P}{\partial x_{\mathrm{D}}} = -\alpha_{\mathrm{p}}^{l}\dfrac{\partial c_{\mathrm{f}}^{l}}{\partial t_{\mathrm{D}}} - \alpha_{\mathrm{p}}^{b}\dfrac{\partial c_{\mathrm{f}}^{b}}{\partial t_{\mathrm{D}}} \\[6pt] \dfrac{\partial c_{\mathrm{f}}^{l}}{\partial t} = \alpha_{\mathrm{a}}^{l}(1 - c_{\mathrm{f}}^{l})C_{\mathrm{D}} - \alpha_{\mathrm{d}}^{l}c_{\mathrm{f}}^{l} \\[6pt] \dfrac{\partial c_{\mathrm{f}}^{b}}{\partial t} = \alpha_{\mathrm{a}}^{b}(1 - c_{\mathrm{f}}^{b})P_{C_{\mathrm{D}}} - \alpha_{\mathrm{d}}^{b}c_{\mathrm{f}}^{b} \\[6pt] 1 = -\lambda_{\mathrm{D}}\dfrac{\partial p_{\mathrm{D}}}{\partial x_{\mathrm{D}}} \end{cases} \qquad (7-123)$$

典型的初始和边界条件如下：

$$\begin{cases} C_D(x_D, t_D = 0) = 0 \\ C_D(x_D = 0, t_D) = 1 + \dfrac{1}{P_e}\left(\dfrac{\partial C_D}{\partial x_D}\right)_{x_D = 0} \\ \dfrac{1}{P_e}\dfrac{\partial C_D}{\partial x_D}(x_D \to \infty, t_D) = 0 \\ P(x_D, t_D = 0) = 0, P(x_D = 0, t_D) = 1 \\ P_D(x_D = 0, t_D) = p_E(t), p_D(x_D = 1, t_D) = 0 \end{cases} \quad (7-124)$$

假设 $P_e \gg 1$，并且忽略掉式（7-123）中的达西定律，可以得到式（7-112）的解

$$\begin{cases} C_D(x_D, t_D) = \left\{1 - \dfrac{\alpha_1}{\alpha_2}[1 - \exp(-\alpha_2 x_D)]\right\} H\left(\dfrac{t_D}{F_R^s} - x_D\right) \\ P(x_D, t_D) = P_0 \exp(-\alpha_2 x_D) H\left(\dfrac{t_D}{F_R^p} - x_D\right) \\ \alpha_1 = \alpha_s^b \alpha_a^b \\ \alpha_2 = \alpha_P^b \alpha_a^b \\ F_R^s = 1 + \alpha_S^l \alpha_e^l \\ F_R^p = 1 + \alpha_P^l \alpha_e^l \end{cases} \quad (7-125)$$

### 三、实验验证

**1. 实验方法**

聚合物及聚合物溶液：阳离子聚丙烯酰胺，白色粉末，平均相对分子质量 $8 \times 10^6$，阳离子分数 14%，在 70℃下聚合物能够保持稳定，高于 70℃会发生热降解。

盐水：蒸馏水配制 20g/L 的 NaCl 及 0.4g/L 的 $NaN_3$ 作为溶剂来配制聚合物溶液。

孔隙介质：充填颗粒状的 SiC，密度为 $3.217g/cm^3$，平均粒径为 $30\mu m$。SiC 表面有一层厚度为 $20\text{Å}$ 的 $SiO_2$，可以发生吸附行为。使用聚氯乙烯管制作扁岩心（$L = 0.5cm$，$D = 5.0cm$），有机玻璃管制作长岩心（$L = 10cm$，$D = 1.5cm$）。

实验装置：如图 7-28 所示。包括一个测试部分（岩心夹持器及其附件），两个柱塞

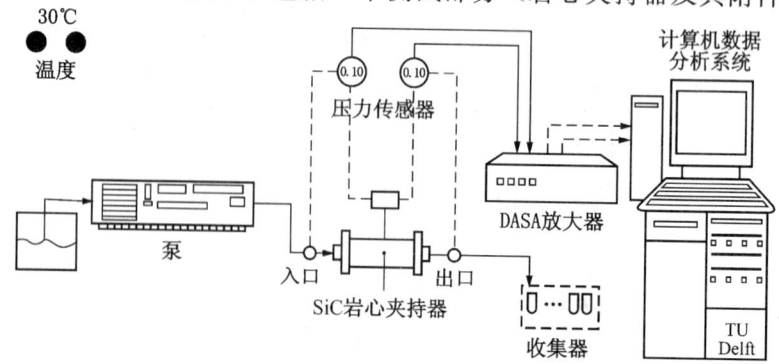

图 7-28 实验装置

泵，一个收集器，整个系统置于30℃的恒温箱。岩心渗透率400±50mD，孔隙度 $\phi$ =（42±5）%，比表面 $A_s$ = 1.60±0.01m²/g。平均孔喉半径：

$$R_p = \alpha_R \left(\frac{8k}{\phi}\right)^{1/2} \tag{7-126}$$

式中　$\alpha_R$——考虑到迂曲度的几何因子，值为2.5。

孔隙介质中平均剪切速率：

$$\bar{\gamma} = \alpha_G \frac{4\bar{v}}{R_p} \tag{7-127}$$

式中　$\alpha_G$——几何因子值为1.25；
　　　$\bar{v}$——平均孔隙速度；

发生层状吸附时，孔喉半径降低 $\varepsilon_H$，在式（7-127）中用 $R_p - \varepsilon_H$ 代替 $R_p$。

实验方法：使用长岩心流动实验。注入聚合物后，再以很低的速度注入盐水，移走所有的自由链，只留下被吸附的一部分。岩心夹持器从实验装置移开并进行切片分析。根据长度，将岩心切成10～11片，每一切片置于蒸馏水洗净的瓶子中，烘干并称质量。加入0.5g/L 的 $Na_2HPO_4$ 溶液进行搅拌，使切片中的聚合物发生解吸附行为，最后使用 TOC 分析技术可以确定聚合物浓度。

2. 实验结果及讨论

1）扁状岩心

不同剪切速率聚合物吸附浓度与注入孔隙体积数之间的关系见图7-29。对于每一个剪切速率的吸附曲线，都表现出随着注入孔隙体积增加而增加，然后达到一个平衡值的情况。剪切速率较低时，剪切速率增加导致的流体动力增加克服了吸附能量障碍；剪切速率较高时，剪切速率的增加导致了桥塞吸附的发生，因此表现为平衡吸附浓度随着剪切速率增加而增加。

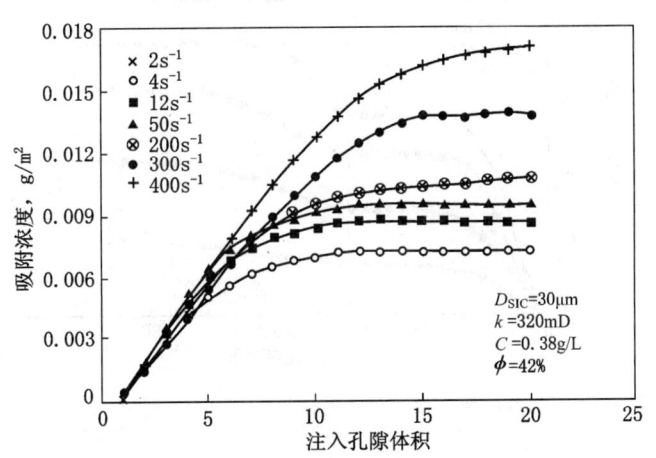

图7-29　不同剪切速率下聚合物吸附浓度与
注入孔隙体积之间的关系

图7-30表明了较低剪切速率（4s⁻¹）下不同浓度的聚合物层状吸附浓度与注入孔隙体积之间的关系。图中的点为实验数据，线为根据式（7-117）在获得平衡值以后的拟合曲线。吸附浓度随着注入孔隙体积的增加而增加，最后达到一个平衡值。平衡值随着聚合

物浓度的增加而增加。此外，图7-30中的小插图表明：随着聚合物浓度增加，短期和长期两种流态的交叉点对应的注入孔隙体积逐渐降低，这表明随着聚合物浓度增加，达到平衡吸附浓度的时间越快。

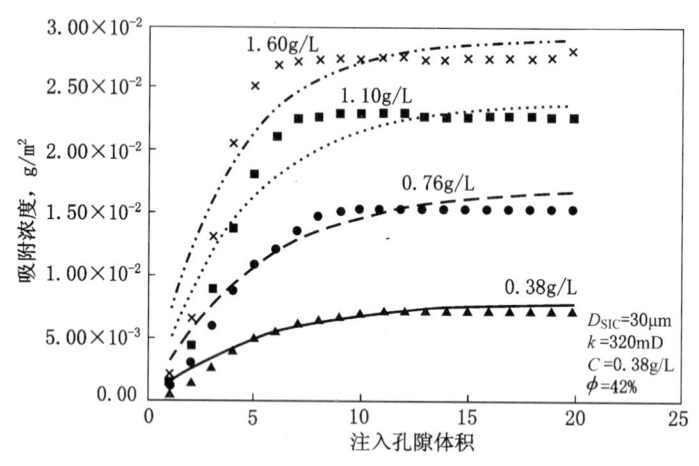

图7-30 较低剪切速率（4s$^{-1}$）聚合物吸附浓度与注入孔隙体积之间的关系

图7-31表明了两个剪切速率（4s$^{-1}$及200s$^{-1}$）下聚合物吸附浓度与注入孔隙体积之间的关系。聚合物首先以4s$^{-1}$的剪切速率注入，然后以200s$^{-1}$的剪切速率注入，这样可以让聚合物首先发生层状吸附，然后发生桥塞吸附。在图7-32所示的聚合物吸附浓度与注入孔隙体积之间的关系中，聚合物溶液直接以很高的剪切速率注入，形成了层状吸附和桥塞吸附的叠加曲线。

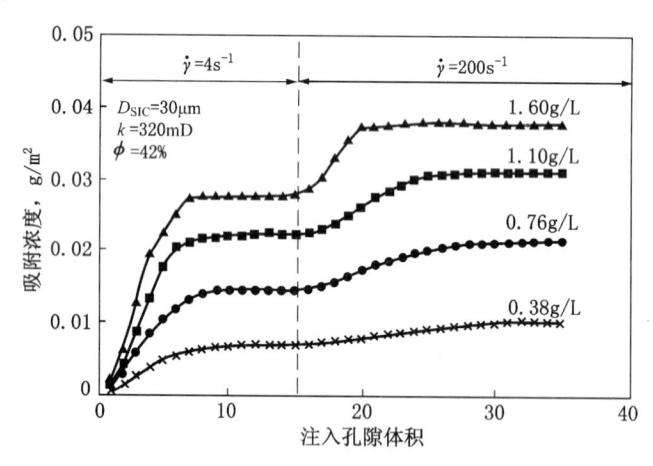

图7-31 聚合物吸附浓度与注入孔隙体积之间的关系（4s$^{-1}$及200s$^{-1}$）

用200s$^{-1}$剪切速率下的浓度曲线减去4s$^{-1}$剪切速率下的浓度曲线，可以得到桥塞吸附浓度与注入孔隙体积之间的关系曲线，见图7-33，图7-34。图7-33为桥塞吸附与层状吸附之间的比较；图7-34为桥塞吸附的实验数据点和拟合曲线［根据式（7-119）计算］之间的关系。

2）长岩心

聚合物浓度，长链分子浓度，层状和桥塞吸附浓度与无因次距离之间关系见图7-35。

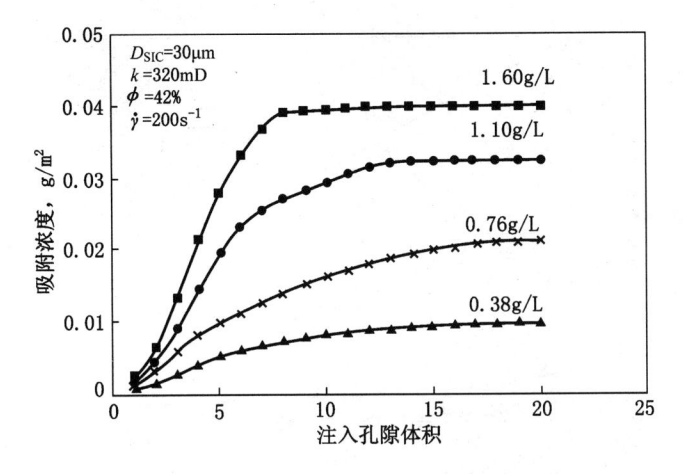

图 7-32 聚合物吸附浓度与注入孔隙体积之间的关系（200s$^{-1}$）

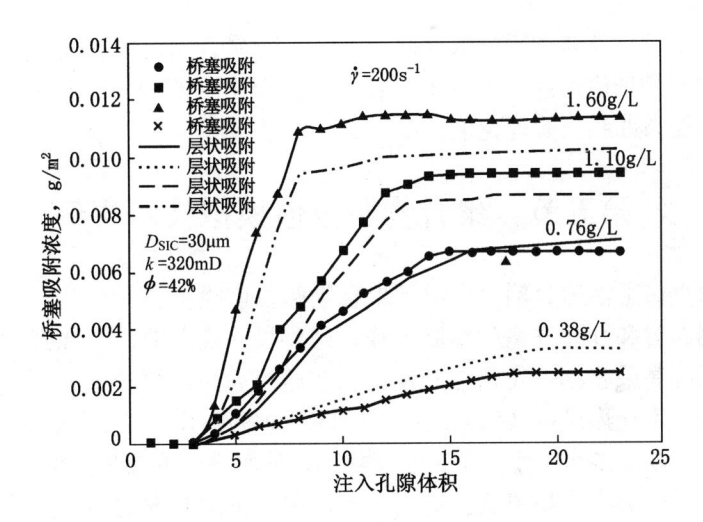

图 7-33 桥塞吸附与先期层状吸附之间的对比

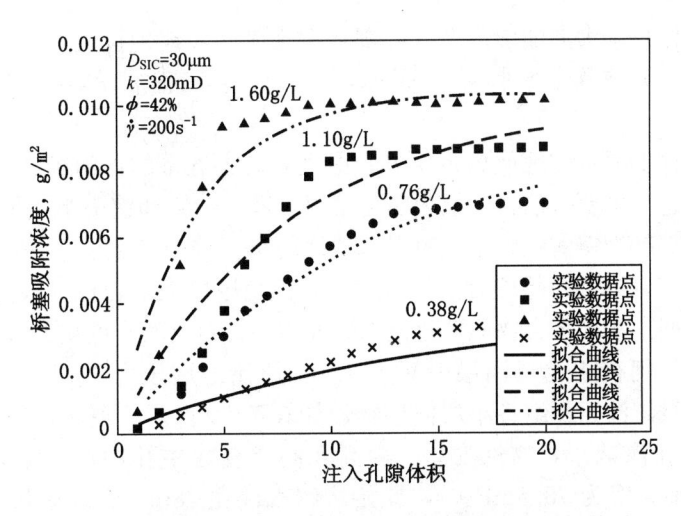

图 7-34 桥塞吸附的实验数据点与拟合曲线之间的关系

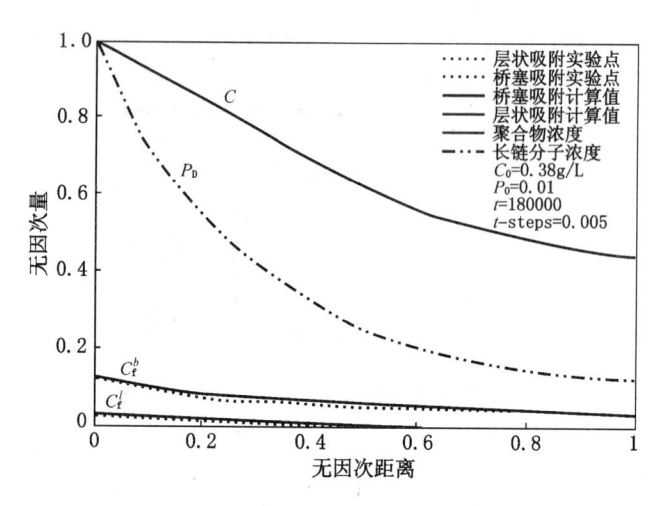

图 7-35　长岩心实验与模型计算对比

图中的点是注入 6 倍孔隙体积后，浓度为 0.38g/L 的聚合物溶液在 $200s^{-1}$ 的剪切速率下的实验数据点；曲线是理论计算值。由于没有测量聚合物浓度和长链分子浓度的方法，所以图 7-35 中上面两条曲线只有理论值，没有实验数据点。

## 第五节　聚合物驱数值模拟技术实例

本节以关家堡海上油田为例，介绍了聚合物驱数值模拟技术的研究方法。关家堡油藏已经完成了井网布置和开发方案的编制工作，即将投入商业开发。在开发方式上，是按照传统的水驱油后提高采收率，还是在开发初期实施提高采收率技术；是形成剩（残）余油后挖潜，还是努力不让形成剩（残）余油，这是一个需要引起高度重视的战略性技术问题。

由于海上油田缺乏淡水、生产平台空间狭小、使用寿命有限等，海洋油田开采年限短，有效开采期内水驱油最终采收率低。因此，考虑在水驱油开发初期研究和实施聚合物驱提高采收率技术，对于实现关家堡油藏的高速高效开发具有十分重要的意义。

### 一、区块概况

关家堡开发区位于大港油田滩海区南部埕北断阶区，地理位置位于河北省黄骅市关家堡村以东的滩涂—海域及浅海地区，平均水深 4m。海洋工程推荐采用人工井场和平台结合的方案进行开发。

开发区自下而上揭示的地层为古生界、中生界、古近系的沙河街组、新近系的明化镇组、第四系平原组，主要含油目的层为明化镇组、沙河街组和馆陶组。根据上报开发方案，庄海 8 背斜主要储层为馆陶组、明化镇组和沙河街组，分为三个层系进行开发。庄海 4×1 断鼻边部构造单一，构造高部位有层层数较多，但是厚度大，含油井段相对集中，主要立足于一套开发井网。本次聚合物驱数值模拟研究主要针对这两个区块的沙河街组储层。

庄海 8 背斜沙河街组储层油层中深 1498m，原始地层压力 15.17MPa，温度 62.3℃，属于常温常压油藏。沙河街组各小层储层物性如表 7-9 所示，属于高孔中渗油藏。随着，埋藏深度增加，孔渗减小，物性变差，由高孔高渗变成中孔中渗。地面原油黏度 75.78 mP·s，地下原油黏度为 28.5mP·s，原始溶解气油比 $28m^3/m^3$。区块共部署 10 口生产井，其中 5 口注水井（1 口定向井、4 口水平井），5 口采油井（1 口定向井、4 口水平井）。

表 7-9 庄海 8 背斜沙河街组储层物性

| 小层 | 渗透率，$10^{-3}\mu m^2$ ||| 孔隙度，% |||
|---|---|---|---|---|---|---|
| | 最大 | 最小 | 平均 | 最大 | 最小 | 平均 |
| Es1s1 | 1145.1 | 549.5 | 808.6 | 30.4 | 27.9 | 29.0 |
| Es1s3 | 746.3 | 116.1 | 498.9 | 29.2 | 18.7 | 25.7 |
| Es1s6 | 315.0 | 35.0 | 193.4 | 24.3 | 17.8 | 21.5 |

庄海 4×1 沙河街组油层中深 1557m，原始地层压力 15.7MPa，温度 66℃，属于常温常压油藏。各小层储层物性如表 7-10 所示，属于中孔中渗储层。地面原油黏度 83.41 mP·s，地下原油黏度为 29.8mP·s，原始溶解气油比 41m³/m³。区块共部署 17 口生产井，其中 6 口注水井（5 口定向井、1 口水平井），9 口采油井（6 口直井、3 口水平井），另外 2 口关井。

表 7-10 庄海 4×1 断鼻沙河街组储层物性

| 小层 | 渗透率，$10^{-3}\mu m^2$ ||| 孔隙度，% |||
|---|---|---|---|---|---|---|
| | 最大 | 最小 | 平均 | 最大 | 最小 | 平均 |
| Es1 上 | 261.0 | 68.8 | 164.8 | 23.4 | 17.4 | 20.8 |
| Es1 下 | 431.3 | 70.8 | 212.2 | 27.0 | 17.1 | 22.1 |
| Es3 | 126.9 | 107.8 | 117.4 | 20.1 | 19.7 | 19.9 |

由表 7-9 和表 7-10 看出，庄海 4×1 的储层物性比庄海 8 差。在实施聚合物驱的时候要考虑到两个区块的注入性差异问题。

## 二、方案设计原则

根据关家堡开发区的地理位置和环境特点，制定聚合物驱方案设计原则。
（1）尽可能提高最终采收率；
（2）加快采油速度；
（3）经济可行。

## 三、聚合物驱数值模拟模型

STARS 化学驱模型是加拿大 CMG 公司推出的三维三相的数学模型，考虑了聚合物驱过程中各种主要的物理化学现象：黏度、阻力系数、残余阻力系数、聚合物的吸附滞留、流变性、含盐量及其变化的影响等，可用于水驱历史拟合及水驱、聚合物驱生产动态预测。

关家堡开发区已经用 eclipse 黑油模型进行过水驱预测，因此本次聚合物驱数值模拟的地质模型、流体参数、岩石参数、井网部署等均基于关家堡现有模型开展研究。经过模型对比，两个模型的地质储量略有差异，见表 7-11。由表可以看出，采用 CMG STARS 得到的储量稍微偏大，但是差异在可以接受范围，因此可以在此基础上进行聚合物驱数值模拟研究。

## 四、聚合物驱方案优化设计

庄海 8 和庄海 4 地层原油黏度介于 28~30mPa·s 之间，根据岩心实验结果以及控制流度比的要求，聚合物浓度需要达到 1100mg/L 才能实现驱替前沿均匀向油井推进，但是开发效果的好坏是由多个因素决定的，流度比只是其中的一个因素。聚合物溶液浓度、注聚段塞以及注聚时机等也是影响开发效果的重要因素。其中，聚合物溶液浓度是最主要的影响因素。

表 7-11 两个模型的地质储量比较

| 区块 | 项目 \ 模型 | Eclipse | CMG STARS | 差异 | 差异百分数 % |
|---|---|---|---|---|---|
| 庄海 8 | 原油储量，$10^4 m^3$ | 1190.98 | 1226.10 | 35.12 | 2.9 |
|  | 地层水储量，$10^4 m^3$ | 1776.995 | 1857.20 | 80.21 | 4.5 |
| 庄海 4×1 | 原油储量，$10^4 m^3$ | 447.66 | 495.41 | 47.75 | 10.67 |
|  | 地层水储量，$10^4 m^3$ | 1391.34 | 1411.9 | 20.56 | 1.48 |

在保持注入压力一定的情况下，聚合物浓度对开发效果的影响表现在两个方面：一方面，随聚合物浓度增加，水油流度比越来越小，驱替前沿就越来越均匀，就更加有利于提高采收率，这是正面的影响；另一方面，随聚合物浓度增加，溶液黏度越来越大，在地层中渗流阻力越来越大，注入性越来越差，最终将导致地层注采不平衡，地层压力就会随之下降，从而使采出液量减小，不利于提高采收率，这是负面的影响。因此，聚合物浓度不是越高越好，关键看哪个方面占优势。

注入压力也是影响开发效果的重要因素。根据"关家堡地区开发方案"，合理注入压力庄海 8 为 17MPa，庄海 4×1 为 18MPa。庄海 8 破裂压力为 25.84MPa，庄海 4×1 破裂压力为 26.86MPa，按照破裂压力 80% 确定最高注入压力为 20MPa。下面对庄海 8 和庄海 4×1 分别按原方案参数进行了开发预测，同时预测了井底注水压力为 20MPa 下的开发效果，见表 7-12～表 7-15。

表 7-12 庄海 8 水驱开发效果预测（井底压力 17MPa）

| 预测年度 a | 日产能力 $m^3/d$ | 含水 % | 年产油 $10^4 m^3$ | 年产水 $10^4 m^3$ | 累积产油 $10^4 m^3$ | 累积产水 $10^4 m^3$ | 采油速度 % | 采出程度 % |
|---|---|---|---|---|---|---|---|---|
| 2008 | 552.2 | 21.0 | 10.2 | 1.6 | 10.2 | 1.6 | 2.4 | 2.4 |
| 2009 | 486.8 | 36.6 | 17.8 | 7.9 | 27.9 | 9.5 | 4.3 | 6.7 |
| 2010 | 403.8 | 59.2 | 14.7 | 15.2 | 42.7 | 24.7 | 3.5 | 10.2 |
| 2011 | 307.7 | 73.9 | 11.2 | 25.2 | 53.9 | 49.9 | 2.7 | 12.9 |
| 2012 | 239.3 | 81.4 | 8.7 | 33.0 | 62.6 | 83.0 | 2.1 | 15.0 |
| 2013 | 198.3 | 85.5 | 7.2 | 38.4 | 69.8 | 121.4 | 1.7 | 16.8 |
| 2014 | 168.4 | 88.5 | 6.1 | 42.8 | 76.0 | 164.2 | 1.5 | 18.2 |
| 2015 | 143.8 | 90.5 | 5.2 | 46.4 | 81.3 | 210.6 | 1.3 | 19.5 |
| 2016 | 126.2 | 92.0 | 4.6 | 49.6 | 85.9 | 260.2 | 1.1 | 20.6 |
| 2017 | 111.6 | 93.1 | 4.1 | 52.1 | 89.9 | 312.3 | 1.0 | 21.6 |
| 2018 | 100.5 | 94.0 | 3.7 | 54.4 | 93.6 | 366.7 | 0.9 | 22.4 |
| 2019 | 91.3 | 94.7 | 3.3 | 56.4 | 96.9 | 423.1 | 0.8 | 23.2 |
| 2020 | 84.0 | 95.2 | 3.1 | 58.4 | 100.0 | 481.4 | 0.7 | 24.0 |
| 2021 | 77.3 | 95.7 | 2.8 | 59.8 | 102.8 | 541.3 | 0.7 | 24.7 |
| 2022 | 71.6 | 96.1 | 2.6 | 61.4 | 105.4 | 602.6 | 0.6 | 25.3 |

**表 7-13　庄海 8 水驱开发效果预测（井底压力 20MPa）**

| 预测年度 a | 日产能力 m³/d | 含水 % | 年产油 10⁴m³ | 年产水 10⁴m³ | 累积产油 10⁴m³ | 累积产水 10⁴m³ | 采油速度 % | 采出程度 % |
|---|---|---|---|---|---|---|---|---|
| 2008 | 739.6 | 16.1 | 13.6 | 1.5 | 13.6 | 1.5 | 3.3 | 3.3 |
| 2009 | 644.3 | 52.1 | 23.5 | 13.6 | 37.1 | 15.1 | 5.6 | 8.9 |
| 2010 | 442.8 | 74.3 | 16.2 | 33.1 | 53.3 | 48.1 | 3.9 | 12.8 |
| 2011 | 314.6 | 83.8 | 11.5 | 48.8 | 64.8 | 97.0 | 2.8 | 15.5 |
| 2012 | 248.2 | 88.6 | 9.1 | 60.5 | 73.8 | 157.5 | 2.2 | 17.7 |
| 2013 | 197.0 | 91.5 | 7.2 | 69.2 | 81.0 | 226.7 | 1.7 | 19.4 |
| 2014 | 164.1 | 93.2 | 6.0 | 75.5 | 87.0 | 302.2 | 1.4 | 20.9 |
| 2015 | 141.7 | 94.3 | 5.2 | 80.3 | 92.2 | 382.5 | 1.2 | 22.1 |
| 2016 | 124.0 | 95.1 | 4.5 | 82.7 | 96.7 | 465.1 | 1.1 | 23.2 |
| 2017 | 110.0 | 95.7 | 4.0 | 85.3 | 100.7 | 550.5 | 1.0 | 24.2 |
| 2018 | 98.4 | 96.3 | 3.6 | 88.5 | 104.3 | 639.0 | 0.9 | 25.0 |
| 2019 | 88.5 | 96.7 | 3.2 | 91.4 | 107.5 | 730.3 | 0.8 | 25.8 |
| 2020 | 69.3 | 95.5 | 2.5 | 50.2 | 110.1 | 780.5 | 0.6 | 26.4 |
| 2021 | 63.2 | 96.0 | 2.3 | 53.2 | 112.4 | 833.7 | 0.6 | 27.0 |
| 2022 | 55.8 | 95.4 | 2.0 | 43.9 | 114.4 | 877.6 | 0.5 | 27.4 |

注：2020 年起 ESHP4 井由于高含水关井。

**表 7-14　庄海 4×1 水驱开发效果预测（井底压力 18MPa）**

| 预测年度 a | 日产能力 m³/d | 含水 % | 年产油 10⁴m³ | 年产水 10⁴m³ | 累积产油 10⁴m³ | 累积产水 10⁴m³ | 采油速度 % | 采出程度 % |
|---|---|---|---|---|---|---|---|---|
| 2007 | 382.5 | 3.6 | 7.0 | 0.1 | 7.0 | 0.1 | 1.4 | 1.4 |
| 2008 | 412.9 | 30.7 | 15.1 | 3.7 | 22.1 | 3.8 | 3.0 | 4.5 |
| 2009 | 402.6 | 50.5 | 14.7 | 11.7 | 36.8 | 15.5 | 3.0 | 7.4 |
| 2010 | 382.7 | 64.2 | 14.0 | 20.8 | 50.8 | 36.2 | 2.8 | 10.2 |
| 2011 | 354.4 | 73.4 | 12.9 | 30.8 | 63.7 | 67.1 | 2.6 | 12.9 |
| 2012 | 325.8 | 79.6 | 11.9 | 41.0 | 75.6 | 108.0 | 2.4 | 15.3 |
| 2013 | 293.6 | 84.0 | 10.7 | 50.8 | 86.3 | 158.8 | 2.2 | 17.4 |
| 2014 | 264.9 | 87.1 | 9.7 | 59.6 | 96.0 | 218.4 | 2.0 | 19.4 |
| 2015 | 237.9 | 89.3 | 8.7 | 67.2 | 104.7 | 285.7 | 1.8 | 21.1 |
| 2016 | 213.9 | 90.8 | 7.8 | 72.7 | 112.5 | 358.4 | 1.6 | 22.7 |
| 2017 | 192.7 | 92.0 | 7.0 | 76.6 | 119.5 | 435.0 | 1.4 | 24.1 |
| 2018 | 174.4 | 93.0 | 6.4 | 80.1 | 125.9 | 515.0 | 1.3 | 25.4 |
| 2019 | 158.1 | 93.8 | 5.8 | 83.0 | 131.7 | 598.1 | 1.2 | 26.6 |
| 2020 | 144.3 | 94.4 | 5.3 | 85.7 | 136.9 | 683.8 | 1.1 | 27.6 |
| 2021 | 263.7 | 95.0 | 4.8 | 87.2 | 141.7 | 771.0 | 1.0 | 28.6 |

表 7-15　庄海 4×1 水驱开发效果预测（井底压力 20MPa）

| 预测年度 a | 日产能力 m³/d | 含水 % | 年产油 10⁴m³ | 年产水 10⁴m³ | 累积产油 10⁴m³ | 累积产水 10⁴m³ | 采油速度 % | 采出程度 % |
|---|---|---|---|---|---|---|---|---|
| 2007 | 498.8 | 6.4 | 9.2 | 0.2 | 9.2 | 0.2 | 1.9 | 1.9 |
| 2008 | 538.1 | 40.5 | 19.6 | 7.8 | 28.8 | 8.0 | 4.0 | 5.8 |
| 2009 | 512.2 | 60.9 | 18.7 | 22.1 | 47.5 | 30.1 | 3.8 | 9.6 |
| 2010 | 467.3 | 73.8 | 17.1 | 39.1 | 64.6 | 69.2 | 3.4 | 13.0 |
| 2011 | 415.4 | 81.5 | 15.2 | 56.2 | 79.7 | 125.4 | 3.1 | 16.1 |
| 2012 | 364.7 | 86.1 | 13.3 | 72.4 | 93.0 | 197.7 | 2.7 | 18.8 |
| 2013 | 316.1 | 89.2 | 11.5 | 86.1 | 104.6 | 283.9 | 2.3 | 21.1 |
| 2014 | 274.6 | 91.4 | 10.0 | 96.9 | 114.6 | 380.8 | 2.0 | 23.1 |
| 2015 | 238.1 | 92.8 | 8.7 | 103.7 | 123.3 | 484.5 | 1.8 | 24.9 |
| 2016 | 209.1 | 93.8 | 7.6 | 108.9 | 130.9 | 593.3 | 1.5 | 26.4 |
| 2017 | 184.4 | 94.6 | 6.7 | 112.2 | 137.7 | 705.5 | 1.4 | 27.8 |
| 2018 | 164.3 | 95.2 | 6.0 | 114.6 | 143.7 | 820.1 | 1.2 | 29.0 |
| 2019 | 147.5 | 95.7 | 5.4 | 116.1 | 149.0 | 936.2 | 1.1 | 30.1 |
| 2020 | 133.6 | 96.2 | 4.9 | 117.4 | 153.9 | 1053.6 | 1.0 | 31.1 |
| 2021 | 241.8 | 96.5 | 4.4 | 117.7 | 158.3 | 1171.3 | 0.9 | 32.0 |

由表 7-12 与表 7-13 可以看出，对于庄海 8 沙河街组油藏，注水压力从 17MPa 提高到 20MPa，到开发期末累积采油量由 $105.4\times10^4m^3$ 增加到 $114.4\times10^4m^3$，可以多产油 $9\times10^4m^3$。根据表 7-14 与表 7-15 对于庄海 4×1 沙河街组油藏，注水压力从 18MPa 提高到 20MPa，到开发期末累积采油量由 $141.7\times10^4m^3$ 增加到 $158.3\times10^4m^3$，可以多产油 $16.6\times10^4m^3$。因此，为了快速高效开发这两个构造，确定这两个构造的注入压力在整个开发期均保持在 20MPa。

在设计聚合物驱时需要综合考虑这些因素，根据最终开发效果确定合理的聚合物驱参数。为此，在整个开发期内始终保持井底注入压力 20MPa，分别模拟预测了聚合物驱的"早期—低浓度—大段塞"、"中期—中浓度—中段塞"以及"晚期—高浓度—小段塞"三种注聚合物驱方案下的开发效果，并分别与 20MPa 下水驱开发效果对比，从而优选出最佳的注聚合物驱方案。

1. 早期—低浓度—大段塞

本部分模拟了早期注聚合物驱的开发效果。在早期（投产初期，不注水）即实施聚合物驱，采用低浓度聚合物溶液，设计的聚合物浓度分别为：100mg/L、200mg/L、300mg/L、400mg/L、500mg/L，一直驱替到开发期末。驱替过程保持注聚合物驱压力为 20MPa。方案见表 7-16。

1) 庄海 8 沙河街组油藏

表 7-17 是不同注聚合物驱浓度条件下庄海 8 沙河街组油藏的开发效果，从表中可以看出，随注聚合物驱浓度增大，增产油量增大，开发效果越来越好。当聚合物浓度为 500mg/L 时增产油量达到 $10.1\times10^4m^3$，采收率增加 2.5%。图 7-36 和图 7-37 亦说明了这一趋势。

表 7-16 早期—低浓度—大段塞注聚合物驱方案

| 方 案 | 聚合物相对分子质量 | 注聚合物驱浓度，mg/L | 注聚合物驱时间 | 注聚合物驱压力，MPa |
|---|---|---|---|---|
| 方案 1 | 1600 万 | 100 | 投产初期 | 20 |
| 方案 2 | 1600 万 | 200 | 投产初期 | 20 |
| 方案 3 | 1600 万 | 300 | 投产初期 | 20 |
| 方案 4 | 1600 万 | 400 | 投产初期 | 20 |
| 方案 5 | 1600 万 | 500 | 投产初期 | 20 |

表 7-17 庄海 8 早期—低浓度—大段塞注聚合物驱开发效果预测表

| 方 案 | 产油量 $10^4 m^3$ | 产水量 $10^4 m^3$ | 注聚合物驱量 $10^4 m^3$ | 增油量 $10^4 m^3$ | 少产水 $10^4 m^3$ | 少注水 $10^4 m^3$ | 采收率 % |
|---|---|---|---|---|---|---|---|
| 水驱 | 114.4 | 877.6 | — | — | — | — | 27.4 |
| 方案 1 | 118.7 | 750.0 | 861.3 | 4.3 | 127.6 | 166.4 | 28.5 |
| 方案 2 | 121.5 | 549.1 | 657.2 | 7.0 | 328.5 | 370.5 | 29.1 |
| 方案 3 | 122.7 | 454.9 | 558.5 | 8.3 | 422.7 | 469.2 | 29.4 |
| 方案 4 | 123.7 | 378.2 | 473.1 | 9.3 | 499.4 | 554.7 | 29.7 |
| 方案 5 | 124.5 | 331.9 | 415.7 | 10.1 | 545.7 | 612.0 | 29.9 |

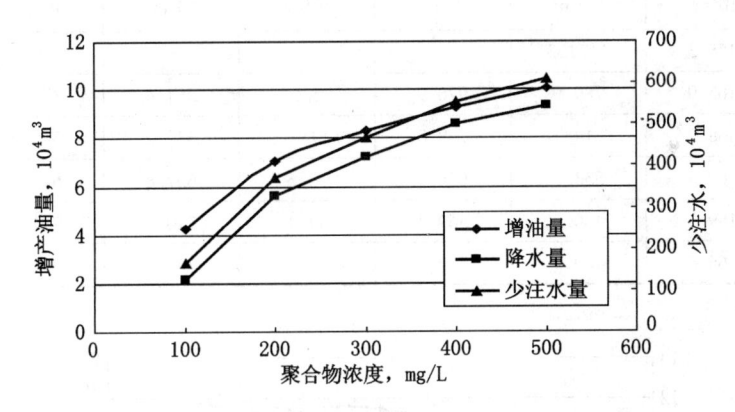

图 7-36 开发效果与聚合物浓度关系

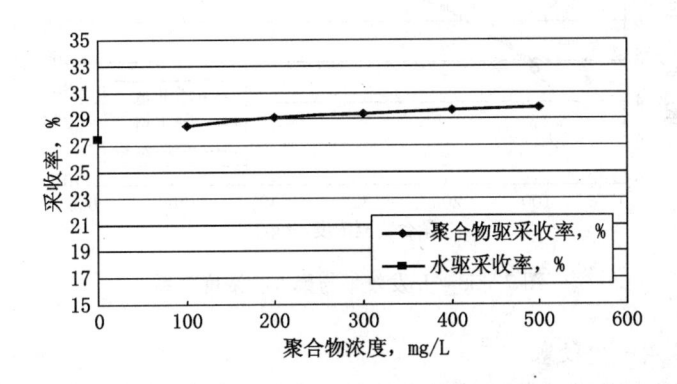

图 7-37 采收率随聚合物浓度变化关系

由于早期注入的是低浓度聚合物溶液,黏度比较低,注入性比较好,此时流度比是影响开发效果的主要因素,因此,随聚合物浓度增大开发效果变好。随着聚合物浓度从 100mg/L 增大到 500mg/L,增油量从 $4.3×10^4m^3$ 增加到 $10.1×10^4m^3$,采收率进一步从 28.5% 增加到 29.9%,如图 7-36、图 7-37 所示。因此,为了得到较高的采收率和好的开发效果,如果在开发早期进行聚合物驱,庄海 8 沙河街组油藏注聚合物驱聚合物浓度以 500mg/L 为最佳。

2) 庄海 4 沙河街组油藏

表 7-18 是不同注聚合物浓度条件下庄海 4 沙河街组油藏的开发效果,从表中可以看出,当聚合物浓度从 100mg/L 增加到 500mg/L 时,增产油量随注聚合物浓度增大呈现抛物线变化趋势:当聚合物浓度为 300mg/L 时增产油量最大,达到 $11.5×10^4m^3$,采收率增加 2.3%。图 7-38、图 7-39 亦说明了这一趋势。由于庄海 4 物性比庄海 8 稍差,注入性不如庄海 8 好,此时聚合物注入性是影响开发效果的主要因素。因此,为了得到较高的采收率和好的开发效果,如果在开发早期进行聚合物驱油,庄海 4 沙河街组油藏注聚合物浓度以 300～400mg/L 最好,方案三累积注入聚合物溶液 $656.9×10^4m^3$,方案四累积注入聚合物溶液 $569.4×10^4m^3$。由于方案三和方案四开发效果很接近,考虑到地层损失,推荐 400mg/L。

**表 7-18 庄海 4 早期—低浓度—大段塞注聚合物驱开发效果预测表**

| 方案 | 产油量 $10^4m^3$ | 产水量 $10^4m^3$ | 注聚合物驱量 $10^4m^3$ | 增油量 $10^4m^3$ | 少产水 $10^4m^3$ | 少注水 $10^4m^3$ | 采收率 % |
|---|---|---|---|---|---|---|---|
| 水驱 | 158.3 | 1171.3 | — | — | — | — | 32.0 |
| 方案 1 | 163.9 | 789.9 | 926.9 | 5.6 | 381.4 | 377.1 | 33.1 |
| 方案 2 | 168.2 | 614.1 | 748.8 | 9.9 | 557.2 | 555.2 | 34.0 |
| 方案 3 | 169.8 | 533.6 | 656.9 | 11.5 | 637.8 | 647.1 | 34.3 |
| 方案 4 | 169.5 | 460.5 | 569.4 | 11.1 | 710.9 | 734.6 | 34.2 |
| 方案 5 | 165.8 | 409.3 | 502.1 | 7.5 | 762.0 | 801.8 | 33.5 |

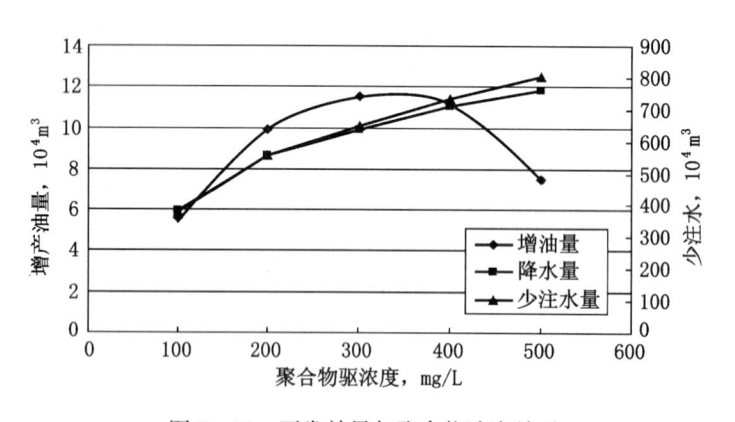

图 7-38 开发效果与聚合物浓度关系

2. 中期—中浓度—中段塞

本部分模拟了中期注聚合物驱的开发效果。在投产初期正常注水,庄海 8 和庄海 4 两个区块注水压力均保持 20MPa 注水。从 2012 年开始注聚合物驱直到 2017 年,设计的聚合

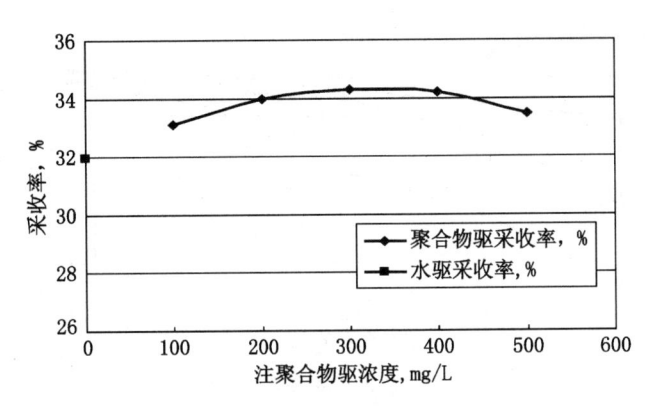

图 7-39 采收率随注聚合物驱浓度变化关系

物浓度分别为：600mg/L、700mg/L、800mg/L、900mg/L、1000mg/L，注聚合物驱时间 6 年。2018 年开始继续注水驱替，直到开发期末。驱替过程保持注聚合物驱压力为 20MPa。设计方案见表 7-19。

表 7-19　中期—中浓度—中段塞注聚合物驱方案

| 方案 | 聚合物相对分子质量 | 注聚合物驱浓度，mg/L | 注聚合物驱方案 | 注聚合物驱压力，MPa |
|---|---|---|---|---|
| 方案 6 | 1600 万 | 600 | | 20 |
| 方案 7 | 1600 万 | 700 | | 20 |
| 方案 8 | 1600 万 | 800 | 2012—2017 年注聚合物驱，2018 年继续注水 | 20 |
| 方案 9 | 1600 万 | 900 | | 20 |
| 方案 10 | 1600 万 | 1000 | | 20 |

1）庄海 8 沙河街组油藏

表 7-20 是不同注聚合物驱浓度条件下的开发效果，从表中可以看出，随注聚合物驱浓度增大，增产油量增大。注聚合物浓度 600mg/L 时增产油量为 $9.7\times10^4 m^3$，采收率增加 2.4%，而当注聚合物浓度 1000mg/L 时增产油量达到 $12.4\times10^4 m^3$，采收率增加 3.02%。由图 7-40、图 7-41 可以看出，当聚合物浓度较低时随浓度增大增油量迅速增加，当浓度到 900mg/L 时，增幅变缓。图 7-42 和图 7-43 分别是聚合物浓度 600mg/L 时和 1000mg/L 时的地层压力变化曲线，由图可以看出，随聚合物浓度增大，注聚合物驱期间地层压力

表 7-20　庄海 8 中期—中浓度—中段塞注聚合物驱开发效果预测表

| 方案 | 产油量 $10^4 m^3$ | 产水量 $10^4 m^3$ | 注聚合物量 $10^4 m^3$ | 增油量 $10^4 m^3$ | 少产水 $10^4 m^3$ | 少注水 $10^4 m^3$ | 采收率 % |
|---|---|---|---|---|---|---|---|
| 水驱 | 114.4 | 877.6 | — | — | — | — | 27.4 |
| 方案 6 | 124.1 | 595.9 | 239.6 | 9.7 | 281.7 | 262.6 | 29.8 |
| 方案 7 | 125.1 | 579.6 | 226.4 | 10.7 | 298.0 | 280.2 | 30 |
| 方案 8 | 125.8 | 570.8 | 218.6 | 11.4 | 306.8 | 289.6 | 30.2 |
| 方案 9 | 126.6 | 568.9 | 211.8 | 12.2 | 308.8 | 304.8 | 30.35 |
| 方案 10 | 126.9 | 564.4 | 208.7 | 12.4 | 313.2 | 311.0 | 30.42 |

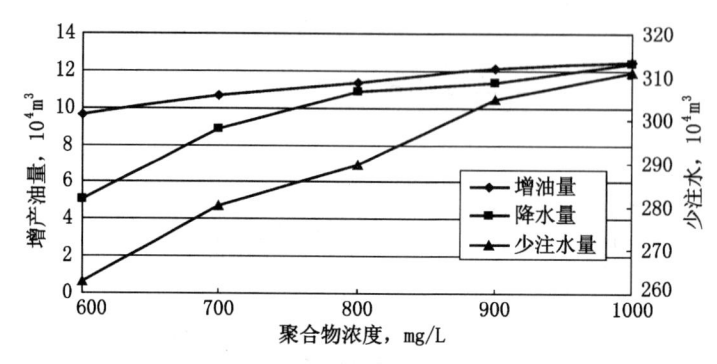

图 7-40 开发效果与注聚合物驱浓度关系

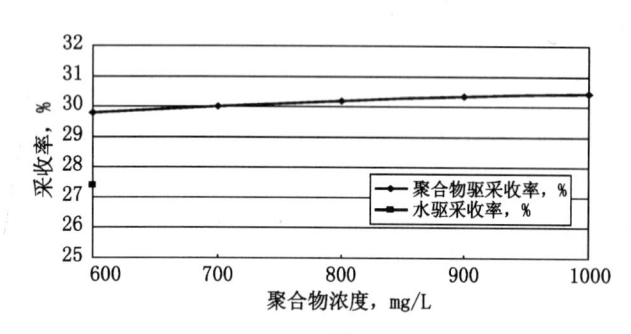

图 7-41 采收率随注聚合物驱浓度变化关系

下降，这是因为注入的聚合物溶液具有一定黏度，使注入量减小，从而导致地层压力下降，但是这两个浓度下降幅度比较接近，仅相差 1MPa。此时，由于聚合物浓度增大而造成的注入性降低不是主要因素，而流度比的改善是主要因素。较高的聚合物浓度更加有利于提高采收率。因此，对于庄海 8 沙河街组油藏，到开发中期进行聚合物驱，注聚合物驱浓度以 900~1000mg/L 为最佳。

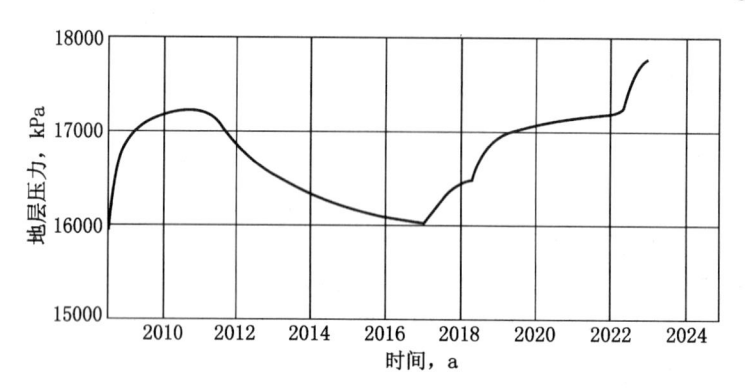

图 7-42 浓度 600mg/L 时地层压力变化

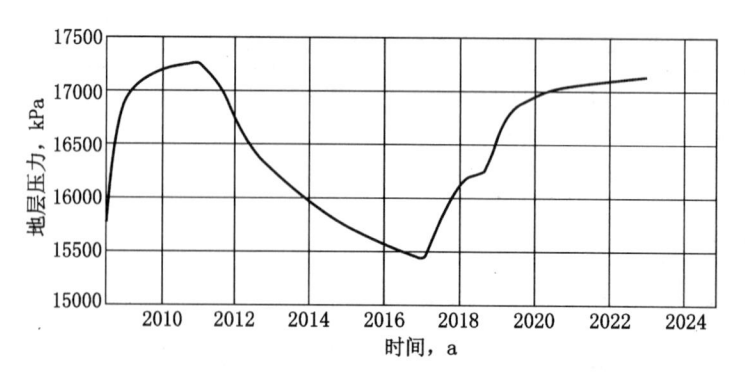

图 7-43 浓度 1000mg/L 时地层压力变化

2) 庄海 4 沙河街组油藏

对庄海 4 沙河街组油藏，随聚合物浓度增大，注入性变差，地层压力降低幅度随聚合物浓度增大而增大。如图 7-46、图 7-47 所示，对比了聚合物浓度为 600mg/L 和 1000mg/L 时的地层压力下降，注聚合物驱期间前者地层压力最低 16.6MPa，而后者地层压力最低则达到 15.2MPa，因此，后者效果反而不如前者。不同注聚合物驱浓度下开发效果见表 7-21，从表中可以看出，随注聚合物驱浓度增大，增产油量反而减小。聚合物浓度为 600mg/L 时增产油量为 $7.3 \times 10^4 m^3$，采收率增幅 1.4%，而当聚合物浓度为 1000mg/L 时，累积产油量反而不如水驱效果好，产油量甚至降低了 $0.8 \times 10^4 m^3$，采收率降低了 0.2%。由图 7-44、图 7-45 可以看出，当聚合物浓度较低时随浓度增大增油量迅速降低，当浓度超过 900mg/L 时，与水驱相比产油量几乎没有增加。因此，对于庄海 4 沙河街组油藏，如果到开发中期进行聚合物驱，注聚合物驱浓度不宜过高，以 600~700mg/L 为最佳。

表 7-21 庄海 4 中期—中浓度—中段塞注聚合物驱开发效果预测表

| 方案 | 产油量 $10^4 m^3$ | 产水量 $10^4 m^3$ | 注聚合物驱量 $10^4 m^3$ | 增油量 $10^4 m^3$ | 少产水 $10^4 m^3$ | 少注水 $10^4 m^3$ | 采收率 % |
|---|---|---|---|---|---|---|---|
| 水驱 | 158.3 | 1171.3 | — | — | — | — | 32.0 |
| 方案 6 | 165.6 | 681.0 | 238.6 | 7.3 | 490.3 | 413.5 | 33.4 |
| 方案 7 | 163.8 | 670.3 | 210.6 | 5.4 | 501.1 | 430.5 | 33.1 |
| 方案 8 | 161.3 | 662.4 | 183.9 | 2.9 | 508.9 | 440.1 | 32.6 |
| 方案 9 | 158.9 | 658.8 | 159.7 | 0.6 | 512.5 | 440.8 | 32.1 |
| 方案 10 | 157.6 | 645.7 | 152.7 | -0.8 | 525.7 | 469.1 | 31.8 |

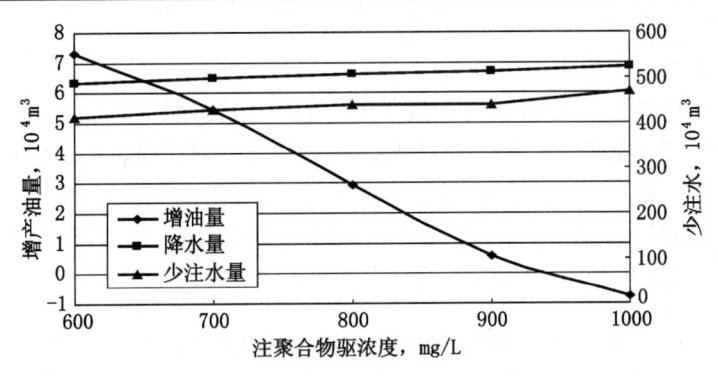

图 7-44 开发效果与注聚合物驱浓度关系

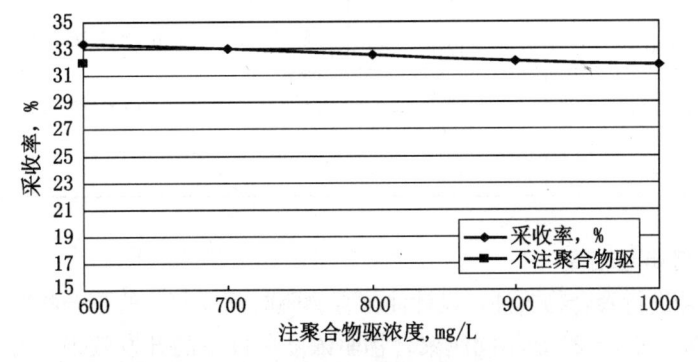

图 7-45 采收率随注聚合物驱浓度变化关系

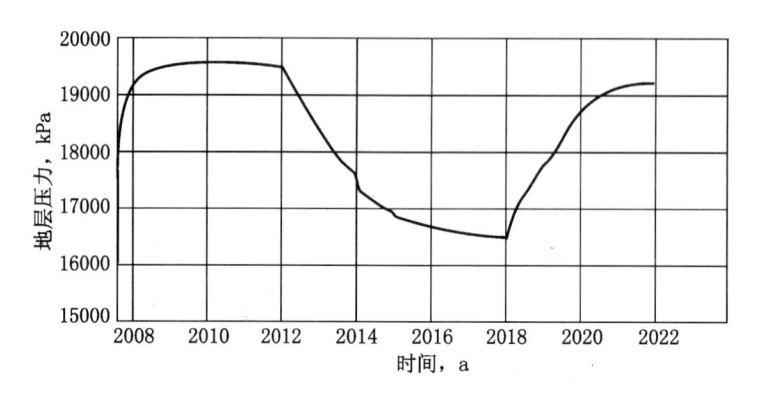

图 7-46 浓度 600mg/L 时地层压力变化

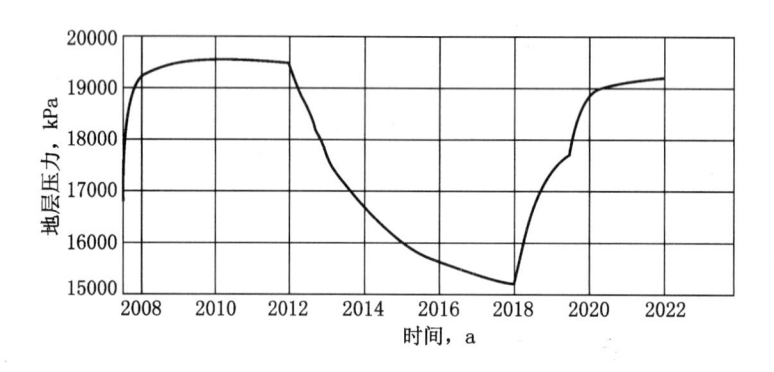

图 7-47 浓度 1000mg/L 时地层压力变化

### 3. 晚期—高浓度—小段塞

本部分模拟了晚期注聚合物驱的开发效果。在投产初期正常注水,注水压力均保持 20MPa。对于庄海 8Es 油藏,从 2018 年开始注聚合物驱;对庄海 4×1Es 油藏,从 2017 年开始注聚合物驱,设计的聚合物浓度分别为:1100mg/L、1200mg/L、1300mg/L、1400mg/L、1500mg/L,注聚合物驱时间 4 年,接着继续水驱,一直驱替到开发期末。驱替过程保持注聚合物驱压力为 20MPa。设计方案见表 7-22。

表 7-22 晚期—高浓度—小段塞注聚合物驱方案

| 方 案 | 聚合物相对分子质量 | 浓度,mg/L | 注聚合物驱时机 | 注聚合物驱压力,MPa |
|---|---|---|---|---|
| 方案 11 | 1600 万 | 1100 | 庄海 8,2018 年开始注聚合物驱;庄海 4×1,2017 年开始注聚合物驱 | 20 |
| 方案 12 | 1600 万 | 1200 | | 20 |
| 方案 13 | 1600 万 | 1300 | | 20 |
| 方案 14 | 1600 万 | 1400 | | 20 |
| 方案 15 | 1600 万 | 1500 | | 20 |

1) 庄海 8 沙河街组油藏

从 2018 年开始进行聚合物驱油,设计注聚合物驱时间 4 年。注聚合物驱期间和后期注水压力均保持 20MPa。表 7-23 是不同注聚合物驱浓度条件下的开发效果,可以看出,随注聚合物驱浓度增大,增产油量减小。聚合物浓度为 1100mg/L 时增产油量 $0.8×10^4m^3$,采收率增加0.22%。图7-48、图7-49亦说明了这一点。因为随着聚合物浓度从1100mg/L增大到1500mg/L，注聚合物驱阻力增大，注入的聚合物量从$134.6×10^4m^3$减小到$119.1×10^4m^3$，地层压力迅速降低，而且随聚合物浓度增大降低幅度增大，从而导致提高采收率效果不明显，如图7-50、图7-51所示。因此，不建议到开发后期进行聚合物驱油。

表7-23  庄海8晚期—高浓度—小段塞注聚合物驱开发效果预测表

| 方案 | 产油量 $10^4m^3$ | 产水量 $10^4m^3$ | 注聚合物驱量 $10^4m^3$ | 增油量 $10^4m^3$ | 少产水 $10^4m^3$ | 少注水 $10^4m^3$ | 采收率 % |
|---|---|---|---|---|---|---|---|
| 水驱 | 114.4 | 877.6 | — | — | — | — | 27.4 |
| 方案11 | 115.2 | 751.3 | 134.6 | 0.8 | 126.3 | 186.3 | 27.62 |
| 方案12 | 115.1 | 750.1 | 131.2 | 0.7 | 127.5 | 189.4 | 27.59 |
| 方案13 | 115.0 | 747.1 | 129.2 | 0.6 | 130.5 | 190.9 | 27.57 |
| 方案14 | 114.7 | 742.9 | 124.0 | 0.3 | 134.7 | 196.1 | 27.52 |
| 方案15 | 114.5 | 739.4 | 119.1 | 0.1 | 138.2 | 200.5 | 27.46 |

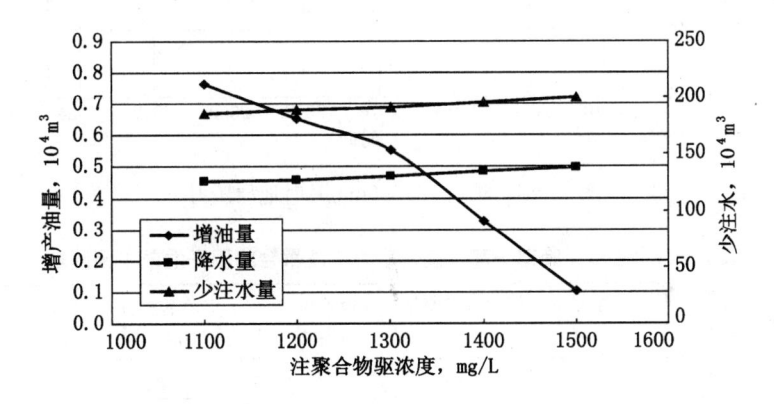

图7-48  开发效果与注聚合物驱浓度关系

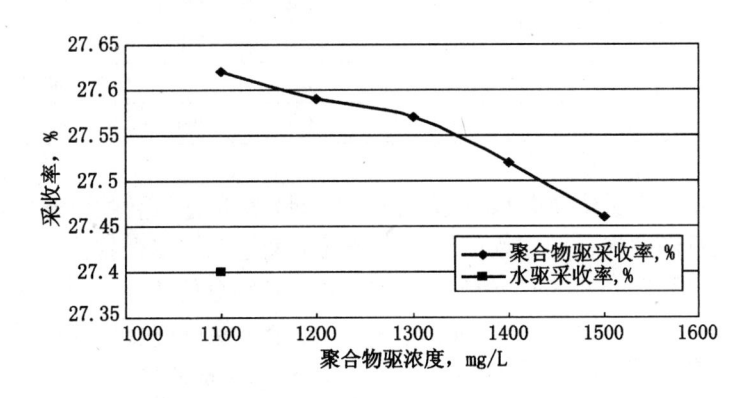

图7-49  采收率随注聚合物驱浓度变化关系

2) 庄海4沙河街组油藏

从2017年开始进行聚合物驱油，设计注聚合物驱时间4年。整个开发阶段注水压力均保持20MPa。表7-24是不同注聚合物驱浓度条件下的开发效果，从表中可以看出，在水

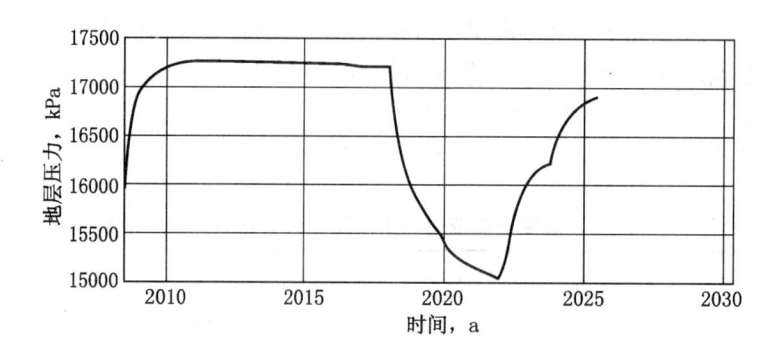

图 7-50 浓度为 1100mg/L 时地层压力

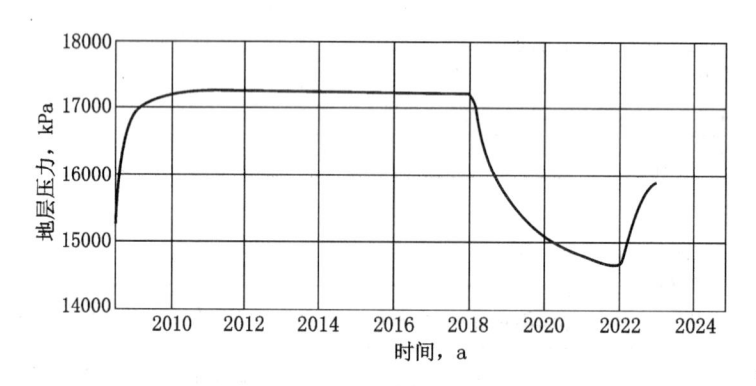

图 7-51 浓度为 1500mg/L 时地层压力

表 7-24 庄海 4 晚期—高浓度—小段塞注聚合物驱开发效果预测表

| 方 案 | 产油量 $10^4 m^3$ | 产水量 $10^4 m^3$ | 注聚合物驱量 $10^4 m^3$ | 增油量 $10^4 m^3$ | 少产水 $10^4 m^3$ | 少注水 $10^4 m^3$ | 采收率 % |
|---|---|---|---|---|---|---|---|
| 水驱 | 158.3 | 1171.3 | — | — | — | — | 32.0 |
| 方案 11 | 146.4 | 848.2 | 123.9 | -11.9 | 323.1 | 331.1 | 29.6 |
| 方案 12 | 146.0 | 841.3 | 116.2 | -12.3 | 330.1 | 336.4 | 29.5 |
| 方案 13 | 145.9 | 840.9 | 111.6 | -12.4 | 330.5 | 341.3 | 29.4 |
| 方案 14 | 145.3 | 827.5 | 102.5 | -13.1 | 343.9 | 347.7 | 29.3 |
| 方案 15 | 144.9 | 820.6 | 93.7 | -13.5 | 350.7 | 354.6 | 29.2 |

驱压力和聚合物驱压力都保持 20MPa 的情况下，晚期高浓度注聚合物驱开发效果甚至不如水驱开发效果，而且随注聚合物驱浓度增大，降低幅度越大，聚合物浓度 1500mg/L 时少产油 $13.5 \times 10^4 m^3$。图 7-52、图 7-53 亦说明了这一点。分析认为，到了开发后期，含水已经很高了，而此时的采出程度已经达到 26.4%，这个时候再进行聚合物驱油，流度控制意义已经不大了，只能使含水有所下降，如表 7-25 所示。根据表 7-24，随着聚合物浓度从 1100mg/L 增大到 1500mg/L，注聚合物驱阻力增大，在注入压力始终保持 20MPa 不变的情况下，注入的聚合物量从 $123.9 \times 10^4 m^3$ 减小到 $93.7 \times 10^4 m^3$，地层压力迅速降低，而且随聚合物浓度增大降低幅度增大，如图 7-54、图 7-55 所示。这个时候由于地层压力下降成为矛盾的主要方面，而流度控制退居为次要方面，从而导致开发晚期高浓度注聚合物驱开发效果反而不如水驱效果好。因此，对于庄海 4 不进行晚期注聚合物驱。

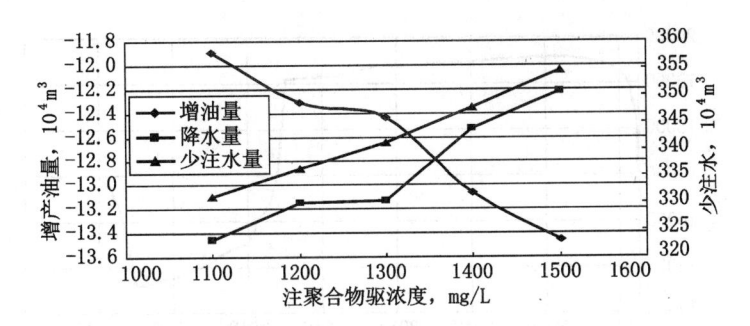

图 7-52 开发效果与注聚合物驱浓度关系

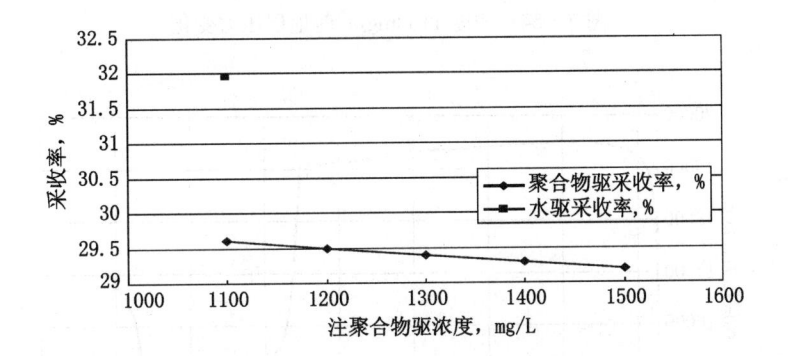

图 7-53 采收率随注聚合物驱浓度变化关系

表 7-25 庄海 4 晚期—高浓度—小段塞注聚合物驱开发含水预测表

| 预测年度，a | 水驱 | 聚合物浓度，mg/L ||||| 
|---|---|---|---|---|---|---|
| | | 1100 | 1200 | 1300 | 1400 | 1500 |
| 2007 | 6.4 | 6.4 | 6.4 | 6.4 | 6.4 | 6.4 |
| 2008 | 40.5 | 40.5 | 40.5 | 40.5 | 40.5 | 40.5 |
| 2009 | 60.9 | 60.9 | 60.9 | 60.9 | 60.9 | 60.9 |
| 2010 | 73.8 | 73.8 | 73.8 | 73.8 | 73.8 | 73.8 |
| 2011 | 81.5 | 81.5 | 81.5 | 81.5 | 81.5 | 81.5 |
| 2012 | 86.1 | 86.1 | 86.1 | 86.1 | 86.1 | 86.1 |
| 2013 | 89.2 | 89.2 | 89.2 | 89.2 | 89.2 | 89.2 |
| 2014 | 91.4 | 91.4 | 91.4 | 91.4 | 91.4 | 91.4 |
| 2015 | 92.8 | 92.8 | 92.8 | 92.8 | 92.8 | 92.8 |
| 2016 | 93.8 | 93.8 | 93.8 | 93.8 | 93.8 | 93.8 |
| 2017 | 94.6 | 94.2 | 94.2 | 94.2 | 94.1 | 94.1 |
| 2018 | 95.2 | 94.5 | 94.4 | 94.5 | 94.4 | 94.4 |
| 2019 | 95.7 | 94.6 | 94.5 | 94.5 | 94.5 | 94.4 |
| 2020 | 96.2 | 94.7 | 94.6 | 94.6 | 94.5 | 94.4 |
| 2021 | 96.5 | 93.5 | 93.8 | 94.0 | 94.2 | 94.2 |

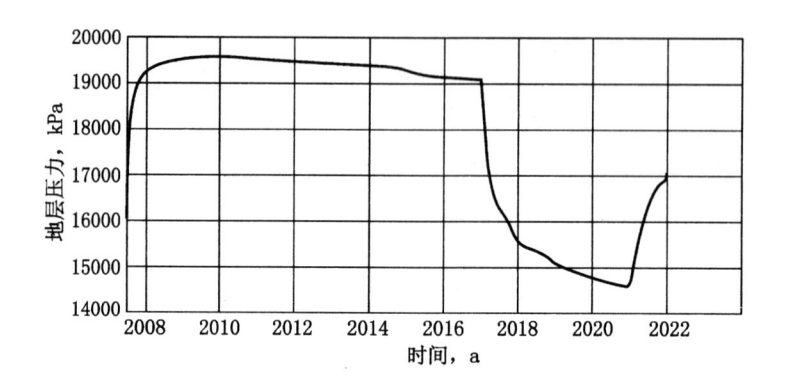

图 7-54 浓度 1100mg/L 时地层压力变化

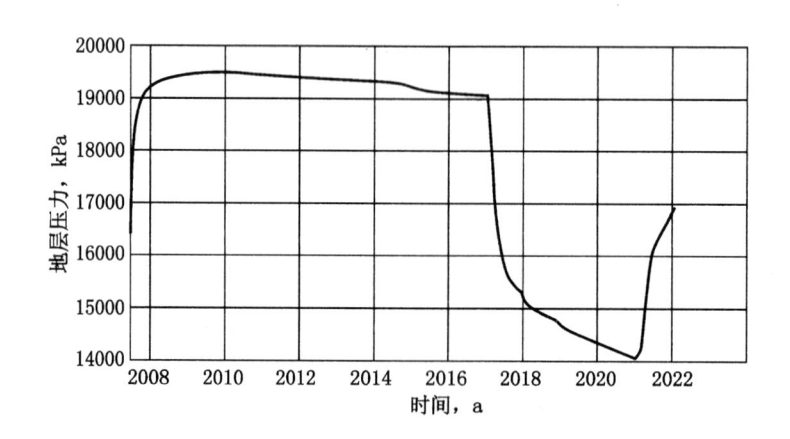

图 7-55 浓度 1500mg/L 时地层压力变化

## 五、聚合物驱方案经济评价

评价方法按表 7-26 所列指标进行。

**表 7-26 聚合物驱经济效益测算数据表**

| 项 目 | 单 价 | 单 位 |
|---|---|---|
| 聚合物 | 20000 | 元/t |
| 注水 | 0.73 | 元/m³ |
| 水处理 | 6.26 | 元/m³ |
| 原油 | 1260* | 元/m³ |
| 注聚合物驱用橇装设备 | 1000 | 万元/套 |
| 备注 | 原油价格按 25 美元/bbl，汇率按 1∶8 计算 | |

1. 庄海 8 背斜沙河街组

对庄海 8 背斜沙河街组储层作了注聚合物驱压力 20MP 下，早期—低浓度—大段塞、中期—中浓度—中段塞以及晚期—高浓度—小段塞三种方案的开发效果预测，根据预测结果进行的经济效益评价见表 7-27、表 7-28、表 7-29。

表7-27 庄海8背斜沙河街组储层油藏聚合物驱方案预测表(早期)

| 方　案 | 1 | 2 | 3 | 4 | 5 |
|---|---|---|---|---|---|
| 浓度,mg/L | 100 | 200 | 300 | 400 | 500 |
| 用量,t | 861.3 | 1314.5 | 1675.5 | 1892.2 | 2078.6 |
| 采收率增量,% | 1.1 | 1.7 | 2 | 2.3 | 2.5 |
| 增产油量,$10^4 m^3$ | 4.3 | 7.0 | 8.3 | 9.3 | 10.1 |
| 减产水量,$10^4 m^3$ | 127.6 | 328.5 | 422.7 | 499.4 | 545.7 |
| 少注水量,$10^4 m^3$ | 166.4 | 370.5 | 469.2 | 554.7 | 612.0 |
| 投资$I$,万元 | 2722.7 | 3628.9 | 4351.0 | 4784.4 | 5157.2 |
| 利润$P$,万元 | 6330.0 | 11185.4 | 13473.7 | 15193.5 | 16581.5 |
| $P/I$ | 2.32 | 3.08 | 3.10 | 3.18 | 3.22 |
| 纯利润,万元 | 3607.3 | 7556.5 | 9122.7 | 10409.0 | 11424.3 |

表7-28 庄海8背斜沙河街组储层油藏聚合物驱方案预测表(中期)

| 方　案 | 6 | 7 | 8 | 9 | 10 |
|---|---|---|---|---|---|
| 浓度,mg/L | 600 | 700 | 800 | 900 | 1000 |
| 用量,t | 1437.6 | 1584.8 | 1748.8 | 1906.2 | 2087.0 |
| 采收率增量,% | 2.2 | 2.6 | 2.8 | 2.95 | 3.02 |
| 增产油量,$10^4 m^3$ | 9.7 | 10.7 | 11.4 | 12.2 | 12.4 |
| 减产水量,$10^4 m^3$ | 281.7 | 298.0 | 306.8 | 308.8 | 313.2 |
| 少注水量,$10^4 m^3$ | 262.6 | 280.2 | 289.6 | 304.8 | 311.0 |
| 投资$I$,万元 | 3875.2 | 4169.6 | 4497.6 | 4812.4 | 5174.0 |
| 利润$P$,万元 | 14118.6 | 15521.6 | 16482.8 | 17480.7 | 17868.7 |
| $P/I$ | 3.64 | 3.72 | 3.66 | 3.63 | 3.45 |
| 纯利润,万元 | 10243.4 | 11352.0 | 11985.2 | 12668.3 | 12694.7 |

表7-29 庄海8背斜沙河街组储层油藏晚期聚合物驱方案预测表(晚期)

| 方　案 | 11 | 12 | 13 | 14 | 15 |
|---|---|---|---|---|---|
| 浓度,mg/L | 1100 | 1200 | 1300 | 1400 | 1500 |
| 用量,t | 1480.6 | 1574.4 | 1679.9 | 1735.7 | 1786.5 |
| 采收率增量,% | 0.22 | 0.19 | 0.17 | 0.12 | 0.06 |
| 增产油量,$10^4 m^3$ | 0.8 | 0.7 | 0.6 | 0.3 | 0.1 |
| 减产水量,$10^4 m^3$ | 126.3 | 127.5 | 130.5 | 134.7 | 138.2 |
| 少注水量,$10^4 m^3$ | 186.3 | 189.4 | 190.9 | 196.1 | 200.5 |
| 投资$I$,万元 | 3961.2 | 4148.8 | 4359.7 | 4471.4 | 4573.0 |
| 利润$P$,万元 | 1889.0 | 1759.9 | 1655.7 | 1396.3 | 1143.7 |
| $P/I$ | 0.48 | 0.42 | 0.38 | 0.31 | 0.25 |
| 纯利润,万元 | -2072.2 | -2388.9 | -2704.0 | -3075.1 | -3429.3 |

由表 7-27 可以看出，早期注聚合物驱采收率增量和增产油量随聚合物用量变化趋势相同，即随着聚合物用量增大而增大，在 500mg/L 时采收率增量和增产油量分别达到最大值 2.5% 和 $10.1×10^4m^3$，此时纯利润也达到最大值 11424.3 万元；从利润与投资比值 $P/I$ 来看，在 500mg/L 时达到最大值 3.22，因此，早期注聚合物驱最佳聚合物浓度为 500mg/L。根据表 7-28，在中期注聚合物驱时采收率增量和增产油量随聚合物用量增大而增大，在 1000mg/L 时采收率增量和增产油量分别达到最大值 3.02% 和 $12.4×10^4m^3$，此时纯利润也达到最大值 12694.7 万元；从利润与投资比值 $P/I$ 来看，在 700mg/L 时达到最大值 3.72，中期注聚合物驱最佳聚合物浓度为 1000mg/L。根据表 7-29，在晚期注聚合物驱时采收率增量和增产油量随聚合物用量增大而降低，在 1100mg/L 时采收率增量和增产油量分别达到最大值 0.22% 和 $0.8×10^4m^3$，此时没有经济效益。从增产效果和经济效益方面考察，庄海 8 早期注聚合物驱或中期注聚合物驱效果比较好。

在庄海 8 沙河街组实施早期聚合物驱，注聚合物驱浓度为 500mg/L 时与水驱相比，15 年中累积少注水 $612.0×10^4m^3$，少产水 $545.7×10^4m^3$，累积多产油 $10.1×10^4t$。按表 7-26 所列评价指标，可减少支出 3863.1 万元，增加收入 12726 万元。

2. 庄海 4×1 断鼻沙河街组

对庄海 4 断鼻沙河街组储层作了注聚合物驱压力 20MPa 下，早期—低浓度—大段塞、中期—中浓度—中段塞以及晚期—高浓度—小段塞三种方案的开发效果预测，其中由于晚期—高浓度—小段塞注聚合物驱方式与水驱相比没有增产效果，不予评价。根据预测结果进行的经济效益评价见表 7-30、表 7-31。根据表 7-30，早期注聚合物驱采收率增量和增产油量随聚合物用量变化趋势相同，即随着聚合物用量增大而表现出先增加后减小的趋势，在 300~400mg/L 时采收率增量和增产油量分别达到最大值 2.3% 和 $11.5×10^4m^3$，此时纯利润也达到最大值 14035.7 万元；从利润与投资比值 $P/I$ 来看，在 200mg/L 时达到最大值 4.1。因此，早期注聚合物驱最佳聚合物浓度为 300~400mg/L。根据表 7-31，在中期注聚合物驱时采收率增量和增产油量随聚合物用量增大而减小，在 6000mg/L 时采收率增量和增产油量分别达到最大值 1.1% 和 $7.3×10^4m^3$，此时纯利润也达到最大值 8704.5 万元；从利润与投资比值 $P/I$ 来看，在 600mg/L 时达到最大值 3.25。因此，中期注聚合物驱最佳聚合物浓度为 600mg/L。从增产效果和经济效益方面考察，庄海 4 进行早期注聚合物驱较好。

表 7-30 庄海 4 断鼻沙河街组储层油藏聚合物驱方案预测表（早期）

| 方 案 | 1 | 2 | 3 | 4 | 5 |
|---|---|---|---|---|---|
| 浓度，mg/L | 100 | 200 | 300 | 400 | 500 |
| 用量，t | 926.9 | 1497.6 | 1970.7 | 2277.6 | 2510.7 |
| 采收率增量，% | 1.1 | 2 | 2.3 | 2.2 | 1.5 |
| 增产油量，$10^4m^3$ | 5.6 | 9.9 | 11.5 | 11.1 | 7.5 |
| 减产水量，$10^4m^3$ | 381.4 | 557.2 | 637.8 | 710.9 | 762.0 |
| 少注水量，$10^4m^3$ | 377.1 | 555.2 | 647.1 | 734.6 | 801.8 |
| 投资 $I$，万元 | 2853.7 | 3995.2 | 4941.4 | 5555.2 | 6021.4 |
| 利润 $P$，万元 | 9730.9 | 16391.5 | 18977.1 | 19030.3 | 14833.5 |
| $P/I$ | 3.41 | 4.10 | 3.84 | 3.43 | 2.46 |
| 纯利润，万元 | 6877.1 | 12396.4 | 14035.7 | 13475.1 | 8812.1 |

表 7-31　庄海 4 断鼻沙河街组储层油藏聚合物驱方案预测表（中期）

| 方　案 | 6 | 7 | 8 | 9 | 10 |
|---|---|---|---|---|---|
| 浓度，mg/L | 600 | 700 | 800 | 900 | 1000 |
| 用量，t | 1431.6 | 1474.2 | 1471.2 | 1437.3 | 1527.0 |
| 采收率增量，% | 1.4 | 1.1 | 0.6 | 0.1 | -0.2 |
| 增产油量，$10^4 m^3$ | 7.3 | 5.4 | 2.9 | 0.6 | -0.8 |
| 减产水量，$10^4 m^3$ | 490.3 | 501.1 | 508.9 | 512.5 | 525.7 |
| 少注水量，$10^4 m^3$ | 413.5 | 430.5 | 440.1 | 440.8 | 469.1 |
| 投资 $I$，万元 | 3863.2 | 3948.4 | 3942.4 | 3874.6 | 4054.0 |
| 利润 $P$，万元 | 12567.7 | 10306.8 | 7216.9 | 4281.2 | 2671.5 |
| $P/I$ | 3.25 | 2.61 | 1.83 | 1.10 | 0.66 |
| 纯利润，万元 | 8704.5 | 6358.4 | 3274.5 | 406.6 | -1382.5 |

在庄海 4 断鼻沙河街组实施早期聚合物驱，注聚合物驱浓度为 300mg/L 时与常规水驱相比，15 年中累积少注水 $647.1 \times 10^4 m^3$，少产水 $637.8 \times 10^4 m^3$，累积多产油 $11.5 \times 10^4 t$。按表 7-26 所列评价指标，可减少支出 4464.8 万元，增加收入 14490 万元。

综合以上分析，建议对庄海 8 背斜沙河街组储层实行早期注聚合物驱，最佳的注聚合物驱浓度为 500mg/L。对庄海 4 断鼻沙河街组储层实行早期注聚合物驱，最佳的注聚合物驱浓度为 300～400mg/L。

**六、聚合物驱推荐方案**

对影响聚合物驱效果的几个主要可以控制的因素的分析以及从经济角度进行考察：对于庄海 8，早期注聚合物驱（500mg/L）和中期注聚合物驱（1000mg/L）两个方案增产油量和提高采收率幅度比较接近，增油量达到 $10.1 \times 10^4 m^3$ 和 $12.4 \times 10^4 m^3$，采收率增幅 2.5% 和 3.02%，但是考虑到中期注聚合物驱需要改造注水流程以及较高的浓度在实际操作中可能注入发生困难，因此，推荐早期—低浓度—大段塞注聚合物驱；对于庄海 4，早期注聚合物驱比中期注聚合物驱和晚期注聚合物驱增产效果好得多，故推荐早期—低浓度—大段塞注聚合物驱。

综上分析，推荐聚合物驱方案如表 7-32 所示。

表 7-32　关家堡聚合物驱方案推荐表

| 区　块 | 层　位 | 注聚合物驱浓度，mg/L | 注聚合物驱方案 | 注聚合物驱压力，MPa |
|---|---|---|---|---|
| 庄海 8 背斜 | 沙河街组 | 500 | 早期—低浓度—大段塞 | 20 |
| 庄海 4 断鼻 | 沙河街组 | 300 | 早期—低浓度—大段塞 | 20 |

根据推荐方案，分别预测了庄海 8 背斜 Es 组和庄海 4 断鼻 Es 组在投产 15 年内的生产和注水状况。预测表见表 7-33～表 7-36。

表 7-33 庄海 8 背斜 Es 组自营区产油量、产水量预测表（早期，500mg/L）

| 年度 a | 总井口 | 采油井 定向井口 | 采油井 水平井口 | 日产能力 m³/d | 年产油 10⁴m³ | 含水 % | 年产水 10⁴m³ | 累积产油 10⁴t | 累积产水 10⁴m³ | 采油速度 % | 采出程度 % |
|---|---|---|---|---|---|---|---|---|---|---|---|
| 2008 | 10 | 1 | 4 | 702.2 | 12.9 | 16.4 | 1.5 | 12.9 | 1.5 | 3.1 | 3.1 |
| 2009 | 10 | 1 | 4 | 617.1 | 22.5 | 35.5 | 8.3 | 35.4 | 9.8 | 5.4 | 8.5 |
| 2010 | 10 | 1 | 4 | 471.1 | 17.2 | 59.3 | 17.9 | 52.6 | 27.7 | 4.1 | 12.6 |
| 2011 | 10 | 1 | 4 | 349.8 | 12.8 | 68.2 | 24.4 | 65.4 | 52.0 | 3.1 | 15.7 |
| 2012 | 10 | 1 | 4 | 289.4 | 10.6 | 72.1 | 25.6 | 76.0 | 77.7 | 2.5 | 18.2 |
| 2013 | 10 | 1 | 4 | 243.1 | 8.9 | 75.0 | 25.2 | 84.8 | 102.9 | 2.1 | 20.3 |
| 2014 | 10 | 1 | 4 | 203.6 | 7.4 | 78.3 | 25.0 | 92.2 | 127.9 | 1.8 | 22.1 |
| 2015 | 10 | 1 | 4 | 170.2 | 6.2 | 81.4 | 25.3 | 98.5 | 153.2 | 1.5 | 23.6 |
| 2016 | 10 | 1 | 4 | 144.2 | 5.3 | 83.9 | 25.8 | 103.7 | 179.0 | 1.3 | 24.9 |
| 2017 | 10 | 1 | 4 | 123.8 | 4.5 | 85.8 | 25.9 | 108.3 | 204.9 | 1.1 | 26.0 |
| 2018 | 10 | 1 | 4 | 109.0 | 4.0 | 87.1 | 25.8 | 112.2 | 230.7 | 1.0 | 26.9 |
| 2019 | 10 | 1 | 4 | 97.3 | 3.6 | 88.2 | 25.7 | 115.8 | 256.4 | 0.9 | 27.8 |
| 2020 | 10 | 1 | 4 | 87.9 | 3.2 | 89.2 | 25.5 | 119.0 | 281.9 | 0.8 | 28.5 |
| 2021 | 10 | 1 | 4 | 79.0 | 2.9 | 90.0 | 25.1 | 121.9 | 307.0 | 0.7 | 29.2 |
| 2022 | 10 | 1 | 4 | 71.9 | 2.6 | 90.7 | 24.9 | 124.5 | 331.9 | 0.6 | 29.9 |

表 7-34 庄海 8 背斜 Es 组自营区注水量预测表（早期，500mg/L）

| 年度 a | 总井口 | 注水井 定向井口 | 注水井 水平井口 | 年注水 10⁴m³ | 日注能力 m³/d | 单井日注 m³/d | 累积注水 10⁴m³ |
|---|---|---|---|---|---|---|---|
| 2008 | 10 | 1 | 4 | 20.5 | 1112.9 | 222.6 | 20.5 |
| 2009 | 10 | 1 | 4 | 31.4 | 859.4 | 143.2 | 51.8 |
| 2010 | 10 | 1 | 4 | 30.0 | 822.3 | 137.1 | 81.9 |
| 2011 | 10 | 1 | 4 | 30.3 | 829.8 | 138.3 | 112.1 |
| 2012 | 10 | 1 | 4 | 30.3 | 829.4 | 138.2 | 142.4 |
| 2013 | 10 | 1 | 4 | 29.7 | 813.0 | 135.5 | 172.1 |
| 2014 | 10 | 1 | 4 | 28.9 | 791.1 | 131.8 | 201.0 |
| 2015 | 10 | 1 | 4 | 28.2 | 771.7 | 128.6 | 229.1 |
| 2016 | 10 | 1 | 4 | 27.7 | 757.9 | 126.3 | 256.8 |
| 2017 | 10 | 1 | 4 | 27.1 | 743.3 | 123.9 | 283.9 |
| 2018 | 10 | 1 | 4 | 26.8 | 733.8 | 122.3 | 310.7 |
| 2019 | 10 | 1 | 4 | 26.5 | 727.3 | 121.2 | 337.3 |
| 2020 | 10 | 1 | 4 | 26.4 | 723.5 | 120.6 | 363.7 |
| 2021 | 10 | 1 | 4 | 26.1 | 716.2 | 119.4 | 389.8 |
| 2022 | 10 | 1 | 4 | 25.9 | 710.0 | 118.3 | 415.7 |

表 7-35  庄海 4 断鼻 Es 组产油量、产水量预测表（早期，300mg/L）

| 年度 a | 总井口 | 采油井 定向井口 | 采油井 水平井口 | 日产能力 m³/d | 年产油 10⁴m³ | 含水 % | 年产水 10⁴m³ | 累积产油 10⁴t | 累积产水 10⁴m³ | 采油速度 % | 采出程度 % |
|---|---|---|---|---|---|---|---|---|---|---|---|
| 2007 | 15 | 6 | 3 | 465.3 | 8.6 | 4.1 | 0.1 | 8.6 | 0.1 | 1.7 | 1.7 |
| 2008 | 15 | 6 | 3 | 503.6 | 18.4 | 33.7 | 5.3 | 26.9 | 5.4 | 3.7 | 5.4 |
| 2009 | 15 | 6 | 3 | 479.3 | 17.5 | 52.1 | 14.9 | 44.4 | 20.3 | 3.5 | 9.0 |
| 2010 | 15 | 6 | 3 | 450.8 | 16.5 | 62.9 | 23.7 | 60.9 | 44.0 | 3.3 | 12.3 |
| 2011 | 15 | 6 | 3 | 419.3 | 15.3 | 69.6 | 31.3 | 76.2 | 75.2 | 3.1 | 15.4 |
| 2012 | 15 | 6 | 3 | 388.7 | 14.2 | 74.4 | 37.8 | 90.4 | 113.0 | 2.9 | 18.2 |
| 2013 | 15 | 6 | 3 | 353.2 | 12.9 | 77.6 | 41.7 | 103.3 | 154.7 | 2.6 | 20.8 |
| 2014 | 15 | 6 | 3 | 319.4 | 11.7 | 80.2 | 44.4 | 114.9 | 199.1 | 2.4 | 23.2 |
| 2015 | 15 | 6 | 3 | 287.4 | 10.5 | 82.3 | 46.4 | 125.4 | 245.5 | 2.1 | 25.3 |
| 2016 | 15 | 6 | 3 | 260.1 | 9.5 | 84.0 | 47.8 | 134.9 | 293.2 | 1.9 | 27.2 |
| 2017 | 15 | 6 | 3 | 233.8 | 8.5 | 85.5 | 48.2 | 143.5 | 341.4 | 1.7 | 29.0 |
| 2018 | 15 | 6 | 3 | 210.1 | 7.7 | 86.8 | 48.3 | 151.1 | 389.7 | 1.5 | 30.5 |
| 2019 | 15 | 6 | 3 | 188.7 | 6.9 | 87.9 | 48.2 | 158.0 | 438.0 | 1.4 | 31.9 |
| 2020 | 15 | 6 | 3 | 170.2 | 6.2 | 88.9 | 48.0 | 164.2 | 486.0 | 1.3 | 33.1 |
| 2021 | 15 | 6 | 3 | 153.8 | 5.6 | 89.7 | 47.6 | 169.8 | 533.6 | 1.1 | 34.3 |

表 7-36  庄海 4 断鼻 Es 组自营区注水量预测表（早期，300mg/L）

| 年度 a | 总井口 | 注水井,口 定向井 | 注水井,口 水平井 | 年注水 10⁴m³ | 日注能力 m³/d | 单井日注 m³/d | 累积注水 10⁴m³ |
|---|---|---|---|---|---|---|---|
| 2007 | 15 | 5 | 1 | 21.8 | 1186.8 | 197.8 | 21.8 |
| 2008 | 15 | 5 | 1 | 32.2 | 882.4 | 147.1 | 54.0 |
| 2009 | 15 | 5 | 1 | 33.5 | 916.9 | 152.8 | 87.5 |
| 2010 | 15 | 5 | 1 | 36.1 | 990.3 | 165.0 | 123.7 |
| 2011 | 15 | 5 | 1 | 38.8 | 1062.7 | 177.1 | 162.4 |
| 2012 | 15 | 5 | 1 | 40.7 | 1115.9 | 186.0 | 203.2 |
| 2013 | 15 | 5 | 1 | 44.1 | 1209.2 | 201.5 | 247.3 |
| 2014 | 15 | 5 | 1 | 47.5 | 1302.6 | 217.1 | 294.9 |
| 2015 | 15 | 5 | 1 | 49.7 | 1362.3 | 227.1 | 344.6 |
| 2016 | 15 | 5 | 1 | 51.1 | 1400.3 | 233.4 | 395.7 |
| 2017 | 15 | 5 | 1 | 51.9 | 1421.4 | 236.9 | 447.6 |
| 2018 | 15 | 5 | 1 | 52.4 | 1435.1 | 239.2 | 500.0 |
| 2019 | 15 | 5 | 1 | 52.5 | 1439.1 | 239.8 | 552.5 |
| 2020 | 15 | 5 | 1 | 52.5 | 1437.0 | 239.5 | 604.9 |
| 2021 | 15 | 5 | 1 | 52.0 | 1423.7 | 237.3 | 656.9 |

# 第八章 复合驱物理化学渗流理论

复合驱主要有碱/聚合物、表面活性剂/聚合物二元复合驱和碱/表面活性剂/聚合物三元复合驱。聚合物具有流度控制作用，可提高波及效率。表面活性剂具有降低油水界面张力和增溶与乳化能力，可降低油水界面张力，减小甚至消除毛细管阻力，使残余油易于启动、运移和聚并，从而提高微观驱油效率。碱能够与地层原油中的酸性物质作用，就地生成表面活性物质，发挥表面活性剂驱的作用，有时加入碱剂可使复合体系中表面活性剂的吸附损失减少，大大降低表面活性剂的用量。目前室内研究比较成熟并且在矿场先导试验中取得显著增油效果的是三元复合驱，本书对复合化学驱研究主要以三元复合驱为代表。

在复合驱过程中发生众多的物理化学作用现象，需要对其进行定性和定量的描述。到目前为止，这方面的研究结果还不能令人满意。相应地，复合驱物理化学渗流理论与数学模型亦十分复杂，研究尚处于探索与不断完善阶段。本章介绍复合驱过程中的物理化学作用现象，并在此基础上，进一步介绍复合驱物理化学渗流理论、数学模型及数值模拟技术的应用。

## 第一节 复合驱的特点及主要物理化学作用

碱/表面活性剂/聚合物三元复合驱（ASP驱）提高石油采收率技术是在聚合物驱、表面活性剂驱、碱驱基础上发展起来的强化采油技术，主要是注入复合驱油体系，通过改变驱替相的黏度、相对渗透率、油水界面张力、岩石润湿性来提高石油采收率，注入流体既能进行流度控制又能降低界面张力，提高波及效率和驱油效率，从而提高原油采收率。ASP体系既能发挥单一驱替方式的功效，同时又具有自身显著的特点。

### 一、碱/表面活性剂/聚合物三元复合驱的特点

复合驱油体系中碱的作用在于：（1）同原油中的有机酸反应就地形成表面活性物质，并同加入的表面活性剂产生协同效应，增加界面活性，减少表面活性剂的用量。（2）拓宽表面活性剂的活性范围。（3）改善岩石颗粒表面电性，降低表面活性剂、聚合物的吸附量。

考虑到减缓同岩石的反应以及对体系的缓冲作用，应尽量避免使用强碱〔（如 NaOH，KOH），而使用弱碱（如 $Na_2CO_3$，$NaHCO_3$，$(SiO_2)_n/Na_2O$，$Na_5P_3O_{10}$，$(NaPO_3)_6$〕，通常为了便于控制 pH 和离子强度，采用强碱和弱碱的适当比例的混合物。

表面活性剂的作用是：（1）作为驱油主剂降低油水界面张力。（2）在离子强度和二价离子浓度较高的情况下起补偿作用，拓宽体系的适用范围和自发乳化的盐浓度（或 pH 值）范围。

最常用的表面活性剂是由石油及油品制备的石油磺酸盐，这种表面活性剂同体系和原油的配伍能力很好，且有较宽的活性范围。而合成烷基苯磺酸盐很少单独使用，通常是采用含有直链和支链（或 α—烯基磺酸盐）组成的混合物。为了增强体系对盐的容忍能力，许多研究者采用阴离子表面活性剂和非离子表面活性剂的复合物。

聚合物的作用是增加体系的黏度，通常使用部分水解聚丙烯酰胺（HPAM）或生物聚

合物（黄胞胶），考虑到 HPAM 对盐及碱的敏感性，许多研究者采用生物聚合物做增黏剂，一些研究者还发现生物聚合物对体系的活性有增效作用。

碱/表面活性剂/聚合物复合驱油体系与胶束/碱/聚合物体系具有诸多相同的特点：(1) 两种体系同原油之间都具有超低的界面张力，一般在 $10^{-3} \sim 10^{-2}$ mN/m 之间或更低。(2) 界面吸附、界面电性以及界面流变性对二种体系活性都具有重要影响。(3) 能大幅度地提高采收率。

但也有许多不同的特点：(1) 碱/表面活性剂/聚合物体系的表面活性剂浓度低（一般质量浓度小于 0.5%），胶束/碱/聚合物体系的表面活性剂浓度高（一般在 5% 以上）。(2) 碱/表面活性剂/聚合物体系一般不需要加入醇，而胶束/碱/聚合物体系必须加入醇。(3) 碱/表面活性剂/聚合物体系可以通过 pH 值和离子强度二个参量调节体系的活性，而胶束/碱/聚合物体系一般只通过含盐量（离子强度）调节。(4) 碱/表面活性剂/聚合物体系通常是以超低界面张力和活性的范围筛选最佳体系，而胶束/碱/聚合物体系则是通过相图、增溶参数、最佳含盐度等筛选最佳体系。(5) 碱/表面活性剂/聚合物体系驱油机理基本上在于使油滴启动、乳化、聚并形成油墙，胶束/碱/聚合物体系基本上是通过增溶、混相（或非混相）形成油墙。(6) 碱/表面活性剂/聚合物体系驱油的注入段塞最优状态保护可以通过较保守的注入浓度或建立适宜的 pH 值环境，胶束/碱/聚合物段塞最优状态保护是通过按含盐量需求图建立含盐度梯度段塞等。

此外，目前已有的资料表明，ASP 驱既可以适用于高酸值原油，也可以用于酸值低（甚至酸值接近于零）的原油。但是，对于酸值高的原油，对 ASP 体系起重要作用的是碱的类型和浓度，因此，碱型和碱浓度的选择十分重要。然而，对于酸值低（甚至接近于零）的石蜡基原油，对 ASP 体系起重要作用的是表面活性剂的类型和结构，因此，表面活性剂的选择十分重要。

碱/表面活性剂/聚合物驱几乎具有同胶束/碱/聚合物相近的提高采收率幅度，但是化学剂的用量大幅度减少，因而油田现场实施在经济上是可行的。

**二、复合驱主要物理化学作用**

在复合驱过程中，由于多组分化学剂的共同参与，涉及大量的物理化学作用，主要包括：

*1. 各种化学剂的损耗*

如前所述，复合驱过程中广泛存在各种化学剂的损耗，这是影响复合驱过程与结果的主要因素之一。

(1) 碱耗：油藏中引起碱耗的因素较多，主要包括：流体中的 $Na^+$ 与岩石中的 $H^+$，$Ca^{2+}$，$Mg^{2+}$ 的交换，原油中的酸性物质、流体中的二价阳离子、$CO_2$ 等引起的快速碱耗，碱与聚合物接触使聚合物缓慢水解引起的碱耗，以及使岩石溶解和溶解下来的 $Al^{3+}$，$Si^{4+}$ 等在一定条件下形成新矿物引起的缓慢碱耗。

(2) 聚合物损耗：由于吸附和滞留作用引起的。

(3) 表面活性剂损耗：由于液/固界面吸附引起的。

*2. 界面张力的降低*

这是表面活性物质（注入的和地下产生的）作用的结果，对残余油的启动起着决定性的作用。近年来，人们在室内实验研究中发现，原油的运移规律与动态界面张力（与接触时间有关）有着某些联系。

3. 各种化学剂的扩散弥散

复合驱过程中，碱、聚合物、表面活性剂均存在扩散弥散现象，引起化学剂段塞的浓度降低。

4. 相态变化

由于化学剂的加入，通过增溶与溶胀机理，使油水体系的相态发生变化（包括乳状液的形成及性质等）。但在浓度非常低的情况下，相态的变化是较小的。

5. 聚合物溶液特性

包括使水相黏度增加、渗透率降低、流变特性、不可入孔隙体积、碱引起的聚合物进一步水解等现象。

6. 残余相饱和度的降低

由于界面张力的降低，各相残余饱和度都将不同程度的降低，残余油饱和度的降低是增产原油的主要原因。

7. 相对渗透率改变

由于界面张力和残余相饱和度的变化，乳状液的形成以及聚合物的加入，将使得各相相对渗透率及流动特性发生变化。

8. 离子交换

主要是岩石与流体间的阳离子交换，使得含盐量环境发生变化。

9. 含盐量及其变化的影响

含盐量及其变化对界面张力、化学剂的吸附、相态、聚合物溶液的黏度等都有重要影响。

10. 其他

此外，还有黏性指进、重力分异、流体和岩石的压缩性、各化学剂的配伍性、化学反应引起的沉淀、黏土膨胀等。

**三、复合驱过程的复杂性**

由于复合化学驱的过程涉及众多的物理化学现象和影响因素，其驱油理论、数学模型与机理研究具有相当大的难度。尽管人们已做了一些工作，但或是过于简化，或是偏重于室内研究，尚不能满足现场要求。我们将在分析驱油过程物理化学现象的基础上，建立一个考虑复合驱主要驱油机理和物化现象、具有较强模拟实际问题能力和使用性能的复合驱数学模型，对渗流过程进行描述和分析。

# 第二节　影响复合驱过程与机理的主要因素

复合驱仍然有许多问题需要研究：诸如在表面活性剂浓度很低的情况下形成超低界面张力的机理、超低界面张力与表面活性剂结构的关系、加入的表面活性剂与就地产生的表面活性剂协同增效作用机理、原油的非烃组分及其结构对界面性质的影响、乳状液的形成、稳定性及其聚并理论等。

影响碱/聚合物/表面活性剂驱的一些重要因素主要是界面效应的物理化学现象。包括油/水界面性质、界面层的组成、界面层的化学性质（包括界面吸附、扩散、传质）、界面张力、界面电荷、油水乳状液的类型和稳定性等。下面就一些重要的影响因素进行分析。

## 一、界面张力对驱油效率的影响

在注水开发的末期,残余油是以静止的球状油珠分布在油藏岩石的孔隙中。作用于这些静止球状油珠上的两种主要力是毛细管力和黏滞力。研究者把黏滞力与毛细管力之比(定义为毛细管数)和多孔介质中的石油采收率关联起来,如下式所示:

$$N_{vc} = \frac{\mu V}{\sigma}$$

式中  $N_{vc}$——毛细管数;
　　　$V$——驱替速度;
　　　$\sigma$——油水界面张力。

一般认为,在注水开发末期,毛细管数在 $10^{-7} \sim 10^{-6}$ 范围内。随毛细管数增加,驱油效率增加。据报道,毛细管数增加3个数量级将使水驱残余油藏驱油效率达到50%。为使油藏驱油效率接近100%,毛细管数必须增加4个数量级。可以通过提高水相黏度和驱替速度或减少界面张力来增加毛细管数。不过这些参数中,只有减小界面张力可能使毛细管数有3~4个数量级的变化。油水界面张力一般为20~30mN/m范围内,若使用合适的表面活性剂,油水界面张力可在适当条件下降至超低($10^{-3}$mN/m)。

在化学驱过程中,油水两相的界面张力是评价驱油配方的一个重要性质。当不可混及的两种液体接触时,如果两相中的一相或两相含有表面活性物质,由于表面活性物质的吸附与扩散等的影响,将产生动态界面张力,即两相间的界面张力会随着时间不断变化直至达到一个平衡值,如图8-1所示。在达到平衡的过程中,体系将通过一个界面张力的最低点,我们称此最低点为动态界面张力的最低值,而把体系的平衡值称之为动态界面张力稳态值。

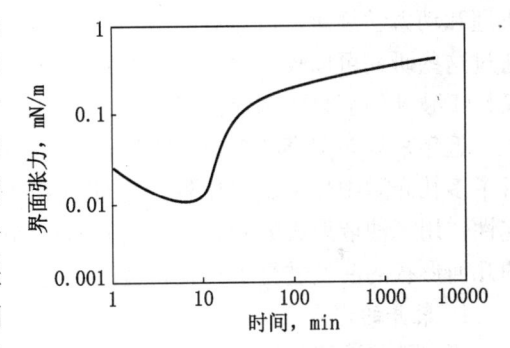

图8-1 界面张力随时间变化曲线

已有不少人对动态界面张力现象进行过研究。在驱油方案的筛选中,用动态界面张力最低值还是用稳态值作为筛选指标,以及在不同的体系中界面张力低至什么程度比较合适,将是筛选的驱油方案成功与否的关键。

在过去的化学驱方案中,有人采用动态界面张力最低值作为筛选标准,也有人用某一规定时间的动态界面张力作为筛选标准。鉴于原油和驱油体系的复杂性,不同的人采用不同的化学剂和原油往往得出不一致甚至相反的结论。

1. *界面张力最低值对驱油效率的影响*

在1990年,KeviinC与Taylor等人通过一些实验工作认为,动态界面张力最低值与驱油效率的相关性更好,而动态界面张力稳态值并不重要。

2. *动态界面张力稳态值对驱油效率的影响*

朱怀江等人用辽河的原油进行的动态界面张力对驱油效率影响的研究,得出了不同的结论,认为界面张力平衡值对驱油效率起决定作用。

因此,在复合驱设计中,不仅要求动态界面张力最低值达到超低($10^{-3}$mN/m数量级),平衡值也需要达到超低,才能大幅度提高采收率。

## 二、体系黏度对驱油效率的影响

ASP 体系的较高黏度有利于发挥聚合物驱的作用，降低水相的流度，提高波及效率，从而有效地提高采收率。与单纯的聚合物驱替溶液不同，ASP 体系中含有碱和表面活性剂，因而其流变性受到显著的影响。

### 1. 碱对聚合物黏度的影响

碱可能以两种方式改变聚丙烯酰胺溶液的黏度。首先，碱向聚合物溶液提供了阳离子，这些阳离子通过电荷屏蔽机理降低聚合物黏度。其次，碱可以水解聚合物链上的酰胺基，这个过程可以增加聚合物的黏度。显然碱对聚合物溶液黏度的有效作用取决于这两个因素。

### 2. 表面活性剂对聚合物黏度的影响

表面活性剂也可能与聚合物相互作用，而改变聚合物溶液的黏度。根据 Nagarajan 的见解，表面活性剂分子以及聚合物链的电荷特征不同，可能有不同的相互作用。这些相互作用的范围从表面活性剂与聚合物分子之间不发生键合，到形成表面活性剂—聚合物络合物或聚集体。

## 三、乳化和聚并对驱油效率的影响

碱/表面活性剂/聚合物组成的三元复合驱体系能使油水乳化性能增强，提高采收率，但也使采出液乳化严重，聚并、破乳困难，破乳成本提高。研究聚并过程的微观动态行为、机理和动力学规律，可以确定某些因素的影响程度，并且可进一步归纳出一些数学模型。通过这些研究可以较全面地了解聚并、破乳的定量规律，并为复配出既能提高石油采收率，又易于破乳的复合驱剂提供依据。

近年来许多国家越来越多的学者致力于微观驱油机理的研究，如美国的 Mahers 等人进行了多孔介质中化学驱剂在驱替期间特性的直观观察；美国 Wasan 对液滴聚并和乳状液稳定性作用、油墙形成的研究；法国的 Lenermand 等人对在二维透明微模型中驱替期间油滴的几何形状的演变进行了实验和理论研究。

### 1. 聚并的形式

研究乳状液聚并过程的微观动态行为，搞清聚并的形式、机理是十分重要的，可有助于控制条件，使在岩缝里的油先乳化，再在流出过程中促使聚并形成油墙，不但节约了复合驱剂的使用量，降低乳化成本，而且使采出液易于破乳，降低破乳成本。聚并的形式有以下三种：

（1）油滴自破铺展成膜后再聚并

其表观现象是油滴在上浮过程中突然破裂铺展为颜色较浅的圆形油膜，而油膜之间也会发生聚并。这是因为油滴上浮到空气层，由于受油、水、空气三个界面张力的不平衡作用力，而自破铺展，两个油滴铺展膜易聚并成大油膜，最终形成表面油层。其过程为：油滴上浮→与空气接触→油滴自破→铺展形成油膜→两个油膜的聚并。

在固体表面上同样也由于受油、水、固体三个界面张力的不平衡影响，油滴会自破铺展成油膜，油膜间聚并成大油膜。同样，当乳状液在地层的岩石孔隙中流动时，由于油滴受到油、水、固体（岩石）三个界面张力的不平衡作用力，会自破铺展成油膜，两个油滴铺展膜易聚并成大油膜，最终形成固体表面油层，这是形成油墙的基础。在模拟试验中也清晰地观察到这种现象。

（2）油滴与油层面的聚并

油滴在浮力 $F$ 的作用下，与油层面不断接近并附着，附着后油滴开始变形，共有膜开始形成。当油滴的内压力和 $F$ 达到平衡时，变形结束，共有膜形成。在 $F$ 的作用下，共有膜不断排干，经过一定的时间，达到临界破裂厚度并发生破裂，油滴与油层面聚并，油层的厚度增加（图 8-2）。

（3）油滴间的聚并

即大小油滴和直径相近油滴的聚并。两油滴在外力 $F$ 的作用下相互接近，进而附着。在外力 $F$ 的作用下，油滴开始变形，

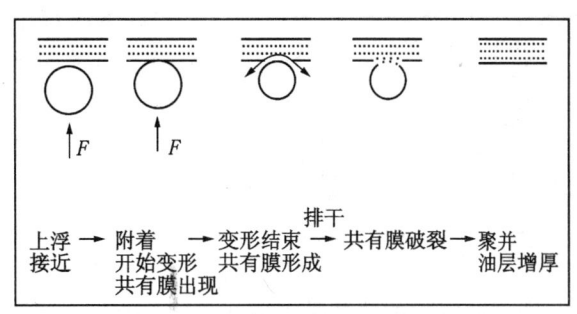

图 8-2 油滴与油层面的聚并

共有膜开始形成，变形直至油滴的内压力和 $F$ 达到平衡，此时共有膜完全形成。在力 $F$ 的作用下，共有膜不断排干，当膜厚度达到临界厚度时，膜破裂，两油滴聚并成为一个较大的油滴（图 8-3）。

大小油滴可聚并（图 8-4、图 8-5），直径相同的油滴也能聚并（图 8-6、图 8-7），这种现象在二维观察中只观察到两次，在三维观察中观察到的次数较多。这是因为在二维情况下，两油滴基本上是水平附着，相互间作用力很小，膜排干并导致聚并所需的时间远大于油滴破裂所需的时间，因此绝大多数油滴将会发生破裂；而在三维情况下，两油滴接近于垂直附着，相互间作用力等于下面油滴所受的浮力，其值较大，因而有利于聚并的发生。大小油滴聚并的几率比直径相近的油滴聚并几率要大得多。

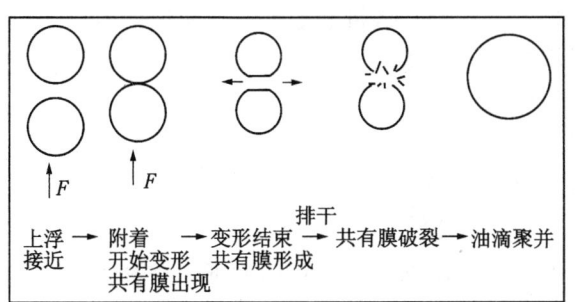

图 8-3 油滴间的聚并

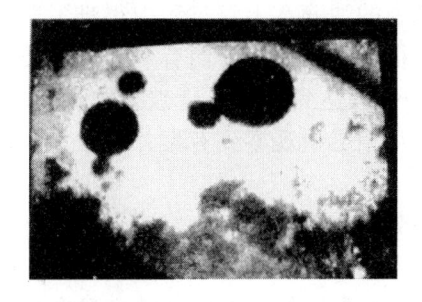

图 8-4 大小油滴

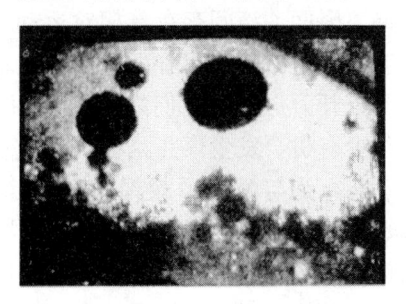

图 8-5 大小油滴聚并

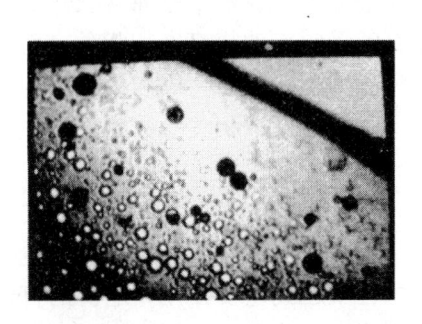

图 8-6 直径相同的两个油滴

图 8-7 直径相同油滴间的聚并

当两油滴直径相同时，形成的共有膜是平直型；当两油滴直径不同时，即大小油滴聚并时，形成的共有膜是弯曲型（图8-8）。

在上述三种聚并形式中，第一种聚并的几率最大，速率最快，对油层形成的贡献最显著。

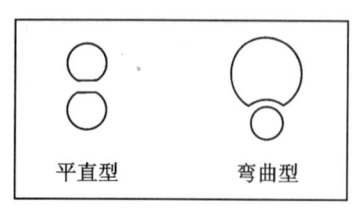

图8-8 共有膜的形状

2. 不同液层中的聚并行为

1）顶部油层面的聚并

顶部油层面的聚并是以形式1（油滴自破铺展成膜后再聚并）为主，聚并速率快，油层增长迅速，在短时间内，即可观察到顶部液面上有一层淡棕色的油层出现。在此以后，形式1、2（油滴与油层面的聚并）两种聚并同时存在，但从数量上来看仍以聚并形式1居多。当顶部的油层面达到一定的厚度时，这两种聚并速率都大大降低，油滴开始在油层下面堆积。因此，聚并形式1、2是形成顶部油层面的主要过程。

2）中间乳化层的聚并

中间乳化层的聚并以油滴间的聚并形式3（油滴间的聚并）为主，包括大小油滴和直径相近油滴的聚并。通过聚并，油滴的数量减少，平均直径增大。

在顶部已有油面层存在的条件下，由于油滴的上浮受到阻碍，因而油滴会在该层大量堆积，形成油滴堆。在浮力作用下，油滴间相互挤压，导致共有膜的排干和破裂，因而油滴间将发生聚并，其结果是油滴的平均直径增大，油滴数量减少。同时，油滴也会与顶部油层发生聚并。聚并形式2、3导致中间乳化层的高度不断降低，而顶部油面层的厚度不断增加。该层的聚并速率较慢。

3）底部水相层

油滴受浮力的作用向上运动，由于油滴的大小不同，所受的浮力不同，油滴运动的速度也不同，因而油滴间存在着相对运动，这造成水相中的油滴在上浮过程中很难附着。有些油滴会发生短时间的附着，但由于运动的不同步，很快便脱落。即便有个别油滴长时间的附着不分开，但由于它们之间的作用力较小，使共有膜达到临界厚度破裂的时间较长，因而也很少有机会发生聚并。在试验过程中，没有在水相层中观察到有聚并现象发生。上述聚并动态行为与Wasan教授的理论相一致。

**四、复合驱体系的界面性质和油水界面膜对驱油效率的影响**

石油采收率受原油和复合驱体系之间超低界面张力的影响，这一结论已普遍被人们接受。不过，其他表征界面性质的参数，如界面电荷、界面黏度等也对驱油效率具有相当重要的影响。大量数据表明，界面张力并非衡量复合驱体系的唯一参数。原油乳状液的破乳不仅对原油的集输有重要影响，而且与油墙的生成和石油采收率的提高密切相关；而油水界面膜的结构和强度对原油乳状液的稳定性起决定作用。因此，界面性质和界面膜的研究对驱油体系的表征、驱油体系的配伍以及复合驱强化采油数值模拟相关参数的建立均具有重要意义。

1. 复合驱体系界面性质对驱油效率的影响

1）界面电荷

存在于油藏岩石矿物和黏土上的表面电荷在驱油过程中起到重要作用，电荷的符号和大小将对表面活性剂在油藏岩石矿物和黏土上的吸附产生影响。因此，很好地了解驱油过程中界面电荷的大小和性质，能够对给定油藏条件下获得最佳特性的表面活性剂成分的设计有很大的帮助。

低的表面电荷密度造成高界面张力、高界面黏度以及在油珠和砂粒之间低的电性排斥力。增加合适的表面活性剂可以增加界面电荷密度，从而降低界面张力和界面黏度，增大油珠和砂粒之间的电性排斥力，促使油珠通过孔道流动。

2）界面黏度

为了有效地驱油，被驱替的油珠必须聚并形成油墙，这要求驱油体系与原油间有非常低的界面黏度。油墙向前运动时，更多的残余油珠与油墙合并，残余油得到进一步驱替。

原油与盐水体系的高的界面黏度与原油中的天然表面活性物质有关，原油中的沥青质和胶质在油水界面上的吸附是造成高界面黏度的原因。在盐水溶液中加入表面活性剂后，由于外加表面活性剂在界面上的吸附能力往往强于原油中的天然表面活性物质，它们顶替了界面上原来吸附的沥青质和胶质，从而降低界面黏度，有利于油墙的形成。

2. 油水界面膜的结构

油水界面膜不同于以液体为基底的不溶膜，它是由吸附到界面上的表面活性剂或天然表面活性剂物质形成的，是可溶性膜，因此界面膜上的分子与体相（油相和水相）间存在一个动态的平衡。

油水界面吸附膜一般比空气—水界面膜所处状态更为扩张。这是由于表面活性剂分子的疏水基与油相分子间的相互作用同疏水基间的相互作用具有非常相似的性质和接近的强度，而不像在空气—水界面上，气相分子与表面活性剂疏水基间相互作用非常微弱。因此，油水界面吸附层中含有许多油相分子，它们插在表面活性剂疏水链之间，使吸附的表面活性剂分子平均占有面积变大。有研究者测定了界面吸附过程中每个亚甲基由溶液迁移到界面上的标准自由能改变量。对于石蜡油—水界面吸附，得到的结果是 -3.4kJ/mol，并且直到吸附量达到饱和吸附，其值并不随吸附量改变。而在空气—水界面膜，其值随吸附量增加而变大。这说明在空气—水界面吸附过程中，疏水基在吸附相中所处的环境在变化，逐步接近烃环境；而在油—水界面吸附时，吸附分子的疏水基始终处于碳氢环境之中。另一方面，不同链长的脂肪酸从己烷—水界面吸附层解吸到己烷相所需的能量与碳链长度无关，皆为 2.3kJ/mol，相当于断开与水的氢键所需的能量。这也说明解吸前后表面活性剂分子疏水链所处环境基本不变，故对此过程的自由能变化几乎没有贡献。

研究者还发现，不同长度的脂肪醇在十二烷—水界面吸附层中的分子占有面积与表面活性剂疏水链的长度无关，而且此值仅稍大于紧密排列的表面活性剂分子的横截面积。这说明在油水界面上吸附的表面活性剂分子的疏水链采取伸展的构象，近于直立地存在于界面上。

油水界面表面活性剂吸附层的结构可简略描述如下：吸附层由疏水基在油相、亲水基在水相，直立定向的表面活性剂分子和油分子、水分子组成。吸附的表面活性剂分子的疏水基之间插入了油分子，它的亲水基则存在于水环境中。根据吸附分子平均占有面积和自身占有面积的数据可知，在吸附层中油分子数多于吸附分子数，因此吸附层的性质与油相分子的性质密切相关。

3. 乳状液的界面膜稳定机理

一般情况下，乳状液中的液珠在频繁地相互碰撞。如果在碰撞过程中界面膜破裂，两个液珠将聚并成一个大液珠。此过程继续下去的最终结果将导致乳状液的破坏。由于液珠的聚并是以界面膜破裂为前提，因此界面膜的机械强度是决定乳状液稳定性的主要因素之一。

当乳状液浓度较低时,界面上吸附的分子较少,界面膜的强度较低,形成的乳状液不稳定;乳状液浓度增高至一定程度后,界面上就会形成由定向吸附的乳状液分子紧密排列组成的界面膜,虽然此膜的厚度仅为1~5nm,但具有较高的强度,因此可以提高乳状液的稳定性。

形成界面膜的乳化剂的结构、性质和浓度对界面膜的性质具有十分重要的影响。一般情况下,混合物质形成的界面膜比单一物质的紧密,油溶性表面活性剂和水溶性表面活性剂同时形成的膜强度较高。为了避免刚性过大,界面膜最好是液态凝聚型的,而不是固态凝聚型的。在表面活性剂中加入少量的脂肪醇、脂肪酸、脂肪胺等极性有机物,形成的乳状液稳定性可大大提高。因为,水相与混合乳化剂中的水溶性乳化剂具有较好的亲和性,而极性有机物与油相又有较好的亲和性。因此,可使界面上的分子排列得更紧密,将油水界面张力降得更低,并形成复合物(Complex)。复合物可以是化合物也可以是混合物。在一定条件下,界面膜的强度可用界面压、界面黏度和界面膜屈服值等参数予以表征。

油水界面间的表面活性剂膜、双电层、高分子化合物吸附层、固体颗粒吸附层和液晶等对液膜稳定性、液珠聚并和乳状液的稳定性起着重要作用,并且,在诸因素中界面膜的作用当属首位。当膜的厚度大于100nm时,两液滴间的流体动力学相互作用起主导作用,这种相互作用极大程度上受膜的表面形变和迁移率的影响;当膜的厚度小于100nm时,则热力学相互作用起主导作用,即以静电力、立体作用、范德瓦尔斯力、耗散能和结构力为主。因此,当液膜在较高的膜厚度时破裂(大约$1\mu m$),膜的稳定性与单一界面的流变行为能够很好关联。

原油中的天然表面活性物质具有较好的界面活性,可明显降低原油与水的界面张力,降低体系的界面自由能,并在油水界面形成界面膜。在常温下,原油与水的界面张力一般在15~40mN/m范围。由沥青质、胶质等组分形成的界面膜具有一定的结构和相当的强度,此界面膜可有效地阻止液珠聚并,并且界面膜强度越大,乳状液越稳定。由于大部分原油乳状液为W/O型,除了油相有较高的黏度外,界面膜稳定起了十分重要的作用。对于原油乳状液而言,除界面流变行为外,另外还有两个重要的界面稳定机理:沥青质、胶质和精细固体微粒吸附到界面上产生的位阻稳定效应和液膜内长程有序结构的形成。

## 第三节 复合驱数学模型

在复合驱过程中,由于注入多种化学剂,以及油层中存在多种流体和界面,因而涉及多元、多维、多相、多组分问题。在此建立的数学模型将考虑主要驱油机理和各种重要的物化现象。物化参数的描述以实验资料为基础,并通过合理的方式引入方程系统,以使该模型具有较强模拟实际问题能力和实用性能。

**一、基本方程系统**

1. 基本假设

(1) 油藏是等温的;

(2) 局部平衡存在;

(3) 扩展的达西(Darcy)定律适用于描述多相流动;

(4) 扩展的费克(Fick)定律适用于描述多组分扩散现象。

2. 基本方程

在复合驱过程中，包含的主要质量传递方式有：由速度引起的对流、由浓度梯度引起的扩散、液/液相间的交换、液/固相间的交换、各种化学反应引起的组分质量消耗或增加。

该模型中，考虑的体系为：

元数：三元（聚合物+表面活性剂+碱）；

维数：一维至三维；

相数：油相，水相；

组分数：水，油，表面活性剂，聚合物，碱（OH⁻）等。

1）各组分的质量守恒方程（$n$ 组分，有 $n$ 个方程）

$$div[\vec{F}_i + \vec{D}_i] + \frac{\partial A_i}{\partial t} = B_i \qquad i = 1, 2, \cdots, n \tag{8-1}$$

式中：

$$\vec{F}_i = \sum_j Y_{ij} \rho_j \vec{V}_j$$

对流项
$$\vec{V}_j = -\frac{KK_{rj}}{\mu_j}(gradP_j - \rho_j \cdot \vec{g})$$

扩散项
$$\vec{D}_i = -\phi \sum_j S_j \rho_j D_{ij} grad Y_{ij}$$

累积项
$$A_i = \frac{\partial}{\partial t}\left[\alpha_i \phi Z_i \sum_j \rho_j S_j + q_i\right]$$

源汇项
$$B_i = Q_i + R_i$$

2）辅助方程（4 个方程）

$$S_o + S_w = 1 \tag{8-2}$$

$$\sum_{i=1}^{n} Z_i = 1 \tag{8-3}$$

$$\sum_{i=1}^{n} Y_{ij} = 1 \qquad j = w, o \tag{8-4}$$

3）总组分浓度与相浓度和饱和度之间的关系 $2(n-1)+1$ 个方程

$$Y_{ij} = f(Z_k) \qquad j = w, o, \qquad i = 1, \cdots, n \tag{8-5}$$

$$S_j = g(Z_k) \tag{8-6}$$

4）毛细管力方程（1 个方程）

$$P_c = h(S_w, \sigma) = P_o - P_w \tag{8-7}$$

该方程系统中涉及的基本变量有 $3n+4$ 个，见表 8-1。基本方程个数见表 8-2。

表 8-1 方程系统基本变量个数

| $P_j$ | $Z_i$ | $Y_{ij}$ | $S_j$ | 累计 |
|---|---|---|---|---|
| 2 | $n$ | $2n$ | 2 | $3n+4$ |

表 8-2  方程系统中基本方程个数

| (8-1) | (8-2) | (8-3) | (8-4) | (8-5) | (8-6) | (8-7) | 累计 |
|---|---|---|---|---|---|---|---|
| $n$ | 1 | 1 | 2 | $2(n-1)$ | 1 | 1 | $3n+4$ |

这里，基本方程个数与基本变量个数相同，该系统原则上可解。由于基本方程中涉及了大量的物化参数，因此尚需补充涉及的物化参数的描述关系，以求解该方程系统。

### 二、方程中物化参数的描述

1. 聚合物溶液黏度

利用下式描述：

$$\mu_p^0 = \mu_w(1 + a_1 C_p + a_2 C_p^2 + \cdots)$$

式中　$a_1$，$a_2$——与离子强度有关，实验资料确定；

$\mu_p^0$——低剪切速率下的黏度。

也可直接给出 $\mu_p^0$—$C_p$ 实测曲线。

2. 聚合物溶液的剪切变稀

由于剪切使聚合物溶液黏度降低，这可通过黏度下降系数描述；它是孔隙流速的函数：

$$R_\mu = \frac{\mu_p - \mu_w}{\mu_p^0 - \mu_w} = R_\mu(V)$$

利用实验测得的 $R_\mu$—$V$ 关系，可计算出不同流速下的聚合物溶液黏度：

$$\mu_p = \mu_w + (\mu_p^0 - \mu_w)R_\mu$$

3. 聚合物可及孔隙体积

$\alpha_p$ 由实验测定。

4. 水相渗透率下降系数

它主要是由聚合物的吸附滞留所引起，可利用下式进行描述：

$$R_k = 1 + \frac{(R_k^{max} - 1)q_p}{q_p^{max}}$$

式中　$q_p$，$R_k$——不同浓度和含盐量下的聚合物吸附滞留量和水相渗透率下降系数；

$q_p^{max}$，$R_k^{max}$——不同含盐量下的聚合物饱和吸附滞留量和最大水相渗透率下降系数。

5. 界面张力

为了真正体现各化学剂的复合协同效应，采用实测的界面张力等值图法进行描述，等值图中的界面张力随碱和表面活性剂浓度变化：

$$\sigma = \sigma(C_{OH}, C_S)$$

通过碱和表面活性剂浓度可查得对应的界面张力。

6. 组分消耗

1）碱耗

复合驱中使用的碱剂可为 $NaOH$，$Na_2CO_3$，$Na_2SiO_3$，$Na_3PO_4$ 等。其中起主要作用的为碱剂在水中离解后产生的 $OH^-$。对于 $NaOH$，可直接给出其水溶液的 $OH^-$ 浓度。对于其他碱剂，可通过平衡常数 $K$ 折算出 $OH^-$ 浓度。从而得碱耗：

$$R_{OH^-} = -\phi S_w \frac{\partial}{\partial t}(r_1 + r_2 + \cdots + r_n)$$

式中　负号——OH⁻ 的消耗；

　　　$r$——单位体积内的碱耗量；

　　　$n$——$n$ 种影响因素。

2) 表活剂和聚合物的吸附滞留量

用 Langmuir 吸附等温式表示。

7. 残余饱和度

各相残余饱和度与毛细管数有关，毛细管数定义如下：

$$N_{vc} = \frac{\left|\sum_j \mu_j V_j\right|}{\sigma}$$

$$S_{rj} = f(N_{vc})$$

通过实验可测得不同毛细管数下的残余饱和度值。

8. 相对渗透率

各相相对渗透率可表达如下：

$$K_{rj} = K_{rj}^0 \cdot S_{nj}^{ej}$$

$$S_{nj} = \frac{S_j - S_{rj}}{1 - \sum_j S_{rj}}$$

$$K_{rj}^0 = f(N_c)$$

$$e_j = g(N_c)$$

式中　$K_{rj}^0$、$e_j$——分别为相对渗透率曲线端点值和曲线指数。可在不同 $N_c$ 下实验测得。

9. 毛细管压力

$$p_c = p_o - p_w$$

10. 各相密度

$$\rho_j = \rho_j^0 \exp[\beta_j(p_j - p_j^0)]$$

$$\rho_j^0 = \frac{1}{\sum_i r_{ij}\rho_i^0}$$

式中　$p^0$，$\rho^0$——分别为参考压力和该压力下的密度；

　　　$\beta_j$——压缩系数。

11. 各组分扩散系数

包括分子扩散和弥散两部分，与速度有关，由实验测得：

$$\overline{D}_{ij} = \overline{D}_{ij}^0 + D_{ij}(\overline{V})$$

式中　$D^0$——分子扩散系数。

12. 其他所需参数

均由实验测定。

### 三、求解方法

采用隐式求解压力，显式计算总组分浓度的方法求解。

1. 隐式求解压力

首先对式（8-1）各组分求和，可得一压力方程：

$$div(\sum_j \rho_j \vec{V}_j) + \frac{\partial \sum_i A_i}{\partial t} = \sum_i B_i$$

将 $V_j$ 表达式和式（8-7）代入，除压力 $p_w$ 外，其他变量均取显式处理。可得到一 $p_w$ 的线性方程组，求出 $p_w$ 后，即可计算 $p_o$，$V_j$。

2. 显式计算总组分浓度 $Z_i$

根据式（8-2）的差分式，可显式计算总组分浓度 $Z_i$。

3. 计算各相浓度 $Y_{ij}$ 和饱和度 $S_j$

总组分浓度 $Z_i$，相浓度 $Y_{ij}$ 和饱和度 $S_j$ 之间存在下述关系：

$$Z_i \sum_j \rho_j S_j = \sum_j \rho_j Y_{ij} S_j$$

由于水相中油组分很少（可忽略），而油相中主要是油组分，则可先取：

$$Y_{iw} = 1, Y_{io} = 0$$

$$Y_{zw} = 0, \sum_i Y_{iw} = 1$$

$$Z_i(\rho_o S_o + \rho_w S_w) = \rho_w S_w Y_{iw}$$

$$S_w = 1 - S_o$$

由上两式可求出 $S_w$，$S_o$，进而可计算相浓度。

水相：

$$Y_{iw} = \frac{Z_i(S_o \rho_o + S_w \rho_w)}{S_w \rho_w}, i \neq 2$$

油相：其他组分可通过化学剂分配系求得。

4. 计算各物化参数

根据基本变量 $P_j$，$Z_i$，$Y_{ij}$，$S_j$ 及物化参数关系式，可计算出各种物化参数。

5. 返回1以求解下一时间步长值

符号说明：

$C$：浓度，  $g$：重力加速度

$K$：绝对渗透率，  $K_r$：相对渗透率

$Q$：单位孔隙体积注入或采出的质量流量，  $q$：单位孔隙体积吸附滞留量

$R$：化学反应速率，  $S$：饱和度

$S_r$：残余饱和度，  $V$：达西速度

$V_{ij}$：组分 $i$ 在 $j$ 相中的质量分数，  $Z_i$：组分 $i$ 在流体中的总质量分数

$\alpha$：可及孔隙体积分数，  $\sigma$：界面张力

$\mu$：黏度，  $\rho$：密度

$\phi$：孔隙度，  $i$：组分

$j$：相，  $w$：含水相

$o$：油相，  $p$：聚合物

$s$：表面活性剂，  $A$：碱

# 第四节 复合驱数值模拟技术实例

以某油田化学驱提高采收率为例,论述化学驱数值模拟的研究方法、研究步骤和矿场应用。

## 一、油藏地质模型的建立

### 1. 井组模型

建立四注九采的井组模型,该模型确保有一口中心井,纵向上为7层,正韵律,其变异系数同样为0.72,以确保研究结果的连续性。网格划分为19×19×7,包括4口注入井、9口生产井,模型如图8-9所示。

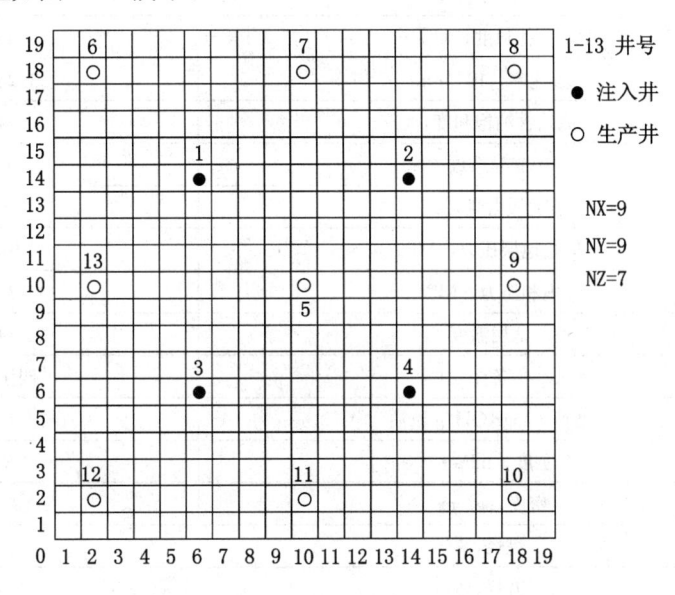

图8-9 井组模型19×19×7网格模型

### 2. 区块模型

考虑到生产实际的需要,按五点井网、注采井距250m考虑,设计包括25口注入井、36口采油井的25井组区块模型,纵向上考虑6层,网格划分为41×41×6(共计10086个网格)。

## 二、计算参数的评价和选择

### 1. 油藏地质参数的评价及选择

表8-3示出了某油田碱/表面活性剂/聚合物三元复合驱各区块的油藏地质参数。

表8-4则为碱/表面活性剂/聚合物(ASP)三元复合驱各区块的井网部署结果,其井网、井距、井数均为实际结果。

表8-5则为油田某区纵向上7层的油层厚度、孔隙度和渗透率值,但一般情况下,取每层厚度为1.5m,孔隙度平均0.26,渗透率为表8-5中所示。

### 2. 物理性质参数的评价及选择

通过实验测定,选择以下主要物理化学性质参数:(1)表面活性剂相态参数,(2)界面张力模型参数,(3)残余饱和度——毛细管数关系参数,(4)相对渗透率曲线参数,(5)聚合物黏度数据,(6)微乳液相黏度参数,(7)吸附关系曲线参数,(8)其他,如毛细管压力数据、组分流体压缩系数以及扩散数参数。

表 8-3 DQ油田碱/表面活性剂/聚合物三元复合驱试验区油藏参数表

| 基本参数 | | 数值 |
|---|---|---|
| 油藏特征参数 | 面积, km² | 0.09 |
| | 储量, 10⁴t | 11.73 |
| | 孔隙体积, 10⁴m³ | 20.33 |
| | 层位 | SII$_{1-3}$ |
| | 井深, m | 937.5 |
| | 砂岩厚度, m | 10.5 |
| | 有效厚度, m | 8.6 |
| | 孔隙度, % | 26.0 |
| | 渗透率, $10^{-3}\mu m^2$ | 1426/509 |
| | 原始含油饱和度, % | 74.8 |
| | 变异系数 | 0.63 |
| | 泥质含量, % | 8.2 |
| | 原始地层压力, MPa | 10.93 |
| | 饱和压力, MPa | 8.69 |
| | 地层温度 | 44.5 |
| | 备注 | 四注九采 |
| 原油性质 | 酸值, mgKOH/g 原油 | 0.1 |
| | 黏度, mPa·s | 9.5 |
| | 密度, g/cm³ | 0.792 |
| | 烷烃, % | 62.6 |
| | 芳烃, % | 16.2 |
| | 胶质, % | 14.3 |
| | 沥青+非烃, % | 21.1 |
| | 总烃, % | 78.8 |
| 地层水性质 | 矿化度, mg/L | 6118 |
| | $Cl^-$, mg/L | 1871 |
| | $Ca^{2+}$, mg/L | 7.77 |
| | $Mg^{2+}$, mg/L | 4.17 |
| | pH | 8.3 |

表 8-4 DQ油田ASP三元复合驱井网部署结果表

| 井参数 | 数值 |
|---|---|
| 井网类型 | 五点井网 |
| 注采井距, m | 105 |
| 采油井距, m | 150 |
| 注水井数, 口 | 4 |
| 采油井数, 口 | 9 |

**表 8-5　油藏纵向上物性参数及其取值表**

| 序号 | 砂岩厚度，m | 孔隙度，% | 渗透率，$10^{-3}\mu m^2$ | 渗透率取值，$10^{-3}\mu m^2$ |
|---|---|---|---|---|
| 1 | 1.5 | 0.25 | 335 | 102.6 |
| 2 | 3.6 | 0.294 | 962 | 163.9 |
| 3 | 1.2 | 0.26 | 492 | 233.5 |
| 4 | 4.75 | 0.26 | 360 | 404.7 |
| 5 | 1.7 | 0.287 | 770 | 711.2 |
| 6 | 2.9 | 0.30 | 2315 | 907.0 |
| 7 | 1.65 | 0.281 | 734 | 1131.0 |
| 备注 | 平均取 1.5m/层 | 取平均 0.26 | — | $V_{DK}=0.72$ |

### 三、计算方案设计

表 8-6 为油田三次采油数值模拟计算方案设计表。从表中可见，利用 UTCHEM 进行六方面的数值模拟研究，基本上涵盖了油田化学驱的试验（或矿场试验）及生产实践。

**表 8-6　油田化学驱数值模拟计算一览表**

| 模拟生产方式 | | 模拟设计 | 井组模型编号 | 部分井组模型编号 | 岩心驱模型编号 |
|---|---|---|---|---|---|
| 基础水驱（W） | | 水驱全过程①② | dq700* | dq800 | |
| 一元 | 聚合物驱（P） | 浓度 1000mg/L，用量 570PV·mg/L | dq701 | dq801 | |
| | 表活剂驱（S） | 浓度 0.3%（质量浓度），用量 0.3PV | dq702 | dq802 | |
| | 碱驱（A） | 浓度 1.2%（质量浓度），用量 0.3PV | dq703 | dq803 | |
| 二元 | 表活剂/聚合物驱（S/P） | $S=0.3\%$（质量浓度），$P=1000$mg/L，0.3PV | dq704 | dq804 | |
| | 碱/表活剂驱（A/S） | $A=1.2\%$（质量浓度），$S=0.3\%$（质量浓度），0.3PV | dq705 | dq805 | |
| | 碱/聚合物驱（A/P） | $A=1.2\%$（质量浓度），$S=0.3\%$（质量浓度），0.3PV | dq706 | dq806 | |
| | 表活剂/泡沫驱（S/F） | $S=0.3\%$（质量浓度），$G:L=1:1$，0.35PV | dq707 | dq807 | dq709 |
| 三元 | 碱/表活剂/聚合物驱（ASP） | $A=1.2\%$（质量浓度），$S=0.3\%$（质量浓度），$P=1200$mg/L，0.35PV | dq708 | dq808 | |
| 四元 | 碱/表活剂/聚合物/泡沫驱（ASPF） | $A=1.2\%$（质量浓度），$S=0.3\%$（质量浓度），$P=1200$mg/L，$G:L=1:1$，0.7PV | dq709 | dq809 | dq909 |
| 复合碱 | 复合碱驱 | $A1:A2=7:1$，浓度 1.2%（质量浓度） | dq710 | dq810 | |
| | 复合碱/表活剂驱 | $A1:A2=7:1$，浓度 1.2%（质量浓度），$S=0.3\%$ | dq711 | dq811 | |
| | 复合碱/表活剂驱 | $A1:A2=7:1$，浓度 1.2%（质量浓度），$S=0.3\%$ | dq712 | dq812 | |
| | 复合碱/表活剂/聚合物驱 | $A1:A2=7:1$，$A=1.2\%$（质量浓度），$S=0.3\%$，$P=1200$mg/L | dq713 | dq813 | |
| | 复合碱/表活剂/聚合物/泡沫驱 | ASP：$G=1:1$，0.7PV | dq714 | dq814 | |
| 备注 | | ①水驱采收率为35%，含水 92%时转入其他方式；②水驱最终采收率为44%含水98% | *为已经计算完成 | ①表内含两类计算，即混注和段塞注；②dq 后带 9 者为英制单位 | ①岩心驱模型；②仅考虑两种类型 |

注：表面活性剂在表中简称为表活剂。

### 四、计算结果分析

如表 8-6 所示，单一数模研究涉及六个方面约 45 个方案，分别为水驱、一元驱（单一聚合物驱、单一表面活性剂驱和单一碱驱）、二元（表面活性剂—聚合物驱、碱—聚合物驱、碱—表面活性剂驱）、三元（即 ASP 驱）、复合碱驱（包括复合碱驱、复合碱—聚合物驱、复合碱—ASP 驱）。

1. 一元化学驱

在水驱基础上，进行单纯的聚合物驱（P）、表面活性剂驱（S）和碱驱（A），表 8-7 示出了上述三种一元化学驱的模拟结果，单一化学驱具有以下特点：

表 8-7 油田一元化学驱模拟结果

| 生产方式 | 阶段采收率*,% | 最终采收率*,% | 阶段含水,% | 最终含水,% |
| --- | --- | --- | --- | --- |
| 水驱 | 36.62 | 41.9 | 92.8 | 98.2 |
| 聚合物驱 | 12.77 | 45.39 | 45.96 | 97.85 |
| 表面活性剂驱 | 7.49 | 40.11 | 87.32 | 97.13 |
| 碱驱 | 4.89 | 37.51 | 88.94 | 97.5 |

注：* 为 OOIP。

（1）聚合物驱在三种一元方法中效果最佳，不仅采收率较高而且含水降得较多，反映了在 DQ 油田的地址条件下，聚合物驱是较有效的提高采收率方法，从某种意义讲波及效率（平面、纵向）的提高是起决定性作用的。

（2）表面活性剂的加入主要改善了驱油效率，碱的加入在于与原油中的酸性物质反应生成表面活性剂，从而改善驱油效率，由于油田酸值小于 0.1mgKOH/g，属于低酸值范围，因此效果不是很明显。因此，可以认为三元复合驱中加入碱更重要的目的在于竞争吸附作用而减少了注入表面活性剂的损失，使其能更加有效地起作用。

（3）聚合物驱中的段塞设计是前置低浓度段塞（700mg/L）0.1PV，主段塞 0.3PV（浓度为 1200mg/L），后置低浓度段塞（700mg/L）0.2PV，攻击注入 360PV·mg/L 用量，与实际情况一致，其拟合结果与现场基本一样，反映模型参数基本是可靠的。在此基础上模拟了加大用量的效果对比，仅在主段塞将浓度由 1200mg/L 提高到 2400mg/L，石油采收率进一步提高。

2. 二元化学驱

二元化学驱主要是指碱、表面活性剂和聚合物之间两两相配的各种方式。主要有碱—聚合物驱、表面活性剂—聚合物驱、碱—表面活性剂驱三种类型。表 8-8 示出了二元化学驱的模拟结果。

表 8-8 二元化学驱模拟结果

| 注入方式 | 阶段采收率,% | 最终采收率,% | 阶段含水,% | 最终含水,% |
| --- | --- | --- | --- | --- |
| 水驱 | 32.62 | 41.9 | 92.8 | 98.2 |
| 表面活性剂驱—聚合物驱 | 12.83 | 45.45 | 76.0 | 97.87 |
| 碱—表面活性剂驱 | 9.16 | 41.786 | 90.50 | 96.791 |
| 碱—聚合物驱 | 11.452 | 44.072 | 86.54 | 97.366' |
| 备注 | %（OOIP） | %（OOIP） | 见效平均含水 | |

（1）表面活性剂—聚合物驱比碱—表面活性剂驱产生更好的效果；
（2）碱—表面活性剂驱效果与单表面活性剂驱效果相比，差别不大；
（3）在二元驱油中，由于表面活性剂用量低［仅 0.3％（质量）］，尽管也产生中相区，但其范围很窄，因而在二元驱中不起决定作用。

3. 三元复合驱

三元复合驱是指加入碱、表面活性剂和聚合物的三元混合驱替方法。该方法的驱油实验以及矿场试验结果表明，石油采收率可比水驱提高 20％（OOIP），比聚合物驱高 10％（OOIP）。

注入时，若取前置段塞：0.1PV 聚合物，浓度 700mg/L；ASP 段塞：0.3PV 聚合物浓度 1200mg/L，表面活性剂浓度 0.3％（质量），碱浓度 1.2％（质量）；后置段塞：0.2PV 聚合物，浓度 700mg/L。

则在此基础上进行模拟，结果如表 8-9 所示。

表 8-9　ASP 驱数值模拟结果

| 注入方式 | 阶段采收率,％ | 最终采收率,％ | 阶段含水,％ | 最终含水,％ |
| --- | --- | --- | --- | --- |
| 基础水驱 | 32.62 | 41.97 | 92.8 | 98.2 |
| 聚合物驱 | 12.73 | 45.39 | 75.96 | 97.85 |
| 表面活性剂驱—聚合物驱 | 12.83 | 45.45 | 76.0 | 97.87 |
| 碱—表面活性剂—聚合物驱 | 24.64 | 57.27 | 61.33 | 98.20 |
| 备注 | ％（OOIP） | ％（OOIP） | | |

（1）ASP 驱有效地提高了石油采收率。
（2）为考虑 ASP 三元复合驱不同段塞形式的影响，模拟了设置副段塞的效果对比，将上述主副段塞分为 0.2PV ASP、0.1PV ASP 两个段，表面活性剂浓度降为 0.1％（质量）。则计算结果为，石油采收率有所降低。由此可见，在这种情况下改变段塞形式对采收率的影响是不利的。

4. 复合碱（$NaOH+Na_3PO_4$）的模拟分析

在 ASP 三元复合驱碱的组成上做了进一步研究，认为复合碱能有效地改善三元复合驱的效果。具体做法是：将 $NaOH$ 和 $Na_3PO_4$ 以一定比例混合，碱的总量基本上保持不变，两种碱（$NaOH$ 和 $Na_3PO_4$）的比例为 7:1，其一定条件下界面张力可达到 $10^{-3} \sim 10^{-2}$ mN/m。

加入 $Na_3PO_4$ 后的模拟计算结果如表 8-10 所示，可见采收率比水驱采收率提高 29.3％，比单一碱 ASP 三元复合驱高 7.28％。根据这一计算结果，复合碱驱不失为一种改善三元复合驱的有效方法。

表 8-10　采用复合碱驱的 ASP 驱模拟结果

| 注入方式 | 阶段采收率,％ | 最终采收率,％ | 阶段含水,％ | 最终含水,％ |
| --- | --- | --- | --- | --- |
| 基础水驱 | 32.62 | 41.97 | 92.8 | 98.2 |
| 单一碱三元复合驱 | 24.64 | 52.27 | 61.33 | 98.20 |
| 复合碱 ASP 驱 | 29.3 | 61.9 | 60.5* | 95.86 |

注：*为见效期平均含水。

# 第五节 化学驱多组分孔隙输运生灭过程理论与模型

前面所述化学驱数学模型均建立在物质平衡与力物质平衡相结合的基础上。长期以来，人们从"元"，"维"，"相"，"组分"等方面不断深入，努力建立更为复杂的更符合生产实际的数学模型。对模型中所需物化参数的描述也在不断细化，由简单到复杂，由单因素到多因素，由定性到定量，由静态到动态。据专家研究，这种方法建立的数学模型可以复杂到由100多个偏微分方程组成的方程组，其中未知量相互交叉和隐含，涉及的参数也在100个以上。理论上来讲，这样的数学模型封闭可求解，但实际上是无法操作的，研究人员一般处理方法是将部分未知量显式处理，因而使模拟结果的可信度大大降低。

物质平衡法建立的数学模型不但计算繁杂，而且严格依赖于多个物化参数，这些参数在储层中的不同位置会有随机差异，这些随机差异的累积结果也会大大降低数值模拟的精确程度，因而有必要探索研究定量描述化学驱多组分体系驱油规律的新方法。本文探讨用随机过程中的"生灭过程"理论描述化学驱过程与状态，进而研究不同位置和时间的状态（动态），主要包括化学剂段塞浓度和含油饱和度的分布规律。

## 一、生灭过程理论

物质在一定条件下总处于某一状态，状态在一定条件下是变化的，变化的可能性有大有小，变化的过程也不尽相同。设 $X(t)$，$t \geqslant 0$ 是随机过程，它可以具有不同的状态，如它的转移概率函数 $p_{ij}(t)$ 满足：

$$p_{i,i+1}(\tau) = \lambda_i \cdot \tau + 0(\tau), (\lambda_i \geqslant 0)$$

$$p_{i,i-1}(\tau) = \mu_i \cdot \tau + 0(\tau), (\mu_i > 0, \mu_0 = 0)$$

$$p_{i,j}(\tau) = 1 - (\lambda_i + \mu_i)\tau + 0(\tau)$$

$$p_{ij}(\tau) = 0, |i-j| \geqslant 2$$

则称为生灭过程，不难看出，生灭过程的状态都是相通的。

上述诸式合起来有如下的概率解释：在长为 $\tau$ 的一小段时间中，在忽略高阶无穷小项后，只有三种可能：状态由 $i$ 变到 $i+1$，也就是增加1（如将 $X(t)$ 理解为 $t$ 时刻某群体的大小，则就是生出一个个体），其概率为 $\lambda_i \tau$。状态由 $i$ 变到 $i-1$，也就是减少1，或死去一个个体，其概率为 $\mu_i \tau$。状态保持 $i$ 不变，其概率为 $1-(\lambda_i + \mu_i)\tau$，生灭过程命名的理由也在于此。

不难看出，相应的概率密度函数 $q_i$，$q_{ij}$ 为：

$$q_i = \lambda_i + \mu_i$$

$$q_{i,i-1} = \mu_i$$

$$q_{i,i+1} = \lambda_i$$

$$q_{ij} = 0, |i=j| \geqslant 2$$

而相应的后退柯尔莫哥洛夫方程为：

$$p_{ij}(t) = -(\lambda_i + \mu_i)p_{ij}(t) + \lambda_i p_{i+1,j}(t) + \mu_i p_{i-1,j}(t)$$

前进柯尔莫哥洛夫方程为：

$$p_{i,j}(t) = -p_{i,j}(t)(\lambda_i + \mu_i) + \lambda_{j-1} p_{i,j-1}(t) + \mu_i p_{i,j+1}(t)$$

无条件概率（或称绝对概率：个体在 $j$ 状态的概率）满足的方程为：

$$p_j(t) = -p_j(t)(\lambda_j + \mu_j) + p_{j-1}(t)\lambda_{j-1} + p_{j+1}(t)\mu_{j+1}$$

$$p_{j-1}(t) = 0 \qquad j = 0, 1, 2, \cdots$$

如假定平衡分布 $\{p_i, i = 0, 1, 2, \cdots\}$ 存在，则有：

$$-(\lambda_i + \mu_i)p_i + \lambda_{i-1} p_{i-1} + \mu_{i+1} p_{i+1} = 0 \qquad i = 1, 2, \cdots$$

$$-\lambda_0 p_0 + \mu_1 p_1 = 0$$

当一切 $\mu_k > 0$ 时，可逐步求得：

$$p_1 = \frac{\lambda_0}{\mu_1} p_0$$

$$p_2 = \frac{\lambda_0 \lambda_1}{\mu_1 \mu_2} p_0$$

$$\cdots$$

$$p_k = \frac{\lambda_0 \lambda_1 \cdots \lambda_{k-1}}{\mu_1 \mu_2 \cdots \mu_k} p_0$$

$$\cdots$$

再由

$$\sum_{k=0}^{\infty} p_k = 1$$

可知：

$$p_0 = \left(1 + \sum_{k=0}^{\infty} \frac{\lambda_0 \lambda_1 \cdots \lambda_{k-1}}{\mu_1 \mu_2 \cdots \mu_k}\right)^{-1}$$

进而求得 $p_1$，$p_2$，$p_3$，$\cdots$ 其中最大的就是某时刻最可能的状态（如 $p_m$ 最大，则该时刻个体的数目为 $m$ 个）。

生灭阶段是在生物，工程中大量出现的一种过程。在油田开发中的应用尚处于探索研究阶段。

## 二、化学驱孔隙输运生灭过程数学模型

化学驱段塞在前进过程中的大小或浓度高低构成一随机过程 $\{C(1), 0 \leq 1 \leq L\}$，$L$ 为岩心长度。如 $C(1)$ 表示驱替距离为 1 时段塞中某一组分的浓度，设浓度取值可离散化为 $\{k\%, k = 0, 1, 2, \cdots, n\}$，如 $n = 100$，则是通常的百分比浓度，省略符号"%"，该过程的状态集就是 $\{0, 1, 2, \cdots, n\}$。此过程是一时间连续的马尔柯夫链，以 $p_{ij}(1)$ 和 $p_j(1)$ 分别计其转移概率函数和绝对概率函数。段塞在驱替过程中，由于吸附，滞留，扩散弥散等原因形成损耗（主要表现为浓度降低）。有些组分又可能增加，如碱加原油中的酸性物质生成表面活性剂，残余油的聚集等。过程中有增（生）有减（灭），应用生灭过程理论，转移概率函数满足：

$$p_{i,j+1}(\Delta l) = \lambda_i \cdot \Delta l + 0(\Delta l), i \geqslant 0$$

$$p_{i,j-1}(\Delta l) = \mu_i \cdot \Delta l + 0(\Delta l), i \geqslant 0$$

$$p_{i,j}(\Delta l) = 1 - (\lambda_i + \mu_i)\Delta l + 0(\Delta l), i \geqslant 0$$

$$p_{ij}(0) = \delta_{ij} = 1(i = j)$$

$$p_{ij}(0) = \delta_{ij} = 0(i \neq j)$$

$$u_0 = 0, \mu_i, \lambda_i \geqslant 0, i = 1, 2, \cdots, n$$

式中  $\lambda_i$、$\mu_i$——新生率和死亡率由实验每隔 $\Delta l$ 取样分析确定。

$p_{i,j+1}(\Delta l)$——经过 $\Delta l$ 距离后浓度由 $i\%$ 增加为 $(i+1)\%$ 增加的概率。

$p_{i,j-1}(\Delta l)$——经过 $\Delta l$ 距离后浓度由 $i\%$ 减少到 $(i-1)\%$ 的概率。

$p_{i,j}(\Delta l)$——经过 $\Delta l$ 距离后浓度保持 $i\%$ 不变的概率。

解马尔柯夫向前微分方程组：

$$\frac{\mathrm{d}p_{ij}(l)}{\mathrm{d}l} = \lambda_{j-1}p_{i,j-1}(l) - (\mu_j + \lambda_j)p_{ij}(l) + \mu_{j+1}p_{i,j+1}(l)$$

$$i, j = 1, 2, \cdots, n$$

可求出转移概率满足的微分方程组：

解绝对概率满足的微分方程组：

$$\frac{\mathrm{d}p_j(l)}{\mathrm{d}l} = \lambda_{j-1}p_{j-1}(l) - (\mu_j + \lambda_j)p_j(l) + \mu_{j+1}p_{j+1}(l)$$

$$j = 0, 1, 2, \cdots, n$$

可求出转移概率矩阵函数 $p_j$ (1)，($j = 0$, 1, 2, $\cdots$, $n$)。

对各个固定的 1，取 $p_m$ (1) = max $\{p_j (1)\}$，($j = 0$, 1, $\cdots$, $n$)，则 $C$ (1) = $m$ 是 1 处最可能的浓度值，当 $\Delta l$ 趋于无限小时，该值约等于 1 处的精确值。变化 1，得浓度随 1 的变化规律。

也可计算浓度的均值函数并用方差函数估计误差，均值函数为：

$$m(l) = E[C(l)] = \sum_{j=0}^{n} j p_j(l)$$

方差函数为：

$$Var[C(l)] = \sum_{j=0}^{n} j^2 p_j(l) - E^2[C(l)]$$

对不同的储层参数 $k$，$S_{or}$，$\Phi$ 等，求出 $\lambda_i$，$\mu_i$，可望拟合出 $\lambda_i$，$\mu_i$ 与 $k$，$S_{or}$，$\Phi$ 等的关系式。

段塞驱替的原油向前流动的过程中同样有增有减，以 $S_0$ (1) 表示驱替距离为 1 时，段塞前的驱油量。$\{S_0 (1), 0 \leqslant 1 \leqslant L\}$ 也是生灭过程，经同样的分析计算，可用于分析采收率的提高。

以上一维模型可推广到二维情形，对某储层中央一口注入井，段塞的大小与驱替距离的平方成反比,与注入井距离为 $r$ 处,段塞大小 = 原注入段塞大小/$\pi r^2$。这种段塞尺寸上的变化损失也处理为一维情形下的段塞随推进距离损失。则以注入井点为圆心半径为 $r$ 处的转移概率函数值和绝对概率函数值分别取为 $1 = \pi r^2$ 时的相应值,同样描述计算复合驱段塞及驱油量的变化规律。

# 第九章  化学驱动态监测技术

在油气开采过程中，物理化学现象及渗流过程普遍存在，应用前述物理化学渗流理论研究相关现象，认识相关过程，对于更好地开发油气资源具有重要的意义。在这些应用领域，常见的有化学驱浓度剖面测定分析和化学驱动态监测。

聚合物驱浓度剖面模型测定分析是以物理化学渗流理论为基础，通过实验测得的聚合物驱产出液浓度剖面曲线，分析聚合物驱过程中的浓度变化规律，研究吸附滞留、化学反应、扩散弥散等物理化学作用对渗流过程的影响程度，从而为聚合物驱动态监测提供依据。通过该模型还可以进一步求出驱油过程中的不可入孔隙体积 IPV 和滞留孔隙体积 RPV 等物理化学参数，从而为聚合物驱数值模拟技术提供相关参数。聚合物驱浓度剖面模型对于聚合物驱方案设计和矿场动态监测具有指导意义。

聚合物动态监测的主要目的在于及时了解聚合物驱油动态，调整聚合物驱方案，保证聚合物驱顺利实施，降低聚合物驱风险和提高聚合物驱效果。聚合物驱监测对象包括注入井、生产井以及油藏内部。监测内容为注入井的注入压力、注入聚合物浓度和黏度、注入速度、累计注入量、注采比、注入井吸水剖面等；生产井含水率、产液量、产油量、产出聚合物浓度以及产层剖面的变化；油藏的驱替特征曲线、IPR 曲线、霍尔曲线以及数值模拟跟踪拟合等。

本章主要介绍化学驱浓度剖面测定分析和化学驱动态监测等方面的理论、模型和分析方法。

## 第一节  化学驱浓度剖面模型实验测定与分析

在聚合物驱油过程中，存在着吸附滞留、不可入孔隙体积和扩散弥散等物理化学作用现象，它们的综合作用影响着驱油剂主体段塞的浓度，从而影响驱油过程与效果。在实际驱替过程中，如果因为这些物化作用，使某些波及区的浓度太低，甚至为零，驱替过程将退化为水驱，产生驱替过程的有效性和持久性问题。因此，定量描述滞留孔隙体积 RPV、不可入孔隙体积 IPV 等物理化学作用参数，对于认识聚合物驱过程、数值模拟技术、聚合物驱方案设计和矿场动态监测具有重要的指导意义。

在吸附滞留、不可入孔隙体积和扩散弥散等众多的物化作用下，驱替过程中聚合物段塞浓度将发生变化，从而影响到产出液浓度的变化规律。反过来说，通过产出液浓度的变化规律可以求出上述物理化学作用程度。描述产出液浓度变化规律的模型称为浓度剖面模型。该模型是通过实验测得的，借此可求出滞留体系 RPV 和不可入孔隙体积 IPV。该方法的理论依据如前面讨论的聚合物驱物理化学渗流理论。这里介绍浓度剖面模型测定与分析方法，针对大庆油层条件测得实际浓度剖面模型，求出了相应的物化参数。各油田的聚合物驱物化参数可根据具体油藏条件用类似方法求取。

一、聚合物驱浓度剖面模型

1. 理想产出液浓度剖面模型

在理想情形下，假设注入的聚合物溶液段塞在岩心中以活塞式推进。将岩心抽空，饱和盐水，注入 1.0PV 浓度为 $C_0$ 的聚合物 HPAM 溶液，然后连续注水。测定出口端产出液浓度 $C$（折算成出口端相对取样浓度 $C/C_0$）与注入时间（折算成注入孔隙体积 $PV$）的关系，得出各种情形下的产出液浓度剖面曲线如图 9-1 所示。

图 9-1a 是最理想的情形，段塞前缘在注入 1.0PV 时在出口端突破，段塞后缘在注入 2.0PV 时在出口端突破。

图 9-1b 是只存在不可入孔隙体积 IPV 的情形，由于岩心中尺寸较小的孔隙不能进入聚合物大分子，因此聚合物段塞将提前突破，则段塞前缘在注入 1.0-IPV 时到出口端突破，段塞后缘在注入 2.0-IPV 时到出口端突破。

图 9-1c 是只存在滞留孔隙体积 RPV 的情形，由于段塞前缘分子滞留使聚合物在出口端滞后突破，则段塞前缘在注入 1.0+RPV 时到出口端突破。由于段塞前缘分子在岩心中的滞留已饱和，段塞后缘一般不受影响，仍在注入 2.0 时到出口端突破。

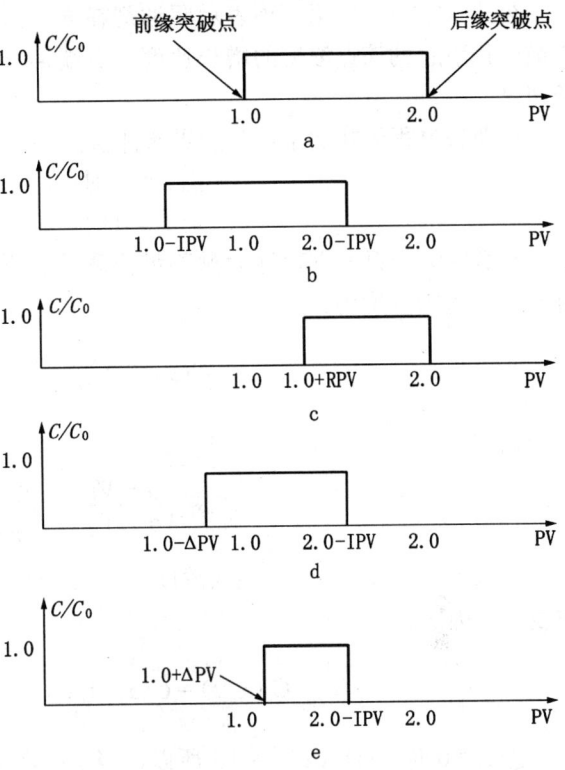

图 9-1 理想情形下聚合物产出液浓度剖面模型

图 9-1d 和图 9-1e 是同时存在 IPV 和 RPV 的情形，因为 IPV 使段塞提前突破，RPV 使段塞滞后突破，此时需要比较它们的大小。当 IPV>RPV 时，如图 9-1d 所示，段塞前缘提前 $\Delta PV$ = IPV - RPV 突破，后缘提前 IPV 突破。当 RPV>IPV 时，如图 9-1e 所示，段塞前缘滞后 $\Delta PV$ = RPV - IPV 突破，后缘提前 IPV 突破。

2. 扩散弥散作用对浓度剖面模型的影响

如前所述，聚合物驱过程是一种互溶驱替。在长度为 $L$ 的岩心中充分饱和盐水，以速度 $V$ 连续注入浓度为 $C_0$ 的聚合物溶液，由于聚合物溶液与地层水之间的浓度差异，该驱替过程是互溶驱替过程。互溶驱替是指当注入液与地层中的被驱替液成分不完全相同但二者却能完全互溶时的驱替，该过程除了两边浓度差引起的分子扩散外，还有驱替外力引起的机械弥散。理想情况下，一维互溶驱替数学模型描述为：

$$\frac{\partial C}{\partial t} = D\frac{\partial^2 C}{\partial x^2} - V\frac{\partial C}{\partial x} \tag{9-1}$$

式中 $x$——沿流动方向距入口端的距离，cm；

$t$——时间，s；

$C$——$t$ 时刻在距入口端 $x$ 处的聚合物溶液浓度，g/cm³；

$D$——扩散系数，包括分子扩散与对流扩散，cm²/s；

$V$——渗流真实速度，cm/s。

公式（9-1）中第一项表示驱油剂在某一点上的浓度增长速度。右端第一项表示由于扩散作用引起的该点浓度的增长速度，右端第二项表示由于液流携带引起的该点浓度的增长速度。

该驱替过程的初始条件和边界条件为：

当 $x<0$ 时，$C(x,0) = C_0$

当 $x>0$ 时，$C(x,0) = 0$

在数学上，以上方程称为抛物型方程或扩散方程。解此抛物型方程的初值问题，得 $t$ 时刻 $x$ 位置的浓度为：

$$C(x,t) = \frac{C_0}{2} - \frac{C_0}{2}\mathrm{erf}\left[\frac{x-Vt}{2\sqrt{Dt}}\right] \tag{9-2}$$

其中

$$\mathrm{erf}\left(\frac{x-Vt}{2\sqrt{Dt}}\right) = \frac{2}{\sqrt{\pi}}\int_0^{\frac{x-Vt}{2\sqrt{Dt}}} e^{-s^2}\,\mathrm{d}s \tag{9-3}$$

将浓度 $C(x,t)$ 除以注入浓度 $C_0$，变为相对浓度 $C_r(x,t)$ ——$t$ 时刻 $x$ 位置的相对浓度，无因次。

$$C_r(x,t) = C(x,t)/C_0 = \frac{1}{2} - \frac{1}{2}\mathrm{erf}\left[\frac{x-Vt}{2\sqrt{Dt}}\right] \tag{9-4}$$

当 $Z=0$ 时，$\mathrm{erf}(Z)=0$。所以，当 $x=Vt$ 时，$C_r=0.5$。换言之，任意时刻浓度剖面曲线上 $C_r=0.5$ 的浓度剖面以恒定速度 $V$ 向前移动。因此，将任意时刻浓度剖面曲线上过 $C_r=0.5$ 的点的垂线称为驱替前缘，驱替前缘以速度 $V$ 向前移动。出口端产出液浓度剖面曲线上出现 $C_r=0.5$ 的时间为段塞驱替前缘的突破时间（到达出口端）。

如果向饱和水的岩心中注入大小为 $j$PV 的聚合物溶液段塞，然后连续注水。此时有段塞驱替前缘和驱替后缘，均以前缘速度 $V$ 向前移动。出口端产出液浓度剖面曲线上，浓度由 $C/C_0=0$ 变化到 $C/C_0=0.5$，当主体段塞通过时一般出现 $C/C_0=1.0$，当聚合物段塞后续水驱发挥作用时，出口端取样浓度下降，出现 $C/C_0=0.5$，最后到 $C/C_0=0$。出现第一个 $C/C_0=0.5$ 的时间为聚合物段塞前缘的实际突破时间，出现第二个 $C/C_0=0.5$ 的时间为聚合物段塞后缘的实际突破时间。

3. 浓度剖面模型综合分析

设岩心水驱后残余油饱和度为 $S_{or}$，注入 $j$PV 浓度为 $C_0$ 的聚合物溶液，然后连续注水，测定浓度剖面曲线如图9-2所示。分析段塞前、后缘在出口端的的理想突破时间和实际突破时间，并进一步求不可入孔隙体积 IPV 和滞留孔隙体积 RPV。

存在残余油的情况下，将残余油看成是不可入孔隙体积，则前缘理想突破时间为 $1-S_{or}$，后缘理想突破时间为 $j+1-S_{or}$。

过 $C/C_0=0.5$ 作 PV 轴的平行线，与曲线相交于 A 和 B 两点，A 点对应的横坐标 $x$ 为前缘实际突破时间，它受 IPV 和 RPV 共同影响，单位为 PV；B 点对应的横坐标 $y$ 为后缘实际突破时间，它受 IPV 影响，单位为 PV。根据以上分析，有

$$x = 1 - S_{or} + \mathrm{RPV} - \mathrm{IPV} \tag{9-5}$$

$$y = j + 1 - S_{or} - \mathrm{IPV} \tag{9-6}$$

式中　$x$——段塞前缘实际突破时间，PV；

$y$——段塞后缘实际突破时间，PV。

以上方程组联立可求出 IPV 和 RPV，这两个参数均为化学驱数值模拟所需的基本参数。

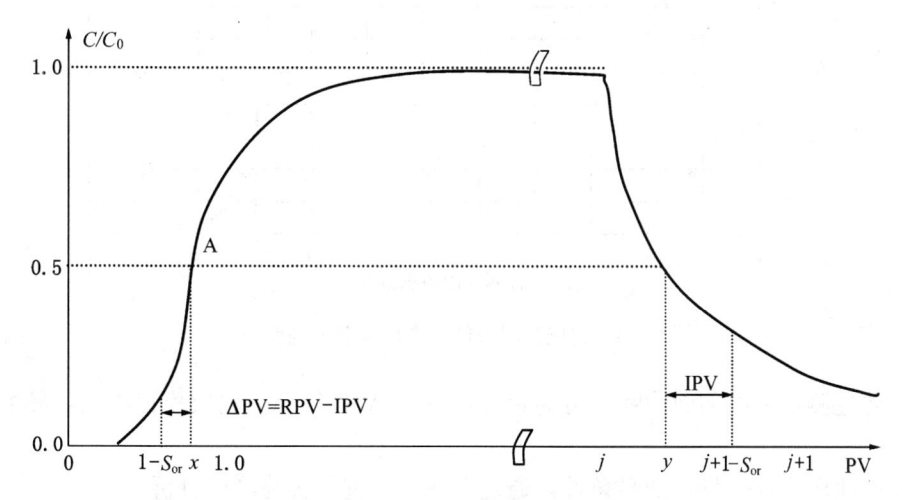

图 9-2 浓度剖面曲线

## 二、浓度剖面模型测定与分析

1. 实验条件

实验是在大庆油层条件下（45℃，矿化度 4456mg/L）进行的。选用大庆自产聚合物 HPAM，相对分子质量 1430 万。孔隙介质选用人造岩心。原油选用大庆油田模拟地层油，45℃下的黏度为 9mPa·s。聚合物溶液浓度的使用淀粉—碘化铬法测定。

2. 实验方法

首先将岩心抽空，饱和盐水，然后饱和原油，再水驱油，测得残余油饱和度，然后注入浓度为 1000mg/L 的聚合物溶液 4.0PV，最后连续水冲。每注入 0.1PV，在出口端取样，测定取样的浓度。

3. 实验结果分析

水驱油实验结果见表 9-1，测得残余油饱和度为 32.0%。出口端产出液浓度剖面曲线如图 9-3 所示。

表 9-1 岩心流动实验结果

| 岩心长度，cm | 直径，cm | 孔隙体积 PV，cm³ | 孔隙度，% | 残余油饱和度 $S_{or}$，% |
|---|---|---|---|---|
| 7.22 | 2.50 | 12.7 | 35.81 | 32.0 |

在浓度剖面曲线上，过 $C/C_0 = 0.5$ 作 PV 轴的平行线，与曲线相交于 A 和 B 两点，A 点对应的横坐标 $x$ 为 0.75PV，B 点对应的横坐标 $y$ 为 4.45PV，所以

$$0.75 = 1 - 0.32 - \text{IPV} + \text{RPV}$$
$$4.45 = 4 + 1 - 0.32 - \text{IPV}$$

所以，IPV = 0.23 = 23%，RPV = 0.30 = 30%。

4. 小结

（1）通过测定浓度剖面曲线确定不可入孔隙体积 IPV 和滞留孔隙体积 RPV 是可行的。

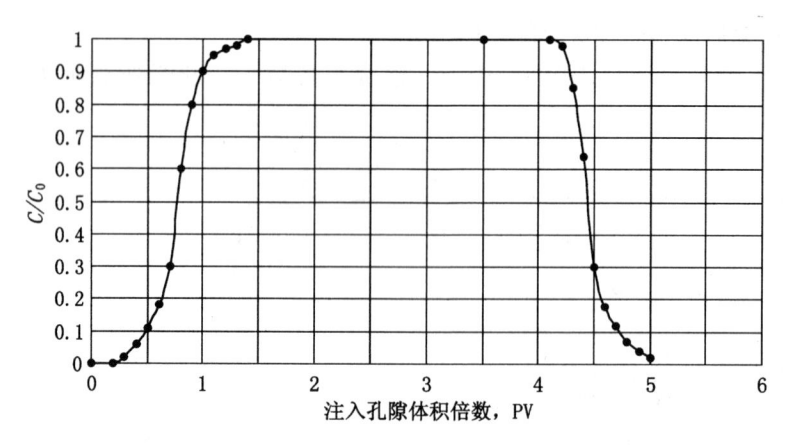

图 9-3 大庆油层条件下产出液浓度剖面模型

（2）通过测定浓度剖面曲线，可为聚合物驱和 ASP 复合驱数值模拟提供可靠的物理化学参数。

（3）各油田可根据具体油藏条件，通过上述方法进行实验测试分析。

## 第二节 多相渗流的浓度监测模型

化学驱过程中的界面活性和流度受到化学剂浓度的影响，这个问题涉及相间传质，相转移以及运移性质的变化等复杂的物理化学过程。单相驱替模型已经比较成熟，但是用于水驱油藏仍然会受到限制。本节将介绍一个化学驱的两相模型，其结果可以用于化学驱的设计，而不必考虑含水饱和度的变化。

**一、数学模型**

本节考虑的模型：原油被含有 $n$ 个组分（聚合物，盐）的水溶液驱替，这 $n$ 个组分在均质和各向同性的油藏中可被岩石吸附。浓度的改变并不影响水相密度。流体体系包括两个不可压缩的相（油或水），根据 Buckley-Leverett 方程，可用以下方程描述：

$$\frac{\partial s}{\partial T} + \frac{\partial f(s,\check{c})}{\partial X} = 0$$

$$\frac{\partial [c_i s + a_i(\check{c})]}{\partial T} + \frac{\partial c_i f(s,\check{c})}{\partial X} = 0 \quad i = 1,2,\cdots,n \tag{9-7}$$

无因次量：

$$X = x/l, T = ut/(\phi l) \tag{9-8}$$

式中 $s$——含水饱和度；
$f$——水的分流率；
$c_i$——水中化学剂浓度；
$a_i$——$i$ 方向被吸收组分的浓度；
$u$——总流量；
$l$——油藏长度；
$\phi$——孔隙度。

式（9-7）由水相体积以及平衡吸附浓度下每一个组分的守恒定律组成。方程中的未知数是含水饱和度标量函数 $s(X, T)$ 以及浓度矢量函数 $c_i(X, T)$。考虑注入水含有三个组分，两个带正电荷（$c_1$ 和 $c_2$），一个带负电荷（$c_3$）。正电荷组分可被岩石吸附，负电荷组分不被岩石吸附。

根据电中性以及定态，有

$$c_1 + c_2 = c_3 \tag{9-9}$$

$$a_1 + a_2 = Q_v \tag{9-10}$$

式中 $Q_v$——阳离子交换容量。

热力学平衡可用 Gapon 方程描述：

$$\frac{a_1}{a_2} = k \frac{c_2}{\sqrt{c_1}} \tag{9-11}$$

式中 $k$——平衡常数。

由式（9-8），（9-9），（9-20）可以获得吸附等温线：

$$a_1(c_1, c_3) = Q_v \frac{\sqrt{c_1}}{\sqrt{c_1} + k(c_3 - c_1)} \tag{9-12}$$

式（9-7）可以写为：

$$\frac{\partial s}{\partial T} + \frac{\partial f(s, c_1, c_3)}{\partial X} = 0$$

$$\frac{\partial [c_1 s + a_1(c_1, c_3)]}{\partial T} + \frac{\partial c_1 f(s, c_1, c_3)}{\partial X} = 0 \tag{9-13}$$

$$\frac{\partial (c_3 s)}{\partial T} + \frac{\partial c_3 f(s, c_1, c_3)}{\partial X} = 0$$

并且 $c_2 = c_3 - c_1$

连续注入化学剂的初始和边界条件：

$$\begin{cases} s(X, 0) = s^{(I)} \\ \vec{c}(X, 0) = \vec{c}^{(I)} \\ f(0, T) = f^{(J)} \\ \vec{c}(0, T) = \vec{c}^{(J)} \end{cases} \tag{9-14}$$

式中 $I$——初始条件；

$J$——注入条件。

基于水的体积守恒定律的势函数 $d\varphi = fdT - sdX$ 被用于式（9-13）。引入这个变量可以取代时间，成为独立变量，进行以下独立变量的转换：

$$\Theta: (X, T) \rightarrow (X, \varphi) \tag{9-15}$$

式（9-13）可以转化为：

$$\frac{\partial}{\partial \varphi}\left(\frac{s}{f}\right) - \frac{\partial}{\partial X}\left(\frac{1}{f}\right) = 0 \tag{9-16}$$

$$\frac{\partial a_1}{\partial \varphi} + \frac{\partial c_1}{\partial X} = 0$$

$$\frac{\partial c_3}{\partial X} = 0 \qquad (9-17)$$

式（9-16）代表了热力学函数以及传递性质，式（9-17）为基于热力学函数的辅助方程。式（9-17）与式（9-16）具有相对独立性。式（9-17）中的未知数为 $c_1$ 和 $c_3$。双曲型方程（9-16）的未知函数为 $s(X, \varphi)$，已知函数为方程（9-17）求出的 $c_1(X, \varphi)$ 和 $c_3(X, \varphi)$。

根据式（9-14）得出辅助方程（9-17）的初始和边界条件：

$$T=0 \rightarrow \varphi = -s^{(\mathrm{I})} X \rightarrow \begin{cases} s(X, -s^{(\mathrm{I})} X) = s^{(\mathrm{I})} \\ \vec{c}(X, -s^{(\mathrm{I})} X) = \vec{c}^{(\mathrm{I})} \end{cases}$$

$$X = 0 \rightarrow \begin{cases} f_{\mathrm{w}}(0, T) = f^{(\mathrm{J})} \\ \vec{c}(0, T) = \vec{c}^{(\mathrm{J})} \end{cases} \qquad (9-18)$$

式（9-17）可以写成以下形式：

$$\begin{bmatrix} \dfrac{\partial a_1}{\partial c_1} & \dfrac{\partial a_1}{\partial c_3} \\ 0 & 0 \end{bmatrix} \begin{bmatrix} c_1 \\ c_3 \end{bmatrix}_\varphi + \begin{bmatrix} 1 & 0 \\ 0 & 1 \end{bmatrix} \begin{bmatrix} c_1 \\ c_3 \end{bmatrix}_X = 0 \qquad (9-19)$$

特征值为：

$$\lambda_{\mathrm{I}} = 0$$

$$\lambda_{\mathrm{II}} = \frac{\partial a_1}{\partial c_1} \qquad (9-20)$$

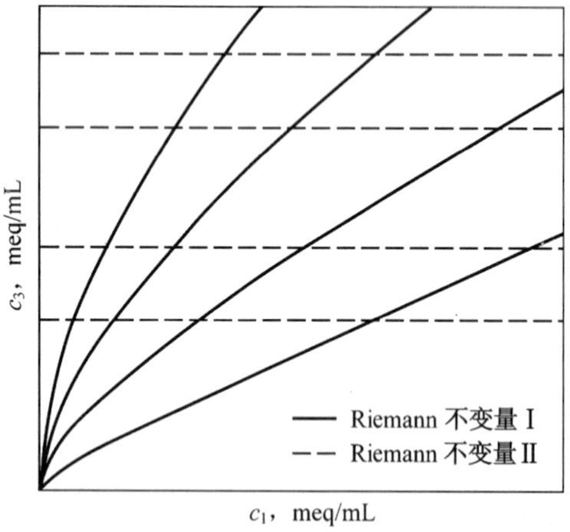

左边的特征向量相应于特征值：

$$\lambda_{\mathrm{I}} = 0 \rightarrow \vec{l}^{\mathrm{I}} = (0, 1)$$

$$\lambda_{\mathrm{II}} = \frac{\partial a_1}{\partial c_1} \rightarrow \vec{l}^{\mathrm{II}} = \left( \frac{\partial a_1}{\partial c_1}, \frac{\partial a_1}{\partial c_3} \right) \qquad (9-21)$$

定义黎曼（Riemann）不变量：

$$R_{\mathrm{I}} = \frac{c_3 - c_1}{\sqrt{c_1}}$$

$$R_{\mathrm{II}} = c_3 \qquad (9-22)$$

图 9-4 辅助体系的相平面（meq：毫克当量）

黎曼不变量的相平面如图 9-4 所示。两个不变量交叉点处每个组分的浓度按下式计算：

$$c_3^{(\mathrm{A})} = c_3^{(\mathrm{J})}$$

$$c_1^{(\mathrm{A})} = c_1^{(\mathrm{J})} + \frac{(c_3^{(\mathrm{I})} - c_1^{(\mathrm{I})})\left[ c_3^{(\mathrm{I})} - c_1^{(\mathrm{I})} - \sqrt{(c_3^{(\mathrm{I})} - c_1^{(\mathrm{I})})^2 + 4c_3^{(\mathrm{J})} c_1^{(\mathrm{I})}} \right]}{2 c_1^{(\mathrm{I})}} \qquad (9-23)$$

式中　A——中间状态；
　　　I——初始状态；
　　　J——注入状态。

浓度 $c_3$ 的动态特征是从初始条件到注入条件下的一个冲击（shock）。对于 $c_1$ 和 $c_2$，具有从初始条件到中间条件的冲击波（shock wave），以及从中间状态到注入状态的一个转变。这个转变过程可以是一个冲击波，也可以是一个疏散波（rarefaction wave），这取决于浓度和式（9-20）中第二个特征值的关系。

体系（9-13）的特征值为：

$$\Lambda_{\mathrm{I}} = f/s$$
$$\Lambda_{\mathrm{II}} = f/(s + \partial a_1/\partial c_1) \quad (9-24)$$
$$\Lambda_{\mathrm{III}} = \partial f/\partial s$$

辅助体系基本波的速度与大体系中波的速度的关系式：

$$D = \frac{f}{s + 1/V} \quad (9-25)$$

即大系统和辅助系统中 $c$ 波的特征值相关式：

$$\Lambda_k(s,\hat{c}) = \frac{f}{s + 1/\lambda_k} \quad (9-26)$$

**二、模型求解**

已知辅助体系中 $c_3$ 的特征是从初始条件到注入条件的一个冲击波，这与特征值 $\lambda_1$ 相关。对于 $c_2$，具有从初始状态（I）到中间状态（A）的冲击波，以及从中间状态（A）到注入状态（J）的一个转变状态。这个转变状态可能是一个冲击波，也可能是一个疏散波，这取决于浓度和式（9-20）中特征值的关系。以（I）＜（A）＜（J）为例，给出不同初始和边界条件下的解析解。

辅助方程解的构成：初始条件（I）到中间状态（A）的转变，特征值 $\lambda_I = 0$ 决定的 $c$ 冲击波。该波称为中性波，速度为 $V_1$。从中间状态（A）到注入状态（J）对应的特征值为 $\lambda_{II}$。该路径上特征值逐渐降低，从 Hugoniot 条件可以发现具有速度为 $V_2$ 的一个冲击波。

$$V_1 = \frac{[a_1]}{[c_1]} = \frac{a_1^{(A)} - a_1^{(I)}}{c_1^{(A)} - c_1^{(I)}}$$
$$V_2 = \frac{[a_1]}{[c_1]} = \frac{a_1^{(J)} - a_1^{(A)}}{c_1^{(J)} - c_1^{(A)}} \quad (9-27)$$

用符号"→"表示冲击波，用符号"—"表示疏散波，这种情况下解的结构式为：

$$(\mathrm{I}) \rightarrow (\mathrm{A}) \rightarrow (\mathrm{J}) \quad (9-28)$$

方程的解为（见图9-5）：

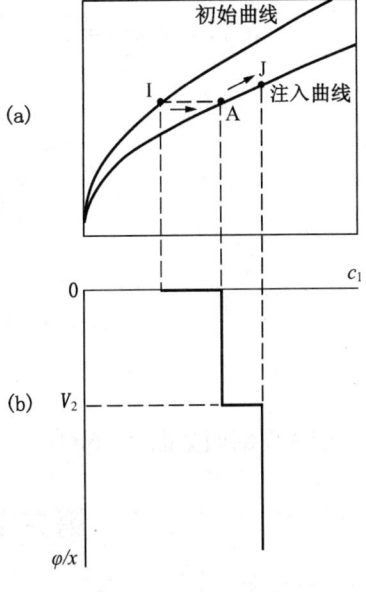

图9-5　辅助体系的解

$$c_3(X,\varphi) = c_3\left(\eta = \frac{\varphi}{X}\right) = \begin{cases} c_3^{(I)}, & -s^{(I)} < \eta < V_1 \\ c_3^{(J)}, & V_1 < \eta < +\infty \end{cases}$$

$$c_1(X,\varphi) = c_1\left(\eta = \frac{\varphi}{X}\right) = \begin{cases} c_1^{(I)}, & -s^{(I)} < \eta < V_1 \\ c_1^{(A)}, & V_1 < \eta < V_2 \\ c_1^{(J)}, & V_2 < \eta < +\infty \end{cases}$$

(9-29)

特征值 $\Lambda_I$，$\Lambda_{II}$，$\Lambda_{III}$ 分别决定了从分流曲线 $c^{(I)}$ 到 $c^{(A)}$ 的转变，$c^{(A)}$ 到 $c^{(J)}$ 的转变以及恒定浓度曲线下的冲击波。这种情况下 $(S_w,f_w)$ 平面上，分流函数从 $c^{(J)}$ 到 $c^{(A)}$ 以及从 $c^{(A)}$ 到 $c^{(I)}$ 都减小，并且 $f^{(J)} > f^{(A)} > f^{(I)}$，如图 9-6a 所示。该解的结构式：

$$J \to 1 \to 2 \to 3 \to I \qquad (9-30)$$

解的路径从 $s^-$ 冲击波（$c = c^{(J)}$）开始，从注入点 J 跳跃至点 1，然后以速度 $D_{JA}$ 跳跃至曲线 $c = c^{(A)}$ 的点 2，再以速度 $D_{AI}$ 跳跃至曲线 $c = c^{(I)}$ 的点 3，最后以速度 $D_{BT}$ 跳跃至初始点 I：

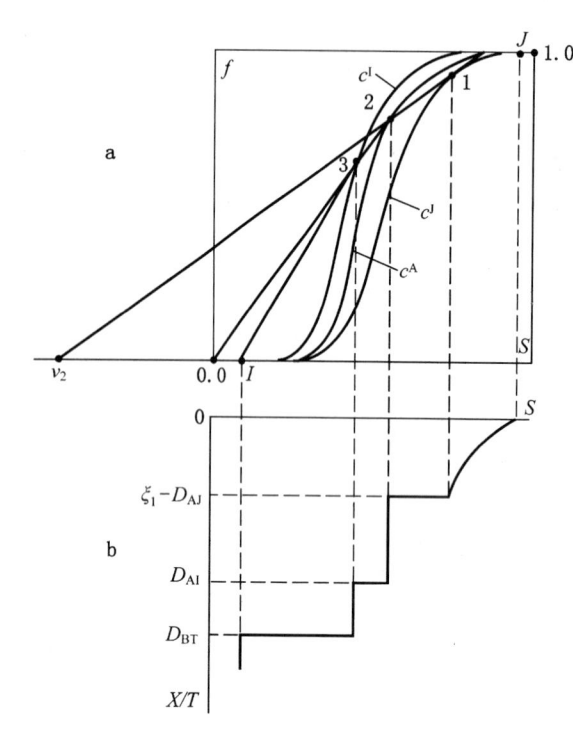

图 9-6 Riemann 问题的通解

$$s(X,T) = s\left(\xi = \frac{X}{T}\right) \begin{cases} s^{(J)}, & 0 < \xi \leq \frac{\partial f(s^{(J)},c^{(J)})}{\partial s} \\ s^{(*J)}(\xi), & \xi_j < \xi \leq D_{AJ} = \frac{\partial f(s^{(1)},c^{(J)})}{\partial s} = \frac{f(s^{(1)},c^{(J)})}{s^{(1)} + V_2} \\ s^{(2)}, & D_{AJ} = \frac{f(s^{(2)},c^{(A)})}{s^{(2)} + V_2} < \xi \leq D_{AI} = \frac{f_w(s^{(2)},c^{(A)})}{s^{(2)}} \\ s^{(3)}, & D_{AI} = \frac{f(s^{(3)},c^{(I)})}{s^{(3)}} < \xi \leq D_{BT} = \frac{f_w(s^{(3)},c^{(I)})}{s^{(3)} - s^{(I)}} \\ s^{(I)}, & D_{BT} < \xi \leq +\infty \end{cases} \qquad (9-31)$$

$$\vec{c}(X,T) = \vec{c}\left(\xi = \frac{X}{T}\right) \begin{cases} \vec{c}^{(J)}, & 0 < \xi < D_{JA} \\ \vec{c}^{(A)}, & D_{JA} < \xi < D_{AI} \\ \vec{c}^{(I)}, & D_{AI} < \xi < +\infty \end{cases}$$

饱和度剖面如图 9-6b 所示。

## 第三节 化学驱动态监测方法

聚合物监测的主要目的在于及时了解聚合物驱油动态，调整聚合物方案，保证聚合物驱顺利实施，降低聚合物驱风险和提高聚合物驱效果。聚合物驱监测对象包括注入井、生产井以及油藏内部。监测内容为注入井的注入压力，注入聚合物浓度和黏度、注入速度、累计注入量、注采比、注入井吸水剖面等；生产井含水率、产液量、产油量、产出聚合物浓度以及产层剖面的变化；油藏的驱替特征曲线、IPR 曲线、霍尔曲线以及数值模拟跟踪拟合等。

## 一、注入井监测

### 1. 注入压力

由于注入水的黏度增加及聚合物滞留导致岩石渗透率下降，使注入聚合物的阻力增加。即使在与水驱相同的注入量下，注入压力也会上升。在整个注聚合物的过程中注入压力随时间的变化规律应是注聚合物初期压力上升较快，当注入一定量的聚合物后，压力上升减缓。如果地层中聚合物吸附达到平衡后注入压力将保持稳定。

注聚合物后注入压力上升是聚合物在油层中响应的第一个信号。注入压力上升说明聚合物在地层中存在了增黏作用和降渗作用。但注入压力上升幅度过大，会使注入井的注入能力下降较大，不能满足配注要求。此外，如果注入压力超过地层的破裂压力，会影响聚合物溶液的波及系数，降低聚合物驱效果。因此，注入压力应该控制在破裂压力以下。

### 2. 注入井吸水剖面

通过测定注入井的吸水剖面，可以判断聚合物溶液在油层纵向上的分布。一般来说，注入井转注聚合物后，吸水剖面应有明显的改善。这是因为随着聚合物进入油藏深部，由于聚合物分子的吸附/滞留，降低了渗透率，使相对高渗透层段的阻力增加，使一部分聚合物溶液可以流到相对低渗透层段。但是，如果注入聚合物后，注入井的吸水剖面改善。而且注入压力上升幅度太小，油层可能存在高渗透条带。此时若继续注入聚合物，则很可能从生产井窜出，这时应该考虑进行深度调剖。矿场试验已经证明，这是改进聚合物驱效果、防止聚合物窜出的最为有效的方法。

### 3. 注入聚合物溶液黏度

黏度是聚合物驱中的最为重要的参数。如果井口聚合物取样的黏度不能达到设计要求，聚合物就很难在地层中达到预期的流度控制指标。通常在聚合物驱的监测中，要求每天在井口至少取样一次，测定注入聚合物溶液黏度。应该用井口取样器进行高压取样，以保证取样过程中聚合物不被机械降解。

黏度的测定是十分重要的，所取样品的黏度测定应在相同条件下进行。如果在聚合物驱中井口取样的黏度值变化幅度较大，应立即对聚合物注入系统进行检查，检查注入设备是否运行良好，争取尽早发现问题，减少对聚合物驱的影响。

## 二、生产井监测

### 1. 聚合物浓度

聚合物在注入油层一段时间后，生产井就会有聚合物突破。聚合物突破时间取决于油藏渗透率、注入聚合物量以及井网部署（井距）等因素。聚合物提前突破而且产出液中聚合物浓度上升，达到或接近注入聚合物浓度的一半意味着油层存在着高渗透条带。正常情况是，聚合物在生产井突破后，浓度缓慢上升。而且伴随着富集油带产出，即产油量明显上升，含水下降显著。当产出的聚合物浓度达到峰值时，油井产油量最高，也是聚合物驱油效果最好的时期。

2. 矿化度分析

一般来说，聚合物驱之前油层已进行了较长时间的水驱，水驱注入水的矿化度与原始地层水有很大差异，注入水中的 $Cl^-$、$HCO_3^-$ 比原始地层水中低很多。因此，通过监测产出液中 $Cl^-$ 和 $HCO_3^-$ 的含量，判断聚合物是否提高了波及效率。

3. 示踪剂浓度

注示踪剂是认识油藏连通性及非均质性，了解 EOR 流体流向最为有效的方法之一，是提高采收率常用的一种监测方法。注示踪剂可以在注聚合物之前进行，以认识油藏的连通性和非均质性；注示踪剂还可以在聚合物驱之后进行，以确认聚合物驱油机理和驱油效果。因此，示踪剂的监测是十分重要的。示踪剂浓度测定的要求是尽可能地检测其突破时间。在示踪剂浓度峰值附近尽可能地加密取样以免漏掉峰值，从而影响注入示踪剂的解释结果。

4. 油、水产量及含水率

生产井油水产量及含水率的监测在聚合物驱方案调整和效果评价中起决定作用。在聚合物驱期间，通过监测含水率的变化可以判断聚合物驱是否有效，一般来说，聚合物驱见效的标志有油井含水率下降、油量增加。如果无上述响应，说明注采井对应关系不好，或者油、水之间连通性较差，结合示踪剂测试结果，可以确定调整方案和措施。

### 三、油藏监测

1. 压降曲线

注水井井口压降曲线是指关井后测得的注水井井口压力随时间的变化曲线。图 9-7 为三种类型注水井井口压降曲线，其中 I 型的特点是迅速下降；II 型是先迅速下降然后缓慢下降；III 型是缓慢下降。

注水井的 PI 值是由注水井井口压降曲线算出，按下式可定义为：

$$PI = \frac{\int_0^t p(t) dt}{t} \qquad (9-32)$$

式中 $PI$——压力指数，MPa；

$t$——时间，min；

$p(t)$——注水井井口压力随时间变化的函数。

若指定关井时间 $t$（通常为 60min 或 90min），就可由注水井井口压降曲线算出该曲线的 $\int_0^t p(t) dt$ 值（见图 9-8）即得压力指数。

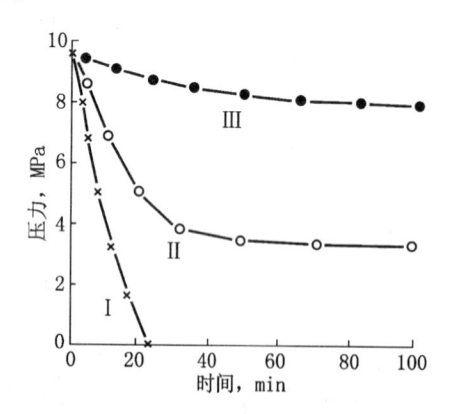

图 9-7 注水井井口压降曲线的类型

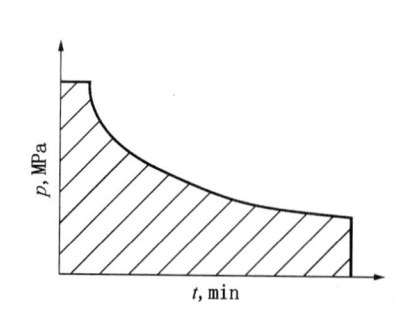

图 9-8 注水井井口压降曲线

$PI$ 与地层及流体物性参数的关系：

$$PI = \frac{q\mu}{15Kh} \ln \frac{12.5 r_e^2 \phi \mu C}{Kt} \tag{9-33}$$

式中　$q$——注水井日注量，m³/d；
　　　$\mu$——流体动力黏度，mPa·s；
　　　$K$——地层渗透率，$\mu$m²；
　　　$h$——地层厚度，m；
　　　$r_e$——注水井控制半径，m；
　　　$\phi$——孔隙度，%；
　　　$C$——综合压缩系数，Pa$^{-1}$；
　　　$t$——关井测试时间，s。

由式（9-33）可以看到：
（1）注水井 $PI$ 值与地层渗透率反相关；
（2）注水井 $PI$ 值与地层厚度成反比；
（3）注水井 $PI$ 值与日注量成正比；
（4）注水井 $PI$ 值与注入流体黏度正相关；
（5）注水井 $PI$ 值与地层系数反相关；
（6）注水井 $PI$ 值与流度反相关。

注聚后注水井注入压力应该提高而且压力降落曲线应该变平缓，即压力下降变缓慢，所以通过注聚前后的压降曲线的变化，可以对聚合物注入动态进行监测。

通过注入井的压降分析，不仅可以测定地层参数和地层压力，而且还可以估算聚合物在地层中的有效黏度和阻力系数。

根据压降曲线的直线段的斜率可以求得流动系数，即斜率为：

$$i = \frac{2.3q}{4\pi} \cdot \frac{\mu}{Kh} \tag{9-34}$$

流动系数为：

$$\frac{Kh}{\mu} = \frac{2.3q}{4\pi i} \tag{9-35}$$

式中　$i$——压降曲线直线段的斜率；
　　　$q$——注入液体的流量，m³/d；
　　　$\mu$——注入液体的黏度，mPa·s；
　　　$K$——地层渗透率，$10^{-3}\mu$m³；
　　　$h$——地层厚度，m。

通过压降曲线还可以求得阻力系数。如果注入井的厚度在水驱和聚合物驱中有相同的，那么径向流中的流度比就等于流动系数的比值，即：

$$RF = \frac{\lambda_w}{\lambda_p} = \frac{(K/\mu)_w}{(K/\mu)_p} = \frac{(Kh/\mu)_w}{(Kh/\mu)_p} \tag{9-36}$$

从上述方程中可以看出，聚合物在地层中的阻力系数较高，说明聚合物在地层中的流度控制能力越强，提高的波及系数越大。

## 2. 注水指示曲线

注水指示曲线反映了注入压力与注入量的关系。注入聚合物后由于高渗透层渗透率的降低，启动压力会升高，指示曲线会向上移动：

$$p = p_0 + mQ \tag{9-37}$$

式中　$p$——注入井井口压力，MPa；
　　　$p_0$——注入井井口启动压力，MPa；
　　　$m$——指示曲线斜率；
　　　$Q$——注入井注入量，m³/d。

因此，通过注入指示曲线在注聚合物前后的变化可以了解聚合物驱效果的好坏。聚合物驱动启动压力高于水驱，而且其指示曲线斜率同水驱相差越大，效果越好。这是因为油层渗透率越低，启动压力越高，注入能力越差。由于油层渗透率与启动压力成反比，因此，可以用启动压力的升高程度来表示渗透率的下降程度：

$$K_R = \frac{p_p - p_w}{p_w} \tag{9-38}$$

式中　$p_p$——聚合物驱启动压力，MPa；
　　　$p_w$——水驱启动压力，MPa；
　　　$K_R$——渗透率下降程度。

## 3. 注水指数曲线

单位油层厚度、单位压差下的日注入量叫做注入指数。它可以反映井的注入能力。由达西定律可以导出井的注入指数 $J$：

$$J = \frac{Q_w}{h \Delta p} = \frac{2\pi}{\ln(R_e/R_J)} \cdot \frac{K}{\mu} \tag{9-39}$$

对一口井来说，$\frac{2\pi}{\ln(R_e/R_J)}$ 是常数，因此，注入指数 $J$ 与流度 $\frac{K}{\mu}$ 成正比，通过 $J$ 随时间的变化曲线，可直接了解注入液的流度变化形态，或者说，可以评价注入效果的好坏。在驱油过程中，$J$ 变小（在注入黏度不变的情况下），说明驱油效果更好。

## 4. 霍尔曲线

注入压力与时间乘积的积分叫霍尔积分。霍尔积分与累计注入量的关系曲线叫霍尔曲线。聚合物驱是一种改善水驱流度比、扩大波及体积、提高原油采收率的有效方法，其改善程度可用阻力系数和残余阻力系数来评价。这些参数的求取，可通过注水井的注入压力及注入量资料来实现。该方法由霍尔于1963年提出，布尔等人于1989年提出了近似解析方法。并将霍尔曲线图法引入三次采油的效果评价中。其原理是注入井注入不同的流体，在霍尔曲线图上反映出不同的直线段。用曲线分段回归求出各直线段的斜率，该斜率项体现了各注入时期渗流阻力变化，其变化幅度反映了注聚合物的有效性。

1) 注入不同流体时霍尔曲线斜率的含义及数学表达式

此方法是基于单相稳态的牛顿流体的径向流方程，以霍尔积分项 $\int (p_{wf} - p_e) \mathrm{d}t$ 与累积注入量 $W_i$ 绘在直角坐标上，在油井见水前、后分别为直线段，其数学表达式是：

$$W_i = \frac{0.535626 K_e \cdot h}{\mu_w \cdot B_w [\ln(R_e/R_w) + S]} \int (p_{wf} - p_e) \mathrm{d}t \tag{9-40}$$

$$\int (p_{wf} - p_e) dt = \frac{1.867\mu_w \cdot B_w [\ln(R_e/R_w) + S]}{K_e \cdot h} \cdot W_i \qquad (9-41)$$

$$m_{h1} = \frac{1.867\mu_w \cdot B_w [\ln(R_e/R_w) + S]}{K_e \cdot h} \qquad (9-42)$$

式中 $p_{wf}$——注入井井底流压，MPa；

$p_e$——油层压力，MPa；

$W_i$——某一时间对应的累积注入量，m³；

$K_e$——有效渗透率，$10^{-3}\mu m^3$；

$h$——有效厚度，m；

$R_e$、$R_w$——驱动半径及井径，m；

$t$——时间，d；

$S$——表皮系数；

$m_{h1}$——斜率；

$B_w$——水的体积系数；

$\mu_w$——水的黏度，mPa·s。

当油层内注入聚合物溶液后，由于注入流体发生变化，驱替相的黏度上升，油层渗透率下降，在霍尔曲线图上的斜率也将发生变化，其变化幅度反映出油层渗流阻力的增减情况，曲线斜率的数学表达式：

$$m_{h2} = \frac{1.867\mu_w \cdot B_w \{R_{f2}[\ln(R_{b2}/R_w) + S] + \ln(R_e/R_{b2})\}}{K_e \cdot h} \qquad (9-43)$$

式中 $R_{b2}$——聚合物驱替前缘半径，m；

$R_{f2}$——聚合物的阻力系数。

2）霍尔曲线斜率的应用

向油层中注入不同的流体，其霍尔曲线在不同注入阶段的斜率不同，各个阶段的斜率基本上反映出该阶段注入流体在地层中的流度，因此可利用霍尔曲线不同阶段直线段的斜率计算阻力系数和残余阻力系数，以衡量注聚合物后对油层高渗透部位渗透率的降低程度，当残余阻力系数大于1时，表明聚合物在地层中的滞留量阻碍了注入水沿高渗透段的流动。

对于实际注聚合物区块，用累积注入量为横坐标、井口注入压力对时间的积分为纵坐标绘制霍尔曲线，回归出注聚合物不同阶段的直线段的斜率，我们把用不同直线段斜率的比值计算的阻力系数和残余阻力系数称为视阻力系数和视残余阻力系数，其计算公式如下：

$$R'_f = m_{h2}/m_{h1} \qquad (9-44)$$

$$R'_{ff} = m_{h3}/m_{h1} \qquad (9-45)$$

式中 $R'_f$，$R'_{ff}$——视阻力系数及视残余阻力系数；

$m_{h1}$，$m_{h2}$，$m_{h3}$——分别表示注水、注聚合物、恢复注水阶段霍尔曲线直线段斜率。

在实际注聚合物区块，可以用视阻力系数来评价聚合物驱的有效性。

聚合物驱油过程中，$m_{h2}$大于$m_{h1}$，说明驱油效果好，停止注入聚合物后，$m_{h3}$仍大于$m_{h1}$，则说明聚合物还在起作用，仍有效。

# 第十章 井间示踪剂测试技术

井间示踪剂测试技术是在注水井中注入能够与流体相配伍、且在地层中化学稳定、生物稳定的物质，追踪注入的流体，从而标记注入流体的运动轨迹，通过检测采油井中该注入物质的突破时间、峰值大小及个数，应用计算机数值分析手段处理该注入物质的浓度采出曲线，反馈出有关油层特性信息的技术。该技术涉及吸附和扩散等物理化学现象，能够借助示踪剂的产出曲线分析注入流体在地层中的流动特性，反馈出有关反映油藏特性的地层参数资料，从而为油田开发方案的调整和稳油控水工艺技术的应用提供参考依据。

## 第一节 示踪剂监测原理

注水开发的油田，由于油藏平面上和纵向上的非均质，以及油水黏度的差别和注采井组内部的不平衡，势必造成注入水在平面上向生产井方向的舌进现象和在纵向上沿高渗层突进的现象。特别在注水开发后期，油井含水高达90%以上，由于注入水的长期冲刷，油藏孔隙结构和物理参数将会发生变化，在注水井和油井之间有可能产生特高的渗透率薄层，流动孔道变大，造成注入水在注水井和生产井之间的循环流动，大大降低了水驱油的效率。为了提高水驱油效率，油田已开展了注水井调剖、油井堵水、封堵大孔道、周期注水、改变液流方向等综合治理措施。这些措施是否能取得预期效果，取决于对油藏认识的正确程度，因而有必要对油藏进行精细描述，井间示踪剂监测技术的应用正是油藏精细描述的一种重要手段。因此，开展井间示踪剂监测技术研究和应用，为油田制订行之有效的开发方案和调整措施具有极为重要的意义。

### 一、示踪剂的应用范围

国外从20世纪50年代开始研究示踪剂，并在油田得到应用。1965年Sbrigham首先发表了五点井网中示踪剂产出曲线的理论分析文章，为示踪剂产出曲线的分析打下了基础。

1984年Abbaszdeh-Dehgani和Brigham发表了井间示踪剂流动试验来确定油藏非均质性，为示踪剂产出曲线的应用开辟了道路。紧接着1987年他们又发表了利用示踪剂产出曲线进行油藏描述，较全面地论述了示踪剂流动理论、实际应用以及和不稳定压力试井间的关系。

中国20世纪80年代以来，示踪剂技术在胜利油田、大港油田、大庆油田、中原油田等进行了广泛的应用，特别是胜利油田，1986年为配合区块整体堵水而开始的示踪剂试验，其应用范围正在扩大，除确定水淹层的厚度和渗透率以及确定油藏非均质程度外，还可确定大孔道的直径，从而确定颗粒堵剂的大小和用量；确定注水井管外串槽和管内穿孔，以便采取相应的作业措施。

在油藏工程动态分析方法中，追踪流体运移的手段是直接决定油藏非均质性的一个重要工具，放射性和化学示踪剂提供了获得此信息的能力。井间示踪剂测试是把（放射性）示踪剂注入到注入井内，随后在周围生产井中监测取样，确定示踪剂的产出情况，对示踪剂产出情况的分析，可以解决注水开发中出现的下述问题：

(1) 评价油藏非均质性，包括井间连通性、平面及纵向非均质性、方向渗透性及大孔道等。

(2) 确定指标，包括井网的体积波及系数、水淹层的厚度及渗透率的大小、平均孔道半径、流体饱和度、井网注采指标和油藏岩石的润湿性。

(3) 识别大孔道及验证断层的密封性。

由于大孔道地层的存在，使层间、层内矛盾更加突出。注入水沿大孔道单层突进速度快，用示踪剂示踪结果表现为产出时间早，峰值浓度高，解析的孔隙半径大。若检查断层的密封性，在注水井注入示踪剂后，可在断层以外的生产井中取样，若生产井得到示踪剂响应，说明断层不密封，否则，表明断层是封闭的。

(4) 根据相邻层系井的示踪剂产出情况，判断射孔和层系间隔层性质，为层系细分调整提供依据；同时可分析开发调整措施的有效程度。

(5) 结合测井资料，判断出水层位。

示踪剂产出曲线上有几个峰，便代表地层有几个高渗层，对比测井资料，便可确定各个高渗层的层位及其深度。这样就能采取相应措施，如卡封、化堵、封窜、调剖等，从而有针对性地改善油水井剖面。

(6) 分析评价堵水、调剖结果。

利用井间示踪剂技术在调剖施工前后分两次示踪剂检测，并进行结果对比，根据见示踪剂时间的长短，判断平面上渗透率差异大小，从而评价调堵效果。

(7) 判断油水井管外窜槽。

油田开发进入中、后期，由于实施多种增油、增注措施，加剧了井间、层间的压力矛盾，油水井技术状况越来越复杂，不同程度的套管损坏和管外窜槽也逐年增加，井下管柱工作不正常的现象也时有发生。利用示踪剂技术可检验油、水井存在的管外窜槽，检查套管漏失部位，评价封窜堵漏效果。

(8) 确定地层剩余油饱和度及压力的分布。

单井化学示踪剂法测定剩余油饱和度，是利用同一口井注入和采出含有化学示踪剂液体的方法来测定残余油饱和度。这种方法国外（美国）20世纪70年代初开始试验研究，现在已有应用。国内在胜利油田于1983年也开始在不同的油层上进行过现场实验，并获得了成功。

单井化学示踪剂法测残余油饱和度的基本原理是：示踪剂在油层的固定油相（残余油相）和流动水相之间能按所固有的关系进行分配，符合色谱原理。

在示踪剂解析的基础上，进行油藏数值模拟，指导参数调参，并通过拟合示踪剂产出曲线，来反求地层分布参数，并得出地层的压力和剩余油饱和度分布，从而对油藏进行精细描述，确定进一步挖潜的方向。

**二、示踪剂的监测原理**

1. 硫氰酸铵（$NH_4SCN$）的检测原理

含有一定浓度的 $NH_4SCN$ 的注入水在注水井上注入，在对应油井上对其产出液进行分析检测。当 $NH_4SCN$ 存在时，能与 $Fe^{3+}$ 在酸性条件下生成红色络合物：

$$Fe^{3+} + SCN^- \rightarrow [FeSCN]^{2+} \text{（红色）}$$

在一定浓度范围内，符合比尔定律，可用分光光度法分析，根据标准曲线可获得 $NH_4SCN$ 的浓度。

## 2. 硝酸铵的检测原理

亚硝酸根与氨基苯磺酸及 $\alpha^-$ 萘胺发生下列反应：

最终生成物为红色络合物，可用分光光谱法测定。

## 3. 醋酸乙酯的监测原理

以醋酸乙酯确定残余油饱和度的方法为例。当把相对分子质量低的酯（如醋酸乙酯）作为示踪剂注进油层以后，遇水发生水解，生成另一种稳定的醇作为第二种示踪剂。其反应式为：

酯类（第一示踪剂）　　　醇类（第二示踪剂）

这两种示踪剂在油、水中的溶解度有很大差别。第一示踪剂是油溶性的，它主要溶解在油里，而在水中溶解量很少，它在油层中的运动速度由油溶液运动速度和水溶液运动速度两部分组成；第二种示踪剂则是亲水的，它几乎不溶于油而全部溶于水，在油层内与水的运动速度相同。于是，这两种示踪剂在油层内运动速度不相等，在回采过程中发生分离。两种示踪剂浓度的峰值到达地面的时间不同，产生一个时间差。这种时间差和残余油量有定量的关系，残余油的数量越大，时间差越大。

这可以从设想的醋酸乙酯化学示踪剂进入油层中的一个孔道后的分子运动来解释（图10-1）。示踪剂分子进入油层孔道后的运动速度 $v$ 包括两部分：

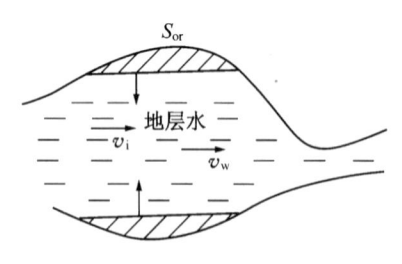

图 10-1 化学示踪剂分子进入油层一个孔道后的运动示意图

$$v_i = n_0 v_o + (1 - n_0) v_w \tag{10-1}$$

式中　$v_i$——示踪剂分子在油层中的运动速度；

$v_o$——残余油分子在油层中的运动速度；

$v_w$——地层水在油层中的运动速度；

$n_0$——溶于油的那部分示踪剂浓度；

$1-n_0$——溶于水的那部分示踪剂浓度。

很显然，残余油的分子运动速度 $v_o$ 为 0，所以

$$\frac{v_i}{v_w} = 1 - n_0 \tag{10-2}$$

另一方面，在达到热动力学平衡时：

$$\frac{n_0}{1-n_0} = \frac{C_{i0} S_{or}}{C_{iw} S_w} = K_i \frac{S_{or}}{S_w} \tag{10-3}$$

式中 $C_{i0}$——局部孔隙内油相中示踪剂 $i$ 的浓度；
　　$C_{iw}$——局部孔隙内水相中示踪剂 $i$ 的浓度；
　　$K_i$——示踪剂 $i$ 在油相和水相中的分配系数。

又

$$S_w = 1 - S_{or} \tag{10-4}$$

$$\frac{n_0}{1-n_0} = K_i \frac{S_{or}}{1-S_{or}} \tag{10-5}$$

将式（10-2）代入式（10-5），即得：

$$\frac{v_w - v_i}{v_i} = K_i \frac{S_{or}}{1-S_{or}} \tag{10-6}$$

式（10-6）中 $K_i$ 值从实验室求得，$v_i$ 为醋酸乙酯分子在油层中的运动速度，由于水解后产生的第二种示踪剂乙醇溶于水不溶于油，所以，$v_w$ 约等于乙醇分子在油层中的运动速度。因此，只要现场测出 $v_w$、$v_i$（时间差），即可计算出 $S_{or}$ 的数值。

本方法全过程由三部分组成：(1) 室内测出示踪剂在油水中的分配系数；(2) 现场试验。把第一示踪剂液注进目的层，关井一定时间，让示踪剂部分水解产生第二示踪剂，然后开井采出注进油层的示踪剂液体，并不断测出采油液中第一示踪剂和第二示踪剂浓度，绘出"示踪剂浓度和采出液体积"的回采曲线（图 10-2）；(3) 把室内和现场试验数据输入计算机，计算出残余油饱和度。

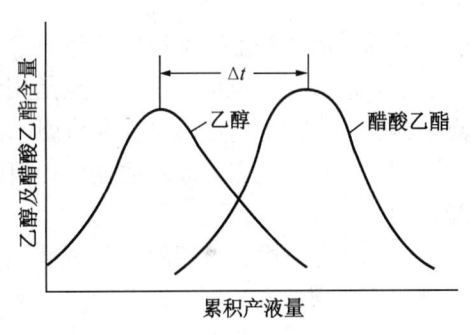

图 10-2　随累积产液量变化的乙醇及醋酸乙酯含量曲线

井示踪剂测残余油饱和度，这一方法具有成本低、取样体积大、研究测试范围广、不需要打新井等优点。所测得的残余油饱和度数值为试验油层的加权平均值，一般略低于其他方法。

## 第二节　示踪剂室内筛选评价

### 一、油田对示踪剂的要求

在注水井中注入能够与流体相配伍、且在地层中化学稳定、生物稳定的物质，追踪注入的流体，从而标记注入流体的运动轨迹，通过检测采油井中该注入物质的突破时间、峰值大小及个数，应用计算机数值分析手段处理该注入物质的浓度采出曲线，反馈出有关油层特性信息的技术，就是井间示踪剂技术。

示踪剂在多孔介质中的运动受到对流作用、水动力学弥散作用、吸附和解吸效应等多种作用机理影响。所以要寻找一种示踪剂能准确地跟踪注入流体，并且与注入流体前缘同步运动是很困难的，因为吸附—解吸效应引起示踪剂滞后或超前流体前缘，这些效应加上扩散弥散效应引起示踪剂前缘比注入流体前缘铺展得更开一些，因此，我们的目的是要找出能够近似地跟踪注入流体的示踪剂，这种示踪剂满足在地层中吸附量小，并与注入流体配伍性好、化学稳定等条件，从而能够借助示踪剂的产出曲线分析注入流体在地层中的流动特性，反馈出有关反映油藏特性的地层参数资料。

示踪剂是指那些易溶，在极低浓度下仍可被监测，用以指示溶解它的液体在多孔介质中的存在、流动方向或渗流速度的物质。在油层高温条件下示踪剂除必须满足高温要求外，还应满足以下条件：

（1）化学稳定、生物稳定、与地层流体配伍；
（2）地层背景浓度低；
（3）在地层中滞留量要少；
（4）无毒，安全，对测井无影响；
（5）分析操作简单，灵敏度高；
（6）来源广，价格便宜。

目前，国内外油田使用的示踪剂主要有4类：

（1）放射性同位素：它的优点是用量少，可监测浓度低，不影响测井，价格低等。缺点是需要由专门部门进行投放和监测，在油田生产中一般不易采用。

（2）染料：优点是监测浓度低，但吸附量大。同时，地层中的一些成分会消除它的荧光作用。

（3）低分子醇：可用的低分子醇如己醇、正丙醇、异丙醇等，优点是水溶性好，易用色谱法检出。缺点是生物稳定性差，因而必须与杀菌剂一起使用。

（4）易检出的阴离子：主要有 $CNS^-$、$NO_3^-$、$Br^-$、$I^-$ 等。由于砂岩地层表面带负电荷，所以阴离子在地层中不易吸附，消耗很少。同时，$CNS^-$、$NO_3^-$、$Br^-$、$I^-$ 也是耐高温的阴离子，可以作为高温示踪剂。

通过以上不同类型示踪剂的对比通常选用 $NH_4NO_3$、$NH_4SCN$、$KBr$、$KI$ 四种化学示踪剂。

## 二、示踪剂室内筛选评价

在投放示踪剂前，应做示踪剂的评价试验，以筛选出适合该区块的示踪剂。

### 1. 地层中背景浓度测定

在注入示踪剂以前，对注入水和对应周边油井的产出水都要测定示踪剂的背景浓度，作为投入示踪剂后判断示踪剂是否已达到油井的对比数据。

### 2. 热稳定性试验

将所选的示踪剂配制成 1000mg/L 的浓度进行 12h 的高温试验，观察示踪剂是否发生沉淀或凝析现象，未见该示踪剂发生沉淀或凝析现象，并测定示踪剂的浓度保留率，如果误差不大，就说明所选用的这些示踪剂具有较好的热稳定性。其浓度保留率的计算公式为：

$$浓度保留率 = \frac{加热后测定的浓度}{原始浓度} \times 100\% \tag{10-7}$$

### 3. 干扰离子的测定及消除

这些示踪剂由于受 $Cl^-$、$NO_2^-$ 等干扰较大,在进行示踪剂投放之前,必须测定 $Cl^-$、$NO_2^-$ 的含量,$Cl^-$ 在超过 400mg/L 后,可采用 $Ag_2SO_4$ 沉淀方法加以消除,$NO_2^-$ 在超过 1mg/L 后加入氨基磺酸进行消除。

### 4. 配伍性试验

研究地层水与示踪剂配伍性试验的目的,是检验地层水与示踪剂混合后是否产生沉淀及其他化学变化,室内将示踪剂与地层水按体积比 1∶1 混合,试验时间 72h,试验温度 80℃,观察其有无变化。

### 5. 静态吸附性试验

进行吸附试验的目的,是了解所选用的示踪剂在地层中的吸附情况,以便确定示踪剂的注入浓度。试验方法是将示踪剂配制成一定浓度的溶液,加入该区块的油砂,在 150℃ 下进行 126h 老化试验,测定示踪剂的浓度,从而确定其吸附量。

示踪剂的吸附量可用下式计算:

$$\tau = \frac{V(C_0 - C_i)}{W_s} \tag{10-8}$$

式中 $\tau$ ——吸附量,g/t;

$C_i$ ——吸附后示踪剂浓度,mg/L;

$V$ ——示踪剂的体积,mL;

$W_s$ ——岩心砂的质量,g;

$C_0$ ——示踪剂初始浓度,mg/L。

## 第三节 示踪剂监测模型

### 一、物理模型的建立

示踪剂是一些易溶于水,且易被监测到的物质。当含有一定浓度示踪剂的水从水井注入油藏后,将形成一个段塞状的示踪剂富集带,追踪注入水,从而标记注入水的运动轨迹,随着时间的不断推移,逐渐流向有连通关系的油井,在流动过程中,它同储层流体相混合,并且浓度变稀了。当把示踪剂的流动机理分作混合与稀释两部分时,示踪剂的流动状态是容易搞清楚的。

首先假设一个均质油藏,在一定的注采井网中(如五点井网),示踪剂以某一流量连续注入,流度比 $M=1$,且假设示踪剂与地层流体不发生混相现象,我们来考察该体系几何形状对它的开采动态影响。

取五点井网的 1/4,设注示踪剂前油藏中的流体为 A,示踪剂流体为 B,则生产井中发现有流体 B 后,其产出的百分比随注入体积的增加而增加。流体 B 的产出百分数,可通过在生产井发生突破时的流线的角度确定出来(见图 10-3)。

若注入一个示踪剂段塞 B 后,接着再注入流体 A,则当 A 在生产井突破时,流体 B 流向生产井中的百分数可由进入的流线总角度来表示。该角度也受驱替 B 流体的 A 流体的流线影响,可以看到相同的突破特征,但是流体 A 的突破曲线滞后了,流体 B 的浓度是这两条曲线的垂向距离之差(见图 10-4),这时将出现一峰值。图 10-4 画阴影线部分的面积

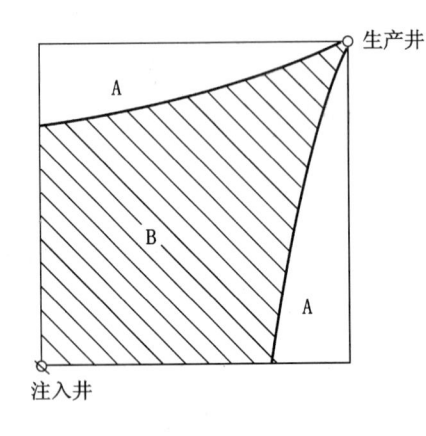

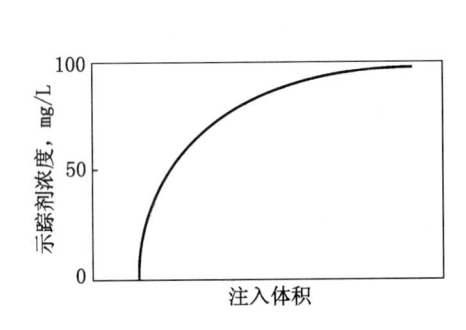

图 10-3 无混合作用的两种流体驱替中前缘位置和突破曲线

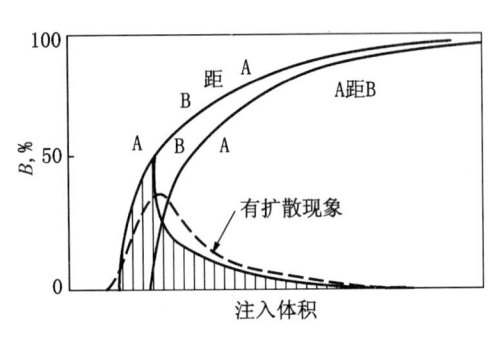

图 10-4 流体 B 的段塞前缘位置和突破曲线

等于流体 B 的注入体积。

实际上，注入油藏的示踪剂段塞，即流体 B，能与存在于油藏中的水完全互溶，而这种混相的流体在孔隙介质中流动时，将会受到对流和扩散两种因素的影响，发生所谓的传质扩散现象。对流是由生产井和注水井之间的大量流体运动而产生的；扩散是由于各个流体微粒以不同的流速通过介质的弯曲通道时产生的。此外，发生在孔隙介质中的分子扩散也是影响混相流体流动的一个原因，但由于作用较小，一般不予考虑。由于混合作用，流体 B 的产出曲线如图 10-2 虚线所示，流体 B 实际突破时间较阴影线稍微提前了一些，峰值的高度也降低了，并稍微滞后了一些。虚线下的面积同阴影的面积是相同的。但要注意，这些曲线仅研究了井网内的流动。在一口实际的生产井中，将存在井网外的流动，这就进一步降低了从生产井采出的示踪剂浓度。

实际的油藏多为非均质的，可近似认为是由岩性不同的若干个油层组成的，由各层的渗透率和厚度不同，各层进入生产层的示踪剂的浓度也不相同，示踪剂总是要沿着高渗层或大孔道首先突入生产井，示踪剂产出曲线将出现峰值，若有几个高渗层，则将出现几个峰值。因此生产井产出的示踪剂浓度应是各层进入的浓度之和，如图 10-5 所示。

### 二、一维流动模型

为了处理示踪剂产出曲线，首先建立一维流动情况下的数学模型，进而推导出井网条件下流管中流体流动的数学模型和不同井网条件下的数学模型。在建立一维流动情况下的数学模型时，首先假设：

（1）驱替液（示踪剂段塞和注入水）和被驱替

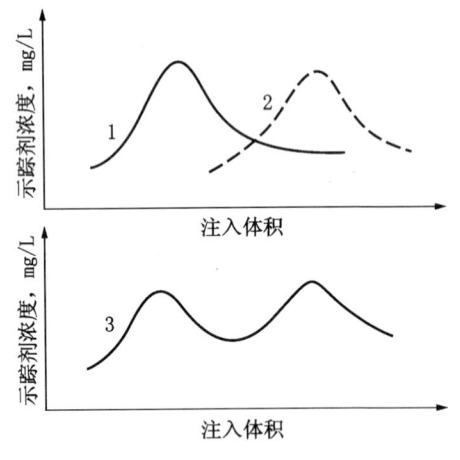

图 10-5 多层示踪剂浓度曲线
1，2—分别为两个单层浓度曲线；3—多层浓度曲线

液（油、水混合物）的流度比等于1，并呈一维流动；

(2) 示踪剂不被岩石表面吸附，也不起化学反应；

(3) 示踪剂段塞比孔隙体积小；

(4) 原始状况下地层中不含示踪剂；

(5) 示踪剂扩散现象符合费克定律，而流体渗流符合达西定律。

在上述假设条件下，根据质量守恒定律，可推导得到一维对流扩散方程：

$$D \cdot \frac{\partial^2 c}{\partial X^2} - v \frac{\partial c}{\partial X} = \frac{\partial c}{\partial t} \quad (10-9)$$

式中 $D$——示踪剂扩散系数，$m^2/s$；

$v$——流体渗流速度，$m/s$；

$c$——示踪剂浓度，$mg/L$。

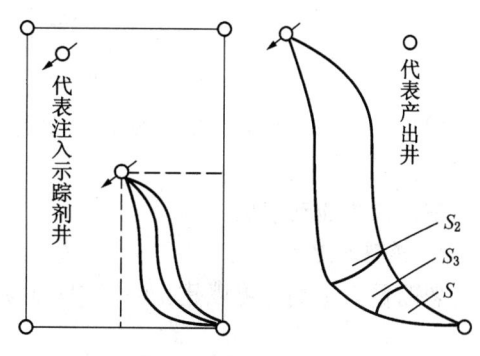

图10-6 井网中的流管示意图

从图10-6可以看出，在一定井网条件下，从注水井到生产井，可看成若干个流管所组成，每个流管中有一个示踪剂段塞。经推导流管中流出的无因次浓度 $c/c_0$ 与示踪剂段塞体积 $V_{Tr}$ 和注入体积有以下关系式：

$$\frac{c}{c_0} = \frac{V_{Tr}}{2q\sqrt{\pi 2I}} \exp\left[\frac{(V-\overline{V})^2}{4aq^2 I}\right] \quad (10-10)$$

式中 $c$——示踪剂在生产井的产出浓度值，$mg/L$；

$c_0$——示踪剂原始注入段塞浓度值，$mg/L$；

$V_{Tr}$——示踪剂段塞体积；

$V,\overline{V}$——从流管入口处到位置 $S$ 和 $\overline{S}$ 处的可驱替体积；

$q$——进入到流管中的体积速度，$m^3/s$；

$a$——井距，$m$。

对于交错井排：

$$I = \left(\frac{\mu\phi S_w}{K}\right)^2 \frac{ad^2}{4K(m)K'(\phi)} \gamma(p) \quad (10-11)$$

经代换，即得到下列关系式：

$$\frac{c(\phi)}{c_0} = \frac{K'(m)\sqrt{K(m)\frac{a}{\alpha}F\gamma}}{\pi\sqrt{\pi\gamma(\phi)}} \exp\left[-\frac{K(m)K'^2(m)\frac{a}{\alpha}(V_{pDbt}(\phi)-V_{pD})^2}{\pi^2\gamma(\phi)}\right] \quad (10-12)$$

式中 $\gamma(\phi)$——突破时流管 $\phi$ 中注入驱替液的无因次孔隙体积；

$c(\phi)$——突破时流管 $\phi$ 中示踪剂无因次浓度；

$V_{pDbt}$——注入井网中无因次气体流体体积；

$V_{pD}$——注入井网中无因次气体流体总体积；

$K(m),K'(m)$——第一类完全和不完全椭圆积分。

对于交错井排：

$$\frac{c}{c_0} = \frac{\int_0^{\frac{\pi}{4}} q \frac{c(\phi)}{c_0} d\phi}{q_t/8} \tag{10-13}$$

将式（10-13）代入式（10-12）中可以得到下列关系式：

$$\bar{c}_D = \frac{4K'(m)\sqrt{K(m)}}{\pi^2 \sqrt{\pi}} \int_0^{\frac{\pi}{4}} \frac{\exp\left[-\frac{K(m)K'^2(m)}{\pi^2 Y(\phi)} \frac{a}{\alpha}(V_{pDbt}(\phi) - V_{pD})^2\right]}{\sqrt{Y(\phi)}} d\phi \tag{10-14}$$

式（10-14）为无因次浓度 $c_D$ 和无因次注入体积 $V_{pD}$ 的关系，它是示踪剂产出曲线的理论基础。

### 三、二维流动模型

1. 模型的建立

忽略重力影响，可以建立油藏中示踪剂流动二维模型：

$$\phi \frac{\partial C}{\partial t} + \frac{\partial (v_x C)}{\partial x} + \frac{\partial (v_y C)}{\partial y} = \sum_{i=1}^{n} q_i C \delta(x - x_i) \delta(y - y_i) \tag{10-15}$$

根据达西定律：

$$v_x = -\frac{K(x,y)}{\mu} \frac{\partial p}{\partial x}, v_y = -\frac{K(x,y)}{\mu} \frac{\partial p}{\partial y} \tag{10-16}$$

连续性方程：

$$\frac{\partial v_x}{\partial x} + \frac{\partial v_y}{\partial y} = \sum_{i=1}^{n} q_i \delta(x - x_i) \delta(y - y_i) \tag{10-17}$$

式中　$C$——示踪剂浓度；

$p$——油藏压力；

$(x_i, y_i)$——第 $i$ 口井的位置；

$q_i$——第 $i$ 口井的产量；

$n$——井数；

$K$——渗透率；

$(v_x, v_y)$——速度场；

$\phi$——孔隙度；

$\mu$——流体黏度；

$\delta$——狄拉克 $\delta$ 函数。

2. 数值求解方法

式（10-15）～式（10-17）包括椭圆型以及双曲型方程。将利用基本解的方法（FSM）求解椭圆型压力方程，用流线型方法（SM）求解浓度方程。第一步：利用 FSM 法求解压力和速度场；第二步：利用 SA 方法以及速度场来求得示踪剂的分布。

1）利用 FSM 法求解压力方程

压力方程具有以下表达式：

$$\frac{\partial}{\partial x}\left(K \frac{\partial p}{\partial x}\right) + \frac{\partial}{\partial y}\left(K \frac{\partial p}{\partial y}\right) = -\sum_{i=1}^{n} q_i \delta(x - x_i) \delta(y - y_i) \tag{10-18}$$

非均质油藏可以分为有限数量的渗透率恒定的子区域，$\Omega_j$。子区域被界面隔开，$K_j$ 为恒定的渗透率值。式（10-18）的每一个子区域都变成了拉普拉斯算子。

$$K_j \left( \frac{\partial^2 p}{\partial x^2} + \frac{\partial^2 p}{\partial y^2} \right) = - \sum_{i=1}^{n} q_i \delta(x - x_i) \delta(y - y_i) \quad (10-19)$$

为了研究子区域之间的相互作用，引入了沿着界面的一系列相容性条件：压力以及界面上速度的法向分量具有连续性。

为了计算每一个子区域的压力，FSM 方法对传统的镜像法进行了修正和扩展。FSM 法把每一个子区域的压力作为拉普拉斯方程基本解的线性组合。基本解由子区域中真实井和镜像井产生，子区域 $\Omega_j$ 中压力的表达式：

$$p(\vec{x}) = - \frac{\mu}{2\pi K_j} \Big[ \sum_{i=1}^{n_j} q_i^j \ln |\vec{x} - \vec{x}_i^j| + \sum_{k=1}^{m_j} Q_k^j \ln |\vec{x} - \vec{w}_k^j| \Big] \quad (10-20)$$

式中　　$m_j$——子区域周围镜像井的数目；

$n_j$——子区域中真实井的数目；

$Q_k^j$——镜像井的产量；

$q_i^j$——真实井的产量；

$\vec{x}_i^j, \vec{w}_k^j$——子区域 $\Omega_j$ 中真实井和镜像井的位置。

FSM 方法要求子区域 $\Omega_j$ 的边界和界面点的数目 $nb_j$ 大于镜像井的数目 $m_j$。对每一个边界或界面点利用半解析表达式（10-20）计算，就得出了镜像井产量的一个线性方程。对所有的镜像井产量 $Q$，线性方程为 $\mathbf{A} \cdot Q = b$。由于 $nb_j > m_j$，线性方程的计算值往往过高。此外，矩阵 A 的条件数很差，为了求出镜像井的产量，使用了奇异值分解（SVD）算法，该方法使得残差 $r = |b - \mathbf{A} \cdot Q|^2$ 最小。计算出镜像井的产量 $Q$，就为通过方程（10-20）求解油藏压力 $p$ 提供了一个收敛的和物理上正确的半解析解。FSM 法的一个优点就是，速度场的半解析解可以由方程（10-20）推导出来，其微分方程为：

$$\frac{\mathrm{d}x}{\mathrm{d}t} = \frac{1}{2\pi} \Big[ \sum_{i=1}^{n_j} q_i^j \cdot \frac{\vec{x} - \vec{x}_i^j}{|\vec{x} - \vec{x}_i^j|^2} + \sum_{i=1}^{m_j} Q_i^j \cdot \frac{\vec{x} - \vec{w}_i^j}{|\vec{x} - \vec{w}_i^j|^2} \Big] \quad (10-21)$$

2）利用 SA 法求解浓度方程

利用 SA 方法求解浓度方程，需要知道油藏中的流线分布。对方程（10-21）通过数值积分的方法可以求出流线分布。

流线 $\Psi$ 以及等势线 $\Phi$ 产生了一个正交坐标体系 $\Psi-\Phi$。在这个体系中，浓度方程可以写成一系列的一维方程：

$$\phi \frac{\partial C}{\partial t} - \frac{K}{\mu} \cdot \frac{\partial p}{\partial \Phi} |\vec{u}(\Phi, \Psi)|^2 \frac{\partial C}{\partial \Phi} = 0 \quad (10-22)$$

沿着每一条流线，$\vec{u}$ 代表了势 $\Phi$ 的梯度。虽然方程（10-22）比笛卡儿坐标中二维模型表达式（10-14）简单，而式（10-22）的系数并不恒定，需要使用双曲型方程的特殊数值求解方法求解。然而，这些方法需要在每条流线上划分网格，结果既费时又复杂。为了避免这些局限性，在每一条流线上引入了航程时间 $\tau$ 的概念：

$$\tau = - \int_{\Phi_0}^{\Phi} \frac{\phi \cdot \mu \cdot \mathrm{d}s}{K \cdot \partial p(s, \Psi)/\partial \Phi \cdot |\vec{u}(s, \Psi)|^2} \quad (10-23)$$

引入 $\tau$ 后，产生了一个新的坐标体系 $\Psi\sim\tau$，于是式（10-22）可以化成一个简单的，线性的以及系数恒定的方程：

$$\frac{\partial C}{\partial t}+\frac{\partial C}{\partial \tau}=0 \qquad (10-24)$$

这就是每一条流线上示踪剂浓度的方程。沿着特征曲线进行积分可以求解，可消除数值弥散效应。如果油藏中示踪剂初始浓度为 $C_0$，那么 $C_0(t-\tau)$ 就是式（10-24）的解。相应地，油藏中任意时间的示踪剂浓度可以表示为：

$$C(x,y,t)=C_0[t-\tau(\Phi(x,y),\Psi(x,y))] \qquad (10-25)$$

这里 SA 法比标准的有限差分方法计算更快，因为这里计算示踪剂浓度不需要遵循 Courant-Friedrichs-Lewy 稳定性条件。然而，对式（10-21）进行数值积分在一些地方要求时间步很短，这又比 CFL 条件要求更加严格。

3. 模型验证及数值结果

1）均质油藏中的模型验证

如图 10-7 所示，为五点井网的 1/4 部分，油藏为均质，流度比为 1。注入井和生产井分别位于点（0.9，0.1）及（0.1，0.9）。产量均为 1。通过分离变量的方法求得了压力的解析解，FSM 方法表明，当具有 64 口镜像井时，压力方程达到误差只有 $10^{-4}$ 的收敛性。计算出的流线如图 10-8 所示。

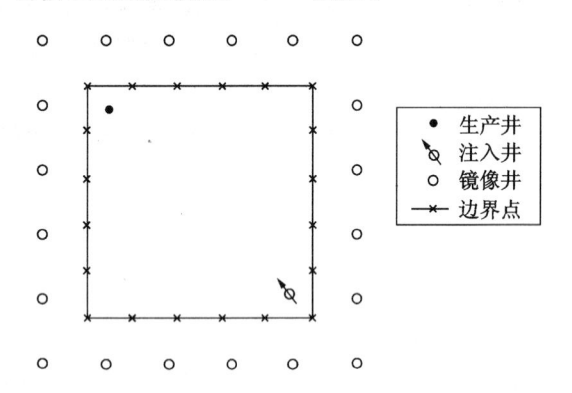

图 10-7 修正的五点井网结构图

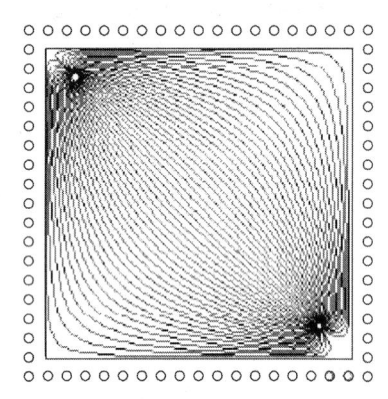

图 10-8 利用 FSM 方法计算的流线分布

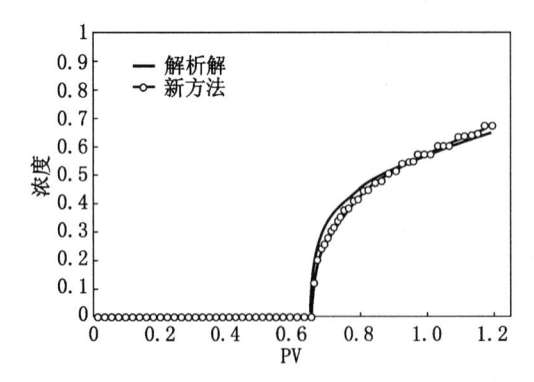

图 10-9 生产井示踪剂浓度

图 10-9 对比了生产井示踪剂浓度的两种计算方法（解析方法以及 SA 方法），它们之间拟合程度非常好，随着流线的增加，SA 方法计算的结果会得到改进。

随着镜像井数目以及流线的增加，SA 算法的解是收敛的。利用 SA 法计算的示踪剂前缘推进见图 10-10，IMPES 方法计算的示踪剂前缘推进见图 10-11。可以看出，由于没有数值弥散的发生，SA 方法计算出的解更好。

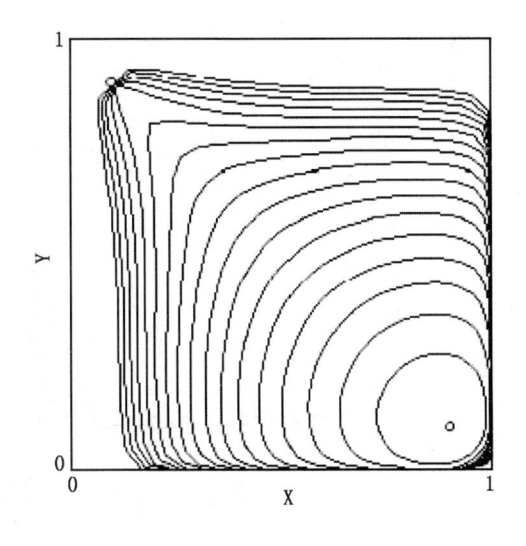

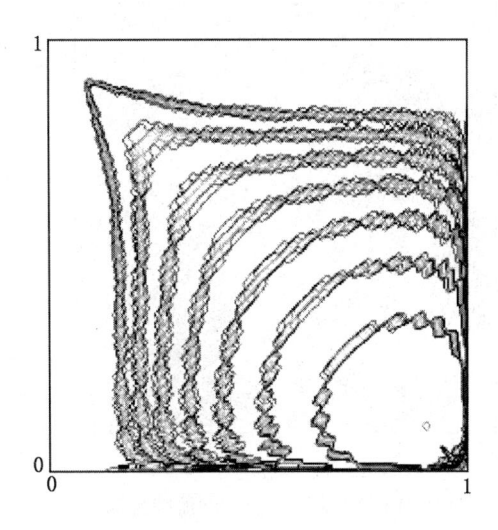

图 10-10  SA 法计算的示踪剂前缘推进　　　图 10-11  IMPES 方法计算的示踪剂前缘推进

2) 非均质油藏中模型的验证

这种情况下,油藏渗透率并不恒定,井更加靠近油藏的内部区域,以便更好地与 IMPES 方法作比较。油藏被垂直界面分割为两个渗透率不同的子区域,左边和右边的流度比为 10 和 0.01。注入井和生产井的位置分别为 (0.2, 0.8) 及 (0.8, 0.2)。油藏结构以及镜像井分布如图 10-12 所示。

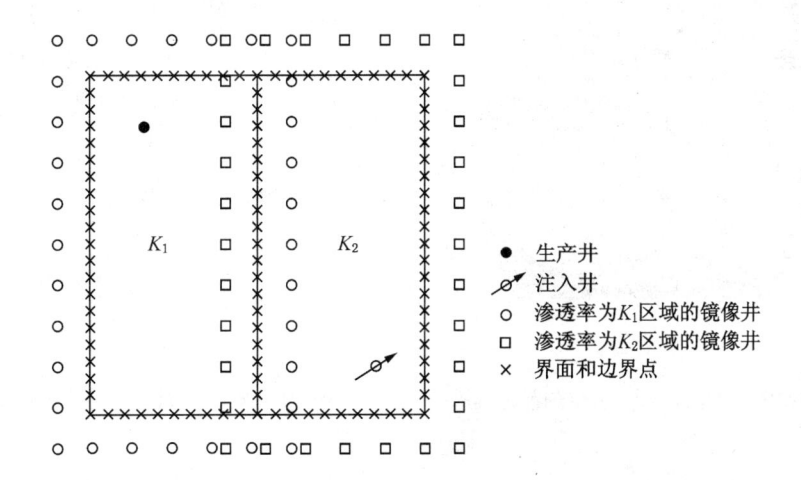

图 10-12  五点井网构型

FSM 法对每一个子区域使用了 64 口镜像井。镜像井的数目与均质情况时相同,因为每一个子区域是一个小的均质油藏。计算出的流线分布如图 10-13 所示。根据流线分布,利用 SA 法可以计算出示踪剂浓度。这种情况下,生产井的示踪剂浓度与均质情况下的浓度并没有发生改变,因为渗透率界面处不会发生示踪剂前缘的指进现象。计算出的示踪剂推进状况如图 10-14 所示。

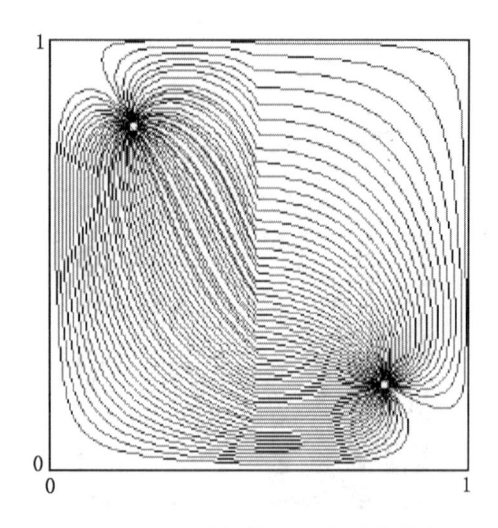

图 10-13　非均质情况下的流线分布 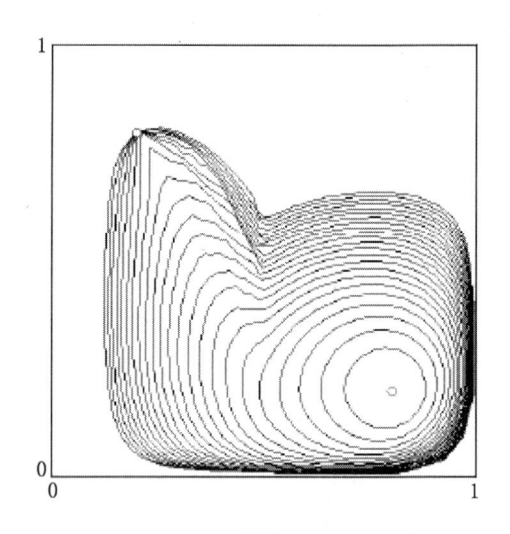　　　　　图 10-14　SA 法计算的示踪剂前缘推进

图 10-15 显示了 IMPES 方法计算的示踪剂前缘，使用了 100×100 网格。图 10-14 和图 10-15 之间具有很大的相似性，结果表明新方法的求解结果比有限差分方法求解结果更好。

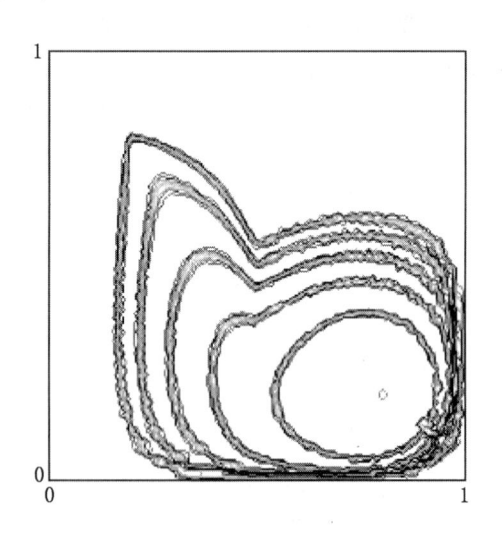

图 10-15　IMPES方法计算的示踪剂前缘推进 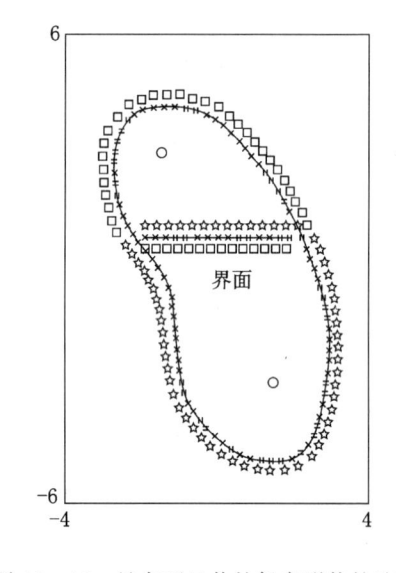　　　图 10-16　具有两口井的任意形状的油藏

3) 任意形状的油藏

油藏形状如图 10-16 所示，油藏形状像花生，一条水平界面将油藏分割成两个不同渗透率的子区域。上面的子区域流度比为 10，下面子区域的流度比为 0.01。上面是生产井，下面是注水井。应用 FSM 方法时，使用了 100 口镜像井，流线分布如图 10-17 所示。SA 方法计算的示踪剂流动情况如图 10-18 所示。图 10-18 表明没有数值弥散发生，渗透率对示踪剂流动的影响非常显著。

多井情况下的油藏形状如图 10-19 所示，具有四口注水井和一口生产井。示踪剂流动情况如图 10-20 所示。

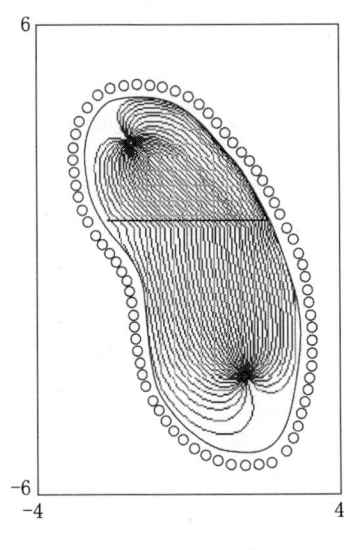

图 10-17 流线分布

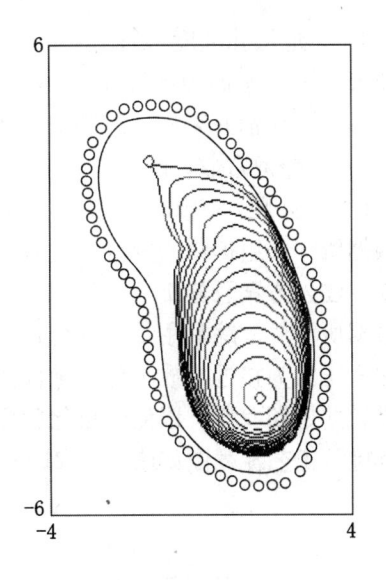

图 10-18 示踪剂前缘推进

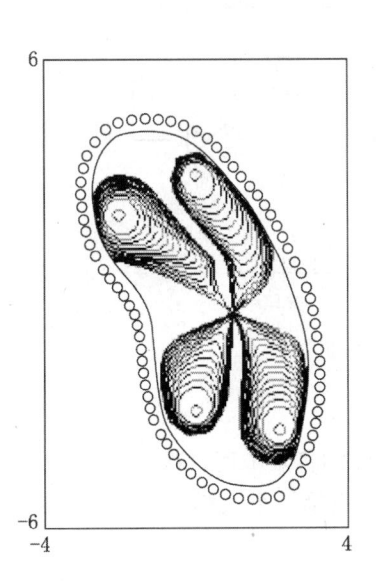

图 10-19 具有五口井的任意形状的油藏

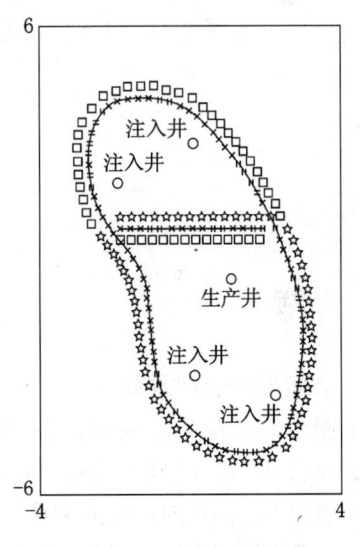

图 10-20 示踪剂前缘推进

# 第四节 示踪剂的注入及监测工艺

## 一、示踪剂用量的计算

示踪剂的用量决定于所考察井区的井距、孔隙度、地层的油水饱和度，示踪剂在地层岩石表面的吸附量，地层的非均质性和井网外侵入水的稀释效应等因素。

根据 Brigham-Smith 公式：

$$G = 1.44 \times 10^{-2} h \phi S_w C_p a^{0.265} L^{1.735} \tag{10-26}$$

式中 $G$——示踪剂用量，t；

$h$——地层厚度，m；

$\phi$——地层孔隙度,%;

$S_w$——含水饱和度,%;

$C_p$——从油井采出示踪剂浓度峰值,mg/L;

$a$——分散常数,m;

$L$——井距,$10^2$m。

根据所作井组提供的资料,代入公式(10-26),即可求得所投放示踪剂的用量。

## 二、注入方案及施工

根据所计算示踪剂用量,按合适的浓度配液,用水泥车挤入,注入管柱采用原注水管柱,注入压力为接近投放示踪剂前注入压力或略高于原注水压力。接着,按原注水方案正常注水,并定期取样,以便分析化验检测。

其施工工艺流程图如图10-21所示:

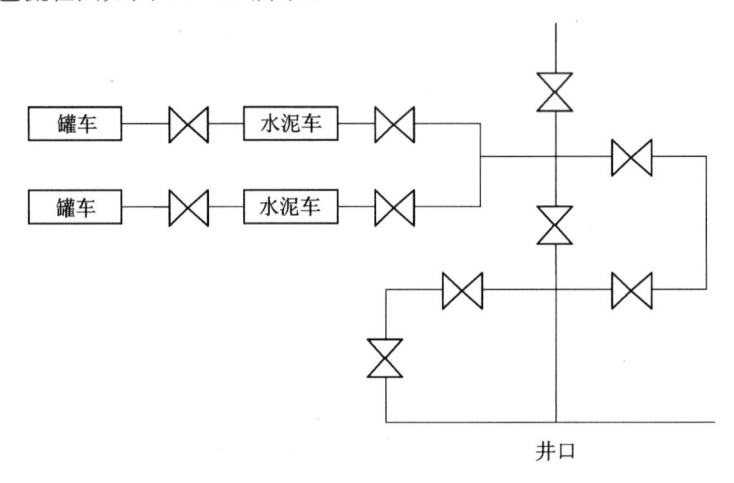

图10-21 施工工艺流程图

### 三、现场监测资料录取

(1) 投示踪剂前7d,每天测相邻第一线油井的示踪剂背景浓度一次。

(2) 从注入示踪剂溶液的时间起,在各地一线油井取第一个水样。

(3) 在开始的7d内,每天取两个样。

(4) 示踪剂出现时,改每天取4个样。

(5) 7d后不出现,改每天取一个样。

(6) 7d后出现示踪剂,改每天2~4个样(决定与浓度变大)。

(7) 一个示踪剂峰值浓度过后,仍要继续取样分析,以监测第二、第三,…,第$n$个峰值浓度出现,因地层分几层,示踪剂浓度便有几个峰值。

(8) 全部峰值出现以后,不要骤然终止取样,应采取渐减法,即1次/1d→1次/2d→1次/4d,…,延长取样时间。

## 第五节 示踪剂产出曲线分析

### 一、示踪剂产出曲线的计算方法

示踪剂在地层中各点的浓度随时间变化。当注入井与生产井的距离一定,从生产井测得的浓度曲线，反过来可以通过与理论计算曲线拟合，从而求得水淹层的地层参数。

拟合时采用最小二乘法，使下列目标函数最小：

$$F = \sum_{i=1}^{N} (c_i^* - \bar{c}_i) \tag{10-27}$$

式中　$c_i^*$——实测点 $i$ 的示踪剂浓度；

　　　$\bar{c}_i$——$i$ 点计算的示踪剂浓度；

　　　$N$——实测浓度点数。

由上述可知，多层系统中总的示踪剂产出曲线与各个小层的示踪剂产出曲线有关，而各个小层的示踪剂产出曲线又与各层的孔隙度、渗透率和厚度有关。

若注入井从注示踪剂段塞开始，总的注入水体积为 $V_T$，由注入 $j$ 层的无因次孔隙体积为：

$$(V_{pd})_j = \frac{(Kh)_j}{\sum Kh} \cdot \frac{V_T}{A(\phi h)_j S_w} \tag{10-28}$$

式中　$(Kh)_j$——第 $j$ 层的地层系数；

　　　$\sum Kh$——总的地层系数；

　　　$A$——注入井与某生产井的连通面积；

　　　$(\phi h)_j$——第 $j$ 层的容积系数；

　　　$S_w$——油层含水饱和度。

生产井中，示踪剂浓度是由各层产出浓度与各层地层系数分数的乘积所决定的，即：

$$\bar{c} = \sum_{j=1}^{n} \frac{(Kh)_j}{\sum Kh} \bar{c}_j \tag{10-29}$$

式中　$n$——水淹层的个数；

　　　$c_j$——从 $j$ 层产出的示踪剂浓度。

$j$ 层的无因次浓度 $c_{Dj}$ 定义如下：

$$\bar{c}_{Dj} = \frac{\bar{c}_j}{c_0 F_{rj} \sqrt{a/\alpha}} \tag{10-30}$$

式中　$c_0$——注水时的浓度；

　　　$a$——井距；

　　　$\alpha$——扩散常数；

　　　$F_{rj}$——注入到 $j$ 层的示踪剂段塞大小，占孔隙体积的百分数，可表示为：

$$F_{rj} = \frac{K_j}{\phi_j \sum Kh} \cdot \frac{V_{Tr}}{AS_w} \tag{10-31}$$

式中　$V_{Tr}$——注入示踪剂的体积。

若 $(V_T)_i$ 是第 $i$ 个时刻所注入水的累积总体积，则由方程（10-27）得到注入到 $j$ 层的孔隙体积为：

$$(V_{pD})_{ji} = \frac{K_j}{\phi_j \sum Kh} \cdot \frac{V_{Ti}}{AS_w} \tag{10-32}$$

由式（10-29）得到第 $i$ 个时刻点的生产井浓度为：

$$\bar{c}_i = \sum_{j=1}^{n} \frac{(Kh)_j}{\sum Kh} \bar{c}_{ji} \tag{10-33}$$

式中 $\bar{c}_{ji}$——第 $i$ 个时刻点，从 $j$ 层流入生产井的示踪剂浓度。

$\bar{c}_{ji}$ 可以从式（10-30）得到：

$$\bar{c}_{ji} = c_0 \sqrt{\frac{a}{\alpha}} F_{rj}(\bar{c}_D)_{ji} \tag{10-34}$$

式中 $(\bar{c}_D)_{ji}$——第 $i$ 个时刻，$j$ 层的无因次浓度，可由数学模型式（10-31）求得。

将式（10-31）代入式（10-34）可得：

$$\bar{c}_{ji} = c_0 \sqrt{\frac{a}{\alpha}} \frac{K_j}{\phi_j \sum Kh} \cdot \frac{V_{Tr}}{AS_w}(\bar{c}_D)_{ji} \tag{10-35}$$

将式（10-35）代入式（10-33）可得：

$$\bar{c}_i = \sum_{j=1}^{n} \frac{(Kh)_j}{\sum Kh} c_0 \sqrt{\frac{a}{\alpha}} \frac{K_j}{\phi_j \sum Kh} \cdot \frac{V_{Tr}}{AS_w}(\bar{c}_D)_{ji} \tag{10-36}$$

令 $T_r$（示踪剂质量）$= c_0 V_{Tr}$

$$T\left[\frac{K_j}{\phi_j \sum Kh} \cdot \frac{(V_T)_i}{AS_w}\right] = \sqrt{a/\alpha} \frac{T_r}{AS_w}(\bar{c}_D)_{ji}$$

则式（10-35）可写为：

$$\bar{c}_i = \sum_{j=1}^{n} \frac{(Kh)_j}{\sum Kh} \cdot \frac{K_j}{\phi_j \sum Kh} \cdot T\left[\frac{K_j}{\phi \sum Kh} \cdot (V_T)_i\right] \tag{10-37}$$

从式（10-36）可以计算出实测点 $I$ 处的示踪剂浓度。但在计算中必须从实测的峰值数来估计层数，然后估算每层的 $K$ 和 $h$ 值。利用最优化程序来确定式（10-27）中的目标函数 $F$ 最小。

根据数学模型设计计算方法并编成程序，其运行程序框图如图 10-22 所示：

## 二、示踪剂数值解析所需资料及处理

1. 资料收集

所需基础资料有生产井与注水井间的油藏参数，注入示踪剂资料及生产井和注入井的动态资料等。

2. 资料处理

为了符合示踪剂数值分析的物理模型和数学模型，必须对上述基础资料进行处理。

（1）注入水体积校正，将注水井注水量分配到相应的各生产井去。

（2）示踪剂浓度校正，使生产井受多口注水井

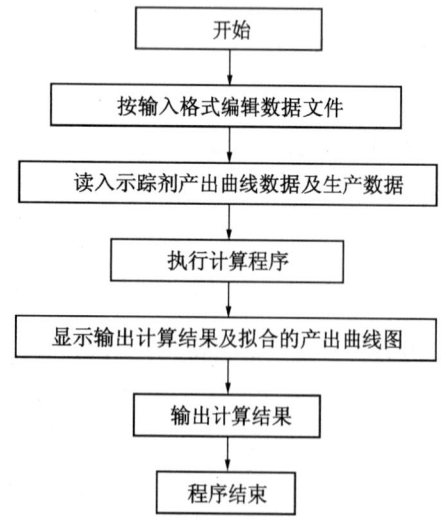

图 10-22 运行程序框图

的影响恢复到只受单一注水井影响的情况。

(3) 井控面积及示踪剂突破时的扫描系数的确定。

(4) 示踪剂向各生产井的分配校正。

3. 数值分析的步骤

(1) 绘制各生产井示踪剂浓度和累计注入体积（可换为注入时间）关系曲线。

(2) 选择峰值个数及峰值浓度和峰值突破时间。

(3) 确定油层厚度和平均渗透率。

(4) 计算第 $i$ 个计算点、第 $j$ 层的无因次浓度。

(5) 利用优化程序计算 $(\phi h)_j$ 和 $(Kh)_j / \sum Kh$。

(6) 反求各水淹层的厚度和渗透率，假设各层 $\phi$ 相同，则：

$$h_j = \frac{(\phi h)_j}{\phi_j}$$

$$K_j = \frac{(Kh)_j}{\sum Kh} \cdot \frac{\sum Kh}{h_j}$$

# 参 考 文 献

冈秦麟主编．化学驱油论文集．北京：石油工业出版社，1998
赵国玺编著．表面活性剂物理化学．北京：北京大学出版社，1984
韩显卿编著．提高采收率原理．北京：石油工业出版社，1991
胡靖邦等．部分水解聚丙烯酰氨在多孔介质中的动态吸附规律研究．油田化学，1991，8（4）
段世铎等编．界面化学．北京：高等教育出版社．1990
陈忠．A-S-P与储层矿物岩石作用研究．成都理工学院博士论文．1997
杨普华等译．增效碱驱提高采收率译文集．北京：石油工业出版社．1993
樊西惊．化学驱油过程中表面活性剂的沉淀损失．油田化学．1987，4（4）
杨承志．pH对石油磺酸盐在多价阳离子水溶液中沉淀/溶解的影响．油田化学．1989，6（4）
杨承志．表面活性剂在驱油过程中的沉淀损失及其影响因素．石油勘探与开发．1988，15（6）
杨承志等．石油磺酸盐在盐溶液中的沉淀与溶解．油田化学．1988，5（1）
杨承志等．物化渗流过程中表面活性剂损失的研究．油田化学．1985，2（3）
杨承志．表面活性剂吸附理论的最新进展．油田化学．1988，5（2）
葛家理主编．油气层渗流力学．北京：石油工业出版社．1982
李之平等．用百里酚蓝次甲基蓝测定阴离子表面活性剂浓度．分析化学．1988，6（2）
谢西娜等．碱耗动力学实验及结果分析．油田化学．1989，6（3）
张景存等编著．提高采收率方法研究．北京：石油工业出版社．1991
袁士义等．碱复合驱数学模型．石油学报．1994，15（2）．76～88
郭尚平等著．物理化学渗流微观机理．北京：科学出版社．1990
赵福麟．采油化学．北京：石油大学出版社．1989
и.л. 马尔哈辛著．李殿文译．油层物理化学机理．北京：石油工业出版社．1987
美．E.C. 唐纳森等著．童育英译．提高石油采收率．北京：石油工业出版社．1989
美．E.H. 卢卡森等．阴离子表面活性剂作用的物理化学．北京：轻工业出版社．1988
刘伟成．表面活性剂损耗的动态数学模型．石油学报．1995，16（1）
黄军旗．化学驱数值模拟中组分输运的几个问题和响应的单元均衡解法．大庆石油地质与开发．1992，11（2）
李外郎等．关于Gibbs公式对高分子溶液吸附的应用．油田化学．1987，5（2）
高振环等．聚丙烯酰胺在油层岩石中的滞留．油田化学．1985，3（1）
刘慈群．幂律非牛顿流体渗流．大庆石油地质与开发．1990，9（3）
王新海．聚合物驱数值模拟主要参数的确定．石油勘探与开发．1990，9（3）
张贤松等．孤岛油田中一区聚合物驱先导实验效果评价及驱油特征．石油勘探与开发．1996，15（6）

李爱芬等．测定井间示踪剂扩散系数的方法研究．油气采收率技术．1997.4（2）
王健．化学驱多组分孔隙输运机理研究．西南石油学院博士学位论文．1999
王健等．化学驱互溶驱替组分输运机理研究．石油学报．2000，21（6）：72～76
王健等．化学驱过程中的扩散弥散机理研究．石油勘探与开发．2000，27（3）
王健等．表面活性剂驱组分输运过程模拟．石油勘探与开发．2001，28（3）
王健等．碱水驱组分输运过程有效性研究．西南石油学院学报，1999，21（4）
葛加理等编著．现代油藏渗流力学原理．北京：石油工业出版社，2001
孔柏岭，唐金星，谢峰．聚合物在多孔介质中水动力学滞留研究．石油勘探与开发．1998，25（2）
杨凤华．表面活性剂吸附—解吸行为提高化学驱采收率．国外油田工程．2004，20（12）
王玉斗等．利用表面过剩吸附模型研究低界面张力体系下油水两相渗流．水动力学研究与进展．2005，20（1）
侯吉瑞，张淑芬，杨锦宗等．复合驱过程中化学剂损失与超低界面张力有效作用距离．大连理工大学学报．2005，45（4）
程浩，鲜成钢，郎兆新．三元复合驱化学反应平衡模型及其应用．石油大学学报（自然科学版），2000，24（2）
杨承志等著．化学驱提高石油采收率．北京：石油工业出版社．1999
韩冬，沈平平编著．表面活性剂驱油原理及应用．北京：石油工业出版社．2001
何更生编．油层物理．北京：石油工业出版社．1994
Don W. Green and G. Pual Willhite: Enhanced Oil Recovery, Henry Doherty Memorial Fund of AIME, Society of Petroleum Engineers, 1998
R. E. Collins, Flow of Fluids Through Porous Materials. 1976
A. L. Bunge, et al., Migration of Alkaline Pulses in Reservoir Sands, Soc. Pet. Eng. J. Dec. 1982, 998～1012
E. F. de Zabala, et al., A. Chemical Theory for Linear Alkaline Flooding, Soc. Pet. Eng. J. April. 1982
Nelson R C et al., Cosurfactant－enhanced alkiline flooding. SPE/DOE 12672. April 1984
Mihcakan I M et al., Blending Alkiline and polymer solution together into a single slug improve EOR. SPE 15158. May 1986
Schuler P J et al., Improving chemical flood efficiency with Micellar/Alkiline/Polymer Processes. SPE/DOE 14934, April 1986
Islam MR et al., Mathematical modeling of enhanced oil recovery by alkali solution in the presence of cosurfactant and polymer. SE 51991
Okoye C U et al., A chemical displacement model for alkiline steam flooding in linear systems. SPE13580, 1985
Aziz, K. A. and Settari, A. Petroleum Reservoir Simulation, Elsevier, New York, 1979
Anderson, D. R., Binder, M. S., et al., Interfacial tension and phase behavior in surfactant brine－oil Systems, SPE 5811, 1976

Bear, J. Dynamics of Fluid in Porous Media, American Elsevier, New York, 1972

Camilleri, D., ngelsen, S., Lake, et al., Description of an improved compositional micellar /polymer simulator, Soc. Pet Eng. Res. Eng. 2 (4), 427~432, 1987

Camilleri, D. et al., Improvements in physical-property models used in micellar/polymer flooding, Soc. Pet. Eng. Res. Eng. 2 (4), 1987, 433~440

Camilleri, D. et al., Comparison of an improved compositional micellar/polymer simulator with laboratory corefloods, Soc. Pet. Eng. Res. Eng. 2 (4), 1987, 441~451

Douglas, J, Jr. Finite difference methods for two-phase incompressile fluid flow in porous media, SIAM J. Numer. Anal. 2 (4), 1983, 686~696

Chaudhari, N. M. An improved numerical technique for solving multi-dimensional miscible displacement equations, Soc. Pet. Eng. J. 11 (4), 1971, 277~284

Chaudhair, N. M. Numerical simulation with second-order accuracy for multicomponent stable miscible flow, Soc. Pet. Eng. J. 13 (2), 1973, 84~92

Fanchi J. R. . multidimensional Numerical dispersion, Soc. Pet. Eng. J. 23 (1), 1983, 143~151

Fleming, P. D., Thomas, C. P., Winter, W. K. Formulation of a general multiphase multicomponent chemical flood model, Soc. Pet. Eng. J. 23 (1), 1981, 143~151

Helfferich, F. G. Theory of multicomponent multiphase displacement in porous media, Soc. Pet. Eng. J. 21 (1), 1981, 51~62

Hirasaki, G. J. Application of the theory of multicomponent, multiphase, displacement to three-component, two-phase surfactant flooding, Soc. Pet. Eng. J. 21 (2), 1981, 191~204

Lake, L. W., Pope, et al., Isothermal multiphase multicomponent fluid flow in permeable media-Part I: Describtion and mathmatical formulation, In Situ 8 (1), 1984, 1~40

Larson, R. G. et al. Analysis of the mechanism in surfactant flooding, Soc. Pet. Eng. J. 18 (1), 1978, 42~58

Larson, R. G. The influence of phase behavior on surfactant flooding, Soc. Pet. Eng. J. 19 (6), 1979, 411~422

Larson, R. G., et al., Elenentry mechanisms of oil recovery by chemical methods, J. Of Pet. Tech. 34, 1982, 243~258

Nelson, et al., Phase relationships in chemical flooding, Soc. Pet. Eng. J. 18 (5), 1978, 325~338

Peaceman, D. W. Fundamentals of Numerical Reservoir Simulation, Elsevier Amsterdam, 1977, 65~81

Pope, G. A. and Nelson, R. C. A sensitivity study of micellar/polymer flooding, Larson, R. G. The influence of phase behavior on surfactant flooding, Soc. Pet. Eng. J. 19 (6), 1978, 357~368

Pope, G. A., etal. Isothermal, multiphase multicomponent fluid flow in permeable media-Part II: Numical techniques and solutions. In Situ 8 (1), 1984, 41~97

Procelli, P. C. and Bidner, M. S. Simulation and transport phenomena of a trenary two-phase flow, Transport in Porous Media 14 (2), 1994, 1~20

Sadd, N, Pope, G. A and Sepehrnoori, K. : 1989, Simulation of muddy surfactant pilot, Soc. Pet. Res. Eng. 4 (1), 24~34

Sadd, N. Pope, G. A. and Sepehrnoori, K. Application of higher - order methodsin compositional simulation, Soc. Pet. Res. Eng. 5 (4), 1990, 623~630

Thomas, C. P., Fleming, P. D. and Winter, W. K., A Ternary, two - phase, mathematical model of oil recovery with surfactant systems, Soc. Pet. Eng. J. 24 (6), 1984, 606~616

Van Quy, N. And Labrid, J. A Mumical study of chemical flooding - comparison with experiments, Soc. Pet. Eng. J. 23 (3), 1983, 461~474

Yortsos, Y. C. et al., An analytical solution for the linear waterflood including the effects of capillary pressure, Soc. Pet. Eng. J. 23 (1), 1983, 115~124